山东黄河水文志

（1991—2015）

黄河水利委员会山东水文水资源局　编

黄 河 水 利 出 版 社

·郑 州·

图书在版编目(CIP)数据

山东黄河水文志:1991—2015/黄河水利委员会山东水文水资源局编. —郑州:黄河水利出版社,2021.6
ISBN 978-7-5509-2999-9

Ⅰ.①山… Ⅱ.①黄… Ⅲ.①黄河-水文学-概况-山东-1991-2015 Ⅳ.①TV882.1

中国版本图书馆 CIP 数据核字(2021)第 100575 号

出 版 社:黄河水利出版社

地址:河南省郑州市顺河路黄委会综合楼 14 层　　邮政编码:450003

发行单位:黄河水利出版社

发行部电话:0371-66026940、66020550、66028024、66022620(传真)

E-mail:hhslcbs@126.com

承印单位:河南瑞之光印刷股份有限公司

开本:787 mm×1 092 mm　1/16

印张:32.5　　插页:12

字数:560 千字　　印数:1—1 400

版次:2021 年 6 月第 1 版　　印次:2021 年 6 月第 1 次印刷

定价:298.00 元

《山东黄河水文志》(1991—2015)
编纂工作领导小组及编纂委员会

(2016 年 9 月)

编纂工作领导小组

组　长　姜东生

成　员　李庆金　姜明星　赵艳军　岳成鲲　安连华
刘浩泰

编纂委员会

主　任　姜东生

副主任　李庆金　姜明星　赵艳军　岳成鲲　安连华
刘浩泰

委　员　董树桥　阎永新　马登月　霍瑞敬　董继东
王学金　武广军　李福军　时文博　庞　进
赵　凯　李宪景　韩慧卿

主　编　安连华

副主编　阎永新　霍瑞敬

《山东黄河水文志》(1991—2015)
编纂工作领导小组及编纂委员会
(2018年4月)

编纂工作领导小组

组　长　姜东生

成　员　李庆金　姜明星　赵艳军　岳成鲲　武广军

编纂委员会

主　任　姜东生

副主任　李庆金　姜明星　赵艳军　岳成鲲　武广军

委　员　霍瑞敬　董继东　赵　凯　李宪景　李庆银
刘　谦　韩慧卿　尚俊生　宋士强　时文博
庞　进　王　伟　闫　堃

主　编　李庆金

副主编　安连华　阎永新　霍瑞敬

《山东黄河水文志》(1991—2015)
编纂室

(2019 年 5 月)

主　任　丁丹丹

成　员　刘　昀　厉　玮

《山东黄河水文志》(1991—2015)

总　纂　安连华　李庆金

统　纂　阎永新　霍瑞敬　丁丹丹

主要编写人员(按姓氏笔画排列)

丁丹丹　于晓秋　王学金　王景礼　王　静(技术科)
王　静(河口河道科)　田　慧　左　婧　刘浩泰
刘　谦　刘存功　刘　昀　刘　敏　刘巧元　闫　堃
孙　婕　李庆银　李宪景　李丽丽　李　岩　李存才
李华栋　李言鹏　李艳丽　张建明　张艳红　张　倩
时文博　陈立强　宋　颖　杨　钊　孟宪静　庞　进
范文华　尚耐会　姜凯轩　徐丛亮　扈仕娥　董树桥
韩慧卿　游文贤

照片提供人员

安连华　韩慧卿　庞　进　王景礼　孟宪静　丁丹丹
陈立强　阎永新　王学金　王明虎　王向明　扈仕娥
霍家喜　杨　钊

2006 年 6 月 5 日水利部部长汪恕诚(左一)考察泺口水文站

2007 年 5 月 31 日国家发改委副主任杜鹰(左一)检查泺口水文站汛前准备工作

2005 年 7 月 2 日黄委主任李国英(右二)考察黄河口

2014 年 10 月 18 日黄委主任陈小江(右一)考察山东水文水资源局

2002 年 7 月 6 日黄委水文局局长牛玉国(左二)到山东黄河水文测区检查指导

2007 年 7 月 4 日黄委水文局局长杨含峡(左二)到山东黄河水文测区检查工作

2006年10月26日黄河流域水资源保护局局长董保华(左一)检查黄河山东水环境监测工作

2005年5月2日黄委水文局副局长谷源泽(左一)在山东黄河水文测区检查

2004年9月24日黄河流域水资源保护局副局长司毅铭(左一)考察黄河口

2012 年 4 月 1 日黄河流域水资源保护局副局长李群(右二)在山东黄河水文测区进行工程检查

1992 年芬兰学者与山东水文水资源局局长庞家珍(中)进行交流

2002 年 3 月 15 日日本学者到山东水文水资源局进行学术交流

2004 年 6 月 8 日黄河山东水环境监测中心计量认证复查评审

2004 年 6 月 16 日山东水文水资源局省级文明单位揭牌仪式

2015 年 9 月 17 日山东水文水资源局举办第一期道德讲堂

2005 年 6 月 19 日孙口河段扰沙测验战前动员

2002 年 7 月 11 日黄河调水调沙丁字路口临时水文站测验

2003 年 10 月 13 日蔡集生产堤决口测验

2004 年 6 月 23 日艾山水文站水文测验

2009 年 11 月 13 日高村水文站雪中测量

2010 年 1 月 9 日艾山水文站断面封河后流量测验

2010 年 1 月 14 日利津水文站冰上测验

2005 年 4 月 16 日汛前准备——缆道主索上油

2007 年 6 月 30 日艾山水文站斜坡水位计及 HW-1000 型超声波水位计

2003 年 5 月 20 日河道断面测验水道部分测量

2007 年 7 月 7 日河道断面测验岸边测量

2000 年 4 月 7 日黄河口测验

2000 年 4 月 7 日租用民船进行浅海测量

2003 年 1 月 13 日水质监测中心职工进行水质监测

2015 年 2 月水环境监测中心迁至泺口基地

2009年1月28日黄委水文局到山东黄河水文测区对在建涉河项目建设进行检查

黄河三角洲附近海区海洋水文要素及水下地形测验船——黄河86轮

1996年6月泺口河段断流、河道干涸

2003 年 10 月 29 日黄河入海黄蓝分界线

泺口基地全貌(无人机航拍)

黄河三角洲湿地

2006年6月5日水利部部长汪恕诚在泺口水文站考察并与职工合影

前排自左至右:高文永 张广泉 庞家珍 姜东生 王梅枝 安连华 阎永新
后排自左至右:孟宪静 武广军 李庆金 霍瑞敬 刘 谦 丁丹丹

序

山东黄河水文历经百年,目前,正处于较好的发展时期,焕发着勃勃生机。

1991—2015年,山东黄河水文测区全体干部职工发扬“艰苦奋斗,无私奉献,严细求实,团结开拓”的黄河水文精神,二十五年如一日,兢兢业业,努力工作,为黄河防洪、防凌、水资源管理、黄河三角洲开发治理做出了重要贡献。

1991—2015年,是黄河水文快速发展的二十五年,黄河水文事业得到了长足发展,取得了重大进步。二十五年来,国家对黄河水文的投入不断加大,“一江一河”专项建设、国家重要水文站建设、水文基础设施建设等,大幅提升了山东黄河水文测区技术装备现代化水平。同时,在几代黄河水文人经验积累的基础上,经过多年不间断的技术革新、科技创新和水文测报水平升级,山东黄河水文的测报能力和测报水平不断提高,测区设施稳固,仪器设备先进,测验方法和测报手段发生了根本性变化,职工的劳动强度显著降低,水文测报质量好,测报精度高,职工的工作环境和生活环境得到了明显改善,职工的文化素质、业务素质、政治素质进一步提高,领导班子精诚团结,测区面貌焕然一新。

《山东黄河水文志》(1991—2015),客观、全面、真实地记述了1991—2015年山东黄河水文事业的发展变化和取得的成就,脉络清晰,详略得当,是对过去二十五年山东黄河水文工作的系统总结,也是山东黄河水文成就的一次集中展示。她的问世,对做好山东黄河水文工作具有重要意义。

山东黄河水文志续写,体现了山东黄河水文人的开拓精神和创新意识。相信在党的领导下,在上级党组织强有力的支持和山东黄河水文职工的共同努力下,山东黄河水文的明天会更好!黄河水文事业会更好!

谷源泽

二〇二〇年九月三十日

凡　例

一、本志以马克思列宁主义、毛泽东思想、邓小平理论、“三个代表”重要思想、科学发展观和习近平新时代中国特色社会主义思想为指导，坚持辩证唯物主义和历史唯物主义的立场、观点和方法，围绕“维护黄河健康生命，促进流域人水和谐”治黄思路，突出山东黄河水文改革发展中心工作，全面客观真实地记述山东黄河水文事业取得的成就。

二、本志为《山东黄河水文志》(1855—1990)的续志，上限起自1991年1月1日，下限断至2015年12月31日。为对《山东黄河水文志》(1855—1990)未记述的工作拾遗补阙和体现记述事件的完整性，个别章节和部分内容适当上溯和下延。

三、本志体例以类系事，横排纵述，志为主体，辅以述、记、传、图、表、录等体裁，随文插入图片，力求图文并茂。记述采用章节体，各章节下设无题序言，概括反映事物发展脉络。

四、本志内容共17章76节，志前设概述，志后设附录、索引、编纂始末。根据中国地方志指导小组《地方志书质量规定》要求，结合山东黄河水文实际，坚持存真求实、述而不论的原则，完整准确地记述山东黄河水文事业发展历程。

五、本志对单位名称的表述，一般用简称。如黄河水利委员会简称黄委；黄河水利委员会水文局简称黄委水文局；黄河水利委员会济南水文总站简称济南水文总站；黄河水利委员会山东水文水资源局简称山东水文水资源局；黄河口水文水资源勘测局简称黄河口勘测局；黄河水利委员会济南勘测局简称济南勘测局；黄河水利委员会山东水文水资源局××水文站简称××水文站；黄河水利委员会××水位站，简称××水位站。本志统一采用山东黄河水文测区。

六、计量单位和标点符号。本志计量单位以1984年2月27日国务院颁发的《中华人民共和国法定计量单位的规定》为依据，行文的计量单位名称均用汉字表示，如50米、100千米、150平方千米、300立方米每秒、500亿立方米等；图表中的单位用英文符号表示。标点符号按照2011年12月30日中华人民共和国国家质量监督检验检疫总局、中国国家标准化管理委员会联合发布的《标点符号用法》(GB/T 15834—2011)执行。

七、引用文件格式。本志引用文件格式如下:①发文单位+文件名称+发文字号;②发文单位+发文字号;③发文单位+文件名称,但须注明发文时间。大事记的文件引用,统一采用发文单位+发文字号。

八、资料来源。本志资料主要来源于山东水文水资源局档案室各类档案和资料整编成果,采用的数字以整编成果和向社会公开发布的数据为准;各类人事任免事项和表彰事项等,均以文件为准。

目　录

概　述

山东黄河现行河道是1855年黄河在河南省兰考县铜瓦厢决口后改道东北流夺大清河形成的，流经菏泽、济宁、聊城、泰安、济南、德州、滨州、淄博、东营，在垦利县汇入渤海，长628千米。河道特点上宽下窄、比降上陡下缓、排洪能力上大下小。由于泥沙淤积，河床高出两岸背河地面3~5米，防洪水位高出背河地面8~10米，是典型的地上"悬河"。

山东黄河有大汶河、金堤河等9条支流汇入。

黄河口现行流路为1976年由刁口河（原名钓口河）流路改走清水沟流路。自1996年在清8人工改汊至2015年，有3次较大自然摆动和1次人工裁弯取直。

山东黄河来水来沙特点是水少沙多，时空分配不均，年内年际变化大。高村水文站1991—2015年多年平均径流量225.1亿立方米，最大年径流量362.8亿立方米（2012年），最小年径流量103.4亿立方米（1997年）；1991—2015年多年平均输沙量2.60亿吨，最大年输沙量8.01亿吨（1994年），最小年输沙量0.417亿吨（2015年）。

山东黄河水量主要来自上、中游。河口镇以上水量约占全河水量的55%，河口镇至龙门水量约占14%，龙门至潼关水量约占21%，三门峡以下水量约占10%。1999年10月小浪底水库蓄水运用前主要受三门峡水库调节控制，之后主要受小浪底水库调节控制，山东黄河来水还受小浪底以下支流水库及伊河、洛河、沁河等支流未控区间加水影响。山东黄河泥沙主要来自上、中游。河口镇以上来沙量约占全河沙量的9%，河口镇至龙门来沙量约占55%，龙门至潼关来沙量约占34%，三门峡以下来沙量约占2%。来沙量除受不同区域的来水来沙影响外，还受三门峡水库、小浪底水库调节控制。

山东黄河地处黄河最下游，地理位置特殊，防洪、防凌任务重，山东黄河水文测区有基本水文测报、河道断面测验、黄河三角洲附近海区测验和水环境监测。

1991—2015年，山东黄河水文事业进入快速发展阶段。水文测报技术逐步向现代化迈进，测报设施稳固，仪器设备先进，服务领域不断扩大，测报质量显著提高;党的建设、干部队伍建设、人才队伍建设、精神文明建设、党风廉政建设得到进一步加强;管理水平进一步提高;基层职工的工作条件和生活条件得到极大改善;职工生活水平明显提高。

测报能力显著提升。随着国家对黄河水文的投入不断加大和科技水平的不断提高,山东黄河水文测区测报能力不断增强。基本水文测报手段越来越先进,水位实现了全天候在线观测、无线传输,流量、输沙率实现了水文缆道悬挂吊船或吊箱渡河测验,记载计算实现了程序化,泥沙颗粒分析基本实现了自动化,水情信息实现了网络传输、卫星传输。建成了 GPS 单基站 CORS 系统,河道测验实现了 GPS、数字测深仪测量,记载计算实现无纸化。黄河口附近海区测验实现了 GPS 信标机定位,测深仪测深。水文测报水平的提升,减轻了职工的劳动强度,提高了测报质量。

水情信息为防洪防凌和水资源开发利用提供了坚实支撑。1991—2015 年,山东水文水资源局圆满完成了各项测报任务,战胜了“96·8”洪水、2001 年汶河流域大水、2003 年“华西秋雨”等典型洪水。在完成正常水文测报的情况下,完成了黄河水量统一调度、调水调沙、跨流域调水等加测加报任务。20 世纪 90 年代,受黄河上游来水量少等影响,山东黄河频繁断流,河道主槽萎缩,河口生态恶化,沿黄地区工农业生产和人民群众生活受到严重影响,为此,黄委确立了“维持黄河健康生命”的终极目标。1999 年 3 月,经国务院批准,黄河水量实施统一调度管理,至 2015 年,山东水文水资源局按照黄委精细测报的要求,完成黄河水量统一调度水文加测加报 17 次。2002 年,黄河进行首次调水调沙,至 2015 年,山东水文水资源局连续 14 年完成了 15 次调水调沙水文测报任务。自 20 世纪 70 年代开始,国务院实施引黄济津等应急调水,至 2015 年共调水 26 次,山东水文水资源局圆满完成了历次应急调水水量水质加测加报任务。1991—2015 年,山东黄河水文测区共实测流量 20935 次,实测输沙率 2631 次,测取单样含沙量 54379 次,为黄河防洪、防凌、水资源开发利用提供了可靠依据。

水环境监测能力不断增强。黄河山东水环境监测中心成立初期,只能监测 20 多个项目,至 2015 年,能够监测水(地表水、地下水、饮用水、废污水、大气降水)、大气及噪声三类 72 个项目,拥有监测仪器、样品前处理设备等 85 台(套),有些仪器达到了国际先进水平,全自动仪器监测分析逐步取代了传统的人工监测,实验室达到标准化。1994 年 1 月首次通过国家级计量认证,至 2015 年,6 次通过国家级计量认证及复查评审。

水文站网布局更加合理。1991—2015 年，山东黄河水文测区站网布局与功能满足《水文站网规划技术导则》要求，调整的测站有：道旭水位站 1993 年 3 月停止观测；邢庙水位站 1993 年 6 月由常年水位站改为汛期水位站；十八公里水位站 1995 年 9 月撤销。至 2015 年，山东黄河水文测区有 6 个基本水文站、13 个常年水位站、5 个汛期水位站。1991—2015 年，水文站、水位站测验项目无增减。

完善河道测验体系。1991 年山东黄河河段共有 82 个河道断面，经过几次调整，2004 年汛前山东黄河河道断面达到 218 个，断面平均间距 2.6 千米。山东黄河河道断面经过调整和加密，建立了完善的河道测验体系。

黄河三角洲附近海区测验为三角洲治理开发提供了依据。黄河三角洲附近海区测验范围为西起洼拉沟口、南至小清河口，测区面积 14000 平方千米。1991—2015 年间，分别于 1992 年、2000 年、2007 年、2015 年进行了 4 次水下地形测绘，在测区布设 130 条测线进行水深测量，其余年份按任务书要求测量。

水质监测站网布局合理。1991—2015 年，黄河山东水环境监测中心逐步完善了省界水体监测站网、常规监测站网和水功能区监测站网，至 2015 年，有省界断面 4 个，常规监测断面 7 个，一级水功能区 4 个，二级水功能区 6 个。断面设置和水功能区划合理，符合黄河流域水体监测站网规划和黄河流域水功能区划要求。

科技创新成果斐然。山东水文水资源局大力实施“科技兴水文”战略，积极开展科技创新和技术革新活动，将科技成果转化为生产力，推动了水文测报现代化建设。1991—2015 年，共完成技术革新和技术改造 133 项，取得山东省科技进步奖 2 项，中国测绘学会优秀测绘工程铜奖 1 项，山东省科学技术协会优秀学术成果奖 1 项，山东省测绘行业协会优秀测绘工程奖 2 项，黄委科技进步奖 2 项，黄委三新认证项目 61 项，黄委水文局科技进步奖 69 项，黄委水文局浪花奖 96 项，山东黄河河务局科技进步奖 2 项，黄河流域水资源保护局科技进步奖 4 项，山东省水利厅科技进步奖 1 项，国家发明专利 6 项，国家实用新型专利 13 项。

深化人事制度改革。随着改革开放的深入，为适应社会经济的发展，山东黄河水文干部人事制度、工资制度、管理体制、经济体制等进行了一系列改革。实行领导干部选拔任用竞争机制和干部任期责任机制，打破干部、工人身份界限，全面实行竞争上岗和人员聘任制度。2002 年，实行以“定编、定岗、定员”的机构改革,初步实现了政、事、企分开,山东水文水资源局机关由10个部门精简为8个部门。1991—2015年,山东水文水资源局通过深化改革,在职职工人数明显下降,由1991年的346人下降到2015年的288人;职工队伍素质明显提高,专科以上学历人员由1991年的57人增长到2015年的235人;中级及以上技术职称人员由1991年的26人增长到2015年的103人,技师及以上工勤技能人员由1991年的3人增长到2015年的59人。通过一系列改革,为山东黄河水文事业的持续健康发展提供了强有力的技术和人才支撑。

依法维护了水文行业合法权益。1991—2015年,山东水文水政监察围绕水文测报中心工作,在宣传贯彻水文行业法律法规、建立水文测验断面清障长效机制、加强水政监察队伍建设、依法查处水事案件、维护山东黄河水文合法权益等方面取得了显著成绩,为促进山东黄河水文事业健康和谐发展发挥了积极作用。

管理水平进一步提高。1991—2015年,山东水文水资源局各项管理上了一个大的台阶,制度建设进一步完善,建立了完整的制度管理体系。各项工作实现了目标化管理,全局上下层层签订目标责任书,做到了横向到边、纵向到底,同时,建立健全了各项考核机制。目标管理、财务管理、业务管理、人才管理等各个方面达到了制度化、标准化、规范化、科学化,为推动山东黄河水文事业发展创造了条件。

强化了财务管理。1991—2015年,国家对水文投入逐年增加,管好用好财政资金尤为重要。山东水文水资源局认真贯彻落实国家和上级财经法规,建立了各项规章制度,理顺了财务关系,强化了财务管理和会计基础工作。部门预算、会计核算、政府采购、资产管理、国库集中支付、动态监控等进一步规范。

加强了财务检查和审计监督。山东水文水资源局严格财务收支、预算执行监督检查,杜绝了资金账外运作、隐瞒收入、转移收入和私设小金库等。全面推行财务收支审计、领导干部离任审计、任期经济责任审计、基本建设项目审计、专项审计等,加强对重大经济事项和大额资金使用管理,强化干部管理和监督,防范财务风险,做到了工程安全、资金安全、干部安全。

水文经济持续健康发展。山东水文水资源局党组坚持“一手抓水文测报,一手抓水文经济,两手抓,两手都要硬”的指导思想,根据山东黄河水文特点,成立经营管理机构,干部职工解放思想,勇于探索,明确经济目标和发展方向，找准发展突破口，经营意识不断增强，经营收入逐年增加。水文经济的发展，改善了职工生产、生活条件，稳定了职工队伍，弥补了经费不足，推动了山东黄河水文事业发展。

党的建设和党风廉政建设不断加强。山东水文水资源局党的组织逐步健全，党员队伍不断壮大，党组织战斗堡垒作用和党员先锋模范作用得到充分发挥；党风廉政建设进一步加强，营造了风清气正的良好氛围，为山东黄河水文事业的健康发展提供了政治保障。

精神文明建设取得丰硕成果。1991—2015 年，山东水文水资源局获得黄委精神文明创建先进单位称号，局机关先后获得区级、市级、省级文明单位称号，局属单位均获得市级文明单位称号，4 个水文站获得黄委文明单位称号，1 个水文站获得黄委水文局文明单位称号，机关 4 个科室获得黄委水文局文明科室称号，陈山口水文站获得黄委水文局文明水文站称号，孙口水文站获得全国文明水文站称号，黄河口勘测局浅海勘测队获得黄委“青年文明号”称号。

基层职工工作生活环境改善。1991—2015 年，山东黄河水文测区各项监测能力不断提高，职工的劳动强度显著降低。基层职工从建站初期低矮潮湿且无取暖设备的砖木结构平房搬进了宽敞明亮的办公室，电话、网络、空调、计算机一应俱全，职工的办公条件得到显著改善。所有基层单位在驻地县(市)建起了职工宿舍，解决了基层职工就医难、子女上学难等问题。基层单位建起了图书阅览室、职工活动室、职工食堂和澡堂。职工的收入水平和生活水平逐年提高，汽车进入了普通水文职工家庭。山东黄河水文测区基层职工工作生活环境显著改善，职工的基本素质和劳动积极性不断提高。

黄河水文发展任重道远，山东黄河水文职工将继续践行“维护黄河健康生命，促进流域人水和谐”的治黄思路，弘扬黄河水文精神，提升水文对水利工作和经济社会发展的支撑能力，为新时代治黄事业做出新的更大贡献。

第一章　山东黄河概况

山东黄河干流河道全长628千米,有大汶河等9条支流汇入。山东黄河洪水主要来自花园口以上流域内的暴雨径流及凌汛期特殊冰情形成的洪水。黄河山东段1972—1999年频繁断流,1991—1999年水质超标率呈明显上升趋势,1999年3月实行黄河水量统一调度管理,自2000年起未再发生断流,水质状况逐年好转。1991—2015年,山东黄河河道总体呈冲刷趋势,入海口经历了河口段河道的微淤、黄河口流路4次出汊、行河部分海岸线延伸、非行河自然海岸线的蚀退及3次较大风暴潮。

第一节　自然地理

山东黄河位于东经114°51′~119°15′,北纬34°59′~38°10′,处于暖温带季风气候区,自河南省进入山东省,流经菏泽等9市,从东营市垦利县汇入渤海。

一、地形、地质

山东黄河沿岸地区地形以平原为主,是华北平原的组成部分,地面坡降平缓,微向东南倾斜。地势以黄河为界,大堤以北为黄海平原,大堤以南为黄淮平原。山地主要分布在黄河右岸,自梁山县至济南为中低山区,隶属泰山山脉北麓,有梁山、安山、金山、银山、龟山、子路山、外山、药山、华山、卧牛山等;左岸有关山、位山、鱼山、艾山、鹊山等。在中低山区与冲积平原接壤处,分布着一些湖泊及洼地。

沿岸除东平湖至济南段山区有基岩分布外,平原地区均为第四系松散堆积层,厚度在200~400米。基岩以寒武奥陶系底层分布最广,岩性主要为石灰岩及少量页岩。按地质成因可分为冲积层、冲积洪积层、冲积湖积层、冲积海积层四部分。冲积层主要分布在黄河大堤以内河床、滩地及大堤以外泛滥平原;冲积洪积层主要分布在太行山、泰山山区外围的濮阳、范县、台前、阳谷、东阿、齐河一带;冲积湖积层主要分布在东平湖区附近的东平、梁山一带;冲积海积层主要分布在滨州市及以下黄河三角洲地区。

二、气候、降水

山东黄河处于暖温带季风气候区，由于纬度增高，自上游至下游气温逐渐降低，最高气温多发生在7月，最低气温一般在1月，降水多集中在7、8月。1991—2015年，山东沿黄地区多年平均降水量在560.1~724.9毫米，多年平均气温在13.4~14.9摄氏度。1991—2015年山东沿黄部分气象站气象要素见表1-1。

三、干流河道

山东黄河现行河道是1855年黄河在河南省兰考县铜瓦厢决口改道东北流夺大清河形成的，1884年两岸开始修筑堤防，至2015年，除右岸东平县陈山口至济南市槐荫区北店子山岭地带及尾闾段无堤防外，黄河在山东境内被约束在两岸大堤之间。

（一）河道

黄河自河南省进入山东，流经菏泽、济宁、聊城、泰安、济南、德州、滨州、淄博和东营9市的25县（市、区），从东营市垦利县汇入渤海，河段长度628千米，具有上宽下窄、比降上陡下缓、排洪能力上大下小的特点。按照几何形态和河势特征，山东黄河干流河道分为4个不同类型的河段：上界到高村河段长56千米，两岸堤距5~10千米，河道纵比降约为0.172‰，为游荡型河段；高村至陶城铺河段长156千米，两岸堤距1.4~8.5千米，河道纵比降约为0.148‰，为游荡型向弯曲型转化的过渡型河段；陶城铺至垦利宁海河段长322千米，两岸堤距一般在0.4~5.0千米，最窄处275米（东阿井圈险工13号坝与对面外山山脚），河道纵比降约为0.101‰，为弯曲型窄深河段；宁海以下为河口段，长94千米，纵比降约为0.100‰。河口现行流路是1976年人工改道清水沟流路后形成的，随着黄河入海口的不断淤积、延伸、摆动，入海口位置及河口段长度相应调整。

（二）小浪底水库建成后对山东河道的影响

小浪底水利枢纽工程于1991年9月开始前期工程建设，1994年9月主体工程开工，1997年10月截流，2000年1月首台机组并网发电，2001年12月全部竣工。工程位于河南省洛阳市孟津县与济源市之间，三门峡水利枢纽

表 1-1　1991—2015 年山东沿黄部分气象站气象要素

项目		东明县	梁山县	东阿县	济南市	利津县	东营市	说明
多年平均气压(hPa)		1011.2	1012.2	1012.8	1000.8	1015.6	1016.3	1. 梁山县数据摘自《梁山县志》; 2. 东营市蒸发数据为 1991—2001 年与 2006—2013 年统计结果,2002—2005 年与 2014—2015 年相应蒸发量不完整或无资料
气温(℃)	多年平均	13.7	13.6	14.1	14.9	13.4	13.8	
	最大值	41.6	41.7	41.2	42.0	40.4	41.4	
	时间	2002-07-15	2009-06-25	2009-06-25	2002-07-15	2005	2009-06-25	
	最小值	-16.7	-19.3	-16.4	-14.0	-16.8	-13.6	
	时间	2000-01-26	2001-01-15	2015-11-26	2000-01-25	2008	2001-01-14	
降水量(mm)	多年平均	609.2	580.1	579.6	724.9	560.1	549.3	
	最大年降水量	926.0	966.2	897.7	1090.0	907.5	768.0	
	时间	1993	1998	2003	2004	2003	2003	
	最小年降水量	319.8	340.9	275.4	456.6	244.5	347.8	
	时间	2012	2002	2002	2002	1992	1999	
湿度(%)	多年平均	70	68	65	57	63	63	
	最大年平均	78	76	71	62	67	68	
	时间	2003	2003	1991	2003	1991	1991	
蒸发量(mm)	多年平均	1512.5	1684.2	1696.3	2061.1	1738.6	1897.2	
	最大年蒸发量	1678.9	1924.0	2003.0	2257.0	2092.5	2199.2	
	时间	1997	1992	2002	1997	2002	1997	
多年最多风向		EN	NS	S	N	ESE	SSE	
风速(m/s)	多年平均	3.5	2.5	2.1	3.0	2.7	3.2	
	最大值	31.4	14.7	25.9	16.2	16.5	29.4	
	时间	2006-06-28	1992-08-05	2014-06-11	2001	2001	1995	

下游130千米,控制流域面积69.4万平方千米,占黄河流域面积的92.3%,是黄河干流上的一座集减淤、防洪、防凌、供水、灌溉、发电等为一体的大型综合性水利工程,是黄河治理开发的关键性工程。

小浪底水库自1999年10月起蓄水运用,2002年首次进行调水调沙。在水库蓄水拦沙和调水调沙的作用下,黄河下游河道主槽发生了明显的冲刷:高村、艾山、利津三水文站2015年主槽断面平均河底高程较2001年分别降低了3.66米、2.28米、2.07米,宽深比分别减少了218、96、44,输水输沙能力增强。2015年,高村、孙口、艾山、泺口、利津水文站汛前平滩流量分别为5500立方米每秒、5000立方米每秒、5100立方米每秒、4890立方米每秒和5360立方米每秒,较2002年汛前分别增加了3610立方米每秒、2710立方米每秒、2650立方米每秒、1890立方米每秒和2010立方米每秒。

西霞院工程是小浪底水库的配套工程,位于小浪底坝下16千米处的干流河道上,下距郑州市116千米。该工程以反调节为主,结合发电,兼顾供水、灌溉等综合利用,2011年3月通过了水利部竣工验收。

(三)桥梁

2015年,黄河山东段有公(铁)路跨河大桥24座,另有浮桥50多座。随着沿黄两岸经济社会的迅速发展,山东黄河公(铁)路大桥不断增加,2015年山东黄河桥梁工程见表1-2。跨河大桥和浮桥建设过程及建成后的运行对相关河段的水位、流量、泥沙、河道冲淤等水文监测产生一定的影响,浮桥对河道断面监测船只通过带来一定的安全隐患。

表1-2　2015年山东黄河桥梁工程

序号	桥梁名称	建成年份	序号	桥梁名称	建成年份
1	菏宝高速东明黄河公路大桥	在建	13	济南黄河公路大桥	1982
2	东明黄河公路大桥	1993	14	石济客专铁路桥	在建
3	鄄城黄河公路大桥	2015	15	济南绕城高速黄河公路大桥	2008
4	京九铁路孙口黄河大桥	1995	16	G308济阳黄河大桥	2008
5	将军渡黄河铁路特大桥	2013	17	惠青黄河公路大桥	2006
6	平阴黄河公路大桥	1970	18	滨博高速滨州黄河公路大桥	2004
7	长清黄河公路大桥	在建	19	205国道滨州黄河公路大桥	1972
8	济齐黄河公路大桥	在建	20	滨州黄河公铁两用大桥	2007
9	京福高速济南二桥	1999	21	德大铁路黄河大桥	2014
10	济南津浦铁路黄河新桥	1981	22	利津黄河公路大桥	2001
11	建邦黄河公路大桥	2010	23	东营胜利油田黄河公路大桥	1987
12	泺口黄河铁路桥	1912	24	东营黄河公路大桥	2005

四、支流河道

汇入黄河山东段的支流有大汶河、金堤河、天然文岩渠、浪溪河、玉带河、孝里河、南大沙河、北大沙河、玉符河9条河流，其中大汶河、金堤河是两条较大支流。

(一)大汶河

大汶河，又名汶水，简称汶河，是黄河山东段最大的支流，位于黄河右岸，发源于泰山、鲁山、蒙山、徂徕山等群山中，流域范围自东到西包括：淄博市沂源县，莱芜市莱城区及钢城区，泰安市泰山区、岱岳区、新泰市、宁阳县、肥城市及东平县，济宁市汶上县，济南市章丘市、平阴县，共5市、12县(市、区)。汶河以大汶口和戴村坝为界，大汶口以上为上游，大汶口至戴村坝为中游，戴村坝以下为下游，又称大清河，从东平县马口村注入东平湖，经东平湖陈山口出湖闸再经庞口闸汇入黄河。河流从源头至入湖口(东平县马口村)全长211千米，流域面积8536.5平方千米。汶河属山区性河流，源短流急，流域降水多集中在6~9月。

(二)金堤河

金堤河，位于黄河左岸，为平原坡水河道，发源于新乡县境内，其上游称大沙河，自滑县耿庄以下为金堤河干流，经河南滑县、濮阳、范县、台前和山东莘县、阳谷6县(市)，通过张庄闸控制汇入黄河，河长158.6千米，平均河宽260米，河床纵比降0.059‰~0.091‰，流域面积5047平方千米(其中耿庄以上1855平方千米)。金堤河为季节性河流，河水来源除流域降水外，还有引黄灌溉区弃水、退水和黄河干流侧渗补水等。流域年平均降水量600毫米左右，上游略丰于下游。金堤河入黄处建有张庄闸，该闸具有滞洪退水、挡黄、倒灌分洪、排涝四项功能，既是金堤河涝水入黄闸，也是北金堤滞洪区泄洪闸，设计最大滞洪退水和倒灌分洪能力均为1000立方米每秒。闸旁建有电力提排站，设计提排流量64立方米每秒，当金堤河水受黄河水顶托不能自流入黄时，启用提排站排水入黄。

(三)天然文岩渠

天然文岩渠位于河南省境内黄河左岸，发源于焦作市武陟县张菜园村，流经原阳、延津、封丘、长垣4县，河长160千米。天然文岩渠分南、北两支，南支为天然渠，北支为文岩渠。天然渠流经封丘县，文岩渠流经延津县，两渠在长垣县大车集交汇后，从濮阳县渠村乡渠村分洪闸南端(高村水文站断面左岸上游约6千米)汇入黄河。

(四)其他支流

其他支流较小,多在右岸济南市长清、平阴滩区注入黄河。其中,浪溪河在平阴县境内,河长26千米,流域面积118平方千米;玉带河发源于平阴县李沟乡西南山域,河长27.5千米,流域面积134平方千米;孝里河发源于长清孝里镇大峰山东西两侧,河长13.5千米,流域面积108平方千米;南、北大沙河位于黄河右岸济南长清区境内,南大沙河长37.2千米,流域面积406.3平方千米,北大沙河长54.3千米,流域面积584平方千米,分别从右岸归德镇张庄和平安店镇西大张流入黄河;玉符河位于济南市境内,发源于泰山北麓,汇集历城南部山区的锦绣、锦阳、锦云三川支流,经卧虎山水库后,流经党家镇、丰齐一带至古城村南,于北店子村注入黄河,全长85.4千米,流域面积827平方千米。

五、河口

黄河河口位于渤海湾和莱州湾之间,范围为东经118°10′~119°15′、北纬37°15′~38°10′,包括黄河三角洲、黄河三角洲附近海区、近口段河道3部分。

黄河三角洲以宁海为顶点,北到洼拉沟口,南到小清河口的扇形陆地区域,面积5400平方千米。形态似扇面,大致以东北方向为轴线,中间高、两侧低,西南高、东北低,向海倾斜,凸出于渤海。

黄河三角洲附近海区系黄河三角洲毗连水深在20米以内的弧形海域,神仙沟以西海区(渤海湾)水深0~20米,神仙沟以南至小清河海区(莱州湾)水深0~16米。根据水下地形的变化,该海区分为浅水平缓区(水深0~2米)、前缘急坡区(水深2~12米)和海底平缓区(水深12米以上)。黄河三角洲附近海区中,前缘急坡区的海底冲淤大于其他两个区,黄河口附近海区的水下地形变化大于远离河口海区。

近口段河道为宁海至入海口口门,该河段长度约94千米,两岸堤距0.6~10千米,自上而下堤距逐渐展宽,近海无堤,主槽宽度0.5~1.5千米,自上而下河道纵比降逐渐减小。2015年河口是1976年5月西河口人工改道清水沟流路后,经1996年清8人工出汊后形成的,其流路经历了清水沟老河道、清水沟清8出汊河道及入海口门附近的小范围流路摆动,较大的出汊有4次,黄河口清水沟流路改道出汊情况见表1-3。

表 1-3 黄河口清水沟流路改道出汊情况

时间	改道出汊位置	改道出汊性质	河口方向
1976. 05	西河口	人工改道	东向
1996. 07	清 8	人工出汊	东北向
2004. 07	清 8 以下 10 千米	自然出汊	东向
2007. 07	清 8 以下 10 千米	自然出汊	北向
2011	清 8	人工裁弯取直	北东
2013	河嘴内右岸 3 千米	自然出汊	北口门东汊开始并流

六、潮汐、海流、风暴潮

(一)潮汐

黄河三角洲附近海区除神仙沟口附近的部分岸段表现为不规则日潮或规则日潮外,大部分岸段为不规则半日潮,神仙沟口外海区存在无潮点。

该扇形海区潮差变化以神仙沟口为分界,向西、向南逐渐增大,西部地区最大潮差 1. 88 米,东部地区最大潮差 1. 30 米;该海区存在着涨落潮历时不等现象,涨潮历时小于落潮历时。黄河三角洲附近海区潮汐特征值见表 1-4。

表 1-4 黄河三角洲附近海区潮汐特征值

项目	湾湾沟	刁口河东	五号桩	东营港	广利河口	羊角沟
调和常数	0. 74	2. 26	5. 25	12. 7	1. 15	0. 88
潮汐类型	不规则半日潮	不规则半日潮	不规则全日潮	不规则全日潮	不规则半日潮	不规则半日潮

(二)海流

黄河三角洲附近海区的海流由潮流和余流组成,潮流是随涨落潮而进行的周期性海流,余流是除周期性潮流外随季风而变的海流。

1. 黄河三角洲附近海区潮流主要特征

1)潮流类型

黄河三角洲附近海区的潮流类型基本属于半日潮流型,在套尔河口、小清河口附近属于规则半日潮流,在神仙沟口附近为全日潮或不规则全日潮,其他区域属于不规则半日潮流。

2)流速分布

同一区域沿垂直海岸方向,在一定水深范围内流速随水深增大而增大,当水深增大到一定数值时,流速随水深增大而减小;沿水深垂线上,底层流速最小。

在黄河三角洲海区范围内,以神仙沟口和黄河口附近的流速最大,并由此向南、北方向递减,黄河口以南区域的流速比以北区域的小。支脉沟至小清河口一带流速最小。

在清水沟老河口和神仙沟口附近分别存在一个流速高值区。清水沟老河口流速高值区流速大小及高值区的范围随季节而变化,春季流速高值区范围及流速均小,夏季流速高值区的范围和流速均大;神仙沟口附近的流速高值区受季节影响小,流速高值区范围和流速都较清水沟老河口区大。

2. 黄河三角洲附近海区余流主要特征

(1)黄河三角洲附近海区有三个比较明显的余流环流系统,分别是清水沟老河口南的顺时针环流系统、清水沟老河口以北的逆时针环流系统和原神仙沟口海区的顺时针环流系统。其中,原神仙沟口海区余流环流系统为15米水深之内余流流向指向西北,与海岸平行,水深20米处,余流流向又转向东北,这个环流系统范围比较大,也比较稳定;清水沟老河口南的顺时针环流系统范围从黄河口南缘一直到小清河口附近,为顺时针漩涡运动;黄河口以北的余流环流区其范围最小,表层和底层的环流特点也不尽相同。

(2)黄河口附近海区的余流环流系统一般表现为表层流速大于底层流速,表层流速大小与季节有关。

3. 潮、余流与黄河口泥沙运动的关系

(1)黄河口附近海区M2(太阴主要半日分潮)分潮流的椭圆长轴方向大都与岸线或等深线平行,这对泥沙沿岸输送十分有利。

(2)潮流输沙具有往复性,它的流速比较大,挟沙能力比余流大得多。

(3)余流虽然流速量值不大,但它的作用时间长,有定向输送泥沙的特点,对泥沙长距离搬运的作用非常明显。

(三)风暴潮

风暴潮又名风暴海啸,是一种灾害性的自然现象,它是剧烈的大气扰动,如强风和气压骤变(通常指台风和温带气旋等灾害性天气系统)导致海水异常升降,同时和天文潮(通常指潮汐)叠加时的情况,如果这种叠加恰好是强烈的低气压风暴涌浪形成的高涌浪与天文高潮叠加,则会形成更强的破坏力。

中华人民共和国成立前百年内,河口地区出现淹没高程5米以上的风暴潮有3次,分别是1845年、1890年和1938年;中华人民共和国成立后出现淹没高程4米以上的风暴潮有5次,分别是1957年4月9日、1960年11月22日、1964年4月5日、1969年4月23日和1980年4月5日。1991—2015年发生较大风暴潮3次,分别是1992年、1997年和2003年。

(1)1992年风暴潮。1992年9月风暴潮是特大台风风暴潮,东营市志记载,9月1日,东营沿海遭受特大风暴潮袭击,最高潮位3.50米,海水入侵内陆10~20千米,地方和油田直接经济损失5亿多元。1992年中国海洋灾害公报记载,东营市遭受了1938年以来的最大风暴潮袭击,海水冲垮海堤入侵内陆,最大距离25千米,淹没面积从高潮线算起为960平方千米,冲毁防潮堤50千米、水工建筑物350座,倒塌房屋5388间,损坏船只1000多艘,淹没盐田1.5万公顷,全市死亡12人,直接经济损失3.59亿元;胜利油田淹没油井105眼,钻井、采油、供电、通信、交通、生产、生活设施损失严重,死亡21人,直接经济损失1.5亿元。

(2)1997年风暴潮。1997年8月风暴潮是特大台风风暴潮,东营市水利局统计,8月19日,9711号台风风暴潮袭击东营市,沿海淹没面积达1417平方千米,垦利县和利津县61个村庄的1.2万户农户进水,冲坏防潮堤60千米,损坏房屋32450间,倒塌房屋9436间,刮倒通信、供电线杆3575根,冲坏公路145千米,冲毁盐田1.09万公顷,直接经济损失达7亿元,其中油田工业损失5.2亿元。

(3)2003年风暴潮。2003年1月风暴潮是特大温带气旋风暴潮,2003年中国海洋灾害公报记载,1月11日夜至12日,黄河口出现"三潮叠加"现象,羊角沟潮位站潮位最大涨幅3.00米。东营市5个区、县受灾,受灾人口0.56万,水产受灾面积3.5万公顷,损毁房屋180间,冲毁海堤40千米、路基38千米、桥梁1座,损坏船只36艘,直接经济损失1.4亿元。

第二节 水沙特性

水少沙多、水沙不平衡、年内分配不均匀、年际变化大是山东黄河水沙的主要特性。

一、径流

(一)山东黄河径流来源及分配

黄河下游水量主要来自上、中游。上游是黄河水量的主要来源区,河口镇以上水量约占总水量的55%左右,河口镇至龙门河段水量约占14%,龙门至潼关河段水量约占21%,三门峡以下水量约占10%。山东黄河来水量,1999年10月小浪底水库蓄水运用前主要受三门峡水库调节控制,之后主要受小浪底水库调节控制,同期来水大小还受小浪底以下未控区间伊河、洛河、沁河加水影响。山东境内大汶河属山区性河流,受水库塘坝蓄水和东平湖调节控制,汇入黄河的水量很少。

黄河水量年际分配不均匀。1951—2015年,山东黄河水文测区高村水文站多年平均径流量为346.9亿立方米,最大年径流量872.9亿立方米(1964年),最大流量17900立方米每秒(1958年7月19日),最小年径流量103.4亿立方米(1997年),最小流量0(1960年6月6日),7—10月多年平均径流量188.9亿立方米,占多年平均径流量的54.5%;1991—2015年,多年平均径流量225.1亿立方米,最大年径流量362.8亿立方米(2012年),最大流量6810立方米每秒(1996年8月9日),最小年径流量103.4亿立方米(1997年),最小流量0(1995年7月7日),7—10月多年平均径流量95.00亿立方米,占多年平均径流量的42.2%。1991—2015年高村水文站多年平均径流量较1951—2015年多年平均径流量减少121.8亿立方米。

1950—2015年,利津水文站多年平均径流量299.2亿立方米,最大年径流量973.1亿立方米(1964年),最大流量10400立方米每秒(1958年7月25日),最小年径流量18.61亿立方米(1997年),最小流量0(1960年3月4日),7—10月多年平均径流量180.0亿立方米,占多年平均径流量的60.2%;1991—2015年,多年平均径流量147.9亿立方米,最大年径流量282.5亿立方米(2012年),最大流量4360立方米每秒(2013年7月30日),最小年径流量18.61亿立方米(1997年),最小流量0(1991年5月15日),7—10月多年平均径流量83.19亿立方米,占多年平均径流量的56.2%。1991—2015年利津水文站多年平均径流量较1950—2015年多年平均径流量减少151.3亿立方米。

1965—2015年,东平湖通过陈山口水文站新闸下(含闸左,1962年9月增设出湖闸陈山口闸左断面,1967年撤销,1969年1月设陈山口新闸下断面)和闸下二两个断面汇入黄河的多年平均径流量6.379亿立方米,最大年径流量27.40亿立方米(2004年),最大流量1000立方米每秒(1970年7月31日),最小年径流量-0.1585亿立方米(1967年7~9三个月黄河水从陈山口闸下二断面倒灌入湖,形成负值径流量),最小流量-191立方米每秒

(1966 年 8 月 3 日闸左断面出现逆流)。

1991—2015 年,东平湖通过陈山口水文站新闸下和闸下二两个断面汇入黄河的多年平均径流量 7.276 亿立方米,最大年径流量 27.40 亿立方米(2004 年),最大流量 852 立方米每秒(2007 年 8 月 30 日),最小年径流量 0(1992 年),最小流量-9.17 立方米每秒(1994 年 7 月 4 日闸下二断面出现逆流)。

大汶河属季节性河流,1952—2015 年,戴村坝水文站多年平均径流量 10.20 亿立方米,来水主要集中在汛期,7、8 月径流量占全年径流量的 60.1%;径流量年际变化大,戴村坝水文站最大年径流量为 60.70 亿立方米(1964 年)、最小年径流量为 0(1989 年);实测最大流量 6930 立方米每秒(1964 年 9 月 13 日)。1991—2015 年,戴村坝水文站多年平均径流量 8.930 亿立方米,7、8 月径流量占全年径流量的 57.2%,1—6 月水量占全年的 7.6%。最大年径流量 26.33 亿立方米(2004 年),最小年径流量 0.0450 亿立方米(2014 年),实测最大流量 2610 立方米每秒(1996 年 7 月 26 日)。

高村等水文站径流量年内分配、多年平均及特征值见表 1-5,1991—2015 年高村等水文站径流量年内分配、多年平均及特征值见表 1-6,高村等水文站流量年内分配、多年平均及特征值见表 1-7,1991—2015 年高村等水文站流量年内分配、多年平均及特征值见表 1-8。

(二)断流

山东黄河 1972—1999 年的 28 年中,利津水文站 22 年发生断流,特别是 20 世纪 90 年代,断流现象频繁发生,1991—1999 年,利津水文站 9 年连续出现断流,其中 1997 年累计断流 226 天,断流河段上延至河南开封附近,断流长度达 683 千米。1999 年 3 月,国务院授权黄委对黄河水量实行统一调度管理,当年利津水文站断流天数减少至 41 天,2000 年起山东黄河未再发生断流。

二、洪水

(一)汛期划分

黄河下游水情按照上游来水情况有桃、伏、秋、凌 4 汛。3 月下旬至 4 月上旬,宁蒙河段开河形成的洪水称桃汛;7—10 月是伏秋大汛,立秋以前为伏汛,立秋以后为秋汛,伏秋大汛洪水主要来源于中游暴雨径流,是山东黄河的主要汛期;12 月至次年 2 月黄河下游河道经过流凌、封冻、开河等,称为凌汛。

表 1-5　高村等水文站径流量年内分配、多年平均及特征值

（单位：亿 m^3）

站名	1月	2月	3月	4月	5月	6月	7月	8月	9月	10月	11月	12月	年平均	最大		最小		统计年份
														数值	年份	数值	年份	
高村	12.91	11.07	23.32	22.98	21.22	21.61	40.21	54.16	50.12	44.37	26.97	17.83	346.9	872.9	1964	103.4	1997	1951—2015
孙口	12.48	10.61	21.73	21.62	19.78	19.87	38.82	52.53	49.08	43.85	26.77	17.45	334.6	895.7	1964	86.52	1997	1952—2015
艾山	12.18	10.13	19.36	19.81	18.49	18.92	39.75	55.29	50.70	44.62	27.05	17.21	333.5	956.1	1964	68.68	1997	1951—2015
泺口	11.82	9.671	16.93	17.26	16.53	17.94	39.08	55.15	50.52	45.49	27.83	16.51	324.6	948.0	1964	44.16	1997	1949—2015
利津	11.33	9.013	13.66	13.65	13.92	16.04	36.78	52.67	47.60	42.97	26.29	15.31	299.2	973.1	1964	18.61	1997	1950—2015
陈山口	0.1436	0.0823	0.0845	0.0677	0.0604	0.0320	0.9474	2.347	1.394	0.5927	0.4112	0.2122	6.379	27.40	2004	-0.1585	1967	1965—2015

注：1967 年 7、8、9 三个月黄河水从陈山口水文站闸下二断面倒灌入东平湖，形成负值径流量。

表 1-6　1991—2015 年高村等水文站径流量年内分配、多年平均及特征值

（单位：亿 m^3）

站名	1月	2月	3月	4月	5月	6月	7月	8月	9月	10月	11月	12月	年平均	最大		最小	
														数值	年份	数值	年份
高村	10.60	9.759	20.81	19.66	15.43	24.11	26.15	27.17	22.16	19.52	15.14	14.48	225.1	362.8	2012	103.4	1997
孙口	10.26	8.664	17.93	17.78	13.79	21.75	25.68	26.66	21.32	18.85	14.67	13.91	211.3	344.1	2012	86.52	1997
艾山	9.407	7.649	14.76	15.08	12.04	20.08	26.23	28.54	22.37	18.39	14.16	12.96	201.6	336.5	2012	68.68	1997
泺口	8.584	6.226	10.28	10.53	9.128	17.86	25.12	27.54	20.38	17.05	13.16	11.44	177.3	313.6	2012	44.16	1997
利津	7.717	4.873	4.680	5.073	6.305	15.45	23.76	25.93	18.49	15.01	11.67	8.961	147.9	282.5	2012	18.61	1997
陈山口	0.1256	0.0543	0.0765	0.0842	0.1044	0.0614	1.076	2.653	1.699	0.6858	0.4283	0.2243	7.276	27.40	2004	0	1992

表 1-7　高村等水文站流量年内分配、多年平均及特征值

(单位:m^3/s)

站名	1月	2月	3月	4月	5月	6月	7月	8月	9月	10月	11月	12月	年平均	最大		最小		统计年份
														数值	年份	数值	年份	
高村	482	458	871	887	792	834	1510	2050	1960	1680	1050	667	1100	17900	1958	0	1960	1951—2015
孙口	466	435	811	834	739	767	1450	1960	1890	1640	1030	652	1060	15900	1958	0	1960	1952—2015
艾山	455	415	723	764	690	730	1480	2060	1960	1670	1040	643	1060	12600	1958	0	1981	1951—2015
泺口	441	397	632	666	617	692	1460	2060	1950	1700	1070	616	1030	11900	1958	0	1972	1949—2015
利津	425	369	510	526	520	619	1370	1970	1840	1600	1014	572	948	10400	1958	0	1960	1950—2015
陈山口	5. 36	3. 40	3. 15	2. 61	2. 26	1. 24	35. 4	87. 6	53. 8	22. 1	15. 9	7. 92	20. 2	1000	1970	-191	1966	1965—2015

表 1-8　1991—2015 年高村等水文站流量年内分配、多年平均及特征值

(单位:m^3/s)

站名	1月	2月	3月	4月	5月	6月	7月	8月	9月	10月	11月	12月	年平均	最大		最小	
														数值	年份	数值	年份
高村	396	403	777	759	576	930	969	1040	871	741	586	538	713	6810	1996	0	1995
孙口	383	355	669	686	515	839	959	995	822	704	566	519	670	5800	1996	0	1995
艾山	351	314	551	582	449	774	979	1070	860	687	546	484	639	5030	1996	0	1995
泺口	320	255	384	406	341	689	938	1030	786	636	508	427	560	4700	1996	0	1992
利津	287	200	175	196	235	596	887	968	713	560	450	335	469	4360	2013	0	1991
陈山口	4. 69	2. 24	2. 86	3. 25	3. 90	2. 37	40. 2	99. 0	65. 5	25. 6	16. 5	8. 37	23. 1	852	2007	-9. 17	1994

1997年黄委印发《黄河汛期水文、气象情报预报工作责任制(试行)》,规定“6月15日起至10月15日止,水情、气象部门按汛期工作制度运行,实行日夜值班”。1998年黄河防总办公室在向国家防办上报的《黄河防总办公室防汛值班制度》中,提出汛期值班起止时段为:“正常情况下,伏秋汛期值班时间为每年的6月15日至霜降”“凌汛期值班时间为黄河下游封河期”。2009年,《黄河防汛抗旱总指挥部办公室防汛抗旱值班实施细则(试行)》出台,规定伏秋汛期值班为每年6月15日至霜降,凌汛期值班为每年从内蒙古河段开始流凌起至次年3月全线开河止。另外,在三门峡、小浪底、故县等干支流水库的汛期调度运用方案中,明确水库的防洪调度期为每年的7月1日至10月31日。

2003年7月25日,山东省第十届人民代表大会常务委员会第三次会议通过第8号公告公布《山东省黄河防汛条例》,条例第二十四条规定:本省黄河汛期包括伏秋汛期和凌汛期。伏秋汛期为每年的7月1日至10月31日,凌汛期为每年的12月1日至次年的2月底。大清河的汛期为每年的6月1日至9月30日。特殊情况下,省防汛指挥机构可以宣布提前或者延长汛期时间。

(二)干流洪水

山东黄河来水来沙量主要集中在汛期,汛期降水集中、洪水过程频繁、水量丰、沙量大、河床冲淤变化大,最高水位、最大流量、最大含沙量等水文要素特征值主要发生在汛期。非汛期降水量小、水流平稳、水沙量小、河床冲淤变化小、“假潮”现象明显。山东黄河呈西南东北走向,受纬度差影响,山东黄河凌汛期上暖下寒,造成了下段较上段流凌或封冻早,融冰或开河晚,开河时冰水齐下,窄河段极易发生冰塞、冰坝等凌汛洪水。

1.洪水来源

黄河下游洪水主要有三种形式,一是以三门峡以上(山陕区间、泾河、洛河、渭河)来水为主,称为“上大型”洪水。二是以三门峡以下(三花区间)来水为主,称为“下大型”洪水。三是由三门峡上、下共同来水组成,称为上大、下大型洪水。

山东黄河洪水主要来自花园口以上流域内的暴雨径流,1999年后,洪水大小主要受小浪底水库控制和小花间支流洪水影响,山东省境内大汶河流域洪水水量小。

2.凌汛洪水

1991—2015年,山东黄河未发生凌汛洪水,黄河凌汛期均安全度过。

3. 小浪底水库调蓄作用

小浪底水库拦蓄洪水的作用明显。2003 年 8 月下旬至 10 月上旬,黄河流域一场罕见的“华西秋雨”持续 50 多天,黄河干支流相继发生 17 次洪水,其中渭河发生首尾相连的洪水 6 次,下游防汛形势严峻。黄河防汛抗旱总指挥部实施三门峡、小浪底、陆浑和故县四水库联合调度,有效地控制了小浪底水库下泄流量,9 月 6—18 日,花园口水文站平均流量 2400 立方米每秒。

(三)干流水文站年最大洪峰流量

1991—2015 年,山东黄河大于 5000 立方米每秒以上的洪水只有 1 次,多数年份在 2400~4200 立方米每秒之间,高村水文站最大洪峰流量 6810 立方米每秒(1996 年 8 月 9 日),最小洪峰流量 1130 立方米每秒(2000 年 11 月 6 日),频率为 50%的洪水流量为 3490 立方米每秒,分别发生在 2005 年、2014 年;利津水文站最大洪峰流量 4360 立方米每秒(2013 年 7 月 30 日),最小洪峰流量 662 立方米每秒(2001 年 3 月 12 日),1991—2015 年干流水文站年最大洪峰流量见表 1-9。

(四)大汶河洪水

大汶河洪水多发生在 6—10 月,洪水经东平湖调蓄后进入黄河。戴村坝水文站是大汶河进入东平湖水库的控制站,1991—2015 年该站未发生流量超过 3000 立方米每秒的洪水,超过 2000 立方米每秒洪水发生了 5 次,分别为 1996 年、2001 年、2003 年、2007 年。其中,1996 年发生了 2 次,7 月 26 日 13:42 第 1 次洪峰流量 2610 立方米每秒,7 月 31 日 19:30 第 2 次洪峰流量 2300 立方米每秒;2001 年 8 月 5 日 10:00 洪峰流量 2610 立方米每秒;2003 年 9 月 5 日 6:00 洪峰流量 2020 立方米每秒;2007 年 8 月 19 日 0:00 洪峰流量 2260 立方米每秒。来水量超过 10.00 亿立方米的年份有 9 年,其中 2004 年最大,来水量 26.32 亿立方米。黄河、大汶河洪水相遇年份为 1996 年、2003 年。

三、泥沙

(一)泥沙来源及地区分布

黄河泥沙主要来自三大区域:一是河口镇以上,来沙量约占全河沙量的 9%;二是河口镇至龙门区间,来沙量约占全河沙量的 55%;三是龙门至潼关区间,来沙量约占全河沙量的 34%,三门峡以下约占 2%。中游地区的黄土分布最广,泥沙粗细分布具有明显的分带性:西北地区的泥沙较粗,东南地区的泥沙较细。黄河的粗泥沙主要来自两个区域:一是皇甫川到秃尾河间各条支流的中、下游地区,二是无定河中、下游地区及广义的白宇山河源区(无定河、清涧河、延水、北洛河及泾河支流马莲河的河源地区)。来沙量大小及组成除受不同区域的来水来沙影响外,还受三门峡、小浪底水库调节的影响。

表 1-9 1991—2015 年干流水文站年最大洪峰流量 (单位:m^3/s)

年份	高村		孙口		艾山		泺口		利津	
	流量	日期	流量	日期	流量	日期	流量	日期	流量	日期
1991	2900	06.15	2850	06.16	2830	06.16	2820	06.16	2800	06.17
1992	4100	08.19	3480	08.20	3310	08.20	3150	08.20	3080	08.20
1993	3450	08.08	3340	08.10	3310	08.10	3300	08.11	3210	08.11
1994	3600	07.13	3530	07.13	3450	07.14	3350	07.14	3200	07.15
1995	2430	09.05	2350	09.06	2540	09.06	2460	09.06	2390	09.07
1996	6810	08.09	5800	08.15	5030	08.17	4700	08.18	4130	08.20
1997	2200	08.04	1910	08.05	1590	08.05	1430	08.06	1330	08.06
1998	3030	07.18	2800	07.20	3130	08.29	3090	08.29	3020	08.29
1999	2700	07.26	2450	07.26	2300	07.27	2120	07.27	2090	07.28
2000	1130	11.06	1200	02.24	1030	11.11	930	11.12	894	11.05
2001	1420	04.07	1360	04.07	1090	01.01	880	03.11	662	03.12
2002	2980	07.11	2800	07.17	2670	07.18	2550	07.18	2500	07.19
2003	2970	10.13	2910	10.13	3030	10.15	2960	10.16	2890	10.20
2004	3840	08.25	3740	08.25	3440	08.26	3280	08.26	3200	08.27
2005	3490	06.26	3400	06.26	3310	06.26	3120	06.27	2950	06.28
2006	3940	06.29	3870	06.29	3850	06.29	3820	06.30	3750	06.30
2007	4050	06.29	3980	06.30	3960	06.30	3930	07.01	3910	07.02
2008	4150	06.28	4100	06.28	4080	06.28	4070	06.29	4050	06.29
2009	4080	06.27	3960	06.27	3860	06.29	3800	06.30	3730	07.01
2010	4700	07.06	4510	07.07	4400	07.07	4260	07.07	3900	07.08
2011	3640	06.30	3580	07.01	3750	09.22	3580	09.22	3230	09.23
2012	3850	07.02	3780	07.03	3730	07.03	3650	07.03	3530	07.04
2013	4030	07.28	4010	07.29	4240	07.29	4430	07.30	4360	07.30
2014	3490	07.04	3360	07.05	3300	07.05	3200	07.06	3150	07.07
2015	3250	07.07	3200	07.08	3070	07.08	3050	07.09	2720	07.09

(二)山东黄河泥沙年际年内分配

黄河泥沙不仅区域分布不均匀,年际年内分配也不均匀。山东黄河水文测区高村水文站 1951—2015 年多年平均输沙量 7.52 亿吨,最大年输沙量 25.6 亿吨(1958 年),最大含沙量 405 千克每立方米(1977 年 7 月 11 日),最小年输沙量 0.417 亿吨(2015 年),最小含沙量 0(1971 年 3 月 3 日);7—10

月多年平均输沙量6.00亿吨,占多年平均输沙量的79.8%。1991—2015年多年平均输沙量为2.60亿吨,最大年输沙量8.01亿吨(1994年),最大含沙量199千克每立方米(2004年8月26日),最小年输沙量0.417亿吨(2015年),最小含沙量0(1995年7月2日);7—10月多年平均输沙量1.86亿吨,占多年平均输沙量的71.5%。1991—2015多年平均输沙量较1951—2015年多年平均输沙量减少了4.92亿吨。

利津水文站1950—2015年多年平均输沙量6.87亿吨,最大年输沙量21.0亿吨(1958年),最大含沙量222千克每立方米(1973年9月7日),最小年输沙量0.164亿吨(1997年),最小含沙量0(1960年3月1日);7—10月多年平均输沙量5.80亿吨,占多年平均输沙量的84.4%。1991—2015年多年平均输沙量为2.18亿吨,最大年输沙量7.08亿吨(1994年),最大含沙量153千克每立方米(1994年8月18日),最小年输沙量0.164亿吨(1997年),最小含沙量0(1991年5月15日);7—10月多年平均输沙量1.78亿吨,占多年平均输沙量的81.7%。1991—2015年多年平均输沙量较1950—2015年减少4.69亿吨。

高村等干流水文站输沙量年内分配、多年平均及特征值见表1-10,1991—2015年高村等干流水文站输沙量年内分配、年平均及特征值见表1-11,高村等干流水文站含沙量年内分配、多年平均及特征值见表1-12,1991—2015年高村等干流水文站含沙量年内分配、年平均及特征值见表1-13。

四、“假潮”

“假潮”是山东黄河的一种特殊水情,在枯水季节无上游增水和区间加水时突然间出现涨水,且来势迅猛,形似海水潮汐涨落,又与潮汐不同,称为“假潮”。“假潮”给山东黄河水文测报和水沙量平衡计算造成了困难。

(一)“假潮”特征

“假潮”发生时水位在几十分钟,甚至几分钟内猛然上涨几十厘米,最多达1米左右,流量、含沙量相应增加,然后逐渐回落趋于正常,整个涨落水过程可持续几个小时至二十几个小时,多数过程涨水历时短于落水历时。艾山、利津水文站自记水位过程见图1-1,艾山水文站2007年12月4—9日水位过程见图1-2,孙口水文站2000年3月水位过程见图1-3,孙口水文站2000年3月流量过程见图1-4,孙口水文站2000年3月含沙量过程见图1-5。

表 1-10 高村等干流水文站输沙量年内分配、多年平均及特征值

（单位：亿 t）

站名	1月	2月	3月	4月	5月	6月	7月	8月	9月	10月	11月	12月	年平均	最大		最小		统计年份
														数值	年份	数值	年份	
高村	0.077	0.078	0.243	0.221	0.178	0.205	1.23	2.35	1.58	0.840	0.372	0.154	7.52	25.6	1958	0.417	2015	1951—2015
孙口	0.067	0.066	0.235	0.216	0.176	0.205	1.16	2.17	1.58	0.821	0.353	0.134	7.19	22.1	1958	0.476	2015	1952—2015
艾山	0.061	0.064	0.226	0.220	0.177	0.212	1.15	2.18	1.59	0.871	0.365	0.142	7.23	21.6	1967	0.535	2015	1952—2015
泺口	0.044	0.048	0.170	0.183	0.155	0.198	1.12	2.15	1.55	0.878	0.369	0.106	6.95	21.5	1958	0.434	2014	1949—2015
利津	0.028	0.030	0.124	0.147	0.136	0.197	1.11	2.18	1.60	0.910	0.340	0.081	6.87	21.0	1958	0.164	1997	1950—2015

表 1-11 1991—2015 年高村等干流水文站输沙量年内分配、年平均及特征值

（单位：亿 t）

站名	1月	2月	3月	4月	5月	6月	7月	8月	9月	10月	11月	12月	年平均	最大		最小	
														数值	年份	数值	年份
高村	0.037	0.047	0.155	0.120	0.058	0.172	0.491	0.823	0.409	0.132	0.084	0.078	2.60	8.01	1994	0.417	2015
孙口	0.035	0.038	0.124	0.112	0.052	0.197	0.491	0.809	0.434	0.136	0.080	0.071	2.58	8.01	1958	0.476	2015
艾山	0.038	0.040	0.126	0.111	0.054	0.205	0.503	0.846	0.461	0.158	0.097	0.088	2.73	8.67	1994	0.535	2015
泺口	0.023	0.022	0.063	0.064	0.036	0.190	0.458	0.752	0.411	0.138	0.070	0.054	2.28	6.83	1994	0.434	2014
利津	0.015	0.013	0.020	0.029	0.023	0.199	0.454	0.775	0.408	0.146	0.065	0.033	2.18	7.08	1994	0.164	1997

表 1-12　高村等干流水文站含沙量年内分配、多年平均及特征值

(单位:kg/m³)

站名	1月	2月	3月	4月	5月	6月	7月	8月	9月	10月	11月	12月	年平均	最大		最小		统计年份
														数值	年份	数值	年份	
高村	5.20	6.07	9.88	8.96	7.20	7.88	27.6	36.3	24.8	14.5	10.64	7.59	20.1	405	1977	0	1960	1951—2015
孙口	4.57	5.20	9.79	9.00	7.29	7.87	27.5	35.1	25.3	14.1	9.77	6.57	19.9	267	1973	0	1995	1952—2015
艾山	4.27	5.12	10.4	9.72	7.61	8.27	26.6	33.3	25.0	14.7	10.0	6.96	20.3	246	1973	0	1960	1952—2015
泺口	3.07	3.82	8.19	8.75	6.96	7.94	26.4	32.9	24.6	14.3	9.06	5.30	19.8	221	1973	0	1960	1949—2015
利津	1.96	2.47	6.09	7.29	6.16	7.96	27.3	34.4	25.8	14.8	8.52	3.88	21.2	222	1973	0	1960	1950—2015

表 1-13　1991—2015 年高村等干流水文站含沙量年内分配、年平均及特征值

(单位:kg/m³)

站名	1月	2月	3月	4月	5月	6月	7月	8月	9月	10月	11月	12月	年平均	最大		最小	
														数值	年份	数值	年份
高村	3.20	4.41	7.56	6.22	4.06	6.07	19.2	22.1	14.0	6.22	4.57	4.65	12.0	199	2004	0	1995
孙口	3.04	3.93	6.92	6.28	4.07	6.38	19.9	22.4	14.9	6.28	4.36	4.45	12.5	175	2004	0	1991
艾山	3.39	4.40	8.74	7.26	4.62	7.09	20.0	21.8	15.2	7.09	5.18	5.55	13.9	180	1994	0	1992
泺口	2.23	2.65	5.93	5.98	4.10	7.31	19.3	20.1	14.5	6.14	4.05	3.86	13.2	162	1994	0	1992
利津	1.41	1.78	3.36	4.51	3.35	7.65	20.3	21.4	14.4	6.08	3.56	2.44	14.9	153	1994	0	1991

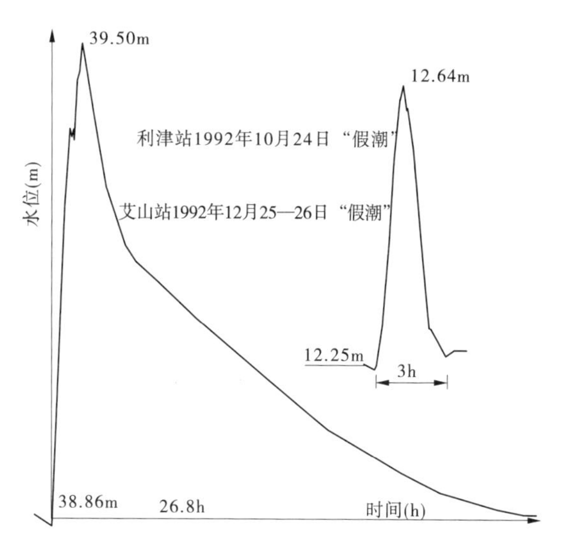

图 1-1　艾山、利津水文站自记水位过程

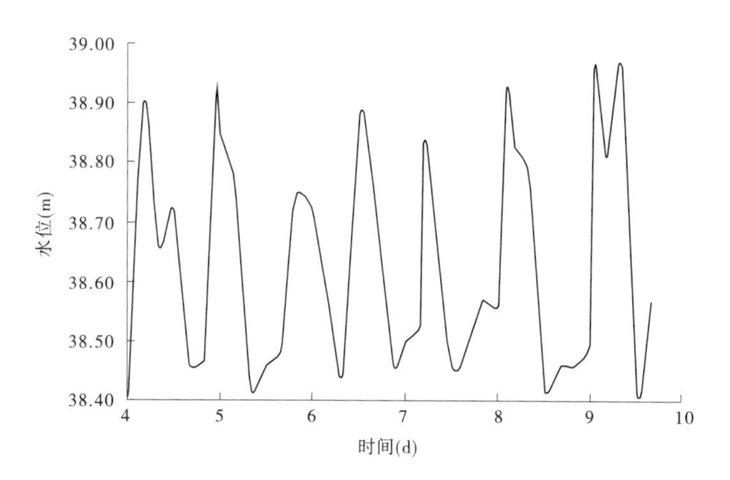

图 1-2　艾山水文站 2007 年 12 月 4~9 日水位过程

“假潮”一般发生在流量 200~1220 立方米每秒的低水时期，多出现在 3—5 月及 11—12 月，一般 1 天出现 1 次，个别时段出现 2 次甚至 3 次，在一段时间里会连续发生，持续时间因河段不同有所差异。一般一个站出现“假潮”时，其上、下游相邻站也会出现，“假潮”的发生、发展、消亡有一个演进过程。

由于“假潮”的突发性和水位的陡涨缓落特性，对流量、含沙量的过程控制以及水情报汛造成了困难。

（二）“假潮”期水文测报

“假潮”期间，水位突然增高，流量、含沙量突然增大，引起黄委重视，

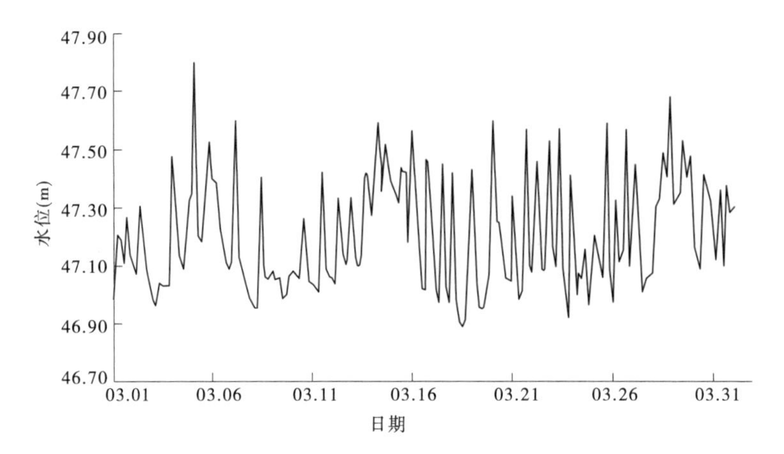

图 1-3　孙口水文站 2000 年 3 月水位过程

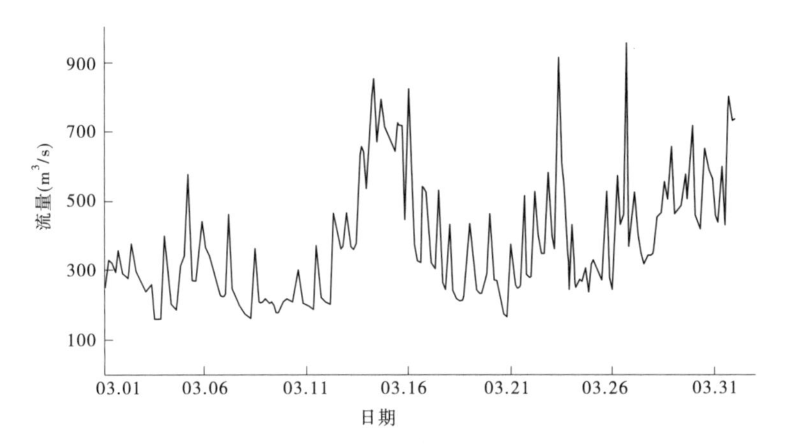

图 1-4　孙口水文站 2000 年 3 月流量过程

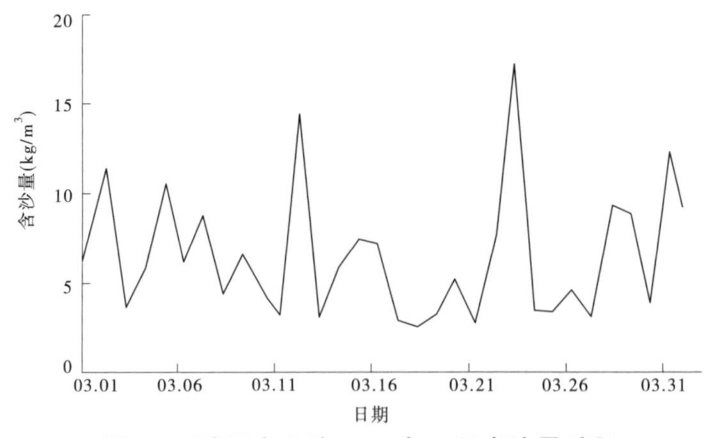

图 1-5　孙口水文站 2000 年 3 月含沙量过程

1993 年 6 月山东水文水资源局向黄委做了专题汇报,介绍了“假潮”在黄河山东段发生的基本情况和水文测报采取的主要措施。为较好地控制“假潮”期间水沙过程,提高水沙测报精度,干流水文站加强了水位、流量监测,水位以水位计观测为主、人工观测补充,实现了全天候监测,完整控制了水位过程;流量监测以常测法为主、简测法补充,适时加密测次,按照“先测验后拍报”的方法测报,即在“假潮”发生期间,干流水文站每日 8 时前施测断面流量,根据实测的流量修订测站水位—流量关系曲线拍报水情,及时分析“假潮”期间水位—流量关系曲线特性,适时布置流量测验,提高了测报精度。

第三节　河道、河口

山东黄河河道 1985—2015 年冲淤特点表现为前段淤积、后段冲刷,并逐渐趋于稳定,河口流路的摆动和海岸线的变化呈人工干预下的自然调整。

一、河道冲淤

根据河道淤积测验断面计算,1985—2015 年,高村至利津河段主槽共淤积 5092 万立方米,平均淤积厚度 0.15 米;艾山以上河段淤积 857 万立方米,占该河段 16.8%。其中,1985—2001 年山东河段主槽淤积 61108 万立方米,淤积厚度 1.75 米;2002—2015 年,山东河段主槽冲刷 56016 万立方米,平均冲刷深度 1.60 米。山东黄河各河段河道冲淤过程见图 1-6,山东黄河各河段河道冲淤厚度见图 1-7。

二、河口

河口变化主要包括河口段河道冲淤、口门流路摆动、黄河三角洲附近海区冲淤、海岸线延伸蚀退。

利津至口门河段为河口段河道,全长 110 千米,随着流路摆动,其长度有所变化。1985—2015 年,利津至河口汊 3 断面主槽共淤积 8008 万立方米,其中利津至 CS7 河段淤积 2975 万立方米,淤积厚度 0.94 米;CS7 以下河段淤积 5033 万立方米,淤积厚度为 1.15 米。该河段 1985—2001 年主槽淤积 14471 万立方米,2002—2015 年冲刷 6463 万立方米。

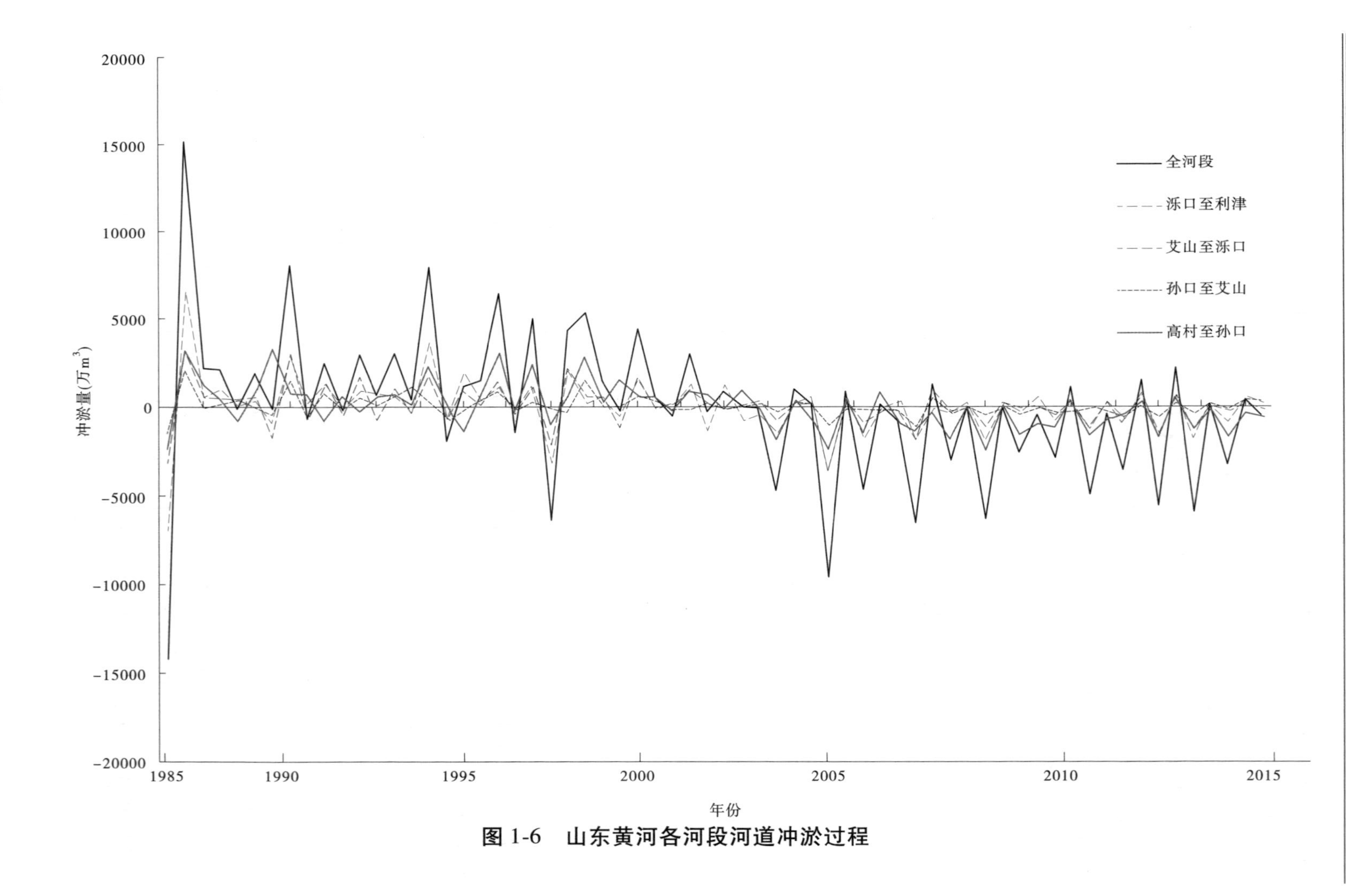

图 1-6　山东黄河各河段河道冲淤过程

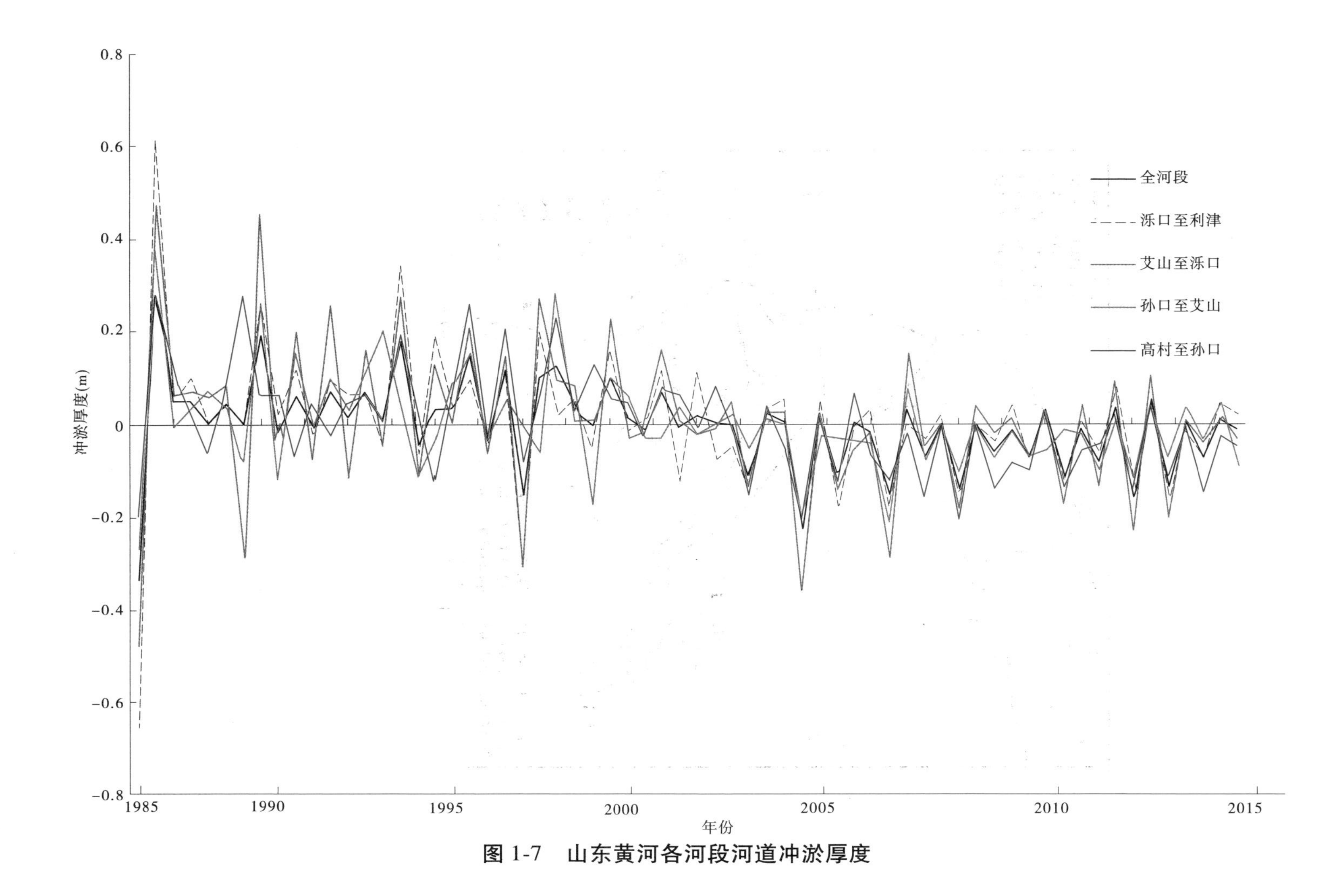

图 1-7　山东黄河各河段河道冲淤厚度

黄河1855年夺大清河入海以来,经历12次较大的改道,清水沟流路是最近一次改道后的流路,1976年西河口人工改道清水沟以后,河口河道在人工控制下自然摆动。1996年清8出汊人工改道汊河,2002—2005年入海口门自然左右摆动,2007年汊3以下1.5千米处自然出汊,2011年清加9至汊2之间实施人工裁弯取直。黄河口历年流路变迁见图1-8。

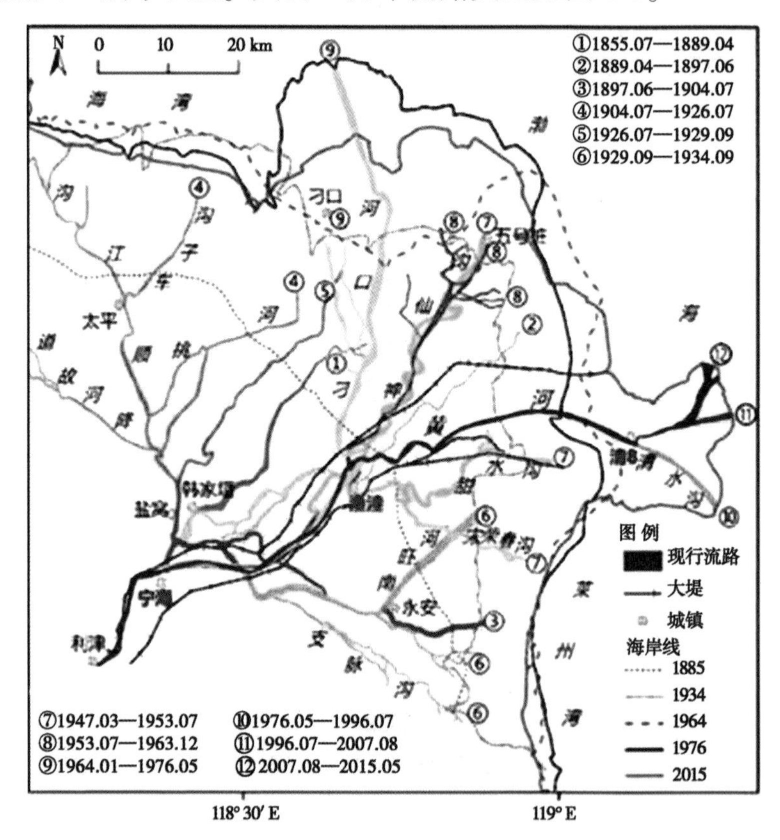

图1-8 黄河口历年流路变迁

黄河三角洲岸线是由太平镇、车子沟、刁口河、神仙沟、清水沟、甜水沟六大沙嘴相互连接成的曲折岸线,岸线总长度320千米,分为自然状态下淤泥质海岸、有工程控制的海岸和2015年黄河河口、黄河故道河口海岸3种海岸形式,其中自然状况下的淤泥质海岸分别位于刁口河以西及清水沟老河口以南至小清河河口,海岸线长121千米;有工程措施的海岸是指一零六沟至孤东油田海堤南部,海岸线长53千米;2015年黄河河口、黄河故道河口海岸主要包括现黄河口、清水沟老河口以及刁口河流路老河口附近海岸,海岸线长146千米。

20 世纪 50—90 年代在高潮线以上部位，地方政府与油田部门不断修建防潮大堤抵挡风暴潮入侵，防潮大堤临海侧保留宽广的自然潮滩，2000 年后在黄河三角洲莱州湾西岸建设完成长 41. 4 千米防潮大堤堤防，防潮标准提高到 50 年一遇（极端高潮位 3. 63 米，堤顶高程 4. 72 米，防浪墙高程 5. 82 米）。随着养殖业的发展，北部自然潮滩经历大规模的养殖池塘开发建设，自然岸线剧烈萎缩。

黄河三角洲海岸线的变化主要表现在行河河口的淤积延伸和非行河河口部位的蚀退，其他部位基本处于稳定状态。

2015 年黄河河口附近岸线的推进和蚀退：根据 1992 年、2000 年和 2007 年黄河三角洲附近海区水下地形测绘成果计算，以 0. 8 米等深线变化，1992—2007 年，该段海岸共造陆 41. 2 平方千米，造陆速率为 2. 74 平方千米每年，海岸线推进 1. 61 千米，年推进 0. 11 千米。其中，1992—2000 年造陆 13. 44 平方千米，造陆速率为 1. 68 平方千米每年，该时段海岸线的推进主要集中在 1996 年以后；2000—2007 年造陆 27. 76 平方千米，造陆速率为 3. 97 平方千米每年。由于没有测验数据，其他年份的海岸推进和蚀退无法进行计算。

黄河三角洲附近海区处于渤海湾南部和莱州湾西部海区，根据其水深在平面上的变化分为三个区域：神仙沟以西海区（渤海湾）水深在 0~20 米，神仙沟以南至小清河海区（莱州湾）水深在 0~16 米，神仙沟岬角处向东北方向海区水深较深，最大水深达 27. 0 米。

黄河三角洲海区水下分三个区：第一区为浅水平缓区，水深一般在 0~2 米；第二区为前缘急坡区，水深一般在 2~12 米；第三区为海底平缓区，水深一般在 12 米以上。

在河口附近，水下岸坡可形象地称为河口水下三角洲，其变化程度相对远离河口的海区要剧烈得多，水下 3 个区称为顶坡段、前坡段（前缘急坡）和尾坡段；特别是前坡段变化剧烈，水深变化梯度超过 2‰，这一部位也是冲淤变化最为急剧的部分。

1991—2015 年，利津水文站共来沙 54. 52 亿吨，合 35. 66 亿立方米（按照 2008 年 9 月河口泥沙干容重试验数据 1. 529 吨每立方米计算）。其中，该时段利津以下至汊 3 河段河道冲刷 987. 69 万立方米，水深 0~15. 0 米海区淤积 17. 80 亿立方米，其余泥沙均淤积在潮间带和水深 15. 0 米以上的深水区。

第四节　水　质

山东黄河水质状况受上游来水和支流加水影响,干流优于支流,黄河水量实行统一调度管理后,水质逐年好转。

一、干流水质

20 世纪 90 年代,山东黄河水质超标率呈明显上升趋势,1999 年 3 月黄河实施水资源统一调度管理后水质状况逐年好转,山东黄河水质年超标率呈明显下降趋势。

1991—2001 年,山东黄河的主要污染参数为非离子氨、高锰酸盐指数和亚硝酸盐氮;2002—2015 年主要污染参数为氨氮、化学需氧量、五日生化需氧量和石油类等。非汛期(3—6 月)是突发性水污染事故的多发期,主要污染物为化学需氧量。

二、支流入黄口水质

山东黄河大的支流入黄口有两处,分别是大汶河陈山口入黄口和金堤河张庄闸入黄口,两大支流入黄水量受闸门控制。支流水质评价标准、评价因子选取、评价依据及评价方法均与干流水质评价相一致。大汶河入黄口陈山口闸开闸放水次数少,监测数据有限,未进行水质评价;金堤河张庄闸入黄口综合水质类别和不同时期(汛期、非汛期)的水质类别为Ⅴ类或劣Ⅴ类水质,劣于地表水环境Ⅲ类水质标准,主要超标项目为化学需氧量、五日生化需氧量和氟化物。

第二章　站网建设

山东水文水资源局是黄河流域最下游的基层水文水资源局，担负着黄河山东段基本水文测报、河道断面测量、黄河三角洲附近海区地形测量、水环境监测任务。1991—2015年，山东黄河水文站网除个别水位站因观测条件等因素调整外，多数测站与1990年相比没有变化；河道断面1991年82个，2015年218个；黄河三角洲附近海区布设固定测深断面36个，海区沿岸布设13个临时潮位站；水质监测布设省界水体监测断面4个、常规监测断面7个、一级水功能区4个、二级水功能区6个，黄河水量统一调度监测断面3个、排污口调查及监测断面3个。

第一节　基本水文站网

1991年，山东水文水资源局下设高村、孙口、艾山、泺口、利津、陈山口6个国家基本水文站及苏泗庄、杨集、邢庙、国那里、黄庄、南桥、韩刘、北店子、刘家园、清河镇、张肖堂、道旭、麻湾、一号坝、西河口、十八公里16个常年观测的国家基本水位站，另设贺洼、十里堡、邵庄、位山4个东平湖分洪专用水位站。其中，苏泗庄水位站由高村水文站管理，邢庙、杨集、国那里（2000年8月以前由陈山口水文站管理）、贺洼、邵庄水位站由孙口水文站管理，黄庄、十里堡水位站由陈山口水文站管理，位山、南桥、韩刘水位站由艾山水文站管理，北店子、刘家园水位站由泺口水文站管理，清河镇、张肖堂、道旭、麻湾水位站由利津水文站管理，一号坝、西河口、十八公里水位站由黄河口勘测局管理。

1991—2015年，山东黄河水文测区基本水文站布局与1990年站网相同，水位站根据相关测站观测条件、任务要求等做了调整、减少：1993年6月1日起，邢庙水位站由常年观测水位站改为汛期观测水位站，当高村水文站流量达到3000立方米每秒开始观测水位，观测资料参加整编；1993年3月，道旭水位站停止观测；1995年9月1日撤销十八公里水位站；2004年西河口（二）水位站下迁4300米，2007年11月更名为西河口（三）水位站。1991—2015年各年度水文站、水位站数量见表2-1。

表 2-1　1991—2015 年各年度水文站、水位站数量

年份	水文站	水位站		
		常年站	汛期站	东平湖分洪专用站
1991	6	16		4
1992	6	16		4
1993	6	16	1	4
1994	6	14	1	4
1995	6	14	1	4
1996	6	13	1	4
1997	6	13	1	4
1998	6	13	1	4
1999	6	13	1	4
2000	6	13	1	4
2001	6	13	1	4
2002	6	13	1	4
2003	6	13	1	4
2004	6	13	1	4
2005	6	13	1	4
2006	6	13	1	4
2007	6	13	1	4
2008	6	13	1	4
2009	6	13	1	4
2010	6	13	1	4
2011	6	13	1	4
2012	6	13	1	4
2013	6	13	1	4
2014	6	13	1	4
2015	6	13	1	4

2015 年,山东黄河水文测区共有 6 个基本水文站、13 个常年观测水位站、1 个汛期观测水位站、4 个东平湖分洪专用水位站。陈山口水文站是大汶河流经东平湖调节后汇入黄河的控制站,1953 年 12 月 11 日设立大清河团山水文站监测入黄水量;1959 年东平湖出湖闸建成,大清河堵截,8 月,团山水文站迁至闸上 450 米处,更名为陈山口水文站,断面名称为东平湖陈山口(出湖闸闸上)断面;1960 年 7 月下迁 600 米(闸下 150 米),为陈山口(出湖闸闸下)断面;1965 年 4 月上迁 70 米,为陈山口(闸下二)断面。1962 年 9 月增设出湖闸陈山口(闸左)断面,1967 年撤销;1969 年 1 月陈山口出湖闸新闸建成,在闸下 100 米处设陈山口(新闸下)断面。1991—2015 年,陈山口水文站一直在闸下二、新闸下两个断面监测。陈山口水文站既是大汶河入黄把口站,也是东平湖分洪期退水入黄控制站。1991—2015 年水文站、水位站变化情况见表 2-2。

表 2-2　1991—2015 年水文站、水位站变化情况

序号	站名	站码	站别	站址	设站年月	集水面积（km^2）	距河口距离（km）	变更或撤销	说明
1	高村	40105650	水文	山东省东明县菜园集镇冷寨村	1934.04	734146	579		
2	苏泗庄	40105850	水位	山东省鄄城县临濮乡苏泗庄村	1949.06	734267	547		
3	邢庙	40106050	水位	河南省范县陈庄乡邢庙村	1955.07		501	变更	1993 年 6 月 1 日改为汛期站
4	杨集	40106100	水位	山东省郓城县李集乡杨集村	1951.07	734696	476		
5	孙口	40106350	水文	山东省梁山县赵堌堆乡蔡楼村	1949.08	734824	449		
6	国那里	40106550	水位	山东省梁山县小路口镇国那里村	1979.03				
7	贺洼	40106730	水位	河南省台前县夹河乡贺洼村	1987.11		429		东平湖分洪专用站
8	十里堡	40106700	水位	山东省东平县戴庙乡十里堡村	1929.03		426		东平湖分洪专用站
9	邵庄	40106750	水位	河南省台前县吴坝乡邵庄村	1959.06		423		东平湖分洪专用站
10	黄庄	40106850	水位	山东省东平县斑鸠店镇黄庄村	1967.04		411		
11	位山	40106900	水位	山东省东阿县刘集镇位山村	1956.04		407		东平湖分洪专用站
12	南桥	40107050	水位	山东省东阿县鱼山镇南桥村	1921.01		397		
13	艾山	40107100	水文	山东省东阿县铜城街道办事处艾山村	1950.04	749136	386		
14	韩刘	40107140	水位	山东省齐河县赵官镇韩刘村	1988.01		337		前身为官庄水位站，1988 年 1 月由官庄水位站下迁 2300m，更名为韩刘水位站
15	北店子	40107400	水位	山东省济南市槐荫区吴家堡镇北店子村	1935.05		299		
16	泺口	40107450	水文	山东省济南市天桥区泺口街道办事处	1919.03	751494	278		
17	刘家园	40107800	水位	山东省章丘市黄河乡刘家园村	1952.01		237		

续表 2-2

序号	站名	站码	站别	站址	设站年月	集水面积(km^2)	距河口距离(km)	变更或撤销	说明
18	清河镇	40108050	水位	山东省惠民县清河镇乡清河镇村	1935.04		178		
19	张肖堂	40108150	水位	山东省滨州市杜店乡张肖堂村	1947.07		150		
20	道旭	40108200	水位	山东省滨州市小营镇道旭村	1937.08			停测	1993 年 3 月停止观测
21	麻湾	40108350	水位	山东省东营市东营区龙居乡麻湾村	1949.07		120		
22	利津	40108400	水文	山东省东营市利津县利津街道办事处刘家夹河村	1934.06	751869	104		
23	一号坝	40108500	水位	山东省东营市垦利县垦利镇小义和村	1961.01		78		前身为前左水位站,1951 年 7 月设立,1958 年 2 月上迁 6000m 改为前左(二)水位站,1961 年 1 月更名为一号坝水位站,1977 年 1 月上迁 455m,改为一号坝(二)水位站
24	西河口	40108650	水位	山东省东营市垦利县黄河口镇建林村	1976.05		37		2004 年西河口(二)水位站下迁 4300m,2007 年 11 月更名为西河口(三)水位站,同年 11 月 20 日启用
25	十八公里	40108950	水位	山东省东营市垦利县建林乡利林村	1976.08			撤销	1995 年 9 月因不具备观测条件撤站
26	陈山口(闸下二)	41502400	水文	山东省东平县旧县乡陈山口村	1959.08	9069	6.0		距河口距离为监测断面至入黄河口门长度
27	陈山口(新闸下)	41502420	水文	山东省东平县旧县乡陈山口村	1969.01	9069	6.0		距河口距离为监测断面至入黄河口门长度

注:表内站码、设站年月、集水面积、距河口距离数据来自中华人民共和国水文年鉴 2015 年第 4 卷第 5 册。

第二节　河道河口监测断面

1991—2015年，山东黄河高村以下河段河道断面从82个调至218个，黄河三角洲附近海区布设36个固定测深断面和13个临时潮位站。

一、河道断面

黄河山东河段河道观测长度为546千米，至2015年共布设218个河道断面，其中济南勘测局负责高村至泺家河段162个断面监测，黄河口勘测局负责泺家以下河段56个断面监测。

1991—1995年，黄河山东河段布设82个河道断面，1996年清水沟流路改道汊河，原清水沟流路清8断面以下断流，清8、清9两断面停测，1996年统2河道断面调减至80个；1998年，小浪底水库运用对下游河道影响项目，山东河段增设18个河道断面，当年汛后开始监测，河道断面调增至98个；2001年汛后在汊河新流路增设汊1、汊2两个河道断面，河道断面调增至100个；2003年10月，黄河下游河道测验体系建设项目，高村以下河段再增河道断面118个，对原有8个河道断面进行了调整，2004年汛前开始监测，黄河山东河道断面调增至218个，断面平均间距2.6千米。1991—2015年河道断面调整情况见表2-3。

表2-3　1991—2015年河道断面调整情况

年份	施测断面数	增减断面数	调整断面数	断面及调整情况	说明
1991—1995	82		2	高村(四)、南小堤、双合岭、苏泗庄、营房、彭楼、大王庄、史楼、徐码头、于庄、杨集、伟那里、龙湾、孙口、梁集、大田楼、雷口、路那里、十里堡、白铺、邵庄、李坝、陶城铺、黄庄、位山、阴柳科、王坡、南桥、殷庄、艾山(二)、大义屯、湖溪渡、朱圈、潘庄、娄集、官庄、枯河、阴河、张村、水牛赵、曹家圈、郑家店、泺口(三)、后张庄、霍家溜、王家梨行、传辛庄、刘家园、王家圈、张桥、梯子坝、董家、马扎子、杨房、薛王邵、齐冯、兰家、贾家、泺家 道旭、龙王崖、王旺庄、宫家、张家滩、利津(三)、王家庄、东张、章丘屋子、一号坝、前左、朱家屋子、渔洼、CS6、CS7、清1、清2、清3、清4、清6、清7、清8、清9；1991年清4、清6断面左岸延长至6号公路；1992年道旭断面左岸端点右移至起点距2145m	济南勘测局施测高村(四)至泺家，59个断面；黄河口勘测局施测道旭至清9，23个断面

续表 2-3

年份	施测断面数	增减断面数	调整断面数	断面及调整情况	说明
1996—1997	80	-2		清 8、清 9	1996 年统 2 停测
1998—2000	98	18		刘庄、夏庄、十三庄、李天开、后张楼、前郭口、付岸、杨道口、大庞庄、大王庙、史家坞、沟杨家、北李家、刘旺庄、清河镇、张肖堂。 张潘马、路家庄	刘庄至张肖堂 16 个断面由济南勘测局施测;张潘马、路家庄断面由黄河口勘测局施测
2001—2003	100	2		汊 1、汊 2	黄河口勘测局施测
2004—2015	218	118	13	西司马、前屯、陈寨、西六市、三合、梨园、董楼、董口、前陈、马棚、武盛庄、位堂、黄营、石菜园、苏阁、葛庄、徐沙洼、大寺张、陈楼、赵堌堆、影堂、徐巴什、关山、范坡、鱼山、白塔、丁口、王道口、姜庄、龙桥、小张庄、周门前、西平洛、陶咀、姚河门、南五庙、董桥、韩刘、纸坊、孔官庄、边庄、南张庄、曹营、东袁、北店子、席道口、李家岸、鲁唐庄、王家窑、老徐庄、小鲁庄、赵家庄、鹊山、八里庄、蒋家沟、埝头、邢家渡、程家庄、范家铺、簸箕刘、胡家岸、北河套、土城子、东郭、戴家庄、毛家店、张辛、韩家寺、小街子、大牛王、老桑家渡、岸头寺、西榆林、莫家、南段王、归仁、张旺家、茶棚张家、南北王、大刘家、小崔、大崔、五甲杨、小阮家、马头、大道王、杨家。 崔家、三大王、西韩墩、高家、麻湾、潘家、曹店、东关、綦家、小李庄、宋庄、苏刘、老董家庄、张西、东坝、西冯村、北尚屋、联合、东方红、一千二、清加 1、清加 2、清加 3、清加 4、清加 5、清加 6、清加 7、清加 8、清加 9、汊加 1、汊 3。 2004 年统 1 将苏泗庄、彭楼、徐码头、于庄、龙湾、CS6、CS7、清 1 断面调整为苏泗庄(二)、彭楼(二)、徐码头(二)、于庄(二)、龙湾(二)、CS6(二)、CS7(二)、清 1(二),2004 年统 2 原 8 个断面停测;2008 年统 1 将伟那里、小崔断面调整为伟那里(二)、小崔(二),在 2008 年统 2 原 2 个断面停测;2011 年 6 月将汊 1 调整为汊 1(二),汊加 1 调整为汊加 1(二),原汊 1、汊加 1 停测;2015 年 4 月将梯子坝断面调整为梯子坝(二)断面	西司马至杨家 87 个断面由济南勘测局施测,崔家至汊 3,31 个断面由黄河口勘测局施测

注:年度内第一次河道统一性测验简称统 1,第二次河道统一性测验简称统 2。

二、黄河三角洲附近海区监测断面

1991—2015 年,黄河三角洲附近海区有固定测深断面 36 个,其中 1~8 断面为南北方向布设,9~13 断面为神仙沟故道尖岬处放射状布设,14~36 断面为东西方向布设。

为满足海区测量需要,在测验海区沿岸设置了 13 个临时潮位站,进行潮水位改正。

第三节　水质监测站网

黄河山东段水质监测断面主要包括省界水体监测断面、常规水质监测断面、水功能区水质监测断面和排污口水质监测断面。1991—2015 年,监测断面数量、位置按照监测任务进行了相应调整。

一、省界水体监测断面

按照 1997 年黄河流域水资源保护局编制的《黄河流域省界水体监测站网规划》,1998 年 3 月黄河山东水环境监测中心对金堤河柳屯、范县城关、台前桥 3 个断面进行勘查、选址,8 月开始监测。2000 年 1 月撤销柳屯、范县城关 2 个断面,保留台前桥断面,2010 年年底台前桥断面下迁至曹堤口,2011 年开始监测。至 2015 年,黄河山东段设置的省界断面 4 个,分别是黄河干流高村、孙口(2011 年开始监测)、利津和支流金堤河曹堤口。

二、常规水质监测断面

黄河山东段干流设有高村、孙口(2011 年设立)、艾山、泺口、滨州(2005 年设立)、利津及支流大汶河入黄把口站陈山口 7 个常规水质监测断面。

三、黄河水量统一调度水质监测断面

黄河水量统一调度水质监测始于 2000 年,根据黄河流域水资源保护局要求,黄河山东水环境监测中心于每年的 11 月至次年的 6 月实施山东黄河干流主要调度河段的水质监测,设置高村、泺口和利津 3 个黄河水量统一调度水质监测断面。

四、水功能区水质监测

水功能区是指为满足水资源合理开发、利用、节约和保护的需求,根据水资源的自然条件和开发利用现状,按照流域综合规划、水资源保护和经济社会发展要求,依其主导功能划定范围并执行相应水环境质量标准的水域。

根据黄河流域及西北内陆河水功能区划标准,山东黄河干流高村至河口段水功能区划河长608.1千米,一级水功能区4个,其中山东黄河干流划分3个,即黄河豫鲁开发利用区、黄河山东开发利用区和黄河口保留区;支流金堤河1个,即金堤河豫鲁缓冲区。山东黄河干流高村至河口段二级水功能区6个,即黄河濮阳饮用工业用水区、黄河菏泽工业农业用水区、黄河聊城和德州饮用工业用水区、黄河淄博和滨州饮用工业用水区、黄河滨州饮用工业用水区、黄河东营饮用工业用水区,2015年山东黄河干支流水功能区划见表2-4。

表2-4　2015年山东黄河干支流水功能区划

河名	一级水功能区名称	二级水功能区名称	起始断面	终止断面	长度(km)	代表断面	水质目标
黄河	黄河豫鲁开发利用区		东坝头	张庄闸	234.3		
黄河		黄河濮阳饮用工业用水区	东坝头	大王庄	134.6	高村	Ⅲ
黄河		黄河菏泽工业农业用水区	大王庄	张庄闸	99.7	孙口	Ⅲ
黄河	黄河山东开发利用区		张庄闸	西河口	374.1		
黄河		黄河聊城、德州饮用工业用水区	张庄闸	齐河公路桥	118.0	艾山	Ⅲ
黄河		黄河淄博、滨州饮用工业用水区	齐河公路桥	梯子坝	87.3	泺口	Ⅲ
黄河		黄河滨州饮用工业用水区	梯子坝	王旺庄	82.2	滨州	Ⅲ
黄河		黄河东营饮用工业用水区	王旺庄	西河口	86.6	利津	Ⅲ
黄河	黄河口保留区		西河口	入海口	41.0		Ⅲ
金堤河	金堤河豫鲁缓冲区		范县张青营桥	张庄闸入黄口	61.0	曹堤口	Ⅳ

五、排污口调查及监测点

入河排污口监督性监测始于2004年,按要求,山东黄河入河排污口监督性监测断面为长(清)平(阴)滩区的平阴翟庄闸入河排污口,调查断面为长清老王府入河排污口和旧县乡粉条生产废水入河排污口。

1991—2015年各年度水质取样断面数见表2-5,水质监测断面情况见表2-6。

表2-5　1991—2015年各年度水质取样断面数

年份	省界断面数	常规监测断面	水量调度监测断面	排污口调查监测断面
1991		5		
1992		5		
1993		5		
1994		5		
1995		5		
1996		5		
1997		5		
1998	5	5		
1999	5	5		
2000	3	5	3	
2001	3	5	3	
2002	3	5	3	
2003	3	5	3	
2004	3	5	3	1
2005	3	6	3	1
2006	3	6	3	1
2007	3	6	3	1
2008	3	6	3	1
2009	3	6	3	1
2010	3	6	3	1
2011	4	7	3	1
2012	4	7	3	1
2013	4	7	3	1
2014	4	7	3	1
2015	4	7	3	1

表 2-6 水质监测断面情况

河名	断面名称	断面类别	断面位置	设立年月	变更情况
黄河	高村	常规、省界	东明县菜园集镇冷寨村	1977.01	
黄河	孙口	常规、省界	梁山县赵堌堆乡蔡楼村	2011	
黄河	艾山	常规	东阿县铜城街道办事处艾山村	1977.01	
黄河	泺口	常规	济南市天桥区泺口街道办事处	1977.01	
黄河	滨州	常规	山东省滨州市南关黄河桥	2005	
黄河	利津	常规、省界	利津县利津街道办事处刘家夹河村	1977.01	
大汶河	陈山口	常规	山东省东平县旧县乡陈山口村	1977.01	
金堤河	曹堤口	省界	阳谷县张秋镇曹堤口村	2011	原为台前桥断面

第三章　水文测验

水文测验在防汛抗旱、水利工程建设、水资源管理、水环境保护中发挥着重要作用。1991—2015年,山东黄河水文测区基本水文测验项目有水位、流量、泥沙、降水、冰情及附属项目等。测验方式发生了大的变化,水位由人工观读水尺及斜坡式水位计自记逐渐被超声波、雷达非接触式水位计遥测取代;水文缆道由吊船缆道的单一形式,逐步形成了吊船缆道、吊箱缆道、铅鱼缆道多种形式,流量、输沙率记载计算实现了计算机程序处理,流速仪升降实现了电动升降或自动升降;泥沙采样及处理技术得到了提升;泥沙颗粒分析由光电分析仪被激光粒度分析仪取代,实现了一个泥沙样品一次性分析完成。新仪器、新设备、新技术在水文测验中的广泛应用,测验设施设备的升级改造,显著提升了测验技术水平和测验精度。

第一节　高程控制系统

1991—2015年,山东水文水资源局对水文站、水位站的引据水准点和基本水准点高程进行了考证,对基本水准点和校核水准点进行了补充建设。

一、水准点高程测量

1991—2015年,山东黄河水文测区水文站、水位站使用大沽基面,基本水准点按"测站任务书"要求,每年汛前各水文站由引据水准点引测基本水准点高程,无引据水准点的站使用基本水准点联测;校核水准点高程由基本水准点引测,发现高程变动超限时,相关测站将引测、联测情况和变动原因上报山东水文水资源局,审查批复后使用。

二、水准点补充

1999—2000年,黄河流域重要水文站建设项目中,水文站、水位站补充建设了一批基本水准点,其中高村等5个干流水文站在基本断面附近的河道左、右岸大堤,滩地或村庄等适宜位置选点各埋设3个基本水准点,陈山口水文站及各水位站埋设3个基本水准点。水准点按照《水位观测标准》(GBJ 138—1990)规定的形式、尺寸及要求制作埋设,埋设了指示桩。水准点按"测站名拼音首字母组合+BM+99—支号"的格式统一编号,支号顺序自左岸至右岸、从上游到下游,如高村水文站埋设的水准点左岸编号为GCBM99-1~GCBM99-3,右岸编号为GCBM99-4~GCBM99-6,水准点埋设后按三等水准引测高程,2000年汛后校测,各站编制了新设水准点点之记和水准点档案。

三、引据水准点、基本水准点

1991—2015年,各水文站、水位站沿用大沽基面,基本水准点高程引据点为国家二等水准点,部分引据点、基本水准点受工程建设、地质条件、人为等影响,出现上拔、下沉或被破坏,不同测站的水准点变动不尽相同,每年各水文站对变动水准点进行考证,考证资料参加整编。

第二节　渡河设施设备

渡河设施是山东黄河水文测区的主要测验设施。1991—2015年,各水文站渡河设施有测船、缆道,其中测船包括机动测船和非机动测船,缆道包括吊船缆道、吊箱缆道和铅鱼缆道。

一、水文测船及配套设备

山东黄河水文测区测船分机动测船和非机动测船两种,高村、孙口水文站为机动测船,艾山、泺口、利津、陈山口水文站为非机动测船。高村、孙口水文站以水文缆道悬挂机动测船测验为主,以机动测船抛锚测验备用;艾山、泺口、利津、陈山口水文站用水文缆道悬挂非机动测船测验。另外,各站均配有不同型号的冲锋舟用于大洪水期间漫滩洪水测验或低水时期串沟测验。

1986年泺口水文站在测船上安装了48伏电瓶供电、3千瓦直流电机带动船外挂机的辅助动力设备,1998年升级为大功率UPS电源(220伏、3千瓦)、变频调速控制的挂机。同年,艾山水文站安装同样的船外挂机。2013年,利津水文站在黄测B107测船大修中增加了80马力雅马哈挂机作为辅助动力,改单舵为连体双舵。辅助动力增加了测船运行的灵活性、可控性和安全性。陈山口水文站 1991—2000 年使用跨河标志索牵挂小型钢板船测验,依靠人力拉拽标志索或撑篙实现测船沿断面方向的移动,2001 年该站吊箱缆道使用后,钢板船淘汰。

船用水文绞车是升降铅鱼或悬杆的主要设备,水文技术的发展带动了水文绞车发生了大的变化。1998 年,山东水文水资源局研制了新型 CSJ 型船用变频调速绞车,2000 年上半年推广到干流水文站。该绞车由 UPS 提供电能、变频调速器控制运行速度及方向,增加了 CSSY 智能流速计数和智能水深计数功能,配合流速和水深信号发生器,实现了测速信号的无线传输(有线传输备用)和自动测深,通过串口与计算机通信。

冲锋舟是水文测验的辅助渡河设备,体积小、吃水浅、速度快、操作方便,在洪水漫滩和低水串沟测验中发挥着主要作用。“96·8”洪水测验中,高村、孙口、泺口水文站使用冲锋舟完成了滩地流量、输沙率测验。

高村水文站研发了冲锋舟简易手摇绞车并推广到其他干流水文站,提高了测验精度和安全性。冲锋舟手摇悬杆升降绞车见图 3-1,冲锋舟手摇铅鱼升降绞车见图 3-2,手摇铅鱼升降绞车使用见图 3-3。

图 3-1　冲锋舟手摇悬杆升降绞车

图 3-2 冲锋舟手摇铅鱼升降绞车

图 3-3 手摇铅鱼升降绞车使用

使用吊船缆道悬挂机动测船测验需要 6~8 人,非机动测船测验需要 5~6 人,施测 1 次流量历时 90 分钟左右;使用机动船抛锚施测 1 次流量历时 120 分钟左右。

2015 年,山东黄河水文测区共有机动测船 10 艘,其中,高村水文站 3 艘、孙口水文站 4 艘、黄河口勘测局 2 艘,济南勘测局 1 艘;非机动船 6 艘,艾山、泺口、利津水文站各 2 艘。2015 年山东黄河水文测区水文测船见表 3-1,2015 年干流水文站冲锋舟配备情况见表 3-2。

二、水文缆道

水文缆道根据测验平台分为吊船缆道、吊箱缆道、铅鱼缆道。山东黄河水文测区自 20 世纪 60 年代陆续在泺口、艾山、利津水文站建设使用吊船缆道,至 20 世纪 80 年代,6 个水文站全部使用了水文缆道。1991—2015 年,相继新建或更新了部分水文缆道,改善了测验条件,提升了测验能力。

(一)吊船缆道

吊船缆道是以测船为测验平台的水文缆道,由两岸支架、地锚、主索和吊船行车等构成,1991 年高村等 5 个干流水文站建设使用了吊船缆道。

表 3-1　2015 年山东黄河水文测区水文测船

测船类型	序号	船名	投产日期	制造厂名	功率(kW)	长(m)	宽(m)	吃水深(m)	使用单位	2015 年在用船只
机动船	1	黄测 A104	1987. 12	山东航运局造船厂	82(单机)	13. 6	3. 6	0. 50	孙口水文站	在用
	2	黄测 A105	1994. 07	济宁造船厂	220. 6(双机)	24. 0	5. 0	0. 80	济南勘测局	在用
	3	黄测 A106	1995. 11	济宁造船厂	220. 6(双机)	25. 4	5. 0	0. 78	黄河口勘测局	在用
	4	黄测 A107	1997. 03	济宁造船厂	220. 6(双机)	23. 3	4. 5	0. 65	高村水文站	在用
	5	黄测 A108	2000. 11	镇江造船厂	220. 6(双机)	23. 2	5. 0	0. 62	高村水文站	在用
	6	黄测 A109	2000. 11	镇江造船厂	220. 6(双机)	23. 2	5. 0	0. 62	孙口水文站	在用
	7	黄测 A110	2009. 08	扬州市海川船厂	474(双机)	29. 8	5. 6	1. 30	黄河口勘测局	在用
	8	黄测 B104	1995. 03	济宁造船厂	82(单机)	14. 0	3. 4	0. 45	高村水文站	在用
	9	黄测 111	2012. 10	开封江河船业有限公司	180(双机)	23. 2	5. 0	0. 60	孙口水文站	在用
	10	黄测 112	2012. 10	开封江河船业有限公司	90(单机)	16. 0	4. 0	0. 48	孙口水文站	在用
非机动船	1	黄测 B105	1997. 03	济宁造船厂		15. 0	4. 0	0. 55	泺口水文站	在用
	2	黄测 B106	2001. 04	镇江造船厂		14. 0	4. 0	0. 50	艾山水文站	在用
	3	黄测 B107	2001. 03	镇江造船厂		14. 0	4. 0	0. 50	利津水文站	在用
	4	黄测 B108	2001. 04	济宁造船厂		10. 0	3. 0	0. 40	艾山水文站	在用
	5	黄测 B109	2002. 12	济宁造船厂		11. 0	3. 0	0. 40	泺口水文站	在用
	6	黄测 B110	2000. 11	济宁造船厂		10. 0	3. 0	0. 40	利津水文站	在用

表 3-2　2015 年干流水文站冲锋舟配备情况

站名	最早配置年份	现有数量	说明
高村水文站	1994	3	含挂桨机
孙口水文站	1995	4	含挂桨机
艾山水文站	1995	3	含挂桨机
泺口水文站	1996	1	含挂桨机
利津水文站	1997	4	含挂桨机
合计		15	

高村水文站吊船缆道位于基本水尺断面下游 195 米,跨度 950.8 米,1992 年 6 月更换了主索。孙口水文站吊船缆道位于基本水尺断面上游 236 米,跨度 710 米,1999 年 6 月更换了主索。艾山水文站钢管支架吊船缆道位于基本水尺断面上游 90 米,跨度 652 米,2009 年 11 月拆除;1985 年 5 月在基本水尺断面上游 126 米处建设跨度 690 米的吊船、铅鱼两用缆道 1 处,2004 年 6 月改为吊箱缆道,并更换主索,同期,该站在基本水尺断面上游 84 米处建设跨度 671 米吊船缆道 1 处。泺口水文站吊船缆道位于基本水尺断面上游 70 米,跨度 375 米,1999 年 6 月、2003 年 4 月及 2014 年 3 月 3 次更换了主索。利津水文站 1991 年 11 月拆除原缆道(1965 年 8 月在基本水尺断面上游 30 米建成的钢管支架吊船缆道,跨度 648.6 米),在原缆道断面建设跨度 664 米的自立式钢塔支架吊船、吊箱两用缆道,2002 年 3 月、2007 年 4 月 2 次更换了主索。

(二)吊箱缆道

吊箱缆道是以吊箱为测验平台的水文缆道,由主缆道和拉偏缆道构成。其中,主缆道由两岸支架及地锚、主索、操作楼、绞车、吊箱、吊箱行车、导向轮、循环索、控制台构成;拉偏缆道构成同吊船缆道。

2015 年,除泺口水文站外,各水文站均建成了吊箱缆道。2002 年 10 月在高村水文站基本水尺断面上游 254 米处建设跨度 620 米的吊箱缆道 1 处。2009 年 6 月在孙口水文站基本水尺断面上游 476 米处建设跨度 450 米的吊箱缆道1处。2000年10月在陈山口水文站新闸下和闸下二基本水尺断面上各建设吊箱缆道1处,新闸下缆道跨度174米,闸下二缆道跨度136米。受南水北调东线一期工程——济平干渠改造工程影响,2003年12月陈山口水文站将闸下二缆道右岸地锚迁移到新建济平干渠右岸,新地锚距原地锚9米,同时加长了主索,更换了锚杆。艾山水文站2004年6月将基本水尺断面上游126米的吊船、铅鱼两用缆道改造为跨度681米的吊箱缆道。1991年11月在利津水文站原缆道断面建设跨度664米的吊船吊箱两用缆道。

为保证吊箱运行平稳,降低水流对测验设备的冲击,高村、孙口、艾山、利津水文站在主缆道断面上游约30米处建设1处拉偏缆道,陈山口水文站在新闸下和闸下二两处主缆道上游13.5米各建设1处拉偏缆道。

1991—2015年,随着水文技术的进步,吊箱缆道自动化程度得到长足发展。1991年11月在利津水文站操作楼内安装了电动绞车、循环索、控制台等构成的循环系统。吊箱的垂直升降和水平运行分开控制,垂直升降由吊箱内人员手摇绞车实现,水平运行由操作楼内的电动绞车驱动,运行速度及方向通过可控硅控制台控制。

1997年,在调研黄河中游水文水资源局电动吊箱缆道基础上,研制出首款电动吊箱在利津水文站使用。该吊箱垂直升降由吊箱内的电瓶驱动直流电机提供动力、人工控制,水平运行由操作楼内电动绞车驱动,人工操作控制台实现。该吊箱缆道不用输电索、投资小、安全性能高,吊箱升降省力可靠、操作方便,水平运行变频调速,操作灵活、定位准确。首款电动吊箱见图3-4。

2001年对利津水文站电动吊箱进行了技术升级,研制出ELD/S-260型电动手动两用吊箱,吊箱主要特点是动力传动结构简单、性能稳定、吊索排线整齐、升降平稳、工作电流小于10安,增大了测验人员工作空间,设置了电磁、脚踏、棘爪3种制动方式,进一步增加了吊箱运行的安全性。该吊箱首先在"引黄济津"位山引黄渠测验中使用,2002年又对吊箱的控制电路和供电电路进行了改进,升级为EXDbp/S-200型变频电动吊箱,吊箱升降实现了变频控制,在高村、艾山水文站推广使用。2003年再对EXDbp/S-200吊箱升级,研制出EDDybp/S-260遥控变频吊箱,吊箱升降可由吊箱内人员操作或岸上人员遥控操作,2003年10月在利津水文站使用,取代了该站1997年研制使用的首款电动吊箱。2008年,吊箱升降动力电瓶更新为高效锂电瓶,采用稀土无刷节能直流电机,实现了无级调速,先后在孙口、利津水文站使用。ELD/S-260型电动吊箱见图3-5,EXDbp/S-200型变频电动吊箱见图3-6,

EDDybp/S-260 遥控变频电动吊箱见图 3-7。

图 3-4　首款电动吊箱

图 3-5　ELD/S-260 型电动吊箱

图 3-6　EXDbp/S-200 型变频电动吊箱

1991—2015 年,黄河下游持续小水,山东黄河日平均流量超过 2000 立方米每秒以上洪水占比不足 5%,2000 立方米每秒以下水流基本使用吊箱缆

图 3-7　EDDybp/S-260 遥控变频电动吊箱

道施测流量、输沙率(冲锋舟配合取样),吊箱缆道成为山东黄河水文测区水沙测验的主要设施。电动吊箱的使用,改变了测验方式,降低了劳动强度,提高了流量、输沙率测验精度。

(三)铅鱼缆道

铅鱼缆道是以重铅鱼为测验平台的水文缆道,1991—2015 年,山东黄河水文测区建成 3 处铅鱼缆道。2009 年 6 月,陈山口水文站在新闸下、闸下二基本水尺断面下游 3.6 米处各建设 1 处铅鱼缆道,新闸下缆道跨度 174 米,闸下二缆道跨度 136 米;泺口水文站在基本水尺断面上游 40 米处建设跨度 426 米铅鱼缆道 1 处。

2015 年,山东黄河水文测区在用水文缆道共 13 处,其中吊船缆道 5 处、吊箱缆道 6 处(含利津水文站吊船吊箱两用缆道)、铅鱼缆道 3 处,2015 年各水文站水文缆道结构形式与基本数据见表 3-3。

表 3-3 2015 年各水文站水文缆道结构形式与基本数据

站名	缆道类型	建成年月	支架			过河索						锚锭			基础			使用范围	说明
			结构形式	高度(m)		主跨度(m)	直径(mm)	垂度(m)		入地角(°)左/右	更换时间	锚杆直径(mm)	形式		类型左/右	灌注桩深(m)			
				左岸	右岸			空索	加载				左	右		左	右		
高村	吊船	1978.12	自立式钢塔	50.5	50.5	950.8	34	22.6	28.6	15/11.2	1992.06	75	灌注桩	方块	灌注桩/浅基	25.3		设防流量以下	
	吊箱主缆	2002.10	自立式钢塔	22.0	20.0	620	26	12.4	20.4	20/23		42	灌注桩	方块	灌注桩/浅基	27.34		$2000m^3/s$ 以下	桩长含牛腿
	吊箱副缆	2002.10	自立式钢塔	16.0	14.0	589	20	10.0		20/26		36	灌注桩	方块	灌注桩/浅基	27.64			桩长含牛腿
孙口	吊船	1977.12	自立式钢塔	33.0	33.0	710	23	15.0	16.8	14/10	1999.06	50	灌注桩	方块	灌注桩/灌注桩	23.5	22.5	设防流量以下	
	吊箱主缆	2009.06	自立式钢塔	19.3	19.3	450	24	9.0	14.5	34.6/34.8		30	灌注桩	灌注桩	灌注桩/灌注桩	28	28	$2000m^3/s$ 以下	桩长含牛腿
	吊箱副缆	2009.6	自立式钢塔	15.3	15.3	450	14	9.0		32.5/29.3		30	灌注桩	灌注桩	灌注桩/灌注桩	28	28		桩长含牛腿
艾山	吊船铅鱼	1985.05	自立式钢塔	30.0	山锚	690	23	12.0		28/山锚	2004.06	45	方块	山锚	灌注桩/山锚	10.0		设防流量以下	2004 年 6 月改为吊箱缆道
	吊箱主缆	2004.06	自立式钢塔	21.5	山锚	681	26	13.6		24/山锚		45	方块	山锚	灌注桩/山锚	10.0		$2000m^3/s$ 以下	改建
	吊船	2004.06	自立式钢塔	16.0	山锚	690	26	14.6		24/山锚		45	方块	山锚	浅基/山锚			设防流量以下	
	吊箱副缆	2004.06	自立式钢塔	16.0	山锚	661	20	14.4		24/山锚		30	方块	山锚	浅基/山锚				

续表 3-3

站名	缆道类型	建成年月	支架			过河索						锚锭			基础			使用范围	说明
			结构形式	高度（m）		主跨度（m）	直径（mm）	垂度（m）		入地角（°）左/右	更换时间	锚杆直径（mm）	形式		类型左/右	灌注桩深（m）			
				左岸	右岸			空索	加载				左	右		左	右		
泺口	吊船	1964.07	自立式钢塔	23.5	22.5	375	26	7.23		28/28	1996.06 2003.04 2014.03	45	方块	方块	浅基/浅基			设防流量以下	
	铅鱼	2009.06	自立式钢塔	22.5	19.5	426.6	24	7.5	11.2	27/30		40	方块	方块	灌注桩/浅基	18.25		$2500m^3/s$以下	
利津	吊船吊箱	1992.12	自立式钢塔	30.0	24.0	664	21.5	13.0	16.4	30/29.3	2002.03 2007.04	40	方块	方块	浅基/浅基			吊船缆道设防流量以下，吊箱缆道$2000m^3/s$以下	1991年11月改为吊船吊箱两用
	吊箱副缆	2003.09	自立式钢塔	12.4	16.4	620	20	13.7		35/27		30	方块	方块	浅基/灌注桩				
陈山口闸下二	吊箱主缆	2001.03	自立式钢塔	11.0	11.0	136	23	3.2	4.56	45/45		40	方块	方块	浅基/浅基			闸门最大泄量	
	铅鱼	2009.06	自立式钢塔	9.3	9.3	136	20	2.27	3.76	23.9/41		30	方块	方块	浅基/浅基			闸门最大泄量	
陈山口新闸下	吊箱主缆	2001.03	自立式钢塔	11.0	11.0	174	23	4.0	6.19	45/45		40	方块	方块	浅基/浅基			闸门最大泄量	
	铅鱼	2009.06	自立式钢塔	9.3	9.3	174.5	20	2.87	4.56	28.5/18		30	方块	方块	浅基/浅基			闸门最大泄量	

注：1991（含）年后水文缆道支架高度不含架头滑轮，建成年月为黄委水文局验收时间。

第三节　汛前准备

汛前准备旨在为各水文站设防标准以下各级洪水“测得到、测得准、报得出”做好各项准备,对超标洪水、异常洪水有应急预案。

一、汛前准备及汛前检查

1991—2015 年,山东水文水资源局立足施测大洪水,按照黄委水文局要求进行各项汛前准备。通过准备,做到“思想、组织、技术、物资、安全”五落实,具备测报好相应花园口水文站 22000 立方米每秒(2008 年起改为 22300 立方米每秒)以下各级洪水的能力,对超标洪水和异常洪水测报有应急预案。1991—1998 年,汛前准备依据黄委水文局《汛前准备工作检查评定办法》进行;1999 年山东水文水资源局制定了《汛前准备工作实施和检查评定标准》;2009 年,山东水文水资源局依据黄委水文局《水文局汛前准备指导意见》《水文局汛前准备检查办法》(黄水测〔2008〕19 号),结合山东黄河水文测区实际,制定了《水文站汛前准备工作检查考评标准》。

汛前检查是山东水文水资源局为全面做好汛前准备每年例行的一项制度。1991—2015 年,每年 4 月下旬或 5 月上中旬,山东水文水资源局依据黄委水文局和山东水文水资源局相关标准和办法,对 8 个基层单位的汛前准备进行全面检查。汛前检查主要采取基层单位自查、基层水文水资源局详查、黄委水文局抽查的形式进行。山东水文水资源局采取一听、二看、三查、四反馈的形式对基层单位的职工思想、设施设备、仪器工具、测验物资、技术资料及安全准备进行全面检查、考评,对涉及洪水测报及安全生产的设施设备重点检查。局属各单位根据检查中存在的问题进行整改,提交整改报告,山东水文水资源局对各单位的整改督导检查。

黄委水文局检查一般安排在山东水文水资源局汛前检查完成后,检查内容、方式与山东水文水资源局基本相同。山东水文水资源局对检查中存在的问题列出整改清单整改,编写整改报告上报黄委水文局。

二、汛前准备主要内容

汛前准备从“思想、组织、技术、物资、安全”五方面开展。

(1)思想准备。职工认真学习上级及山东水文水资源局有关防汛方面的文件,牢固树立防大汛、测大洪、抗大旱、抢大险、救大灾的责任意识和质量意识,克服麻痹思想、侥幸心理,具备测报好设防标准以下各级洪水的思想准备。

(2)组织准备。结合实际调整充实防汛组织,建立健全防汛制度,落实防汛责任。成立业务精良、组织有力的防汛应急预备队并加强演练,为汛期洪水测报提供坚实的组织、制度保障。

(3)技术准备。结合实际全面准备技术资料,编制洪水测报方案和超标洪水、异常洪水应急预案,填记技术档案,组织职工学习行业规范、技术规定及测报任务书,扎实开展实战状态下的岗位练兵和洪水测报演习。

(4)物资准备。立足测报大洪水和有效应对超标洪水、异常洪水,对基础设施和测验设备器具全面维护保养,确保设施设备安全可靠、运行正常,仪器工具数量充足、精度可靠。

(5)安全准备。严格落实安全生产责任制,强化安全生产措施,排查安全隐患,树立安全意识,备足备全安全器材,完善安全操作规程,确保安全度汛。

三、测洪及报汛方案编制

(一)编制依据

1991—2014年,各水文站按照黄委水文局要求和水利部水文局《水文站测洪及报汛方案编制大纲》编制测洪及报汛方案。2015年3月,黄委水文局印发了《关于〈水文站测洪及报汛方案编制细则〉的通知》(黄水测〔2015〕9号),2015年起按照该细则编制测洪及报汛方案。

(二)编制格式、内容

1991—2015年,测洪及报汛方案编制格式有文档、表格两种,格式不同,编制内容也有区别。1991—2000年,按照文档式编制;2001年起,文档式与表格式并用。2015年3月,黄委水文局印发了《水文站测洪及报汛方案编制细则》,进一步规范了方案编制,对异常洪水和特殊情况下的测报方案提出了编制要求,同年开始,表格式成为测洪及报汛方案编制的基本形式。

测洪及报汛方案由各水文站编制,山东水文水资源局组织审查,1991—2011年汛前检查时统一审查,2012年开始集中审查,审查后的测洪及报汛方案按要求上报黄委水文局。

1. 文档式编制内容

文档式编制内容有测站基本情况、洪水测报标准、洪水测报组织及制度建设、洪水测报方案、大断面图、高水报汛曲线等。具体内容如下:

(1)测站基本情况。介绍测站概况、断面情况、测站特性、水文特征值、主要测报设施设备、器具、机构设置及人员组成、测验方式等。

(2)洪水测报标准。明确各水文站、水位站的洪水测报标准,依据该标准编制各级洪水测报方案。

(3)洪水测报组织及制度建设。各水文站成立洪水测报领导小组、安全生产领导小组,划分岗位、明确职责;制定"汛期工作制度""水情拍报会商制度""安全生产制度""质量管理制度"等。

(4)洪水测报方案。各水文站结合测站特性、断面情况、人员组成等编制测洪标准以下各级洪水测报方案及应急预案。

(5)大断面图、高水报汛曲线。各水文站绘制当年实测大断面图、典型洪水水位—流量关系曲线和当年高水报汛曲线。

2. 表格式编制内容

表格式编制内容有10项,即6表4图:

表1测站基本情况一览表;表2水文站较大洪水测洪及报汛方案;表3水文站大洪水测洪及报汛方案;表4水文站特大洪水测洪及报汛方案;表5特殊情况测洪及报汛方案;表6异常洪水测洪及报汛方案。图1水文站测站位置示意图;图2水文站测验河段平面图;图3水文站实测大断面图;图4水文站水位—流量关系曲线图。

第四节　气象观测

1991—2015年,各水文站、水位站的气象观测设施设备得到了更新改造,观测项目有降水、气温、水温等,观测方法以人工观测为主。

一、场地及仪器设备

1991—2015年,干流水文站气象观测场经历了从简易到规范的过程。1991—1997年,各干流水文站在站院内建设1处简易观测场,场地内设置20厘米口径人工雨量器和百叶箱,百叶箱内配有瞬时气温表及最高、最低气温表,高村、利津水文站配有模拟划线式气温计,常年观测水位站配备了百叶箱。1998 年后,高村、孙口、艾山、泺口、利津水文站陆续对气象观测场和常年观测水位站百叶箱进行了更新,水文站气象观测场规格为 6 米×6 米,设有 0.8 米高不锈钢围栏,高村、孙口、艾山、泺口水文站气象观测场内配备了精度 0.2 毫米每分钟自记雨量计 1 台、20 厘米口径人工雨量器 1 台、百叶箱 1 个,利津水文站气象场内配备百叶箱 1 个,更新了各站百叶箱内的气温观测仪表。

艾山水文站气象场见图 3-8,高村水文站翻斗式自记雨量计见图 3-9,1991—2015 年干流水文站气象观测设备见表 3-4。

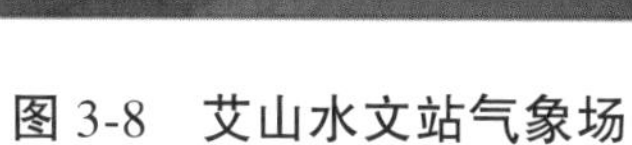
图 3-8　艾山水文站气象场

图 3-9　高村水文站翻斗式自记雨量计

表 3-4　1991—2015 年干流水文站气象观测设备

站名	仪器名称	型号	生产厂家	配备时间	器口直径(cm)	2015 年状况
高村	人工雨量器	普通	天津气象仪器厂	沿用	20	良好
	自记雨量计	JDZ-02	长春市供水设备厂	2003.04	20	废弃
	自记雨量计	FDY-02	长春丰泽水文仪器有限公司	2014.09	20	良好
	百叶箱	自制		沿用		废弃
	百叶箱	BB-1	南京水利水文自动化研究所	2007.05		良好

续表 3-4

站名	仪器名称	型号	生产厂家	配备时间	器口直径(cm)	2015年状况
孙口	人工雨量器	普通	天津气象仪器厂	沿用	20	良好
	自记雨量计	JDZ-02	长春市供水设备厂	2003.04	20	良好
	自记雨量计	FDY-02	长春丰泽水文仪器有限公司	2014.09	20	良好
	百叶箱	自制		沿用		废弃
	百叶箱	BB-1	南京水利水文自动化研究所	2007.05		良好
艾山	人工雨量器	普通	天津气象仪器厂	沿用	20	良好
	自记雨量计	JDZ-02	长春市供水设备厂	2003.04	20	良好
	自记雨量计	FDY-02	长春丰泽水文仪器有限公司	2014.09	20	良好
	百叶箱	自制		沿用		废弃
	百叶箱	BB-1	南京水利水文自动化研究所	2007.05		良好
泺口	人工雨量器	普通	天津气象仪器厂	沿用	20	良好
	自记雨量计	JDZ-02	长春市供水设备厂	2003.04	20	良好
	自记雨量计	FDY-02	长春丰泽水文仪器有限公司	2014.09	20	良好
	百叶箱	自制		沿用		废弃
	百叶箱	BB-1	南京水利水文自动化研究所	2007.05		良好
利津	百叶箱	自制		沿用		废弃
	百叶箱	BB-1	南京水利水文自动化研究所	2007.05		良好

二、观测项目

1991—2015年,干流水文站、水位站观测项目有降水、气温、水温等,基本与1990年相同。高村、孙口、艾山、泺口4个水文站降水量自2007年由汛期1段制观测改为全年1段制观测(黄鲁水技〔2007〕3号),利津、陈山口水文站不观测降水;干流水文站及常年观测水位站在凌汛期观测气温、水温(水文站泥沙颗粒分析时加测水温),陈山口水文站凌汛期开闸放水时观测气温、水温,观测次数及时间按照"测站任务书"执行。

三、技术与方法

降水量、气温及水温均采用北京标准时制,以8时为日分界进行观测,再根据不同要素的日平均计算方法计算各观测要素日平均值。

(一)降水量观测

1. 观测依据

1991 年,高村、孙口、艾山、泺口水文站依据《降水量观测规范》(SL 21—90)观测降水量,该规范 1991 年 2 月 21 日由水利部发布,同年 7 月 1 日实施;2006 年 9 月 9 日发布了标准编号 SL 21—2006 的修订版,同年 10 月 1 日实施;2015 年 9 月 21 日又发布了标准编号 SL 21—2015 的修订版,同年 12 月 21 日起实施。

2. 观测方法

1991—2002 年为人工观测;2003 年开始使用自记雨量计观测,人工校核。液态降水量人工观测:观测员在规定观测时间之前到达观测场,对设备检查后,使用量雨杯测量降水量,并记录在降水量人工观测记载簿中。人工观测降水量(一)见图 3-10,人工观测降水量(二)见图 3-11。

图 3-10　人工观测降水量(一)

图 3-11　人工观测降水量(二)

固态降水人工观测:提前卸下盛雨器的漏斗或将盛雨器换成盛雪器,用盛雪器承接雪或雹,在规定的观测时间以备用盛雪器替换,并将换下来的盛雪器加盖带回室内,待雪或雹自然融化后用量雨杯量测,或按规范提供的其他方法量测。固态降水观测见图 3-12。

3. 观测次数

人工观测(人工校核):1991—2006 年,高村、孙口、艾山、泺口水文站汛期采用 1 段制观测降水;2007—2015 年改为全年 1 段制观测,观测时间为每日 8 时。

图 3-12 固态降水观测

自记雨量计观测:翻斗式自记雨量计采用电脑终端对时段雨量进行记录,有降水时,每 6 分钟记录 1 次,观测人员在次日 8 时及时下载本日降水量数据,打印、统计并与雨量计排水量对比订正。

4. 资料保存

1991—2001 年,降水资料不进行整编,由水文站保存;2002—2015 年,降水量资料整理后与基本水文资料整编成果一并交山东水文水资源局档案室存档。

(二)水温观测

1991—2015 年,各干流水文站及常年观测水位站凌汛期每日 8 时、14 时、20 时各观测水温 1 次(水文站在泥沙颗粒分析时加测水温)。日平均水温以 8 时、14 时、20 时及次日 8 时 4 次算术平均计算,观测资料与水位资料一并整理存档。

(三)气温观测

凌汛期气温观测以每日 8 时为日分界。人工观测站每日 8 时、14 时、20 时各观测 1 次,并于 8 时观测最高、最低气温;自记气温计观测站,1991—2005 年每日 8 时按 12 段制摘录瞬时气温及最高、最低气温,2006—2015 年每日 8 时按 6 段制摘录瞬时气温及最高、最低气温。人工观测站日平均气温取前一日 14 时、20 时气温、最低气温及前一日 8 时气温与当日 8 时气温的平均值 4 次平均计算;自记气温计观测站日平均气温用面积包围法或算术平均法计算。观测资料与水位资料一并整理存档。泺口水文站职工观测气温见图 3-13。

图 3-13　泺口水文站职工观测气温

(四)附属项目观测

各水文站、水位站依据《水位观测标准》(GBJ 138—1990),在水位观测及流量、输沙率测验时观测附属项目,主要包括风向、风力等,观测方法是依据规范目测。1991—2010 年 11 月,风向、风力观测依据《水位观测标准》(GBJ 138—1990)规定,河道站风向记法以河流流向为准,面向下游,从上游吹来的风为“顺风”,从下游吹来的风为“逆风”,从左岸吹来的风为“左岸风”,从右岸吹来的风为“右岸风”,记载以八种箭头表示。2010 年 12 月开始,风向观测依据《水位观测标准》(GB/T 50138—2010)规定,风向按八个磁方位进行估测,以规范规定的方位符号表示。

第五节　水位、比降观测

水位以水位计自动观测为主,人工观测水尺校核;观测设备有斜坡式水位计、超声波水位计、雷达水位计和直立式水尺。

一、水位观测

(一)观测依据

1991 年 1—5 月,依据《水文测验手册》(水利电力部水利司 1975 年 2 月主编,1976 年 6 月出版,1980 年 7 月修订);1991 年 6 月 1 日至 2015 年,依据《水位观测标准》(GBJ 138—1990),该标准由水利部主编,1991 年 6 月 1 日实施,2010 年 5 月 31 日发布了标准编号 GB/T 50138—2010 的修订版,2010 年 12 月 1 日实施。

(二)观测次数

各水文站、水位站的水位观测执行“测站任务书”。汛期洪水过程、枯水期、凌汛封冻、开河及特殊水情(“假潮”、断流及来水等)发生时,观测次数不同。1991—2015年水文站、水位站人工观测水位次数见表3-5。

表3-5　1991—2015年水文站、水位站人工观测水位次数

<table>
<tr><th rowspan="2">水位变幅(m)</th><th colspan="2">每日最少观测次数</th><th rowspan="2">说明</th></tr>
<tr><th>水文站</th><th>水位站</th></tr>
<tr><td>0.10以下</td><td>3</td><td rowspan="2">3</td><td rowspan="5">1.每日8时为定时观测时间;
2.按要求测记风向、风力、水面起伏度;
3.换用水尺时需比测;
4.日平均水位以面积包围法计算为标准,因计算方法不同,日平均水位差值不能超过2cm;
5.水位涨落急剧时及时加测水位;
6.2006年之前各水位站水位变幅在0.20~0.40m时,观测次数为4~6次,2006年任务书改为6次</td></tr>
<tr><td>0.10~0.20</td><td>4</td></tr>
<tr><td>0.20~0.40</td><td>6</td><td>6</td></tr>
<tr><td>0.40以上</td><td>12</td><td>12</td></tr>
<tr><td>洪峰过程</td><td>12~24</td><td>12~24</td></tr>
</table>

人工观测水位同时观测天气状况、风向、风力、水面起伏度等附属项目。

遇到特殊水情及专项测验时,按照水情实际及专项测验要求观测。

(三)观测设备

1991—2015年,各水文站、水位站的水位观测设备有水尺、自记水位计。其中,水尺为直立式,自记水位计包括斜坡式水位计、超声波水位计和雷达水位计。

1.水尺

水尺形式:1991—2015年,各水文站、水位站使用直立式水尺观测水位,直立式水尺包括永久性和临时性2种。永久性水尺由混凝土基础、钢管水尺桩、水尺板构成,基础有深基和浅基。1999年,山东水文水资源局对所属水文站、水位站的水尺进行了统一规划建设,每个水文站及常年观测水位站新建永久性水尺5支,陈山口水文站新闸下和闸下二断面以及汛期水位站每站新建永久性水尺3支,全测区共新建水尺111支。水尺基础均为直径600毫米、深5000毫米的钢筋混凝土桩基,基础设有安装水尺桩的法兰盘,水尺桩用直径110毫米钢管(管内用水泥砂浆灌实)制作。临时性水尺一般将木桩打入河床作为水尺板靠桩,安装水尺板观测水位。永久性水尺和临时性水尺所用水尺板均为搪瓷水尺板,水尺板一般用螺丝钉或铅丝固定在水尺桩上。各水文站、水位站人工观测水位以永久性水尺为主,当永久性水尺脱溜时,使用临时性水尺观测。永久性水尺见图 3-14，2015 年水文站、水位站水尺使用情况见表 3-6。

图 3-14　永久性水尺

表 3-6　2015 年水文站、水位站水尺使用情况

站名	站别	水尺断面	水尺形式	组数/支	靠桩/水尺板	观测范围(m)
高村	水文	基本断面	直立式	1/5	钢管/搪瓷	63.64~68.92
苏泗庄	水位	基本断面	直立式	1/5	钢管/搪瓷	60.00~64.53
邢庙	水位	基本断面	直立式	1/3	钢管/搪瓷	51.70~57.33
杨集	水位	基本断面	直立式	1/6	钢管/搪瓷	48.02~56.52
孙口	水文	基本断面	直立式	1/5	钢管/搪瓷	44.30~52.04
孙口	水文	比降上断面	直立式	1/4	钢管/搪瓷	43.14~50.90
国那里	水位	基本断面	直立式	1/4	钢管/搪瓷	42.02~50.05
十里堡	水位	基本断面	直立式	1/5	钢管/搪瓷	41.14~49.65
贺洼	水位	基本断面	直立式	1/3	钢管/搪瓷	40.08~49.04
邵庄	水位	基本断面	直立式	1/4	钢管/搪瓷	39.23~48.83
黄庄	水位	基本断面	直立式	1/3	钢管/搪瓷	38.95~48.17
陈山口(闸下二)	水文	基本断面	直立式	1/3	钢管/搪瓷	40.79~45.20
陈山口(新闸下)	水文	基本断面	直立式	1/3	钢管/搪瓷	40.19~45.40

续表 3-6

站名	站别	水尺断面	水尺形式	组数/支	靠桩/水尺板	观测范围(m)
位山	水位	基本断面	直立式	1/1	钢管/搪瓷	43.80~44.80
南桥	水位	基本断面	直立式	1/5	钢管/搪瓷	38.46~47.60
艾山	水文	基本断面	直立式	1/5	钢管/搪瓷	37.10~46.09
韩刘	水位	基本断面	直立式	1/5	钢管/搪瓷	32.23~41.57
北店子	水位	基本断面	直立式	1/7	钢管/搪瓷	27.63~37.73
泺口	水文	基本断面	直立式	1/5	钢管/搪瓷	26.10~34.15
泺口	水文	比降上断面	直立式	1/4	钢管/搪瓷	27.58~33.78
刘家园	水位	基本断面	直立式	1/7	钢管/搪瓷	21.42~30.32
清河镇	水位	基本断面	直立式	1/5	钢管/搪瓷	16.38~26.04
张肖堂	水位	基本断面	直立式	1/5	钢管/搪瓷	14.39~21.97
麻湾	水位	基本断面	直立式	1/5	钢管/搪瓷	11.29~17.42
利津	水文	基本断面	直立式	1/6	钢管/搪瓷	9.46~17.96
一号坝	水位	基本断面	直立式	1/5	钢管/搪瓷	7.70~15.80
西河口	水位	基本断面	直立式	1/5	钢管/搪瓷	5.10~11.60
合计				27/123		

水尺零点高程测定及校测:新建水尺用四等水准测定水尺零点高程,按“测站任务书”要求校测。各水文站、水位站的永久性水尺汛前、汛后(含凌汛)各校测1次,临时性水尺每月至少校测1次。水尺零点高程测定和校测结果随时填入测站水尺零点高程技术档案。

2. 自记水位计

1991—2015年,各水文站、水位站主要使用超声波水位计,2010年10月,高村水文站安装了YMWG-30型非接触式雷达水位计(简称雷达水位计),2012年12月投入使用,之后部分水文站、水位站陆续安装使用。

1)斜坡式水位计

20世纪90年代,孙口、艾山、泺口水文站及南桥水位站继续使用斜坡式自记水位计观测水位。斜坡式水位计为模拟划线日记型,按“测站任务书”要求摘录水位。

1997—2000年,上述各站陆续停止了该水位计的使用。1991—2000年孙口等测站使用斜坡式水位计情况见表3-7;利津水文站斜坡式水位计见图 3-15。

表 3-7　1991—2000 年孙口等测站使用斜坡式水位计情况

站名	站别	建造年份	仪器型号	观测范围（m）	停用年月	说明
孙口	水文	1981	SW40	44.00~52.00	1997.09	
南桥	水位	1993	SW40	38.40~47.60	1999.01	
艾山	水文	1981	SW40	37.70~45.00	2000.01	
韩刘	水位	1991	SW40			安装后因河势变化，脱流严重，未正式启用
泺口	水文	1976	SW40	26.00~33.00	1999.12	1978 年 1 月 14 日投产使用
利津	水文	1987	SW40	10.00~15.71	1998.09	1987.08.19 投产使用

图 3-15　利津水文站斜坡式水位计

使用斜坡式水位计观测水位每日 8:00、20:00 人工观测水尺水位校正 2 次，当水位计水位与水尺水位差超过 2 厘米时进行水位订正改正，日计时误差超过 5 分钟时进行时间订正改正。

2)超声波水位计

1997—2010年,各水文站、水位站陆续使用非接触式超声波水位计观测水位。该水位计由基础、支架、水位测量端机、传感器(探头)、数据接收及处理系统构成。该水位计具有水位自记、无线远传、计算机存储、打印等功能。泺口水文站超声波水位计见图3-16。

图3-16　泺口水文站超声波水位计

1997—2015年,山东黄河水文测区建成31处(个)超声波水位计,黄委水文局在HW-1000(系列)型水位计基础上不断更新产品,各水文测站水位计逐步升级。1991—2015年水文站、水位站超声波水位计使用情况见表3-8。

表3-8　1991—2015年水文站、水位站超声波水位计使用情况

序号	站名	站别	安装位置	数量(处)	建成时间	观测范围(m)	说明
1	高村	水文	基本断面(右岸)	1	1998.06	56.21~66.00	
2			基本断面(左岸)	1	1999.06	57.30~67.00	因河势变化2002年4月1日启用,2010年6月停用,改为右岸观测
3			基本断面(右岸)	1	2010.06	56.21~66.00	2012年12月改为雷达水位计观测
4			比降断面(左岸)	1	2000.09	57.60~67.50	2006年12月因河势变化停用,改为临时水尺观测

续表 3-8

序号	站名	站别	安装位置	数量(处)	建成时间	观测范围(m)	说明
5	苏泗庄	水位	基本断面(右岸)	1	2000.03	52.00~60.50	
6	孙口	水文	基本断面(右岸)	1	2000.10	44.30~52.00	2015年5月改为雷达水位计观测
7			比降水尺断面	1	2001.10	43.25~50.25	
8	杨集	水位	基上50m(右岸)	1	1999.01	45.52~56.60	2004年迁至基本断面
9			基本断面(右岸)	1	2004.04	45.63~56.70	
10	国那里	水位	基本断面(右岸)	1	2001.01	42.20~50.23	
11	黄庄	水位	基本断面(右岸)	1	2000.03	39.04~49.40	
12	南桥	水位	基本断面(左岸)	1	2000.03	39.97~49.97	
13	艾山	水文	基本断面(左岸)	1	1997.06	35.67~45.67	
14	韩刘	水文	基本断面(左岸)	1	2000.03	32.90~42.90	
15	北店子	水位	基本断面(右岸)	1	2000.03	29.86~35.71	
16	泺口	水文	基本断面(左岸滩地)	1	2000.10	26.10~34.20	
17			基本断面(右岸)	1	2000.10	26.10~34.20	
18			上比降断面(右岸)	1	2000.10	25.80~34.00	
19	刘家园	水位	基本断面(右岸)	1	2000.03	22.61~30.00	2014年5月改为雷达水位计观测
20	清河镇	水位	基本断面(左岸)	1	2000.03	13.00~27.00	
21	张肖堂	水位	基本断面(左岸)	1	2000.03	12.00~24.00	
22	麻湾	水位	基本断面(右岸)	1	2000.03	10.00~21.00	
23	利津	水文	基本断面(左岸)	1	1997.08	10.02~19.00	2000年7月调整位置重建;2012年9月因河势变化重建;2015年7月改为雷达水位计观测
24			基本断面(左岸)	1	2000.07	10.50~22.00	
25			基本断面(左岸)	1	2012.09	8.80~20.00	

续表 3-8

序号	站名	站别	安装位置	数量（处）	建成时间	观测范围（m）	说明
26	陈山口	水文	基本断面（闸下二）闸上	1	2008.04	39.14~45.90	
27			基本断面（闸下二）闸下	1	1998.05	39.76~44.44	
28			基本断面（新闸下）闸上	1	2008.04	39.21~46.11	
29			基本断面（新闸下）闸下	1	1998.05	39.83~45.78	
30	一号坝	水位	基本断面（右岸）	1	1998.05	7.00~16.00	
31	西河口	水位	基本断面（右岸）	1	2007.11	5.00~13.60	2015年7月改为雷达水位计观测

水位计探头高程确定及校测：按照山东水文水资源局《山东水文测区非接触式遥测水位计使用管理办法》（黄鲁水技〔2001〕7号）要求确定、校测探头高程。该办法规定了探头高程可用水准仪直接测定或用水尺水位反推求得，探头高程确定后每年汛前、汛后各校测1次。

自记水位校测：自记水位计观测的水位每日8时与人工观测水位对比校测，当自记水位与人工观测水位对比超过2厘米时，首先应对水尺零点高程进行校测，然后查找原因，连续超过2厘米时，须调整自记水位计探头高程；当出现系统误差时，应及时调整水位计探头高程，确定误差来源。

超声波水位计测得的水位数据以电信号通过电台发射到室内接收终端，通过计算机处理后的水位在LCD显示屏上显示，并打印在专用纸上（带状卷纸）。

3）雷达水位计

2010年起，高村、孙口、利津水文站及刘家园、一号坝、西河口水位站开始使用雷达水位计观测水位，至2015年山东黄河水文测区共安装6处。雷达水位计的结构形式、水位测量、传输、储存、探头高程确定方式等与超声波水位计基本相同，不同的是雷达水位计对水位跟踪速度更快，受温度影响小，观测精度更高，工作性能更稳定，并具有远传的扩展、图表显示等功能。

2010 年 10 月,高村水文站安装雷达水位计,与水尺水位、超声波水位对比观测后,2012 年 12 月启用;孙口水文站 2014 年 11 月安装雷达水位计并比测,2015 年 5 月启用;利津水文站 2014 年 10 月安装雷达水位计并比测,2015 年 7 月启用;刘家园水位站 2013 年 10 月安装雷达水位计并比测,2014 年 5 月启用;一号坝水位站 2015 年 12 月安装雷达水位计并比测;西河口水位站 2014 年 10 月安装雷达水位计并比测,2015 年 7 月启用。一号坝水位站雷达水位计见图 3-17,1991—2015 年高村等部分测站使用雷达水位计情况见表 3-9。

图 3-17　一号坝水位站雷达水位计

表 3-9　1991—2015 年高村等部分测站使用雷达水位计情况

序号	站名	站别	安装位置	数量(处)	安装时间	观测范围(m)	启用时间
1	高村	水文	基本断面(右岸)	1	2010.10	57.30~66.30	2012.12
2	孙口	水文	基本断面(右岸)	1	2014.11	44.30~52.00	2015.05
3	刘家园	水位	基本断面(右岸)	1	2013.10	22.61~30.00	2014.05
4	利津	水文	基本断面(左岸)	1	2014.10	8.80~20.00	2015.07
5	一号坝	水位	基本断面(右岸)	1	2015.12	7.00~16.00	比测
6	西河口	水位	基本断面(右岸)	1	2014.10	5.00~11.50	2015.07

(四)水位摘录与资料保存

斜坡式水位计记录水位方式为模拟画线,摘录水位时沿记录曲线中心描绘一条连续光滑的曲线,按照时间及水位过程摘录,摘录1日内水位主要转折点、月初零时、年末24时水位及月特征流量相应时间的水位、单样含沙量相应时间的水位、推流、推沙终止日期水位,满足日平均水位、日平均流量计算的需要和月特征值的挑选。记录纸在水文资料整编后按要求装订成册交山东水文水资源局档案室保存。

超声波、雷达自记水位计记录值为瞬时水位,摘录时直接摘录水位值或依据水位过程线摘录,摘录方法和要求同斜坡式自记水位计。资料采取备份措施,每月3日之前将上一月水位数据资料从终端中导出分别存放在两台电脑,打印和摘录资料分别采用纸介质和磁介质存储,纸介质资料在水文资料整编后,装订成册交山东水文水资源局档案室保存,磁介质由各水文站保存。

二、比降观测

1991—2015年,高村、孙口、泺口、利津4个水文站,对选送颗粒分析的输沙率测次及大于2000立方米每秒的流量测次观测上、下比降断面水尺水位,计算河段比降,艾山水文站因受回流影响,不观测比降。

高村、利津水文站上比降断面与基本水尺断面重合,孙口、泺口水文站下比降断面与基本水尺断面重合。1991—2015年,各水文站比降断面重合的水位观测同基本水尺断面;另一比降断面水位以人工观测为主,其中泺口、利津水文站人工观测,高村水文站2002年开始、孙口水文站2003年开始,中、高水以水位计观测为主,低水以人工观测为主。

第六节　流量测验

1991—2015年,各水文站按照“测站任务书”要求进行流量测验,流量测验以流速仪法为主,特殊情况下使用浮标、浮冰法,渡河设施视水流条件选用缆道吊船、缆道吊箱或机动测船。

一、测验依据

依据的规范有《水文测验手册》《河流流量测验规范》《动船法流量测

验》《水文测船测验规范》《声学多普勒流量测验规范》《水文缆道测验规范》。

1991—1994年1月,依据《水文测验手册》。

1994年2月至2015年,依据《河流流量测验规范》(GB 50179—93),该规范由建设部1993年7月19日发布,1994年2月1日实施,2015年8月27日发布了标准编号为GB 50179—2015的修订版,2016年5月1日实施。

2006年6月24日,水利部同时发布了《声学多普勒流量测验规范》(SL 337—2006)和《水文测船测验规范》(SL 338—2006),7月1日实施,其中《水文测船测验规范》(SL 338—2006)替代了《动船法流量测验》(SD 185—1986)。

2009年3月2日,水利部发布了《水文缆道测验规范》(SL 443—2009),6月2日实施,替代了《水文缆道测验规范》(SD 121—1984)。

二、仪器设备

(一)测船测流

1. 断面设施

断面设施主要包括断面标(杆)、基线标(杆)、断面桩等。断面标(杆)、基线标(杆)是流量测验的定位标志。1991—2015年,山东水文水资源局依据《水文测验手册》《水文基础设施建设及技术装备标准》(2002年7月15日发布,10月1日实施,标准编号SL 276—2002;2007年修订,11月26日发布,2008年2月26日实施,标准编号SL 415—2007),对各水文站断面设施进行新建改建。断面标志包括岸上标志和滩地标志,多数水文站岸上标志为圆钢或角钢焊接的三角钢标,泺口水文站是钢管标志。钢标标志基础为整体式钢筋混凝土基础,埋深一般大于1.5米,高度在15~35米;钢管标志基础为混凝土,埋深大于1米,高度在10米左右;滩地起点距标志多数是水泥杆,高村、孙口水文站断面转点标为三角钢标,水泥杆标志埋深一般1~1.5米,由混凝土或泥土石块固定,高度6~10米。陈山口水文站断面窄,1985年5月在新闸下和闸下二断面左岸基上10米处建设了8米高钢管基线标各1座。2015年各水文站测验标志见表3-10。

表 3-10　2015 年各水文站测验标志

站名	总数	名称	位置	高度(m)	材质及型式			基础形式	建造日期
					钢标(处)	水泥杆(处)	钢管(处)		
高村	24	断面标	基本断面,右岸	18	1			混凝土整体式	1983. 06
			基本断面,右岸	24	1			混凝土整体式	1974. 06
			基本断面,左岸	25	1			混凝土整体式	2002. 10
			基下 346m(测流断面),右岸	22	1			混凝土整体式	1983. 06
			基下 346m(测流断面),右岸	36	1			混凝土整体式	1993. 06
		滩槽分界标	基本断面(兼测流断面),左岸滩地	16		1		土石埋设	2002. 10
		起点距杆,间距 150~200m	基本断面兼测流断面,左岸滩地	16		10		土石埋设	2002. 10
		基线标	基上 860m,右岸	24	1			混凝土整体式	1974. 06
			基上 1570m,右岸	30	1			混凝土整体式	1983. 06
			基上 650m,左岸	24	1			混凝土整体式	1974. 06
			基下 300m,左岸	30	1			混凝土整体式	1983. 06
		钢架	基上 254m(吊箱断面),左岸	22	1			混凝土整体式	2002. 10
			基上 254m(吊箱断面),右岸	20	1			混凝土整体式	2002. 10
			基上 285m(吊箱副缆),左岸	18	1			混凝土整体式	2002. 10
			基上 285m(吊箱副缆),右岸	16	1			混凝土整体式	2002. 10

续表 3-10

站名	总数	名称	位置	高度(m)	材质及型式			基础形式	建造日期
					钢标(处)	水泥杆(处)	钢管(处)		
孙口	37	断面标	基上 145m(测流断面),左、右岸	28	4			混凝土整体式	1987.06
			基上 145m(测流断面),左、右岸	18	5			灌注桩基础	1983.06
		基线标	基上 853m,左岸(王黑村)	35	1			混凝土整体式	1987.06
			基下 1175m,左岸(孙庄村)	35	1			混凝土整体式	1990.06
			基上 825m,右岸(站院)	35	1			灌注桩基础	1987.06
			基下 255m,右岸(黄庄村)	35	1			混凝土整体式	1990.06
			基上 567m,右岸(火车站)	35	1			混凝土整体式	1987.11
		起点距标志杆	基上 145m(测流断面)(左岸 11 根,右岸 12 根)	8		23		土石埋设	2001.12
艾山	10	基本断面标	基本断面左岸、右岸	10		2		混凝土整体式	1981.05
		测流断面标	基上 50m 左岸(测流断面)	12	2			混凝土整体式	1999.07
		浮标上断面标	基上 100m	10		2		混凝土整体式	1981.05
		浮标下断面标	基本断面	10		1		混凝土整体式	1981.05
		基线标	基上 340m 左岸	18	1			混凝土整体式	1999.07
			基下 240m 左岸	16			1	混凝土整体式	2011.05
		滩地起点距标志杆	基上 50m(测流断面)	8		1		土石埋设	2001.12
泺口	21	基本断面杆	基本断面,左岸、右岸	10			4	混凝土整体式	2009.04
		上浮标断面杆	基上 50m,左岸	10			2	混凝土整体式	2009.04
		下浮标断面杆	基下 50m,左、右岸	10			4	混凝土整体式	2009.04
		基线标/1	基上 200m,右岸	12	1			混凝土整体式	2009.04
		固定起点距标志杆	基下 96m,沿泺口浮桥道路	10		2	8	混凝土整体式	2009.04

续表 3-10

站名	总数	名称	位置	高度(m)	材质及型式			基础形式	建造日期
					钢标(处)	水泥杆(处)	钢管(处)		
利津	13	断面标	基本断面,左岸	6		1		混凝土整体式	2010.05
			基本断面,左岸	8		2		混凝土整体式	1998.03
			基下 70m(测船测流断面),左岸	25	1			混凝土整体式	1998.03
			基下 70m(测船测流断面),左岸	10		2		混凝土整体式	1998.02
			基上 50m(浮标测流断面),左岸	6	1			混凝土整体式	2010.05
			基本断面(浮标中断面),左岸	6	1			混凝土整体式	2010.05
			基下 50m(浮标测流断面),左岸	6	1			混凝土整体式	2010.05
			基上 50m(浮标测流断面),右岸	20	1			混凝土整体式	2010.05
			基本断面(浮标中断面),右岸	20	1			混凝土整体式	2010.05
			基下 50m(浮标测流断面),右岸	20	1			混凝土整体式	2010.05
		基线标	基上 300m,左岸	16			1	混凝土整体式	2009.04
陈山口	2	基线标	陈山口闸基上 10m,左岸	8			1	混凝土整体式	1985.05
			清河门闸基上 10.2m,左岸	8			1	混凝土整体式	1985.05

说明:陈山口水文站基线标 1991 年后未使用。

2. 测船定位

各水文站使用测船施测流量时定位方法以六分仪交会法为主，固定起点距（标志杆）法为辅。1991—2015 年，高村等 5 个干流水文站使用吊船缆道悬吊测船或使用机动船施测主槽流量时主要使用六分仪交会法定位，泺口水文站 2015 年开始使用 GPS 定位系统定位，使用冲锋舟或小型机动船施测滩地流量时用固定起点距标志杆、六分仪交会法等方法定位；陈山口水文站 1991—2010 年使用简易缆道悬吊测船施测流量，并在简易缆道上悬挂起点距标志牌定位，2010 后使用吊箱缆道施测流量。

3. 夜测照明设备

1991—2015 年，各水文站夜间测验主要使用探照灯对测验断面以上河段照明，基线和断面标志使用电灯照明。2008 年，高村水文站研制了新型 LED 测验标志灯用于基线、断面照明，该设备体积小、亮度大、安装方便、太阳能电池供电、遥控开关。2009 年，山东水文水资源局研制了"遥控闪光型 LED 测验标志灯"用于基线、断面照明，该设备由太阳能供电，灯光亮度高、闪烁醒目、遥控距离可达 2000 米以上，具有白天自动关灯等功能，2009—2015 年陆续在干流水文站安装使用。

4. 水深测量设备

各水文站水深测量以测深杆为主，测深锤、铅鱼、测深仪为备用。

测深杆是各水文站常用的测深工具，由木质、玻璃钢、竹质等材料制成，长度有 3 米、5 米、7 米、8 米等规格，一般用于 6 米以下水深测量；当水深超过 6 米时使用测深锤或重铅鱼测深；2001 年 8 月，陈山口水文站在流量测验中首次使用了 SDH-13D 型超声波测深仪测深。2009 年 8 月，山东水文水资源局购置了 Bathy-500DF 多频回声测深仪并在各水文站比测，2010 年根据比测结果，山东水文水资源局以黄鲁水技〔2010〕17 号文批复孙口水文站自 8 月 10 日起，当断面含沙量在 25.0 千克每立方米以下时，正式投产使用。

5. 流速仪悬吊设备

各水文站流量测验主要使用水文绞车悬吊流速仪，水文绞车包括手摇、电动两种，流速仪的悬吊方式分悬杆悬吊和悬索悬吊。高村、孙口水文站以悬杆悬吊为主，艾山、泺口、利津水文站以悬索悬吊为主，洪水期间各站一般使用悬索悬吊方式测验。1991—1997 年，悬杆悬吊为手动绞车，悬索悬吊为电动手动两用绞车。1998 年，艾山、孙口水文站使用新型 CSJ 型船用变频调速绞车,该绞车具有智能测速、测深功能,2000 年上半年推广到干流其他水文站。

6. 不同流量级的铅鱼配备及使用

铅鱼是流速仪的安装平台,山东水文水资源局为干流水文站配备了 50~300 千克不同重量的铅鱼,各水文站施测流量时按照断面流速大小、绞车承载能力选配合适重量的铅鱼。

7. 偏角改正

偏角改正包括悬索偏角改正和流向偏角改正。悬索偏角是悬吊铅鱼的悬索在水流作用下偏离铅直线形成的夹角,当悬索偏角大于 10 度时进行偏角改正;流向偏角是水流方向与测验断面垂直方向的夹角,流向偏角大于 10 度时进行改正。

(二)吊箱测流

吊箱缆道适用于 2000 立方米每秒以下流量测验。1992 年利津水文站开始使用吊箱缆道施测流量,之后,陈山口、高村、孙口、艾山水文站先后建成电动吊箱缆道。吊箱缆道具有起点距定位准确、操作方便、节省人力等优点。吊箱沿断面方向的水平运行由岸上人员通过操作台或遥控器控制循环系统实现,起点距直接显示在操作台屏幕上;垂直升降由吊箱内人员控制;铅鱼悬挂在吊箱专用绞车上,水深测量及测点位置由吊箱内人员完成,水深一般用测深杆测量;流速的测验方法、偏角改正与测船测验相同,流向偏角采用偏角器和系线木鱼测量,吊箱流向偏角器见图 3-18,吊箱流向偏角器使用见图 3-19。

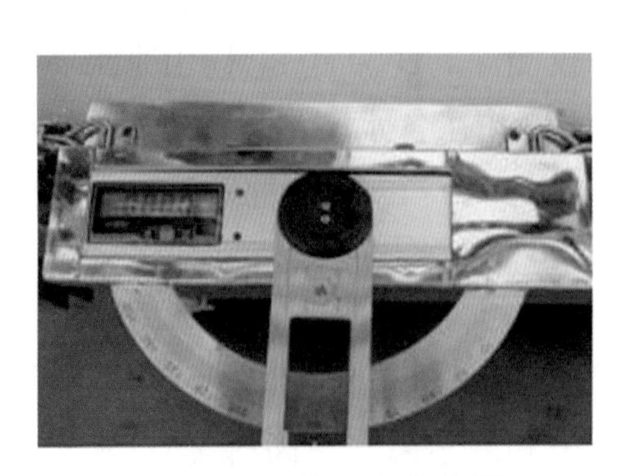

图 3-18　吊箱流向偏角器

图 3-19　吊箱流向偏角器使用

(三)备用测流方案

各水文站流量测验以水文缆道和机动测船为主要渡河设施,当吊船、吊箱缆道出现故障时,各水文站使用备用测流方案施测流量。高村、孙口水文站一般使用机动船抛锚测验;艾山、泺口、利津水文站使用浮标法或租用机动船测验。

三、技术与方法

(一)流量测验方法

1991—2015 年,各水文站施测流量采用的方法主要是流速仪法,特殊情况使用浮标法、浮冰法。统计 25 年实测资料,高村水文站实测流量 4376 次,其中吊船缆道测验 3108 次,占 71.0%,吊箱缆道测验 1267 次,占 29.0%,浮标施测主槽流量 1 次、施测滩地流量 8 次;孙口水文站实测流量 4048 次,均为流速仪法,其中吊船缆道测验 3947 次,占 97.5%,吊箱缆道测验 101 次,占 2.5%;艾山水文站实测流量 3659 次,其中吊船缆道测验 2694 次,占 73.6%,吊箱缆道测验 947 次,占 25.9%,浮标、浮冰法测流 18 次,占 0.5%;泺口水文站实测流量 3476 次,其中吊船缆道测验 3442 次,占 99.0%,浮标、浮冰法测流 34 次,占 1.0%;利津水文站实测流量 4274 次,其中吊船缆道测验 1640 次,占 38.4%,吊箱缆道测验 2571 次,占 60.2%,浮标法测流 2 次,不到 0.1%,封冻期冰上测流 61 次,占 1.4%;陈山口水文站实测流量 1102 次,均为流速仪法,其中吊船缆道测验 310 次,占 28.1%,吊箱缆道测验 786 次,占 71.3%,涉水测流 6 次,占 0.5%。1991—2015 年各水文站流量测验方法及测次见表 3-11。

(二)流量测次控制

1991—2015 年,各水文站按照“测站任务书”布置流量测次,平水期一般 3~5 天施测流量 1 次;洪水期,较大洪水过程施测流量一般不少于 5 次,峰形变化复杂或洪水过程持续较长,适当增加测次。测站受变动回水影响或混合影响时,增加测次。

测验河段结冰时,以控制流量变化过程或冰期改正系数变化过程为原则。1991—1994 年,干流水文站在流冰期间一般 4~5 天施测 1 次流量;1994 年 2 月 1 日起按照《河流流量测验规范》(GB 50179—93)规定执行:流冰期小于 5 天,1~2 天施测 1 次流量;流冰期超过 5 天,2~3 天施测 1 次流量。稳定封冻期测次可较流冰期适当减少,封冻前和解冻后酌情加测。

表 3-11　1991—2015 年各水文站流量测验方法及测次

年份	高村				孙口			艾山				泺口			利津				陈山口			
	总数	船测	吊箱	浮标	总数	船测	吊箱	总数	船测	吊箱	浮标	总数	船测	浮标	总数	船测	吊箱	浮标	总数	船测	吊箱	浮标
1991	144	144			124	124		123	122		1F	107	105	2F	136	135		1	43	43		
1992	143	143			136	136		143	143			102	100	2	134	134						
1993	124	124			116	116		126	124		2F	98	97	1F	113	112		1				
1994	140	140			146	146		118	118			102	101	1	106	106			101	101		
1995	126	126			102	102		89	89			81	78	3	93	93			84	84		
1996	131	131		8T	123	123		103	103			104	99	5	85	85			33	33		
1997	113	112		1	99	99		90	90			94	94		89	89			7	7		
1998	132	132			114	114		98	98			126	126		136	136			42	42		
1999	114	114			110	110		101	99		2	126	124	2	138	125	13		6			6S
2000	158	158			147	147		90	90			133	129	4	133	3	130					
2001	201	201			107	107		112	109		3	154	153	1	213	5	204	4B	86		86	
2002	277	233	44		171	171		146	143	3		197	197		288	34	249	5B				
2003	429	61	368		426	426		262	191	71		296	296		402	91	311		102		102	
2004	302	106	196		252	252		227	154	73		185	183	2F	252	60	192		131		131	
2005	254	39	215		183	183		170	114	56		174	174		222	47	160	15B	92		92	
2006	208	35	173		133	133		146	121	25		160	158	2F	207	39	162	6B	38		38	
2007	161	131	30		156	156		150	109	41		146	146		157	33	124		65		65	
2008	161	161			180	180		167	128	34	5F	116	113	3F	151	23	123	5B	31		31	
2009	150	143	7		185	185		152	73	77	2F	119	116	3F	149	18	131		37		37	
2010	180	144	36		227	194	33	231	109	122		149	147	2F	185	64	111	10B	43		43	
2011	169	70	99		229	161	68	234	111	120	3F	137	137		200	49	135	16B	63		63	
2012	166	109	57		186	186		184	88	96		147	147		168	60	108		62		62	
2013	153	153			156	156		152	72	80		133	132	1F	179	53	126		36		36	
2014	127	124	3		116	116		130	47	83		113	113		153	24	129					
2015	113	74	39		124	124		115	49	66		177	177		185	22	163					
合计	4376	3108	1267	1 8T	4048	3947	101	3659	2694	947	5 13F	3476	3442	18 16F	4274	1640	2571	2 61B	1102	310	786	6S

注:F—浮冰测流;B—封冻冰上测流;S—涉水悬杆测流;T—滩地测流。

(三)常测法、精测法测验

1991—2015年,各水文站施测流量有常测法、精测法。常测法是各站经过精简试验分析后确定的流量测验方法,干流水文站一个断面一般布设10~13条测速垂线,一条测速垂线布设相对水深"0.2、0.8"测点或"0.2、0.6、0.8"测点施测流速,当水深不能满足要求时用"0.6一点法"施测流速;常测法施测1次流量一般1.5~2小时。

精测法是按照规范要求用多条垂线多个测点施测流量,干流水文站用精测法施测流量时,根据断面形态布设垂线,一般一个断面布设20~30条测速垂线,一条测速垂线布设相对水深"水面、0.2、0.6、0.8、河底"测点或规范规定的更多测点施测流速。1991—2006年,干流水文站每年用精测法施测流量3~5次,2007年起,一年施测2~3次。精测法施测1次流量一般4~6小时。

(四)流速测量

1991—2015年,干流5个水文站主要使用LS25-1型、LS25-3A型两种型号流速仪施测流速,陈山口水文站主要使用LS78型旋杯流速仪施测流速,特殊情况下使用浮标或浮冰施测水面流速。流速测记的主要方法:1991—2002年各水文站主要使用"电铃+秒表"法测记流速。泺口水文站1991年开始使用本站研制的LJ-4型流速仪计数器测记流速;2001年,山东水文水资源局研制了XXL-1型直读式流速计数器,较LJ-4型流速仪计数器增加了计算功能,2002年1月,山东水文水资源局以"黄鲁水技〔2002〕1号文"通知各水文站,自3月1日起流速测量全部采用XXL-1型直读式流速计数器,停止使用"电铃+秒表"法测记方式。

(五)测点测速历时

1991—2015年,测速测点历时一般不少于100秒,特殊水情(暴涨暴落洪水、流冰或漂浮物严重等)测速历时可缩短至60秒,最短不得少于30秒。使用浮标法测流时,每个浮标的运行历时一般大于20秒,当个别垂线的流速较大时,不小于10秒。

(六)垂线和测点定位

使用机动测船或吊船缆道施测流量,用六分仪交会法确定测速和测深垂线位置,使用吊箱缆道施测流量时,用缆道水平运行起点距定位系统确定。流速测点定位:悬杆悬吊时,用悬杆上标注的刻度定位;悬索悬吊时,用绞车自动计数装置或标有刻度的悬索定位。

(七)流量记载计算方法

1991—2000年7月,各水文站均采用手工记载、计算流量。2000年7月,“山东黄河水文测验资料处理程序”研发成功,山东水文水资源局印发了“关于应用《山东黄河水文测验资料处理软件》进行流量、输沙率记载计算的通知”(黄鲁水技〔2000〕9号),2000年8月1日执行。

(八)测验垂线、测点精简

1991—2015年,高村等5个干流水文站每年汛期按“测站任务书”要求用精测法和选点法施测流量及输沙率,并及时计算分析流速Ⅱ型误差、Ⅲ型误差。Ⅱ型误差是测速垂线测点数目不足引起的垂线平均流速计算规则误差,Ⅱ型误差计算以精测法作为近似真值,由于各测站特性不同,垂线测点布设误差也有差异:高村、孙口、艾山水文站“二点法、三点法”测验精度满足规范要求,泺口、利津水文站在水深较大时“二点法”误差较大,“三点法”满足要求。

Ⅲ型误差是断面上测速垂线数目不足,不能完全控制流速沿断面的横向分布所产生的断面平均流速的计算误差。5个干流水文站通过精简分析,常测法的精度均能够满足规范要求,洪水在主槽运行时,高村、孙口、泺口、利津水文站一般布置12~13条测速垂线,艾山水文站布置10~12条测速垂线。特殊水情加密测速垂线以控制流速、河底高程沿河宽的转折变化。

(九)新技术探索

ADCP(Acoustic Doppler Current Profiler,多普勒流速剖面仪)是国际上最先进的流量测验设备之一,该仪器测流量时不受断面位置的影响,消除了人为的操作误差。山东水文水资源局2008年开始在高村、孙口、艾山水文站进行ADCP与流速仪法的比测试验,高村、孙口水文站比测时,直接使用走航式ADCP施测流量,ADCP的测验结果比流速仪常测法系统偏小,最大随机误差达-35%以上,主要原因是底部近河床处存在推移质泥沙运动,导致动底跟踪失效,且底沙的输移速度越大,测验结果的误差就越大。在艾山水文站比测时采用了ADCP外接GPS技术,较好地解决了动底跟踪失效问题,两种方法之间的误差有较明显的降低,且大多数测次在规范允许的误差范围之内。2012年10月至2013年6月,艾山水文站继续开展ADCP+GPS与流速仪法进行了流量比测试验,流量范围559~1300立方米每秒,含沙量范围1.27~6.27千克每立方米,误差均在规范允许范围之内。2015年汛期,艾山水文站使用“骏马”系列“瑞江”走航式1 200千赫兹宽带型ADCP外接Trimble 5700 GPS 接收机(1+2)进行了10余次流量测验试验,与流速仪法测验成果相比,误差均在±5%以内,在对所有比测结果进行了统计分析的基础上,得出ADCP的使用范围为断面平均含沙量不大于6.00千克每立方米,流量范围在500~1300立方米每秒,为ADCP正式投入使用奠定了基础。

(十)流速仪比测及检定

1991—2015年,各水文站依据规范,结合施测1次流量历时,规定一架流速仪施测40次流量后进行比测,比测合格继续使用,不合格封存后送具有检定资质的单位检定。

四、测洪纪实

洪水测报纪实是洪水发生时水文情势、设施设备、测报技术、人员结构、测洪组织等的真实写照。

(一)"96·8"洪水测洪纪实

1."96·8"洪水

1996年8月,受7号、8号台风的影响,黄河中游晋陕区间和三花区间分别于7月31日至8月1日和8月2—4日普降中到大雨,局部暴雨,致使黄河下游出现2次较大洪水过程:8月5日15:30花园口水文站出现第一号洪峰,洪峰流量7860立方米每秒,相应水位94.70米,9日23:00洪峰到达高村水文站,洪峰流量6810立方米每秒,相应水位63.87米;13日3:30,花园口水文站出现第二号洪峰,洪峰流量5560立方米每秒,相应水位94.11米,15日2:00洪峰到达高村水文站,洪峰流量4360立方米每秒,相应水位63.34米。本次洪水流量小、流速慢、水位高、漫滩严重,是1982年以后发生在黄河下游的一场特殊洪水和最大洪水,简称"96·8"洪水。

"96·8"洪水之前,黄河下游十几年连续小水,主槽萎缩,"二级悬河"现象突出,平滩流量减小、行洪能力降低,洪水的演进出现了前所未有的情况:一号洪峰表现为高水位、漫滩严重、流速慢、传播时间长。夹河滩至高村93千米,洪峰传播77.5小时,高村至孙口130千米,洪峰传播121小时,孙口至艾山63千米,洪峰传播52.5小时,艾山至泺口108千米,洪峰传播25.3小时,泺口至利津174千米,洪峰传播64.9小时。花园口至利津上下游相邻水文站之间的洪峰传播速度除艾山至泺口段外,均远超洪峰的正常传播时间,本次洪峰传播时间是有水文记录以来最长的1次。花园口至利津洪峰传播367.3小时,是多年平均洪峰传播历时的2倍多。二号洪峰较一号洪峰传播速度快,夹河滩水文站8月14日00:00出现二号洪峰,24小时后到达高村站,较一号洪峰的传播时间减少66.5%,在后续演进过程中,二号洪峰与一号洪峰在孙口至艾山河段叠加向下运行。“96·8”洪水高村等干流水文站洪水传播历时与洪峰特征值见表3-12。

表3-12 “96·8”洪水高村等干流水文站洪水传播历时与洪峰特征值

项目/站名	时间(日.时:分)		历时(h)	洪峰水位、流量及出现时间			
	起涨	落平		水位(m)	时间(日.时:分)	流量(m^3/s)	时间(日.时:分)
高村	02.00:00	24.08:00	536	63.87	09.23:00	6810	09.23:00
孙口	02.16:00	25.19:00	555	49.66	15.00:00	5800	15.00:00
艾山	03.00:00	27.12:00	588	42.75	17.04:30	5030	17.04:30
泺口	03.16:00	28.20:00	604	32.24	18.05:50	4700	18.05:50
利津	04.08:00	29.04:00	596	14.70	20.22:45	4130	20.22:45

“96·8”洪水属中常洪水,但水位之高历史罕见。在山东黄河西河口以上553千米的河段中,达历史最高水位的河道长约293千米,占总河段的53%;达历史第二高水位的河道长度约227.6千米,占总河段的41.1%。其中,孙口、泺口水文站水位分别超出警戒水位1.16米、1.24米,为历史最高水位;高村、艾山、利津水文站分别超出警戒水位0.87米、1.25米、0.70米,为历史第二高水位。由于洪水水位异常偏高,山东黄河泺口以上滩区全部漫滩进水,一百多年来未上过水的河南省原阳、封丘、开封高滩也大面积进水。

2.高村、孙口水文站测洪纪实

洪水起涨前,山东水文水资源局做好了迎战洪水的各项准备,5个干流水文站依据洪水测报方案,结合测站实际,安排部署了洪水测报的具体事项,岗位及责任落实到人。8月5日,花园口水文站出现洪峰后,局防汛领导小组发出了“关于迎战第一号洪峰的紧急通知”,副局长王效孔和局长助理高文永分别带队于当日赶到高村、孙口水文站指导洪水测报,其他局领导分别带队于8月6日到艾山、泺口、利津水文站,测洪预备队技术骨干分别参加高村等5个干流水文站的洪水测报。局长赵树廷和总工程师张广泉在局指挥协调全局洪水测报。

“96·8”洪水期间,高村、孙口、泺口水文站均出现漫滩,高村、孙口水文站用过河缆悬吊机动测船施测主槽,艾山、泺口、利津水文站用过河缆悬吊钢板船施测主槽,冲锋舟施测滩地。各水文站用测深杆或重铅鱼施测水深、LS25-1 型或 LS25-3A 型流速仪施测流速、六分仪交会法确定主槽断面起点距,起点距标志杆确定滩地起点距,“等流量五线 0.5 一点混合法”施测单样含沙量,“2:1:1定比混合法”施测输沙率,横式采样器取样,“听电铃、掐秒表、记转数”,手工记载,计算器计算流量(输沙率),对讲机通信。孙口、艾山、泺口水文站及南桥等水位站使用斜坡式水位计观测水位,其他水文站、水位站人工观测水位。

洪水从 8 月 2 日在高村水文站起涨到 8 月 29 日在利津水文站落平,运行了 28 天,其间各水文站密切关注水情,精心布置测次,完整地控制了洪水过程,5 站实测流量 108 次、输沙率 24 次、单样含沙量 344 次,向黄河防总拍报水情 967 次。

高村水文站是黄河进入山东的第一站,测验断面宽 4931 米,主槽宽近 700 米、靠右岸,属一滩一槽复式河床,滩槽流向不一,主流易摆动,容易出现横河、斜河、顺堤行洪,滩地内有生产堤、村台、树木、农作物,洪水漫滩后测验困难。

8 月 2 日 00:00,高村断面水位起涨,测验人员分组值班、监视水情。外业组负责测验,内业组负责资料整理和水情拍报。

2 日 17:20,测站施测了起涨流量,测得流量 1370 立方米每秒(相应水位 62.27 米)、断面平均流速 2.16 米每秒、平均水深 1.33 米、水面宽 476 米。

4 日 16:00,水位涨至 62.65 米,测验河段左岸滩唇低处开始向嫩滩进水,根据嫩滩进水情况,6 日早,测站组织黄测 A107 船和冲锋舟施测了全断面流量,主槽用流速仪法,滩地用深水浮标法。

测站职工王进东、魏玉科、吴春端的家都在滩区,7 日上午家里都打来了电话,告知老滩进水,房子和庄稼受淹,他们没有立即回家,第一时间参加了老滩进水后的第 1 次全断面流量测验,测得流量 3330 立方米每秒(其中滩地流量 262 立方米每秒),相应水位 63.31 米,总水面宽 4830 米(其中滩地水面宽 4150 米)。

9 日 17:00 突降大雨,40 分钟降雨量达 65.1 毫米,正在滩地测验的董继东、阎永新、刘谦、李强柱、魏玉科、孟繁设、吴春端 7 人没有停止测验,他们用塑料袋包好记录本,用沙桶臼出冲锋舟内的雨水,冒雨完成了滩地流量测验,及时报出了测验成果。

为了保护设备和人身安全,在滩地涉水测验的职工手举流速仪、计数器、六分仪等仪器设备,用绳子将彼此“串联”起来,在齐腰深的水中测量、记载。

10日06:06,测站施测了洪峰流量,黄测A107施测主槽深水区、黄测B104施测主槽浅水区及嫩滩,冲锋舟施测滩地,黄海云、王学金在右岸浅水区涉水测量,测得流量6810立方米每秒(其中滩地流量2100立方米每秒),相应水位63.87米,主槽水面宽685米,平均流速2.34米每秒,最大流速3.03米每秒,平均水深2.93米,最大水深4.30米;滩地水面宽4160米,平均流速0.27米每秒,最大流速0.80米每秒,平均水深1.88米,最大水深4.10米。

10日10:00洪水开始回落,16日05:00施测了最后1次全断面流量,测得流量3410立方米每秒(其中滩地流量103立方米每秒),相应水位为62.92米。至24日08:00洪水落平,洪水在高村断面持续536小时,其间施测流量25次(其中有滩地测验的17次)、输沙率8次、单样含沙量72次,实测最大流量6810立方米每秒,最高水位63.87米,最大单样含沙量155千克每立方米。

外业测验人员披星戴月,在泥水中摸爬滚打,内业水情拍报人员24小时坚守不得休息。接电话、报水情、校核资料、布置测次,眼睛熬得布满了血丝,常常是吃了饭顾不上睡觉,睡了觉没时间吃饭。尚志忠是一位老水文工程师,曾在高村水文站任站长多年,经历过“76·9”“82·8”大洪水测报,有丰富的洪水测报经验,对高村水文站测站特性了如指掌。这场洪水中,他不顾年龄大、身体弱,带领内业人员日夜坚守在水情室,困了趴在桌上打个盹,饿了吃点面包充充饥,凭借丰富的洪水测报经验和一丝不苟的水文精神,根据洪水在花园口至夹河滩之间的运行,结合夹河滩至高村段河道实际,精准地分析研判洪峰在高村水文站出现的时间,合理布置水沙测次,为高村水文站完整控制洪水过程,圆满完成洪水测报贡献了自己的智慧和经验。

孙口水文站断面位于游荡性河段至弯曲性河段之间,两滩一槽,测流断面为折线型,折线断面总宽度4634米,其中主槽宽966米、左岸滩地宽1424米、右岸滩地宽2244米,滩地有深沟、浅滩、杂草、树木和农作物,流量测验非常困难。

8月2日16:00,洪水在孙口河段起涨,起涨水位47.35米,实测流量1210立方米每秒;12日12:00,水位涨至49.03米,右岸滩地开始进水,12日晚,左、右岸滩地全部进水,滩地流向杂乱,横流、斜流不定,漂浮物密布,给测报带来困难。13日06:00,测站组织黄测A102、黄测A104及2只40马力冲锋舟施测了全断面漫滩后首次流量,测得流量 3680 立方米每秒(其中左滩 216 立方米每秒、右滩 259 立方米每秒),相应水位 49.03 米。15 日 00:00,水位达 49.66 米,呈持平状态,08:00 测站施测了峰顶流量,黄测 A102、A104 施测主槽,2 只冲锋舟施测左、右岸滩地,测得流量 5680 立方米每秒(其中左、右岸滩地流量为 1580 立方米每秒,893 立方米每秒),相应水位 49.60 米,总水面宽 3060 米(其中左、右岸滩地水面宽为 1390 米、980 米),主槽平均流速 1.54 米每秒,最大流速 2.58 米每秒,平均水深 3.03 米,最大水深 5.6 米;左岸滩地平均流速 0.48 米每秒,最大流速 0.65 米每秒,平均水深 2.36 米,最大水深 3.60 米;右岸滩地平均流速 0.41 米每秒,最大流速 0.77 米每秒,平均水深 2.20 米,最大水深 3.70 米,拍报洪峰流量 5800 立方米每秒。

15 日 12:00,洪水逐渐回落,19 日右岸滩地不再过流,25 日 19:00 落平。从起涨至落平,洪水在孙口断面持续了 555 小时,施测流量 28 次、输沙率 6 次、单样含沙量 73 次,实测最大流量 5680 立方米每秒,最高水位 49.66 米(相应流量 5800 立方米每秒),最大单样含沙量 141 千克每立方米。

洪水期间,孙口水文站站院被洪水围困,大门外半米远就是茫茫大水,交通、有线通信、地方供电相继中断,食品得不到及时补充,变成了孤岛。在这种艰苦的条件下,孙口水文站依然圆满完成了任务。为了便于观测滩地水情、接送同事们外出测验、为单位购买生活用品,职工解百发日夜坚守在黄河大堤上,住在单位的吉普车里,车外气温高达 38 摄氏度,车内更是闷热难当,但他任劳任怨,直至洪水退去。

洪水中,孙口断面的左、右岸滩地全部漫滩,滩地种满了庄稼和树木,测验异常困难。冲锋舟在滩地测验时,推进器经常被水草、农作物缠绕,造成测船失控,测工王明刚每遇这种情况就毫不犹豫地跳入河中排除故障,手脚被划破了,但他顾不上处理自己的伤口,坚持水中作业,直至测船运行正常。

8 月 14 日,右滩测验中,在测船靠近高 10 米的水泥标志杆时,由于标志杆底部被洪水冲刷浸泡,突然向冲锋舟方向倒下,刘以泉、杨道法反应敏捷,及时推开倒下的标志杆,驾驶员俞福聚果断驾船躲开,小船在左右颠簸中化险为夷,避免了 1 次不堪设想的事故。17 日下午,施测滩地的冲锋舟在树林中穿行时,突然撞上水下的树桩,小船剧烈颠簸几乎倾覆,六分仪被甩入水中,俞福聚不顾个人安危毫不犹豫跳入水中打捞,确保了测验顺利进行。

1996 年 10 月 16 日,中共山东省委、山东省人民政府鲁普发〔1996〕50 号文表彰:高村水文站、孙口水文站为 1996 年全省抗洪抢险先进集体,高村水文站董继东为1996年全省抗洪抢险先进个人(一等奖),孙口水文站王明刚为1996年全省抗洪抢险先进个人(二等奖)。

(二)2001年陈山口水文站测洪纪实

2001年7月下旬,大汶河流域连续降雨,流域平均降雨量216毫米,最大点雨量374毫米。受流域降雨影响,东平湖老湖水位急剧上涨,7月31日20:00超过42.50米的警戒水位,为了减轻湖区的防洪压力,山东省黄河防汛办公室命令开启陈山口、清河门两闸向黄河泄水。山东水文水资源局接到命令后,立即召开动员大会,部署陈山口水文站的水文测报,并通知陈山口水文站立即投入洪水测报。7月31日20:00,陈山口闸(东闸)开启泄流,20:30—21:00,测站职工王庆斌、张厚宪、苏树义3人在闸下二断面施测了开闸泄水后的第1次流量,实测流量176立方米每秒,相应水位46.18米,平均流速0.90米每秒,最大流速1.33米每秒,平均水深1.81米,最大水深2.40米,水面宽108米,实测成果迅速报送到各级防汛指挥机构。

开闸前断面处长期积水,水中长满水草滋生了大量的蚊虫,首次开闸放水,蚊虫到处乱飞,张厚宪、苏树义在吊箱上测流饱受了蚊虫的叮咬,测流归来时已是满脸乌黑、肿胀,他们毫无怨言。

8月1日06:00,清河门闸(西闸)开启泄流,王庆斌、张厚宪、苏树义3人在06:00完成闸下二断面的流量测验后,07:00—07:40又施测了清河门闸新闸下断面流量,实测流量77.5立方米每秒,相应水位42.37米,平均流速0.25米每秒,最大流速0.33米每秒,平均水深2.12米,最大水深2.80米,水面宽145米。

8月4日,大汶河流域又降大到暴雨,局部大暴雨,5日10:00,东平湖入湖把口站—戴村坝水文站流量达2610立方米每秒,13:00东平湖老湖水位涨至43.83米,超警戒水位1.33米,比1990年8月18日老湖历史最高水位高出0.11米,且水位仍在上涨,入湖流量一直大于出湖流量,防汛形势十分严峻。为缓解东平湖防汛压力,清河门闸、陈山口闸继续加大下泄流量,5日起新闸下和闸下二测验断面每天至少施测2次流量。8月5日,山东水文水资源局安排技术科副科长李庆金、工程师崔传杰、王静、孙世雷4人到站指导并参加测报;8月6日,副局长王效孔、总工程师高文永又带领几名技术人员到站指导。8月7日13:00,闸下水位开始回落,17:10—17:50,王庆斌、张厚宪、苏树义3人施测了新闸下断面流量,实测流量419立方米每秒,相应水位44.00米,较上午07:00—07:40实测流量增加51.0立方米每秒,水位降低

0.06 米。18:40—19:30,施测了闸下二断面流量,实测流量 226 立方米每秒,相应水位 44.05 米,较 11:35 分实测流量增加 19.0 立方米每秒,相应水位降低 0.02 米。

根据大汶河流域水情及东平湖蓄水情况,8 日 05:30—06:30,李庆金、王庆斌、孙世雷、张厚宪、苏树义施测了新闸下断面流量,实测流量 426 立方米每秒,相应水位 43.99 米,是该断面本次洪水的实测最大流量。07:00—07:40,又完成闸下二断面流量测验,实测流量 245 立方米每秒,相应水位 43.99 米;15:40—16:40 在闸下二断面施测了当日第 2 次流量,实测流量 260 立方米每秒,相应水位 43.95 米,是该断面本次洪水的实测最大流量。17:30—18:10 又在新闸下断面施测了当日第 2 次流量,实测流量 403 立方米每秒,相应水位 43.94 米。

8 月 26 日 20:00,陈山口闸关闭,9 月 15 日 20:00,清河门闸关闭。泄水期间,陈山口水文站共实测流量 86 次(闸下二断面 37 次、新闸下断面 49 次),人工观测水位 1727 次,实测闸下最高水位 44.07 米(8 月 7 日),新闸下、闸下二最大流量分别是 428 立方米每秒(相应水位 43.95 米,8 月 8 日)、260 立方米每秒(相应水位 43.95 米,8 月 8 日),最大流速分别是 0.96 米每秒(8 月 8 日)、1.33 米每秒(7 月 31 日),最大水深分别是 4.10 米(8 月 6 日)、4.40 米(8 月 8 日),向黄河防总拍报水情 682 次。由于加强了各个环节的质量监控,完整地监测了水位、流量过程,实测流量的单次质量合格率 100%、水情拍报精度 97%、洪峰拍报精度 99%、报汛差错率为 0。

本次洪水测验,新闸下、闸下二两个测验断面固定布设 9 条测速垂线,每条测速垂线布设相对水深 0.2、0.8 两个测点,均以吊箱缆道作为渡河设施,缆道定位系统定位起点距,LS68、LS78 型旋杯流速仪施测流速,水深测量以测深杆为主、测深锤和 SDH-13D 型超声波测深仪为辅,水位均为人工观测(陈山口水文站超声波水位计自建成后至本次洪水期间一直未开闸放水,未比测投产)。洪水期间,按照山东黄河河务局要求,8 月 5 日前,每 4 小时拍报 1 次陈山口、清河门闸上水位及闸下水位、流量,实测流量随测随报;8 月 5 日开始每小时拍报 1 次水情。全站 6 名职工及下站帮助测报的人员,担负着新闸下、闸下二闸上、闸下 4 个水尺断面的水位观测及水情拍报和闸下两个断面的流量测验。他们克服人员少、任务重等困难,认真测报、一丝不苟、任劳任怨,圆满完成了泄水期间水文测报。山东水文水资源局、陈山口水文站荣获山东省人民政府防汛抗旱指挥部黄河防汛办公室授予的“防御汶河、东平湖洪水先进单位”称号。

第七节 泥沙测验

泥沙测验包括悬移质、河床质泥沙测验及悬移质水样处理。1991—2015年,悬移质泥沙以横式采样器采样为主,河床质泥沙有横式采样器采样、锥式采样器采样及耙式采样器采样。悬移质含沙量水样采用置换法处理。

一、测验依据

1991—2015年,各干流水文站依据《水文测验手册》《河流悬移质泥沙测验规范》,按照山东水文水资源局“测站任务书”要求进行泥沙测验。

1991—1992年11月,依据《水文测验手册》测验。

1992年12月—2015年,依据《河流悬移质泥沙测验规范》(GB 50159—92)进行测验,该规范由建设部1992年8月10日发布,12月1日实施,2015年6月26日发布了标准编号GB 50159—2015的修订版,2016年3月1日实施。

二、悬移质泥沙测验

悬移质泥沙测验包括单样含沙量、输沙率测验、泥沙颗粒分析、风向风力、水温、比降观测及水样处理等。

(一)测次及其规定

1991—2015年,山东水文水资源局依据测验规范,制定“测站任务书”,干流水文站按照任务书规定施测悬移质输沙率和单样含沙量。测次布置如下:

输沙率测验:单—断沙关系曲线较稳定的测站年测次不应少于15次,随水位或时段不同分为2条或以上关系曲线的一类站,年测次不少于25次。平水期、枯水期及凌汛期,每月不少于1次;水资源调度期按照有关要求施测;较大水沙过程施测4~6次,一般水沙峰过程不少于2~3次;汛期每月不少于2次。河道统一性测验时施测输沙率,并在每条测沙垂线采取河床质留样颗粒分析。较大水沙过程合理布置测次,保证单—断沙关系曲线延长幅度小于年最大含沙量的15%。

干流水文站在汛期中、高水的不同含沙量级按选点法(1992年11月之前称精测法)施测输沙率2~3次(2006—2015年不少于2次),同时加测河床质和水温。

单样含沙量测验：非汛期及凌汛期，每日8时取样1次，“假潮”期间，适当增加测次；汛期，水、沙峰期间或含沙量大于50.0千克每立方米时，每日取样不少于4次，水沙过程平稳，含沙量小于25.0千克每立方米，每日8时取样1次；大于25.0千克每立方米，每日取样不少于2次。

1991—2015年，高村水文站共实测单样含沙量11121次，输沙率646次；孙口水文站共实测单样含沙量11189次，输沙率563次；艾山水文站共实测单样含沙量10816次、输沙率489次；泺口水文站共实测单样含沙量10703次、输沙率474次；利津水文站共实测单样含沙量10550次，输沙率459次。1991—2015高村等干流水文站施测悬移质输沙率、单样含沙量次数见表3-13。

表3-13　1991—2015高村等干流水文站施测悬移质输沙率、单样含沙量次数

站名	高村		孙口		艾山		泺口		利津	
	输沙率	单样含沙量	输沙率	单样含沙量	输沙率	单样含沙量	输沙率	单样含沙量	输沙率	单样含沙量
1991	30	469	21	453	19	445	19	445	18	464
1992	33	516	24	553	25	507	19	483	21	440
1993	28	471	24	481	19	479	19	460	18	429
1994	43	529	29	555	23	503	20	468	26	494
1995	34	474	24	471	17	452	16	424	20	457
1996	34	476	24	481	18	474	16	430	17	357
1997	21	402	15	364	14	332	13	281	7	175
1998	20	457	21	484	16	446	18	453	20	370
1999	21	440	22	450	18	437	19	427	18	419
2000	13	380	23	407	17	383	17	385	12	371
2001	20	398	16	372	17	384	16	381	13	377
2002	31	467	24	465	22	446	26	457	19	451
2003	40	501	41	515	26	465	30	487	27	490
2004	36	599	31	601	31	559	25	601	21	526
2005	25	408	23	408	24	402	20	401	17	406

续表 3-13

站名	高村		孙口		艾山		泺口		利津	
	输沙率	单样含沙量	输沙率	单样含沙量	输沙率	单样含沙量	输沙率	单样含沙量	输沙率	单样含沙量
2006	20	418	21	422	18	411	19	412	18	447
2007	21	406	18	410	17	402	17	404	15	415
2008	25	417	20	412	18	424	18	425	19	465
2009	16	399	17	399	17	398	17	402	15	395
2010	27	418	24	423	19	415	18	416	20	434
2011	24	413	21	414	19	405	20	413	22	438
2012	21	427	23	424	19	428	18	421	21	451
2013	23	413	21	417	18	417	18	421	16	430
2014	21	412	19	409	19	402	19	401	20	430
2015	19	411	17	399	19	400	17	405	19	419
合计	646	11121	563	11189	489	10816	474	10703	459	10550

(二)泥沙测站类别

国家基本泥沙站分为三类。一类站为对主要产沙区、重大工程设计及管理运用、河道治理或河床演变研究等起重要控制作用的站;二类站为一般控制站和重点区域代表站;三类站为一般区域代表站和小河站。山东黄河水文测区高村、孙口、泺口、利津水文站为一类泥沙站,艾山水文站为二类泥沙站。一类站应施测悬移质输沙率、含沙量及悬移质和床沙的颗粒级配,并进行长系列的全年观测。二类站应施测悬移质输沙率和单样含沙量,大部分二类站应测悬移质颗粒级配。1991—2015 年,山东黄河水文测区高村、孙口、艾山、泺口、利津水文站测验项目及要求均按照一类站标准执行。

(三)测验设备

1991—2015 年,高村等 5 个干流水文站使用横式采样器(平口、斜口两种)采取水样,采样器容积为 1000 毫升,使用简易量沙器或玻璃量筒测量水样体积,一人不能独立完成,需要另外一人配合量沙。2012 年,孙口水文站研制了电控防冻量沙器,该量沙器采用 12 伏直流电源供电,具有加温防冻功能,安装方便、操作简单,采样人员可直接量沙。2013 年该站又对该量沙器进行了升级,升级后的量沙器由漏斗量沙器、ZCW 内螺纹零压启动通用电磁阀、LED 灯光、电子控制系统、防冻温控器、散热风扇、脚踏开关、MZJ-100A 直流接触器、安装支架等 9 部分组成,具有精度可靠、操作简单、性能稳定、LED 灯光照明功能。手持简易量沙器量取水样见图 3-20,电控防冻量沙器量取水样见图 3-21,电控防冻自动量沙器见图 3-22。

图 3-20　手持简易量沙器量取水样

图 3-21　电控防冻量沙器量取水样

图 3-22　电控防冻自动量沙器

(四)试验研究项目

为提高泥沙测验技术,1991—2015 年,山东水文水资源局对皮囊式采样器、ZD-400 光电测沙仪、AEX-1 型振动式悬移质测沙仪等测沙仪器进行了试验研究。

1. 皮囊式采样器

皮囊式采样器主要由采样系统和铅鱼两部分组成。采样系统包括管嘴、进水管、电磁开关和皮囊,铅鱼体壳侧面设有弧形活门和若干进水小孔,采样前将皮囊内空气排出,仪器入水后铅鱼空腹进水,皮囊始终保持内外压力平衡。当打开进水开关采样时,借助管嘴的锥度及铅鱼体的进水小孔传递负压的作用,使进口流速与天然流速保持一致。该仪器适用于不同水深和含沙量条件下积深法、选点法和各种混合法采样。1990—1992 年,高村、孙口、艾山、利津水文站进行了皮囊式采样器与横式采样器的对比试验,因水文绞车设备不配套,皮囊式采样器本身存在的汛期漂浮物和冰期冰碴影响管嘴进水等问题,没有实际应用。

2. ZD-400 光电测沙仪

2002 年,山东水文水资源局引进了交通部天津水运工程科学研究所研制的 ZD-400 光电测沙仪。该仪器是利用消光原理设计的一种浊度测量仪器,测量时只需将测头直接放置被测水域,具有功能齐全、操作简单、携带方便的优点。高村、孙口、泺口水文站对该仪器进行了比测率定。由于含沙量、泥沙颗粒较小的变化会引起工作曲线较大的平移,使用时需随时对曲线进行率定,且含沙量大时误差也大,该设备没有实际应用。

3. AEX-1 型振动式悬移质测沙仪

AEX-1 型振动式悬移质测沙仪是 2004 年黄委水文局与哈尔滨工业大学合作研制的悬移质在线测沙设备。该仪器的传感器是利用恒弹性钢所制的振动管,随着流经管内被测液体的密度发生变化而引起振动周期随之变化的原理制成。工作时将采集到的周期(频率)数字信号,以每 3~7 秒采集一组数据的速率,通过标准串行口(RS232)进入计算机,根据所建立的数学模型进行分析计算,直接在屏幕上显示含沙量。2009 年调水调沙期间,按照黄委水文局《关于应用振动式测沙仪监测断面含沙量的通知》(黄水测〔2009〕11 号)要求,高村等 5 个干流水文站开展了 AEX-1 型振动式悬移质测沙仪的比测试验。

(五)泥沙测验渡河设备

1991—2015 年,泥沙测验渡河设备与流量测验相同。高村、孙口、艾山、利津水文站使用吊箱缆道之前的泥沙测验全部使用吊船缆道或机动测船采取水样,吊箱缆道投入使用后,单样含沙量测验一般使用吊箱缆道取样;当流量 2000 立方米每秒以下施测输沙率时,高村、利津水文站使用吊箱缆道施测流量、测船配合采取水样,艾山水文站使用吊箱缆道独立完成,孙口水文站使用测船独立完成;2000 立方米每秒以上施测输沙率时使用吊船缆道悬挂测船或使用机动测船采取水样。泺口水文站一直使用吊船缆道测验。测验人员吊箱内采取水样见图 3-23。

图 3-23 测验人员吊箱内采取水样

(六)测验方法

1. 单样含沙量

1991—2015 年,高村等 5 个干流水文站单样含沙量的取样方法是"等流量五线 0.5 一点混合法",1991—1995 年曾叫作"五线半深混合法"。取样垂线位置随流量的变化而调整,每次流量测验后,点绘起点距和累计流量关系曲线,重新确定 5 条取样垂线的起点距位置。特殊情况下可采用"水边一线法"测取单样含沙量。

2. 输沙率

1991—2015 年,高村等 5 个干流水文站,以"2∶1∶1定比混合法"为主,选点法为辅施测输沙率。"2∶1∶1定比混合法"即在测沙垂线相对水深 0.2、0.6、0.8 处按容积 2∶1∶1取样混合,其含沙量作为垂线平均含沙量。1991—2005 年各干流水文站每年用选点法施测输沙率 2~3 次,2006 年起,每年施测次数不少于 2 次。当取样垂线水深大于 0.75 米时,用 2∶1∶1定比混合法施测,水深在 0.75 米以下时,用相对水深 0.5 或 0.6“一点法”取样。

(七)泥沙水样处理

1. 水样处理方法

1991—2015 年,高村等 5 个干流水文站使用置换法进行悬移质泥沙水样处理,主要步骤包括沉淀浓缩水样、测定比重瓶装满浑水后质量及浑水温度、计算泥沙质量和含沙量。

2. 比重瓶检定

1991—2000 年 7 月,干流水文站用室温法或差值法检定比重瓶,2000 年 8 月至 2015 年用差值法检定比重瓶。每年汛前检定 1 次。

3. 天平检定及更新

干流水文站使用的天平每年汛前委托当地计量检定部门(如东明县为计量测试所、东阿县为计量监督局等)检定 1 次,出具检定结果证明。平常根据天平使用情况由本站使用标准砝码检验或委托检定。

1991—1997 年,各干流水文站泥沙分析均使用精度为 10 毫克的机械天平,1998 年 5 月,孙口、泺口水文站开始使用美国进口 TL-2102 型电子天平,之后,其他型号的电子天平陆续在高村、艾山、利津水文站配备。至 2015 年,各水文站泥沙处理称重天平以电子天平为主,机械天平备用。1991—2015 年高村等干流水文站天平配备情况见表 3-14。

表 3-14　1991—2015 年高村等干流水文站天平配备情况

站名	型号	机械	电子	精度(mg)	数量	说明
高村	PB3002-N		√	10	1	在用
	PL3002		√	10	1	在用
	TG55	√		10	1	2003 年 4 月起备用
孙口	TL-2102		√	10	1	在用
	TG55	√		10	1	1998 年 5 月起备用
艾山	TG55	√		10	1	2003 年 4 月起备用
	PL3002		√	10	1	在用
泺口	TL-2102		√	10	1	在用
	TG55	√		10	1	1998 年 5 月起备用
利津	BL-410S		√	10	1	在用
	TG55	√		10	1	2003 年 4 月起备用

4. 泥沙室标准化建设

1997 年度、1998 年度水文测报设施设备专项建设中，按照黄委水文局要求，1998 年 3—5 月完成了 5 个干流水文站泥沙处理室标准化建设，建设内容包括室内装修、安装空调、建设新天平台、配置减震台，购置不锈钢水样桶、加工桶架，更新上水设备，孙口、泺口水文站配备了电子天平。

5. 泥沙处理程序开发

2000 年 8 月，依据《河流悬移质泥沙测验规范》(GB 50159—92)"瓶加清水重差值法"要求，山东水文水资源局开发了"差值法比重瓶检定制表程序"，在干流 5 个水文站推广使用。

6. 自动供、排水设备研制

1991—1998 年 5 月，干流水文站的泥沙处理中水样桶一直用墙壁上悬挂水桶冲洗，方法简陋落后。1998 年 5 月，在泥沙室标准化建设中更新了上水设备，提升了水样桶冲洗的自动化水平。2006 年，孙口水文站研制使用了"泥沙处理自动供、排水设备"，该设备用 220 伏小型两相交流离心泵由沉淀水柜自动向压力罐供水，泥沙处理时只要把手持喷嘴打开即可冲刷沙桶，沉淀水柜安装的全自动水位控制器保证了该设备的不间断供水。该设备使用方便、冲洗干净、省时省力，泥沙处理自动供、排水设备见图 3-24。

7. 沙样水体自动控制分离器研制

将沉淀后泥沙水样的清、浑水分离是置换法处理悬移质泥沙的一个重要步骤。1991—2015 年，干流水文站主要使用"人工吸取清水"的方法分离沉淀的水样，2012 年 4 月，山东水文水资源局研制了"沙样水体自动控制分离器"，该设备由水笼头自动升降和自动抽水两套系统构成，两者在单片机的协调下完成水体清、浑水的智能化分离。该设备 2014 年在孙口水文站使用，因抽水时间较长，使用一段时间后停用，沙样水体自动控制分离器见图 3-25。

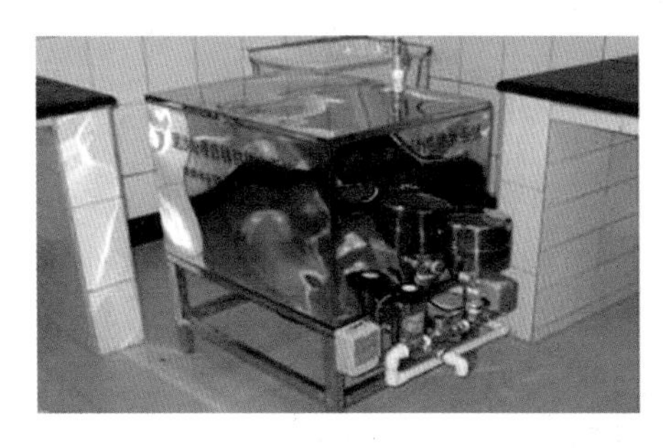

图 3-24　泥沙处理自动供、排水设备

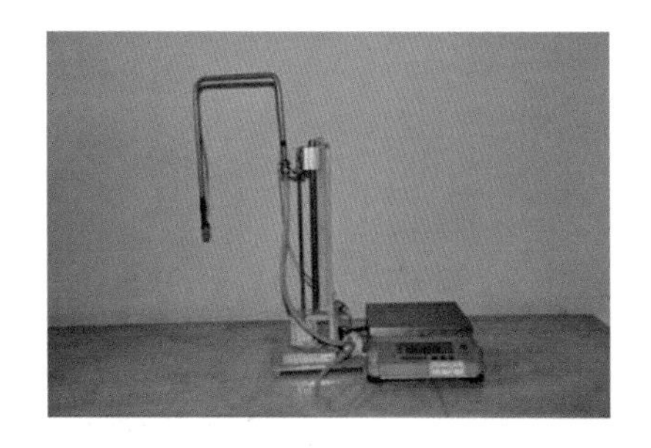

图 3-25　沙样水体自动控制分离器

三、河床质泥沙测验

(一)测验方法及次数

高村等干流5个水文站在做颗粒分析的输沙率测验时加取河床质分析。测验次数:平枯水期每月不少于1次,汛期每月不少于2次,年内较大水、沙峰的峰前、峰顶、峰后各选取1次。河床质采样位置与悬移质泥沙测验垂线重合,测验垂线数一般是悬移质泥沙测验垂线数的一半。河道统一性测验施测输沙率时,每条悬移质泥沙测验垂线均采取河床质。

(二)取样设备

1991—2010年,高村等干流水文站采用横式采样器或耙式采样器采取河床质沙样。2011年,孙口水文站研制使用了“锥式河床质采样器”,该采样器采样较横式采样器方便、快捷,一人可完成采样。2014年,该站对“耙式河床质采样器”进行了改进,改进的采样器采样时同端的两个斜口钢管一个挖沙,一个排水排气,取样可靠。耙式河床质采样器见图3-26,锥式河床质采样器见图3-27,新型耙式河床质采样器见图3-28。

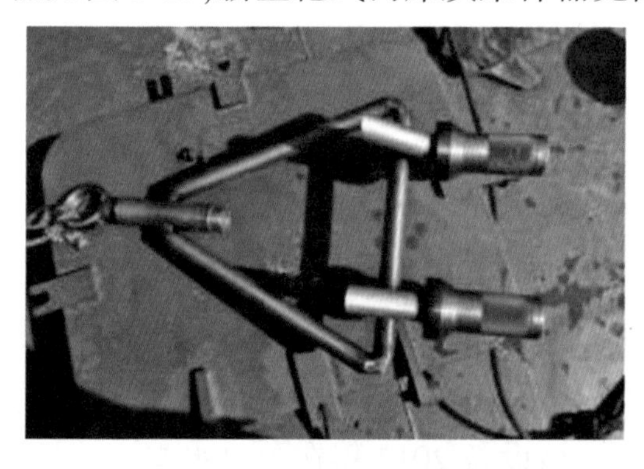

图3-26　耙式河床质采样器

图3-27　锥式河床质采样器

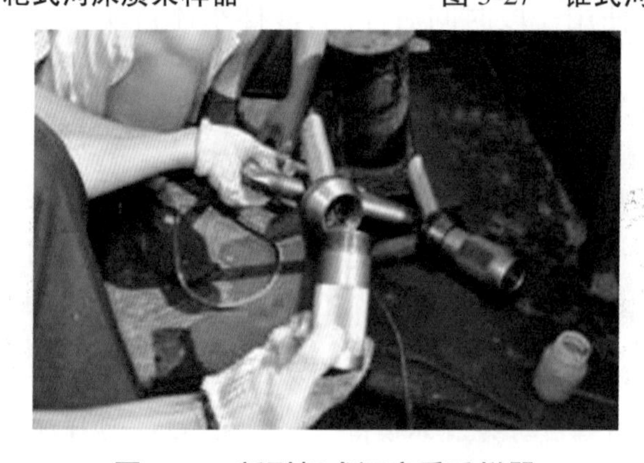

图3-28　新型耙式河床质采样器

第八节　泥沙颗粒分析

1991—2015 年，山东水文水资源局利用光电仪与筛分析相结合的方法、激光粒度仪分析法，对留取的悬移质和河床质沙样进行泥沙颗粒分析。

一、分析依据

1991—1993 年，依据《水文测验手册》第二册《泥沙颗粒分析和水化学分析》；1994 年 1 月至 2010 年 3 月，依据《河流泥沙颗粒分析规程》（SL 42—92）；2010 年 4 月至 2015 年，依据《河流泥沙颗粒分析规程》（SL 42—2010）。2004 年 12 月，黄委水文局印发了《激光粒度分析仪投产应用技术规定（试行）》和《激光粒度仪操作规程（试行）》，该规程是使用激光粒度仪进行泥沙颗粒分析的主要依据。

二、断面分布

泥沙颗粒分析的断面有高村、孙口、艾山、泺口、利津 5 个干流水文站及山东黄河河道典型断面。

三、测次

（一）悬移质输沙率颗粒分析

1991—2015 年，高村等 5 干流水文站悬移质输沙率颗粒分析，平水期、枯水期每月采样不少于 1 次，汛期每月采样不少于 2 次，年内较大水、沙峰的峰前、峰顶、峰后各选取 1 次。选点法输沙率测次均做颗粒分析。1991—2015 年共完成 2222 次输沙率颗粒分析。

（二）单样颗粒分析

单样颗粒分析测次主要分布在洪水期，其他时间适当布置测次，一般每 5 次单样留样 1 次，较大水、沙峰在起涨、峰腰、峰肩、峰顶等转折点分别留样。选作颗粒分析的输沙率测次，相应单样均做颗粒分析。1991—2015 年共完成 10435 次单样颗粒分析。

（三）河床质颗粒分析

做颗粒分析的悬移质输沙率同时加测河床质留作颗粒分析，汛前、汛后河道统一性测验时各水文站同时施测输沙率，并在每条测沙垂线采取河床质留样分析。1991—2015 年高村等 5 干流水文站共完成河床质颗粒分析 2211

次,23个河道统一性测验断面共完成河床质颗粒分析1150次。

四、沙样递送

高村等5个干流水文站每月5日前将上月颗粒分析的输沙率、单样、河床质沙样送达山东水文水资源局泥沙分析室,特殊情况下11日前送达。

五、仪器设备及分析方法

1991—2004年,使用光电仪与筛分析相结合的方法进行泥沙颗粒分析,较粗泥沙用筛分析法,较细泥沙用光电分析法,一个泥沙样品用两种方法组合才能完成8个粒径级的分析,其中筛分析法占3~4个粒径级,光电分析法占4~5个粒径级。筛分析法为手工操作,光电分析法以混匀沉降为分析原理,使用中根据不同沙型率定不同的消光系数,以吸管法作为标准方法对其检验,操作过程复杂烦琐,人为因素影响较大,费时费力。

2004年6月,泥沙分析室配备了1台英国马尔文仪器公司生产的MS2000MU型激光粒度分析仪,并承担了该年调水调沙期间艾山水文站泥沙颗粒现场分析任务。2005年1月1日起,正式启用激光粒度分析仪进行泥沙颗粒分析。2005年5—10月,按黄委水文局要求,用激光粒度分析仪与传统法(筛分法+光电法)对高村、孙口、艾山、泺口、利津5个水文站的粗、中、细不同沙型437个沙样进行了同步对比试验,为推求两种方法的相关曲线、建立互换公式提供了一系列数据。激光粒度分析仪具有操作简单、重复性好、稳定性高、检测量程范围宽等优点,它的测量范围为0.02~2000微米的颗粒直径,基本涵盖了黄河下游所有颗粒分析沙样的粒径级,一个泥沙样品用该仪器可一次性分析完成,不需要几种方法的组合。2015年7月,配备了二代MS2000MU激光粒度分析仪,该仪器与第一代比较更便于操作,二代MS2000MU激光粒度分析仪见图3-29。2005—2015年山东水文水资源局一直使用激光粒度分析仪进行泥沙颗粒分析。

光电分析仪与筛分析相结合方法分析出的成果为小于某粒径沙重百分数,激光粒度分析仪分析出的成果为小于某粒径体积百分数,两种颗粒分析成果各成系列,由两种方法建立的公式进行成果互换。

六、泥沙粒径的年际、年内及沿程变化

高村等5干流水文站悬移质泥沙以中、细颗粒泥沙为主,2015年前各站

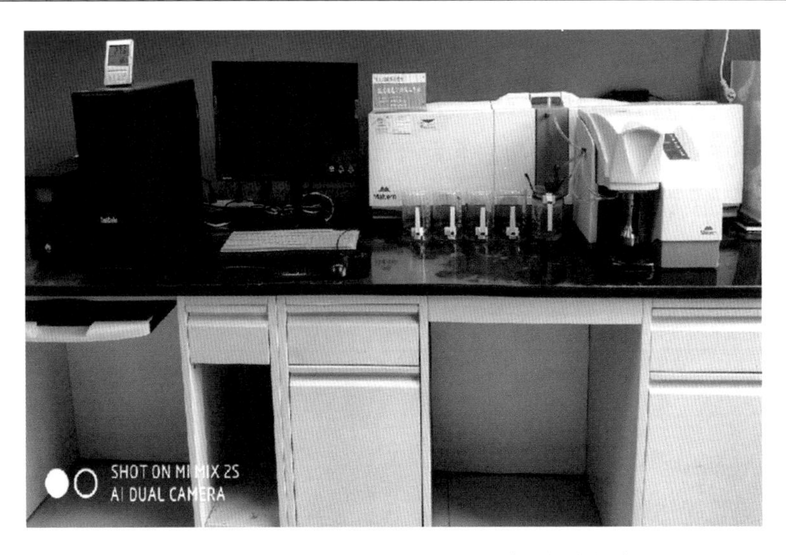

图 3-29　二代 MS2000MU 激光粒度分析仪

60 余年实测悬移质泥沙粒径小于 0. 025 毫米的细沙占总重的 58. 0%，粒径在 0. 025～0. 050 毫米的中沙占 25. 0%，粒径大于 0. 050 毫米的粗沙占 17. 0%，其中粒径大于 0. 100 毫米的泥沙仅占 1. 7%，高村等干流水文站多年悬移质泥沙各粒径级占总沙重的百分数表见表 3-15。

表 3-15　高村等干流水文站多年悬移质泥沙各粒径级占总沙重的百分数

站名	细泥沙			中泥沙	粗泥沙	
	<0. 005mm	0. 005～0. 010mm	0. 010～0. 025mm	0. 025～0. 050mm	0. 050～0. 100mm	>0. 100mm
高村	24. 3	10. 8	22. 5	24. 9	15. 5	2. 0
孙口	25. 3	10. 3	21. 6	25. 3	15. 6	1. 9
艾山	24. 7	10. 4	21. 2	25. 1	16. 6	2. 1
泺口	26. 3	10. 8	22. 3	24. 7	14. 4	1. 5
利津	25. 9	11. 2	22. 6	24. 9	14. 3	1. 1
五站平均	25. 3	10. 7	22. 0	25. 0	15. 3	1. 7
各组之和	58. 0			25. 0	17. 0	

注：统计年限为高村 1954—2015 年、孙口 1962—2015 年、艾山 1955—2015 年、泺口 1954—2015 年、利津 1955—2015 年。

1991—2015 年,悬移质各组泥沙所占比例略有不同,泥沙组成较多年统计值偏粗。粒径小于 0. 025 毫米的细沙占总沙重的 55. 8%;粒径在 0. 025~0. 050 毫米的中沙占 25. 1%;粒径大于 0. 050 毫米的粗泥沙占 19. 1%,其中粒径大于 0. 100 毫米的泥沙所占比重为 2. 4%,1991—2015 年高村等干流水文站悬移质泥沙各粒径级占总沙重的百分数见表 3-16。

表 3-16 1991—2015 年高村等干流水文站悬移质泥沙各粒径级占总沙重的百分数

站名	细泥沙			中泥沙	粗泥沙	
	<0. 005mm	0. 005~0. 010mm	0. 010~0. 025mm	0. 025~0. 050mm	0. 050~0. 100mm	>0. 100mm
高村	24. 2	10. 4	21. 1	24. 8	16. 8	2. 6
孙口	24. 2	10. 4	21. 3	24. 9	16. 9	2. 3
艾山	22. 0	9. 9	20. 5	25. 3	19. 0	3. 3
泺口	24. 7	10. 7	22. 2	24. 7	15. 6	2. 1
利津	24. 0	10. 8	22. 4	25. 8	15. 2	1. 7
五站平均	23. 8	10. 4	21. 5	25. 1	16. 7	2. 4
各组之和	55. 8			25. 1	19. 1	

河床质粒径较粗,1991—2015 年实测河床质泥沙粒径小于 0. 025 毫米的细沙占总重的 8. 0%;粒径在 0. 025~0. 050 毫米的中沙占 19. 6%;粒径大于 0. 050 毫米的粗泥沙占 72. 4%,1991—2015 年高村等干流水文站河床质泥沙各粒径级占总沙重的百分数见表 3-17。

实测悬移质、河床质不同年份的泥沙粒径存在粗细交替过程。1991—2015 年高村等干流水文站悬移质泥沙粒径年际变化见表 3-18,1991—2015 年高村等干流水文站河床质泥沙粒径年际变化见表 3-19。

山东黄河悬移质、河床质泥沙粒径年际间呈跳跃式变化。以高村水文站为例:1991 年悬移质泥沙<0. 025 毫米的重量占总沙重的 63. 9%,中数粒径 0. 016 毫米;2000 年悬移质泥沙<0. 025 毫米的重量占总沙重的 33. 2%,中数

表 3-17　1991—2015 年高村等干流水文站河床质泥沙各粒径级占总沙重的百分数

站名	细泥沙			中泥沙	粗泥沙	
	<0.005mm	0.005~0.010mm	0.010~0.025mm	0.025~0.050mm	0.050~0.100mm	>0.100mm
高村	2.0	0.7	3.5	14.6	41.9	37.4
孙口	1.4	0.7	2.4	16.2	48.4	31.0
艾山	4.6	1.7	7.5	21.1	40.8	24.3
泺口	2.4	1.0	3.9	24.6	47.1	21.1
利津	2.1	1.2	4.7	21.8	49.4	20.9
五站平均	2.5	1.1	4.4	19.6	45.5	26.9
各组之和	8.0			19.6	72.4	

粒径 0.034 毫米,多年平均悬移质泥沙<0.025 毫米的重量占总沙重的 55.7%左右,中数粒径 0.021 毫米。1996 年河床质泥沙<0.025 毫米的重量占总沙重的 8.2%,中数粒径 0.065 毫米;2002 年河床质泥沙<0.025 毫米的重量占总沙重的 12.0%,中数粒径 0.065 毫米;2010 年河床质泥沙<0.025 毫米的重量占总沙重的 2.5%,中数粒径 0.120 毫米,河床质泥沙多年平均<0.025 毫米的重量占总沙重的 6.1%,中数粒径 0.092 毫米。

悬移质、河床质泥沙粒径沿程变化不大,除艾山水文站悬移质多年平均中数粒径偏大外,山东黄河自上而下呈细化趋势。

悬移质泥沙颗粒年内变化较大,一般汛期颗粒较细,非汛期较粗。1991—2015 年高村等干流水文站汛期、非汛期悬移质泥沙粒径变化见表 3-20。

第九节　凌汛期测验

冰情监测内容主要有初冰、开始流冰、岸冰、封冻、解冻、终止流冰、终冰等,观测方法以目测为主。

表 3-18　1991—2015 年高村等干流水文站悬移质泥沙粒径年际变化

年份	高村			孙口			艾山			泺口			利津		
	<0.025mm的占比(%)	中数粒径(mm)	平均粒径(mm)	<0.025mm的占比(%)	中数粒径(mm)	平均粒径(mm)	<0.025mm的占比(%)	中数粒径(mm)	平均粒径(mm)	<0.025mm的占比(%)	中数粒径(mm)	平均粒径(mm)	<0.025mm的占比(%)	中数粒径(mm)	平均粒径(mm)
1991	63.9	0.016	0.024	60.9	0.018	0.025	59.3	0.019	0.026	69.0	0.014	0.021	64.8	0.016	0.023
1992	58.3	0.019	0.026	60.7	0.018	0.025	55.8	0.021	0.027	61.6	0.018	0.024	65.0	0.016	0.023
1993	52.5	0.024	0.028	51.0	0.024	0.029	49.4	0.025	0.030	52.6	0.023	0.029	56.8	0.021	0.027
1994	55.2	0.022	0.026	55.2	0.022	0.026	52.1	0.024	0.028	60.5	0.019	0.024	60.4	0.018	0.024
1995	52.7	0.023	0.029	53.8	0.022	0.027	53.9	0.023	0.027	61.4	0.017	0.024	55.1	0.022	0.026
1996	58.8	0.019	0.025	55.8	0.020	0.026	54.8	0.021	0.027	56.8	0.020	0.026	57.4	0.020	0.026
1997	60.0	0.017	0.026	61.0	0.016	0.024	47.8	0.027	0.032	60.2	0.017	0.025	59.3	0.016	0.025
1998	56.3	0.021	0.026	56.9	0.019	0.026	51.9	0.024	0.028	63.0	0.017	0.022	55.9	0.021	0.027
1999	58.9	0.019	0.023	56.6	0.021	0.024	63.2	0.016	0.021	67.2	0.014	0.019	70.2	0.012	0.018
2000	33.2	0.034	0.033	40.0	0.031	0.030	37.4	0.032	0.033	45.9	0.028	0.027	44.0	0.029	0.029
2001	39.2	0.033	0.033	46.9	0.028	0.030	38.9	0.033	0.035	41.4	0.031	0.031	41.3	0.030	0.031
2002	51.3	0.026	0.028	54.8	0.022	0.025	48.3	0.027	0.027	57.9	0.021	0.023	45.1	0.028	0.026
2003	61.7	0.015	0.024	54.4	0.020	0.027	45.0	0.030	0.034	41.9	0.033	0.035	45.8	0.030	0.030
2004	61.0	0.015	0.025	60.1	0.015	0.024	48.3	0.028	0.032	61.0	0.015	0.025	56.0	0.019	0.025
2005	62.0	0.016	0.027	56.0	0.019	0.030	55.0	0.020	0.034	57.0	0.018	0.030	55.0	0.019	0.030
2006	57.0	0.018	0.030	66.5	0.012	0.024	47.0	0.027	0.038	54.0	0.022	0.032	52.0	0.024	0.032
2007	64.0	0.014	0.027	65.0	0.014	0.027	57.0	0.017	0.033	64.0	0.014	0.026	55.0	0.020	0.031
2008	57.0	0.017	0.031	57.0	0.017	0.031	56.0	0.018	0.033	62.0	0.015	0.027	60.0	0.016	0.027
2009	42.0	0.032	0.043	45.0	0.030	0.040	45.0	0.030	0.042	53.0	0.024	0.032	45.0	0.030	0.038
2010	67.0	0.012	0.023	65.0	0.013	0.025	68.5	0.011	0.023	65.0	0.014	0.025	67.0	0.012	0.024
2011	55.0	0.021	0.033	46.0	0.029	0.040	49.0	0.026	0.039	54.0	0.022	0.034	57.0	0.018	0.030
2012	65.0	0.014	0.026	60.0	0.016	0.029	64.5	0.015	0.027	64.0	0.015	0.027	67.0	0.014	0.023
2013	69.0	0.011	0.023	67.5	0.011	0.023	68.5	0.011	0.023	67.0	0.013	0.024	70.0	0.011	0.021
2014	58.0	0.017	0.032	56.0	0.020	0.032	51.5	0.024	0.039	58.0	0.018	0.031	72.0	0.011	0.021
2015	34.0	0.041	0.051	44.5	0.033	0.040	42.0	0.032	0.044	42.0	0.033	0.042	53.0	0.024	0.032
平均	55.7	0.021	0.029	55.9	0.020	0.028	52.4	0.023	0.031	57.6	0.020	0.027	57.2	0.020	0.027

表 3-19　1991—2015 年高村等干流水文站河床质泥沙粒径年际变化

年份	高村			孙口			艾山			泺口			利津		
	<0.025mm的占比(%)	中数粒径(mm)	平均粒径(mm)	<0.025mm的占比(%)	中数粒径(mm)	平均粒径(mm)	<0.025mm的占比(%)	中数粒径(mm)	平均粒径(mm)	<0.025mm的占比(%)	中数粒径(mm)	平均粒径(mm)	<0.025mm的占比(%)	中数粒径(mm)	平均粒径(mm)
1991	5.3	0.077	0.081	6.3	0.070	0.072	14.2	0.062	0.066	7.6	0.066	0.068	10.3	0.060	0.060
1992	5.5	0.076	0.083	5.4	0.072	0.074	23.9	0.052	0.054	7.7	0.065	0.067	7.5	0.065	0.066
1993	5.9	0.074	0.081	4.4	0.071	0.074	16.5	0.055	0.059	11.7	0.059	0.062	6.4	0.061	0.063
1994	7.6	0.071	0.076	4.9	0.069	0.071	19.3	0.052	0.057	15.4	0.055	0.058	2.2	0.065	0.065
1995	7.5	0.066	0.072	6.4	0.064	0.068	18.4	0.051	0.055	18.8	0.052	0.056	7.7	0.059	0.061
1996	8.2	0.065	0.072	3.8	0.069	0.073	15.2	0.054	0.057	10.3	0.057	0.059	5.3	0.059	0.060
1997	7.2	0.063	0.071	9.7	0.065	0.067	24.5	0.046	0.052	10.8	0.061	0.063	17.4	0.055	0.055
1998	7.3	0.067	0.070	6.1	0.063	0.065	20.3	0.048	0.049	11.0	0.055	0.056	14.8	0.054	0.053
1999	7.0	0.060	0.070	4.0	0.061	0.064	17.0	0.049	0.052	8.9	0.046	0.047	5.1	0.064	0.065
2000	6.5	0.058	0.067	2.0	0.059	0.066	14.0	0.048	0.052	6.9	0.051	0.055	11.6	0.050	0.051
2001	5.0	0.061	0.072	4.0	0.059	0.065	14.0	0.052	0.057	2.5	0.055	0.060	9.6	0.049	0.051
2002	12.0	0.065	0.073	3.0	0.071	0.075	16.0	0.049	0.056	4.1	0.058	0.063	9.9	0.055	0.057
2003	6.0	0.086	0.094	4.0	0.076	0.080	10.0	0.065	0.069	3.9	0.060	0.064	6.1	0.059	0.060
2004	4.0	0.092	0.100	3.5	0.083	0.088	16.0	0.063	0.069	5.1	0.065	0.068	5.5	0.065	0.066
2005		0.110	0.111	0.8	0.097	0.107	9.0	0.086	0.094	3.0	0.081	0.089	2.0	0.089	0.097
2006	4.0	0.109	0.108		0.099	0.109	9.5	0.088	0.096	4.5	0.076	0.083	4.0	0.081	0.089
2007	3.0	0.120	0.113		0.110	0.116	15.0	0.080	0.088		0.083	0.092	5.0	0.075	0.079
2008		0.100	0.107		0.100	0.112	9.0	0.083	0.091	3.1	0.079	0.087	10.0	0.075	0.078
2009		0.104	0.112		0.098	0.111	7.0	0.085	0.094		0.080	0.089	9.0	0.068	0.073
2010	2.5	0.120	0.112	3.0	0.097	0.104	17.0	0.080	0.087	2.0	0.083	0.092	13.0	0.071	0.076
2011		0.110	0.113		0.098	0.111	7.0	0.100	0.109	4.5	0.083	0.092	4.5	0.085	0.092
2012		0.130	0.118		0.113	0.118	8.0	0.089	0.098	6.5	0.075	0.083	7.8	0.076	0.082
2013		0.130	0.115		0.109	0.117	7.0	0.096	0.105	5.5	0.088	0.097	15.9	0.082	0.087
2014		0.135	0.120		0.106	0.115	4.0	0.103	0.109	6.0	0.097	0.106	4.3	0.097	0.105
2015		0.139	0.119		0.105	0.116		0.110	0.118	7.5	0.102	0.110	4.8	0.095	0.104
平均	6.1	0.092	0.093	4.5	0.083	0.090	13.8	0.070	0.076	7.3	0.069	0.075	8.0	0.068	0.072

表 3-20　1991—2015 年高村等干流水文站汛期、非汛期悬移质泥沙粒径变化

时段	高村			孙口			艾山			泺口			利津		
	<0.025mm 的占比(%)	中数粒径(mm)	平均粒径(mm)	<0.025mm 的占比(%)	中数粒径(mm)	平均粒径(mm)	<0.025mm 的占比(%)	中数粒径(mm)	平均粒径(mm)	<0.025mm 的占比(%)	中数粒径(mm)	平均粒径(mm)	<0.025mm 的占比(%)	中数粒径(mm)	平均粒径(mm)
汛期(6—10月)	56.6	0.023	0.032	56.81	0.024	0.031	53.18	0.026	0.034	57.26	0.023	0.030	57.86	0.021	0.029
非汛期(11月至次年5月)	40.2	0.035	0.043	42.92	0.034	0.042	41.84	0.035	0.044	51.07	0.027	0.037	61.33	0.018	0.031

一、观测依据

1991—1993 年依据《水文测验手册》;1994—2015 年依据《河流冰情观测规范》(SL 59—93),该规范 1993 年 12 月 13 日由水利部发布,1994 年 1 月 1 日实施;2015 年 9 月 21 日发布了标准编号 SL 59—2015 的修订版,同年 12 月 21 日实施。山东水文水资源局依据规范、标准制定“测站任务书”印发各水文站执行。

二、观测工具

用于冰凌观测的工具主要有冰笊篱、冰锥、冰铲、量冰尺等,冰上作业有冰梯、冰杆及防冻、防滑、防落水等防护工具,水文站自制冰凌观测工具见图 3-30。

图 3-30　水文站自制冰凌观测工具

三、观测项目

1991—2015 年,干流各水文站在河段可见范围内出现冰情期间,观测水位的同时目测冰情,陈山口水文站开闸泄流时观测冰情。水文站观测项目有初冰、开始流冰(含流冰花)、岸冰、封冻、解冻、终止流冰、终冰、流冰密度、最大流冰块尺寸及冰速、岸冰宽度及厚度,当流冰密度超过 0.5(50%)时,用简测法施测冰流量;稳定封冻期,按要求测量固定点和河心冰厚,观测河心冰厚有困难时,观测岸边冰厚。水位站除不测冰流量外,观测项目同水文站。

四、观测方法

(一)冰情目测

目测范围主要是测验断面上、下游可见范围,若遇特殊冰情组织人力对断面上、下游更大范围进行查看。目测次数一般是观测水位的同时目测冰情,当出现流冰花和流冰时,目估河段内流冰疏密度,出现封冻、解冻时,目测封冻、解冻类型。

(二)冰厚测量

冰上打孔,用量冰尺测量水浸冰厚和冰厚,量冰尺的横钩与直尺垂直,测尺下部读数为零处紧贴冰底,在顺水流和垂直水流的方向,分别读取尺身垂直时冰面和水面截于尺上的读数,取两个方向的均值,前者为冰厚,后者为水浸冰厚。当冰下有冰花时,先量冰花厚,再量冰厚。

(三)水位、流量测验

水位观测:封冻期或水尺周围结冰时观测水位,先将水尺周围的冰层打开,捞除碎冰,待水面平静后观读自由水面的读数。当水尺处冻实时,向河心方向另打冰孔,找出流水位置,设临时水尺观测水位。

流量测验:流冰密度小于 0.3 且冰花松散、冰块脆薄时,按照常规方法测验,当流冰密度较大时,测速历时可缩短至 60 秒或 30 秒。流冰密度大且不能使用测船或吊箱测验时,采用“浮冰法”施测流量。稳定封冻期,冰层较薄时,使用吊箱缆道在测验断面上开凿冰孔测验;冰层较厚、人员在冰面上能安全测验时,开凿冰孔施测流量。泺口水文站职工封冻期观测水位见图 3-31,利津水文站职工流冰期施测流量见图 3-32,利津水文站职工凿冰孔测取单样见图 3-33。

图 3-31　泺口水文站职工封冻期观测水位

图 3-32　利津水文站职工流冰期施测流量

图 3-33　利津水文站职工凿冰孔测取单样

五、凌情

受纬度影响，黄河山东段凌情出现时间下游先于上游，凌情程度下游重于上游。1991—2015 年高村水文站历年冰情见表 3-21，1991—2015 年孙口水文站历年冰情见表 3-22，1991—2015 年艾山水文站历年冰情见表 3-23，1991—2015 年泺口水文站历年冰情见表 3-24，1991—2015 年利津水文站历年冰情见表 3-25。

表 3-21　1991—2015 年高村水文站历年冰情

年度	特征冰情日期(月.日)						封冻天数(d)	最大冰厚				最大冰块		
	初冰	开始流冰	终止流冰	终冰	封冻	解冻		河心(m)	出现日期(月.日)	岸边(m)	出现日期(月.日)	长(m)	宽(m)	冰速(m/s)
1990—1991	11.21	02.09		02.25										
1991—1992	11.25		01.24	02.13						0.05	12.28			
1992—1993	12.02	01.19	01.29	02.23						0.01	01.05			
1993—1994	11.23			01.25										
1994—1995	12.15			02.27										
1995—1996	12.18	01.08	02.20	02.22										
1996—1997	12.18	01.05	01.25	02.13						0.05	01.12			
1997—1998	12.04	01.05	01.29	02.14						0.09	01.22			
1998—1999	12.04	01.12	01.14	02.13										
1999—2000	12.19	12.20	02.11	02.11										
2000—2001	01.14	01.14	02.14	02.24										
2001—2002	12.24	12.25	12.27	12.28										
2002—2003	12.25	12.25	02.12	02.12						0.10	01.04	11	9.0	0.82
2003—2004	01.20	01.24	01.25	01.28								8.0	6.0	1.10
2004—2005	12.22	12.23	02.10	02.19						0.06	01.03	10	6.0	1.10
2005—2006	12.04	01.06	01.21	02.28										
2006—2007	12.04			01.15						0.04	01.14			
2007—2008	01.13	01.13	01.25	01.25										
2008—2009	12.05	12.22	01.27	01.27						0.01	12.24			
2009—2010	12.15	01.05	02.13	02.18						0.03	01.10	25	13	0.76
2010—2011	12.14	01.02	01.31	01.31						0.01	01.07			
2011—2012	01.05			02.10										
2012—2013	12.22			02.12										
2013—2014	12.27			02.14										
2014—2015														

注:最大冰块长、宽、冰速按日历年统计,自 1991 年开始。

表 3-22　1991—2015 年孙口水文站历年冰情

年度	特征冰情日期(月.日)						封冻天数(d)	最大冰厚				最大冰块		
	初冰	开始流冰	终止流冰	终冰	封冻	解冻		河心(m)	出现日期(月.日)	岸边(m)	出现日期(月.日)	长(m)	宽(m)	冰速(m/s)
1990—1991	12.28	01.03	01.15	01.15						0.01	01.03	25	3.5	
1991—1992	12.25	12.26	01.20	02.10						0.03	01.15	10	6.0	
1992—1993	01.14	01.15	01.30	01.30						0.02	01.14	15	9.0	
1993—1994	11.21			01.28										
1994—1995	12.15			02.02										
1995—1996	12.29	01.08	02.05	02.05						0.05	01.11	6.0	3.0	
1996—1997	12.05	01.05	02.01	02.11	01.14	01.31	17			0.06	01.10	10	8.0	
1997—1998	12.08	01.05	01.17	02.12						0.07	01.23	3.0	2.0	
1998—1999	12.02	01.09	01.21	01.21						0.13	01.15	18	5.0	
1999—2000	12.16	12.20	02.20	02.20	01.25	02.12	19			0.05	01.22	3.0	2.0	
2000—2001	01.03	01.14	02.13	02.16						0.04	01.16	10	6.0	
2001—2002	12.14	12.21	12.29	02.02						0.04	12.25			
2002—2003	12.08	12.25	01.24	02.14						0.06	01.05	4.0	3.0	
2003—2004	01.24	01.24	01.25	01.26						0.01	01.24	15	5.0	1.00
2004—2005	11.26	12.23	02.20	02.21						0.06	01.07	6.0	5.0	1.02
2005—2006	12.22	01.05	01.10	02.12						0.02	01.08	2.0	1.0	1.15
2006—2007	01.06	01.07	01.14	02.01										
2007—2008	01.12	01.13	01.30	02.13						0.05	01.28	8.0	6.0	0.80
2008—2009	12.22	12.22	01.27	01.27						0.02	12.24			
2009—2010	12.19	01.05	02.15	02.15						0.04	01.08			
2010—2011	12.15	12.16	02.03	02.04						0.03	01.19			
2011—2012	01.22			02.09										
2012—2013														
2013—2014														
2014—2015														

注:最大冰块长、宽、冰速按日历年统计,自 1991 年开始。

表 3-23　1991—2015 年艾山水文站历年冰情

年度	特征冰情日期(月.日)						封冻天数(d)	最大冰厚				最大冰块		
	初冰	开始流冰	终止流冰	终冰	封冻	解冻		河心(m)	出现日期(月.日)	岸边(m)	出现日期(月.日)	长(m)	宽(m)	冰速(m/s)
1990—1991	12.12	12.12	01.14	01.14						0.04	01.10	20	15	1.10
1991—1992	12.25	12.26	01.03	02.02	01.02	02.02	32			0.08	01.05	50	40	0.50
1992—1993	12.15	12.27	01.31	02.01						0.07	01.28	50	40	0.67
1993—1994	11.21	11.22	01.29	01.29						0.03	01.19	50	40	0.91
1994—1995	01.05			02.05								40	30	0.83
1995—1996	12.18	12.25	02.10	02.22						0.07	01.24	40	10	0.60
1996—1997	01.02	01.05	02.16	02.18						0.07	01.09	15	10	0.78
1997—1998	12.02	01.06	01.15	02.09	01.16	02.10	25			0.01	01.15	8.0	5.0	0.79
1998—1999	12.03	12.06	01.21	01.21								50	25	0.83
1999—2000	12.19	12.20	02.17	02.17	02.02	02.12	11			0.06	01.25	20	16	0.56
2000—2001	01.07	01.14	02.14	02.14								10	5.0	0.80
2001—2002	12.21	12.21	12.29	12.30						0.04	12.26	10	5.0	0.61
2002—2003	12.24	12.25	02.12	02.12	12.27	1.31	36			0.04	12.26	10	5.0	0.50
2003—2004	01.22	01.22	01.27	01.27						0.02	01.25	11	8.0	1.00
2004—2005	12.23	12.23	02.20	02.20						0.06	01.02	20	10	0.93
2005—2006	12.13	12.13	02.08	02.08						0.04	01.07	10	8.0	0.91
2006—2007	01.07	01.07	01.13	01.13										
2007—2008	01.13	01.13	02.01	02.01						0.04	01.24	20	15	0.83
2008—2009	12.22	12.22	01.28	01.28						0.03	12.25	50	20	0.81
2009—2010	01.04	01.04	02.16	02.16	01.09	01.29	21			0.03	01.05	10	10	1.19
2010—2011	12.16	12.31	01.15	02.08	01.16	02.08	23			0.08	01.24	10	7.0	0.60
2011—2012	01.23	01.23	01.25	01.25								40	15	0.96
2012—2013	01.03	01.03	02.09	02.09						0.01	01.04	10	6.0	1.10
2013—2014	02.10			02.11										
2014—2015														

注:最大冰块长、宽、冰速按日历年统计,自 1991 年开始。

表 3-24　1991—2015 年泺口水文站历年冰情

年度	特征冰情日期(月.日)						封冻天数(d)	最大冰厚				最大冰块		
	初冰	开始流冰	终止流冰	终冰	封冻	解冻		河心(m)	出现日期(月.日)	岸边(m)	出现日期(月.日)	长(m)	宽(m)	冰速(m/s)
1990—1991	12.27	12.27	01.17	01.17						0.02	01.04	16	8.0	0.98
1991—1992	12.26	12.26	02.11	02.11	12.29	01.28	31			0.02	12.28			
1992—1993	12.23		02.07	02.07	01.21	02.03	14			0.02	01.22	8.0	5.0	1.16
1993—1994	11.23	12.22	01.28	01.29								7.0	5.0	0.76
1994—1995	01.20	02.05	02.05	02.06								6.0	5.0	1.22
1995—1996	12.25	12.25	02.10	02.10						0.01	12.25	10	5.0	0.56
1996—1997	01.05	01.05	01.07	02.07	01.08	02.07	31			0.01	01.05	8.0	4.0	1.19
1997—1998	12.11	12.11	01.15	02.10	01.16	02.11	26			0.01	01.05	8.0	4.0	
1998—1999	12.05	12.05	01.26	01.26	01.13	01.15	3					7.0	6.0	
1999—2000	12.20	12.20	02.17	02.17	12.22	02.13	22					8.0	4.0	0.89
2000—2001	01.11	01.11	02.15	02.15						0.01	01.14	10	4.0	1.22
2001—2002	12.13	12.14	01.01	01.01						0.02	12.27	5.0	4.0	0.67
2002—2003	12.25	12.25	02.13	02.17	12.27	02.06	42			0.15	01.20	1.0	1.0	
2003—2004	01.21	01.21	01.27	01.29						0.01	01.21	9.0	3.0	1.00
2004—2005	12.24	12.24	02.21	02.21						0.05	01.16	16	10	0.83
2005—2006	12.13	12.13	02.10	02.10						0.03	12.23	20	12	0.76
2006—2007	01.06	01.06	01.14	01.18								4.0	3.0	1.20
2007—2008	01.14	01.14	02.11	02.11	01.24	02.04	7			0.12	01.28	10	5.0	0.72
2008—2009	12.22	12.22	01.29	01.29	12.23	01.12	4			0.09	01.17	5.0	4.0	0.79
2009—2010	12.30	12.31	02.14	02.14						0.12	01.12	8.0	7.0	0.45
2010—2011	12.17	12.17	02.09	02.18	01.02	01.04	3			0.04	01.06	6.0	5.0	0.76
2011—2012	01.24	01.24	02.09	02.09								6.0	4.0	0.85
2012—2013	12.26	12.26	01.06	01.08								6.0	4.0	0.48
2013—2014														
2014—2015														

注:最大冰块长、宽、冰速按日历年统计,自 1991 年开始。

表 3-25 1991—2015 年利津水文站历年冰情

年度	特征冰情日期(月.日)						封冻	最大冰厚				最大冰块		
	初冰	开始流冰	终止流冰	终冰	封冻	解冻	天数(d)	河心(m)	出现日期(月.日)	岸边(m)	出现日期(月.日)	长(m)	宽(m)	冰速(m/s)
1990—1991	12.26	12.26	01.16	01.16						0.03	01.08	50	10	0.33
1991—1992	12.26		02.14	02.21	12.27	02.21	7			0.06	01.04	2.0	1.5	0.94
1992—1993	12.23		02.07	02.07	01.21	02.05	16	0.06	01.29	0.04	01.21	20	9.0	0.56
1993—1994	11.23	12.22	01.21	01.30						0.03	01.23	3.0	2.5	1.41
1994—1995	01.01			02.07						0.02	01.26			
1995—1996	12.20	01.01	02.12	02.14						0.08	01.18			
1996—1997	12.01	12.06	02.01	02.07	01.27	02.07	6			0.15	01.27	1.0	0.5	0.16
1997—1998	12.02	12.02	01.14	01.17	12.12	01.18	9	0.07	12.16	0.04	12.16	4.0	2.0	0.40
1998—1999	12.03	12.11	02.05	02.05	01.15	01.18	4			0.06	01.21	8.0	6.0	1.00
1999—2000	12.18	12.19	02.24	02.26						0.08	01.19	10	6.0	1.30
2000—2001	12.28	12.28	02.16	02.24						0.04	01.15	12	5.0	0.76
2001—2002	12.13	12.13	01.27	01.27	12.22	01.12	22			0.02	12.14	3.0	2.0	0.51
2002—2003	12.08	12.10	02.14	02.16						0.17	01.25			
2003—2004	01.13	01.19	01.30	02.07						0.06	01.25	15	8.0	0.48
2004—2005	12.24	12.24	02.27	02.28	01.01	02.27	58			0.04	12.29	10	6.0	0.93
2005—2006	12.09	12.12	02.13	02.15	01.08	01.25	18			0.07	12.17	8.0	7.0	0.74
2006—2007	12.17	12.17	01.17	01.21						0.06	01.13	8.0	5.0	0.91
2007—2008	01.02	01.02	02.20	02.20	01.29	02.20	22			0.06	01.23	6.0	5.0	1.12
2008—2009	12.02	12.22	01.31	02.04	12.24	01.22	26			0.03	12.24	7.0	5.0	1.20
2009—2010	12.19	12.19	01.05	02.16	01.06	02.16	42			0.05	01.05	6.0	5.0	1.10
2010—2011	12.15	12.15	12.25	02.20	12.26	02.20	57	0.17	01.16	0.01	12.16			
2011—2012	01.24	01.24	02.12	02.12						0.02	02.07	8.0	8.0	0.54
2012—2013	12.23	12.24	01.16	02.13						0.05	01.05	10	6.0	0.78
2013—2014	12.23	12.27	02.11	02.12						0.04	12.30			
2014—2015														

注:最大冰块长、宽、冰速按日历年统计,自 1991 年开始。

第十节　山东黄河断流

山东黄河断流始于1972年,1972—1999年利津水文站有22年发生断流,1972年利津水文站累计断流15天;1997年利津水文站累计断流达226天,断流上延至河南开封附近,长度达683千米,是该时段断流时间和断流河段最长的年份。

一、山东黄河来水与断流

高村水文站1951—2015年多年平均径流量为346.9亿立方米,1991—2015年多年平均径流量225.1亿立方米,其中,1991—1999年多年平均径流量209.8亿立方米,较1951—2015年多年平均径流量减少137.1亿立方米,该时段山东黄河频繁断流,利津水文站断流次数达54次。1972—2015年高村水文站断流天数见表3-26,1972—2015年孙口水文站断流天数见表3-27,1972—2015年艾山水文站断流天数见表3-28,1972—2015年泺口水文站断流天数见表3-29,1972—2015年利津水文站断流天数见表3-30。

表3-26　1972—2015年高村水文站断流天数

年份	断流次数	断流时间(月.日)		断流天数(d)	年断流天数(d)
		开始日期	结束日期		
1981	1	06.12	06.22	11	11
1995	2	07.07	07.12	6	11
		07.14	07.18	5	
1996	1	05.31	06.05	6	6
1997	1	06.23	07.17	25	25

表3-27　1972—2015年孙口水文站断流天数

年份	断流次数	断流时间(月.日)		断流天数(d)	年断流天数(d)
		开始日期	结束日期		
1981	1	06.14	06.25	12	12
1995	2	05.22	06.17	27	50
		06.28	07.20	23	
1996	1	05.29	06.10	13	13

续表 3-27

年份	断流次数	断流时间(月.日)		断流天数	年断流天数
		开始日期	结束日期	(d)	(d)
1997	3	06.05	06.16	12	67
		06.21	08.03	44	
		10.25	11.04	11	
1998	2	02.13	02.18	6	10
		07.08	07.11	4	

表 3-28 1972—2015 年艾山水文站断流天数

年份	断流次数	断流时间(月.日)		断流天数	年断流天数
		开始日期	结束日期	(d)	(d)
1981	1	06.15	06.26	12	12
1995	2	05.18	06.19	33	62
		06.23	07.21	29	
1996	2	05.23	06.11	20	25
		06.23	06.27	5	
1997	4	06.05	06.15	11	75
		06.26	08.04	40	
		09.08	09.11	4	
		10.20	11.08	20	
1998	2	02.13	02.22	10	15
		07.07	07.11	5	

表 3-29 1972—2015 年泺口水文站断流天数

年份	断流次数	断流时间(月.日)		断流天数	年断流天数
		开始日期	结束日期	(d)	(d)
1972	1	06.19	06.24	6	6
1974	1	06.28	07.05	8	8
1975	1	06.23	06.24	2	2
1979	1	06.29	07.02	4	4
1981	1	06.12	06.27	16	16
1982	1	06.09	06.11	3	3

续表 3-29

年份	断流次数	断流时间(月.日)		断流天数(d)	年断流天数(d)
		开始日期	结束日期		
1992	3	06.03	06.28	26	36
		07.06	07.09	4	
		07.14	07.19	6	
1993	1	06.13	06.15	3	3
1994	2	05.30	06.27	29	31
		10.07	10.08	2	
1995	2	03.25	03.25	1	77
		05.08	07.22	76	
1996	4	02.14	02.25	12	71
		03.18	03.27	10	
		04.26	04.30	5	
		05.17	06.29	44	
1997	7	02.07	02.16	10	132
		02.28	03.02	3	
		05.04	05.06	3	
		05.28	08.05	70	
		08.10	08.13	4	
		09.06	09.15	10	
		10.14	11.14	32	
1998	6	02.13	02.23	11	42
		03.16	03.17	2	
		04.27	05.03	7	
		05.06	05.10	5	
		06.28	07.12	15	
		12.05	12.06	2	
1999	4	02.05	02.13	9	16
		02.17	02.17	1	
		02.27	03.02	4	
		05.19	05.20	2	

表 3-30　1972—2015 年利津水文站断流天数

年份	断流次数	断流时间(月.日)		断流天数(d)	年断流天数(d)
		开始日期	结束日期		
1972	2	04. 24	04. 25	2	15
		06. 16	06. 28	13	
1974	2	05. 15	05. 18	4	18
		06. 28	07. 11	14	
1975	2	05. 31	06. 02	3	11
		06. 19	06. 26	8	
1976	1	05. 19	05. 24	6	6
1978	4	06. 03	06. 03	1	5
		06. 23	06. 24	2	
		06. 25	06. 25	1	
		06. 27	06. 27	1	
1979	2	05. 27	06. 03	8	19
		06. 28	07. 08	11	
1980	3	05. 14	05. 16	3	9
		06. 02	06. 06	5	
		08. 24	08. 24	1	
1981	4	05. 17	05. 28	12	36
		06. 03	06. 03	1	
		06. 05	06. 09	5	
		06. 12	06. 29	18	
1982	1	06. 08	06. 17	10	10
1983	1	06. 26	06. 30	5	5
1987	1	10. 01	10. 17	17	17
1988	1	06. 27	06. 30	4	4
1989	4	04. 04	04. 08	5	27
		04. 17	04. 18	2	
		06. 04	06. 06	3	
		06. 29	07. 15	17	

续表 3-30

年份	断流次数	断流时间(月.日)		断流天数(d)	年断流天数(d)
		开始日期	结束日期		
1991	2	05.15	05.28	14	17
		05.31	06.02	3	
1992	5	03.16	03.17	2	82
		04.08	04.09	2	
		04.28	05.08	11	
		05.22	07.22	62	
		07.28	08.01	5	
1993	6	02.13	02.16	4	61
		03.04	03.20	17	
		04.22	05.03	12	
		06.03	06.20	18	
		06.23	06.30	8	
		10.11	10.12	2	
1994	3	04.03	04.14	12	74
		05.14	07.01	49	
		10.04	10.16	13	
1995	3	03.03	04.09	38	122
		04.15	04.15	1	
		05.02	07.23	83	
1996	7	02.14	03.30	46	135
		04.07	04.08	2	
		04.13	04.16	4	
		04.18	05.03	16	
		05.13	07.10	59	
		07.13	07.17	5	
		12.17	12.19	3	

续表 3-30

年份	断流次数	断流时间(月.日)		断流天数(d)	年断流天数(d)
		开始日期	结束日期		
1997	11	02.07	03.17	39	226
		03.25	03.27	3	
		04.24	05.01	8	
		05.03	05.13	11	
		05.28	08.06	71	
		08.08	08.22	15	
		09.03	09.17	15	
		09.20	10.04	15	
		10.08	11.21	45	
		12.03	12.04	2	
1998	14	01.01	01.06	6	142
		01.18	02.26	40	
		03.01	03.07	7	
		03.11	03.27	17	
		04.16	04.21	6	
		04.25	05.06	12	
		05.09	05.14	6	
		05.20	05.24	5	
		05.29	05.30	2	
		06.28	07.13	16	
		09.25	10.10	16	
		10.15	10.18	4	
		12.02	12.03	2	
		12.08	12.10	3	
1999	3	02.06	03.11	34	41
		05.21	05.26	6	
		05.30	05.30	1	

二、水量调度管理与应急处置

1998年12月14日，经国务院批准，国家计委、水利部颁布实施了《黄河可供水量年度分配及干流水量调度方案》《黄河水量调度管理办法》（计地区〔1998〕2520号），授权黄委对黄河水量进行统一调度。1999年3月1日，黄河水量实行统一调度管理，当年利津水文站断流天数减少至41天。2003年5月，黄委制定了《黄河水量调度突发事件应急处置规定》（黄水调〔2003〕18号），6月3日，黄委水文局印发了《黄河水量调度突发事件应急处置规定》实施方案，明确了黄河水量调度期间的任务、责任，规定当本站流量小于（或等于）预警流量时要在拍报相应水情的同时，10分钟内将有关情况电话报告黄委水文局水情信息中心。2000—2015年，黄河下游再未发生断流现象。

第十一节　水文调查

1991—2015年，山东水文水资源局依据规范和黄委水文局要求进行水文调查。

一、常规及专项调查

1991—2015年，高村等6个水文站每年年终整编之前，均组织人员对本站至上游站区间的各种涵闸、虹吸、扬水站、提灌站及有关河、渠、沟引（排）水情况进行水文调查，调查结果在上下游水文站之间水、沙量平衡时参考。

2005年度测站考证进行了全面系统地水文调查。2005年12月7日至2006年5月31日，山东水文水资源局组织30余人对山东黄河河务局、河南黄河河务局、金堤河管理局、有关闸管所进行了水利工程及引、排水调查，共调查涵闸、虹吸96处；对夹河滩至黄河口河段内滩地灌溉、养殖、生活用水及两岸滩地降雨径流、洪水漫滩、河势演变进行了调查。

2014年水量平衡矛盾突出，引起了黄委重视。9月，山东水文水资源局印发了《关于开展水文调查的通知》（黄鲁水技便〔2014〕14号），对水文调查进行了安排，调查时段为2008—2014年，调查范围为从夹河滩水文站至利津水文站，调查面积3000余平方千米，调查内容除黄河河务局有引（排）水资料的涵闸外，重点为黄河两岸向外引水和向黄河内排水的河流、提灌站、扬水站、虹吸、民间灌溉等，滩区能形成径流的河沟也作为调查内容。调查自10

月 28 日开始,11 月 16 日完成,20 余人参加,行程 6600 千米,走访 545 人次,调查站点 280 余个。各干流水文站对本站基本水尺断面至上游水文站基本水尺断面区间进行调查,调查了区间引黄涵闸、虹吸引水资料的监测、报汛、整编方法,重点调查了滩区农田引水灌溉、池塘渔业、抽取泥沙、大堤淤背及降雨产流、大堤外有关河流排水入黄等。各水文站依据调查成果分析了影响区间水量不平衡的因素,对本站与上游站水量不平衡的部分时段进行了径流量还原计算,为黄河山东河段水量平衡、资料整编提供了依据。

通过调查,影响各水文站区间水量不平衡的主要因素有:

(1)引黄涵闸水量存在一定误差。从调查的各引黄涵闸流量测验方法可知:部分涵闸引水量直接依据抽水泵额定出水量计算时段水量,水泵的设计抽水能力与实际引水能力之间存在误差;多数涵闸流量测验设备陈旧、测流仪器多年不检定、计量方法不符合实际,监测结果存在误差,从而导致实际引水量与计量结果不符。

(2)滩区面积大导致水量无法估算。降雨在滩区内汇流后形成地表径流或地下径流,一部分水量通过引黄涵闸引到堤外,一部分直接或间接流入黄河,导致区间水量的增减;许多农业灌溉用水、居民生活用水用小水泵直接抽取,水量无法控制;黄河多为宽浅河道,沙质河床,蒸发和渗漏水量无法计算;区间内有多处抽沙船和提水站,引沙量难以统计;滩地内沟槽、池塘以及其他低洼区,洪水漫滩后产生大量的截留,截留水量无法计算。

(3)区间支流入黄水量处理不当。一些支流未进行流量监测,部分水库出库水量直接参与计算都会对水量平衡产生影响。例如,位于高村断面左岸上游约 6 千米处天然文岩渠,水量几乎无法汇入黄河,来水基本供滩区和堤防以外农业灌溉使用,且无监测资料,在水量平衡计算时采用上游大车集资料作为区间加水;位于济南市平阴县东阿镇的浪溪河,长平滩区内的孝里河、南大沙河、北大沙河及玉符河,汇集的水流均流入黄河,而上述支流在入黄口门附近均未监测流量;济南南部的卧虎山水库,出库水量首先进入玉符河,一部分渗入地下补充泉水,一部分作为城市用水,只有少量汇入黄河,但卧虎山水库监测的水量直接按艾山至泺口区间的加水计算。

二、引黄灌溉用水

2015 年,山东黄河建有引黄涵闸 78 座,隶属山东黄河河务局 63 座,总设计引水能力 2540 立方米每秒;隶属河南黄河河务局 15 座,总设计引水能力405立方米每秒。引黄灌溉用水主要通过沿黄地区建设的引黄涵闸向灌区供水。山东省共有引黄灌区57处,设计灌溉面积2362313公顷,实际灌溉面积2055727公顷。每年3~6月春季灌溉引水量最大,期间引水量占全年引水量的一半以上。

三、黄河口湿地生态补水

2002—2015年,在黄河小浪底水库连续多次调水调沙作用下,黄河河口段河槽不断刷深,小水期间黄河水位低于黄河口湿地,黄河水不能自然流入湿地。2008年6月19日,第8次调水调沙期间首次实施了黄河下游生态调度——利用清水沟流路向黄河三角洲自然保护区补水。2009年7月,黄委提出启用刁口河流路,实施生态调水。

2008—2015年,通过清水沟流路进行了8次补水,2010—2015年通过刁口河流路进行了6次补水,累计补水量达2.999亿立方米。

四、金堤河加水

金堤河位于黄河左岸,为季节性河流,由台前张庄闸汇入黄河。1991—2015年间,1992年、1995年、1997年、1999年、2001年、2002年、2014年、2015年没有水量汇入黄河,其余17年累计汇入黄河水量18.71亿立方米,其中2010年汇入6.267亿立方米,为25年间汇入黄河的最大年水量。

第十二节 测站考证

依据《水文年鉴汇编刊印规范》公历逢5的年份应重新汇编测站考证图表,按黄委水文局部署,山东水文水资源局完成了1995年、2005年所属水文站、水位站的测站考证。

一、1995年测站考证

1995年1月,黄委水文局印发《关于一九九五年重新整编测站考证资料的通知》(黄水技〔1995〕4号),对测站考证内容、方法、进度及注意事项等做了安排。1997年9月,山东水文水资源局印发《关于测站位置图测绘的紧急通知》(黄鲁水技〔1997〕16号),安排各水文站、水位站开展1995年度测站考证,局成立了测站考证指导小组,各水文站成立了测站考证小组,全部考证1998年11月结束,历时1年2个月。

考证内容包括:重新测绘测站位置图;编制测站说明表;重新绘制水文站以上(区间)主要水利工程分布图;编制主要水利工程基本情况表;审查验收。本次考证对过去没有进行地形测量、1975—1997 年未测过地形及 1985—1997 年断面迁移较远、测验河段地形地物、河势变化较大的测站全部进行了地形测量;对水文站、水位站的基本水准点全部进行校测,基本水准点少于《水位观测标准》(GB J138—90)第 2.3.1 条规定数量的进行了补设。高村、孙口、艾山、泺口、利津 5 个干流水文站,苏泗庄、邢庙、杨集、国那里、黄庄、南桥、韩刘、北店子、刘家园、清河镇、张肖堂、麻湾、一号坝、西河口 14 个水位站以及陈山口水文站进行了全面考证。对 1990—1997 年夹河滩水文站至一号坝水位站以下 24 千米河段内主要水利工程分布进行了考证。所有考证资料通过校核、复核和黄委水文局验收后,汇编成《黄河山东测区测站考证》(1986—1997)技术报告存档,并印发各水文站存用。

二、2005 年测站考证

2005 年 8 月,黄委水文局《关于开展 2005 年度测站考证资料整编工作的通知》(黄水测〔2005〕23 号)印发各基层水文局。山东水文水资源局对各水文站、水位站 2005 年测站考证进行了安排,9 月 30 日,山东水文水资源局《关于集中进行 2005 年度测站考证技术规定学习及测站地形图地图描绘的通知》印发局属黄河口勘测局及各水文站。10 月 9—16 日,举办了“测站考证技术规定学习班”,集中学习了有关规范和技术规定,对测站地形图测绘、水文站区间(或以下)水利工程调查及分布图表绘制等进行了培训。考证工作 2005 年 8 月开始,2006 年 8 月结束,历时 1 年,完成的工作有:测站测验河段平面图测绘、河势查勘;编制测站说明表;水利工程调查,绘制水文站以上(区间)主要水利工程分布图;编制水文站以上(区间)主要水利工程基本情况表。高村等 6 个水文站及苏泗庄等 14 个水位站进行了全面考证。各项考证资料经校核、复核和黄委水文局验收后,汇编成《黄河山东测区 2005 年测站考证》技术报告存档,并印发各水文站存用。

2005 年高村水文站位置及测验河段平面图见图 3-34,2005 年孙口水文站位置及测验河段平面图见图 3-35,2005 年艾山水文站位置及测验河段平面图见图 3-36,2005 年泺口水文站位置及测验河段平面图见图 3-37,2005 年利津水文站位置及测验河段平面图见图 3-38,2005 年陈山口水文站位置及测验河段平面图见图 3-39。

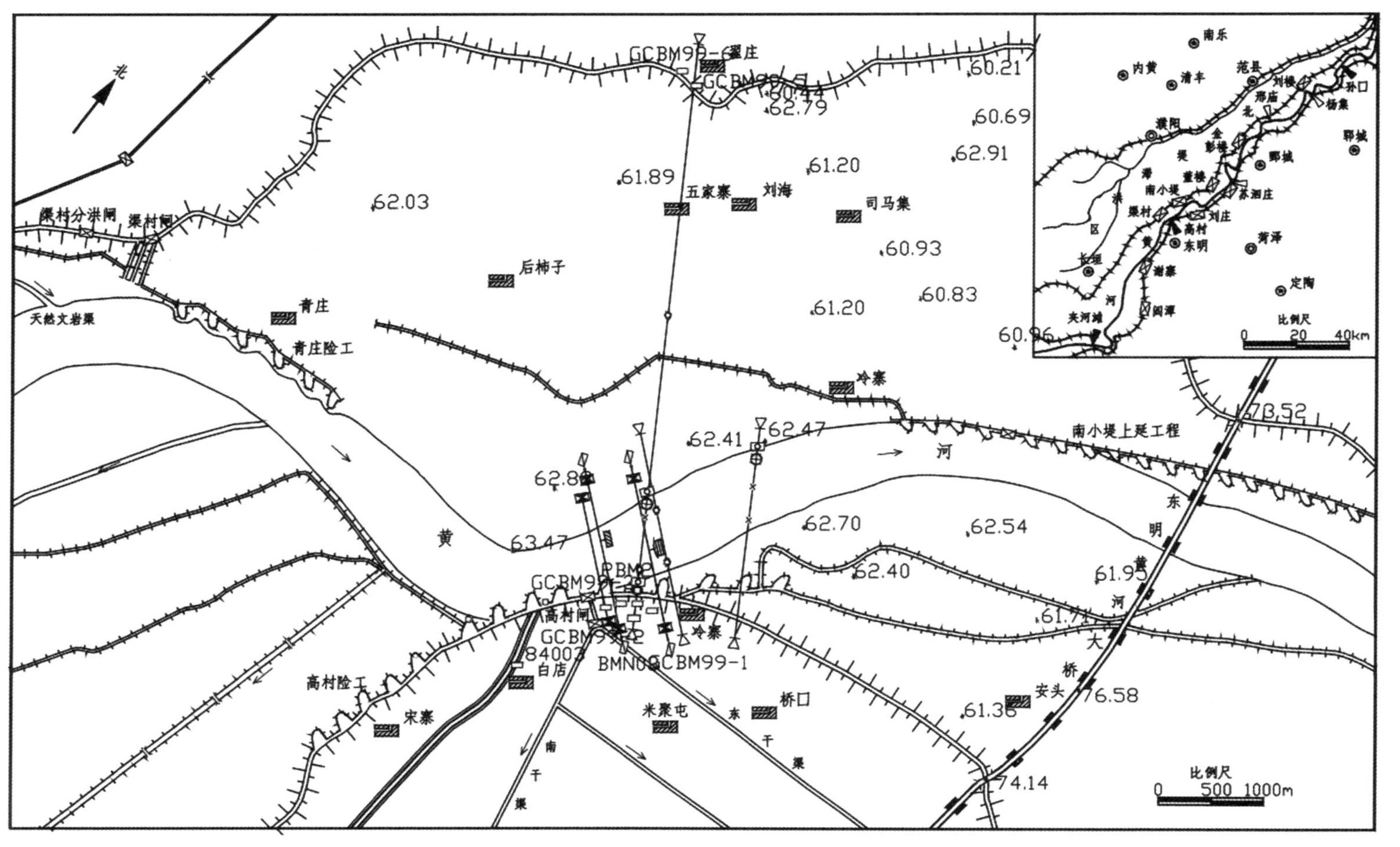

图 3-34　2005 年高村水文站位置及测验河段平面图

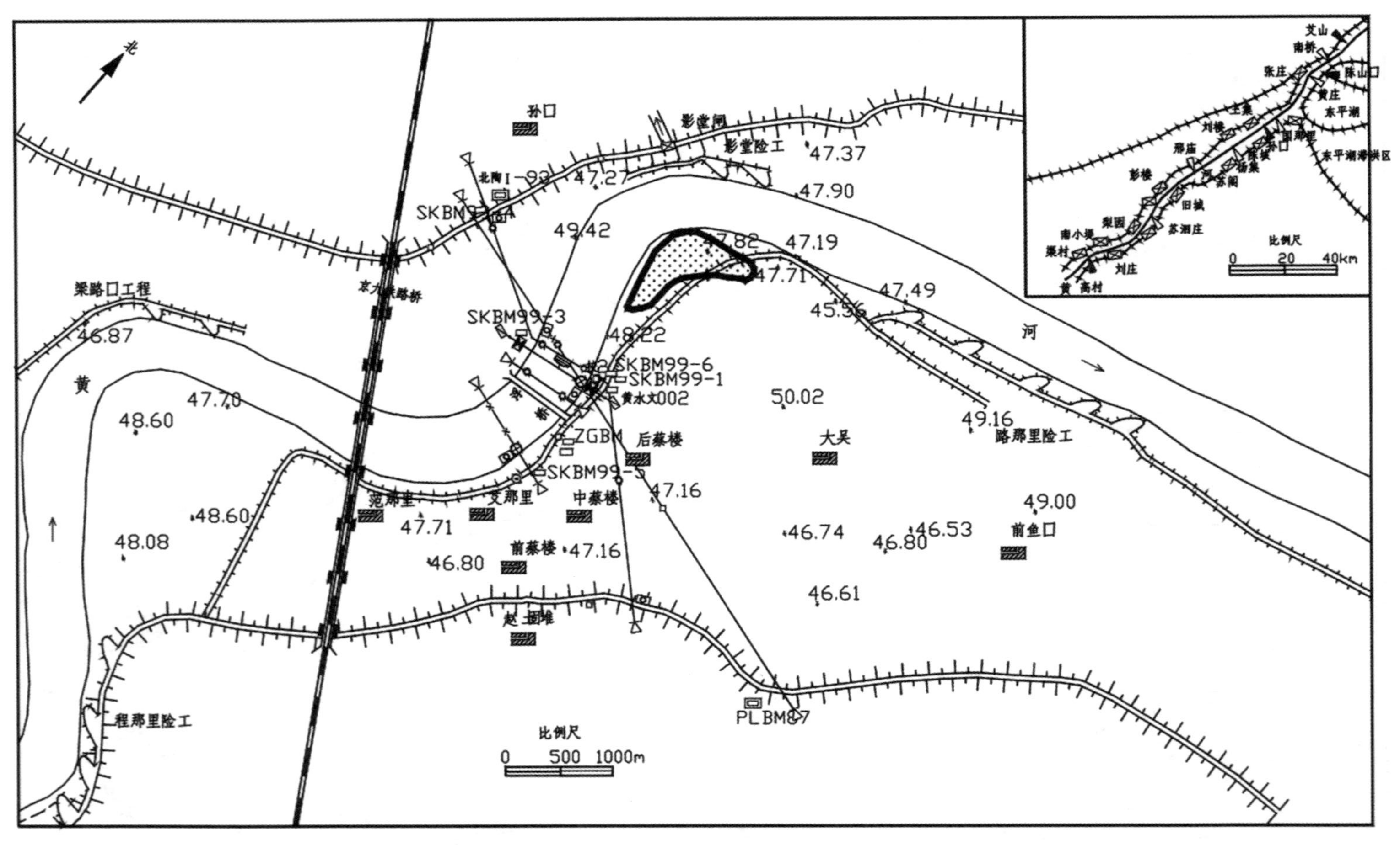

图 3-35 2005 年孙口水文站位置及测验河段平面图

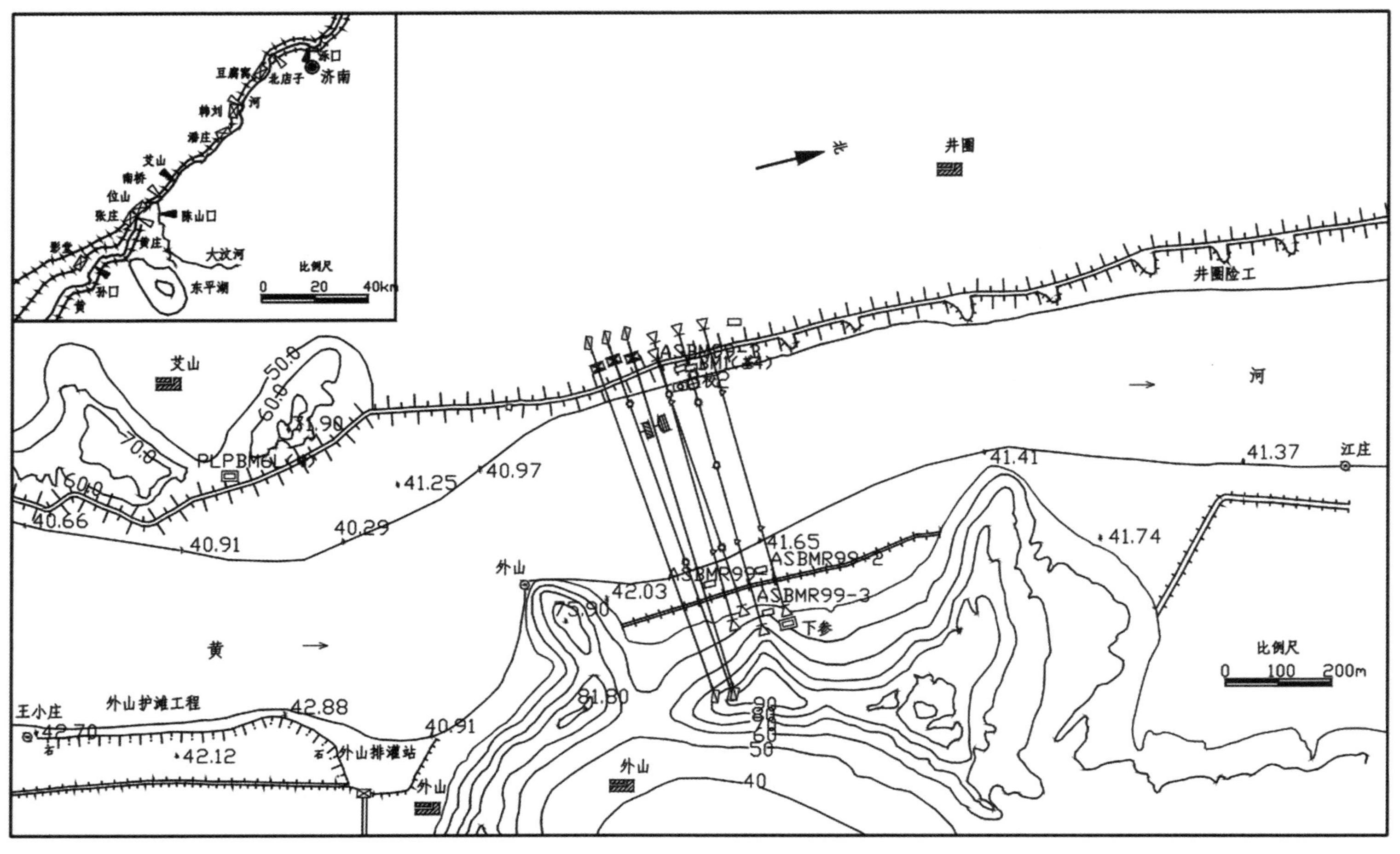

图3-36 2005年艾山水文站位置及测验河段平面图

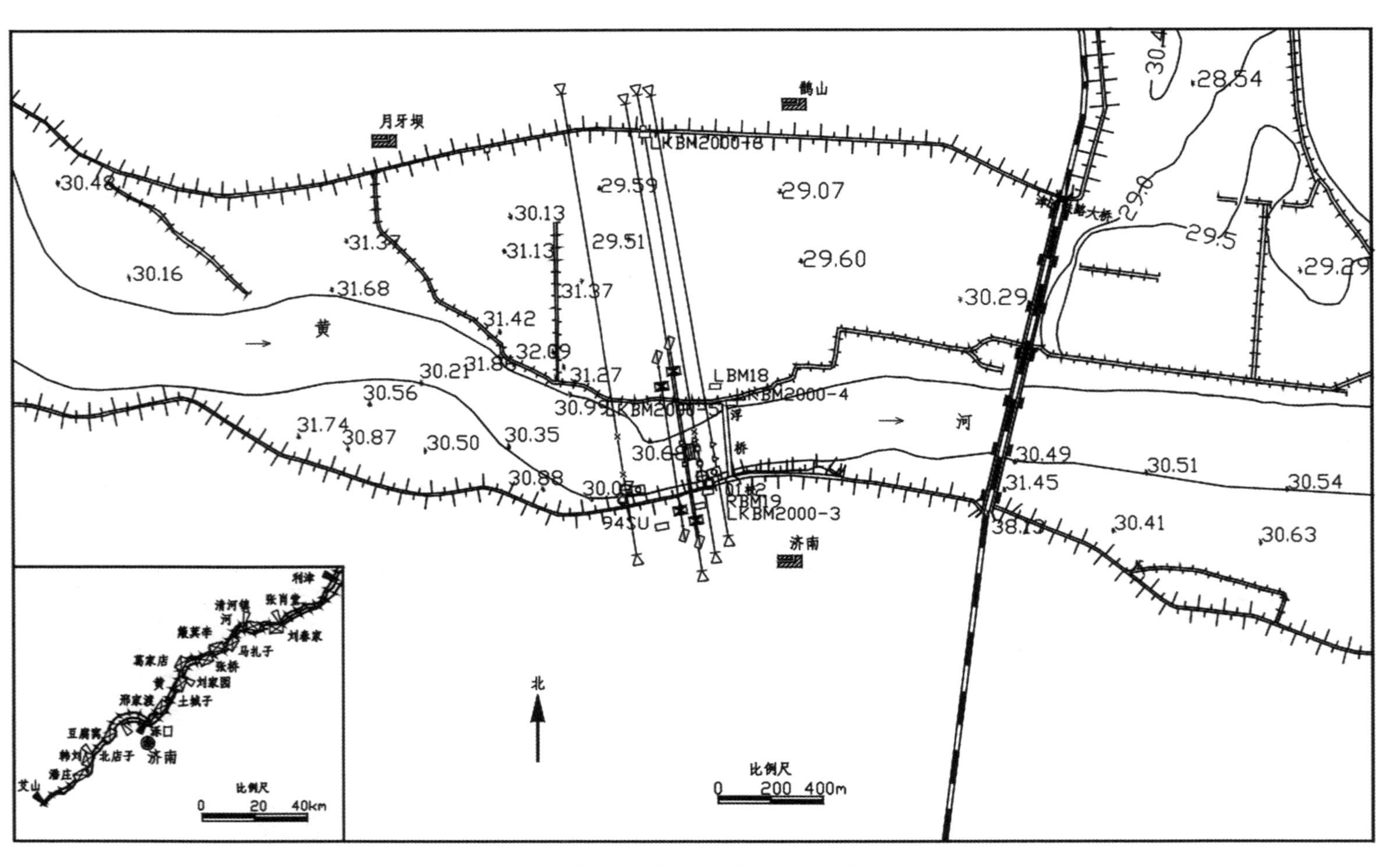

图 3-37　2005 年泺口水文站位置及测验河段平面图

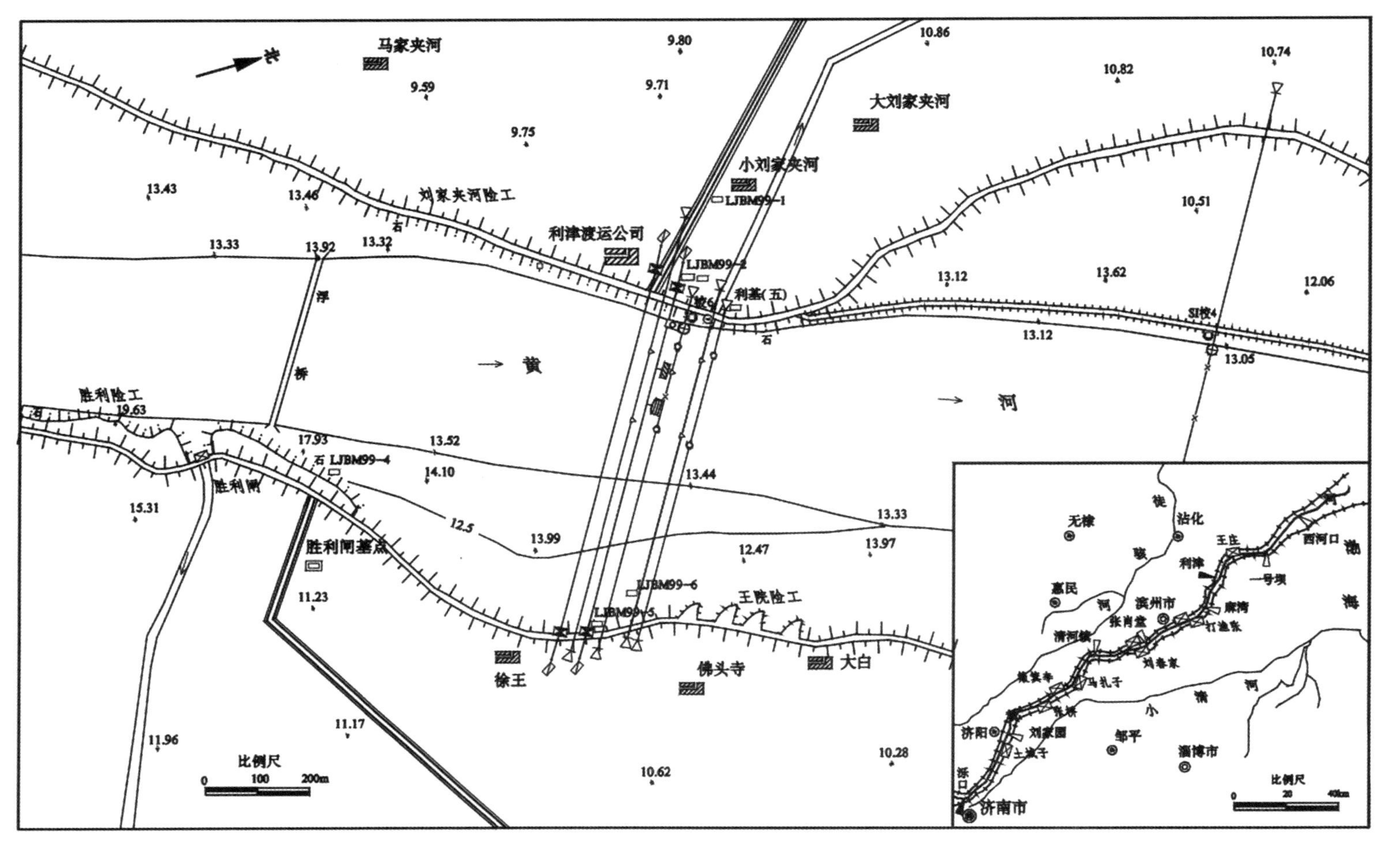

图 3-38　2005 年利津水文站位置及测验河段平面图

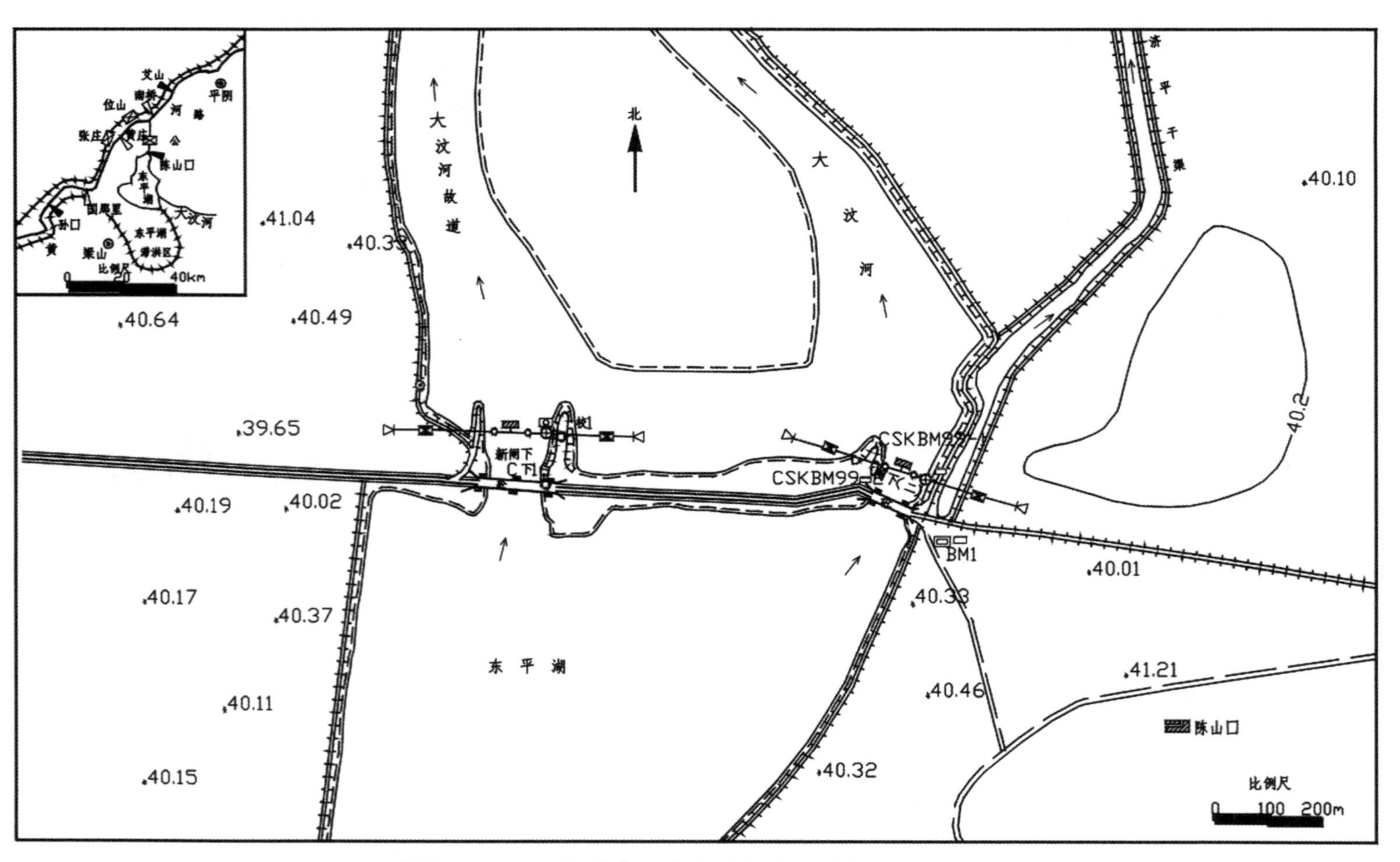

图 3-39 2005 年陈山口水文站位置及测验河段平面图

第四章　河道测验

河道测验是通过对河道各种地形地貌元素的观测，了解河道地形地貌特征，掌握河道水流、河岸以及地物的正确位置，通过计算得出所测河段河底高程、河床泥沙的冲淤分布、河势水流及河床泥沙粒径的变化，为黄河防汛、治理、规划、分析研究提供准确、翔实的资料。河道测验包括河道断面测验、河床质测验和瞬时水面线观测等。

第一节　河道测验依据

河道测验规范是河道测验的主要技术依据，河道测验执行国家规范、行业规程及内部规定。1991—2015 年山东黄河河道测验执行规范规程及规定见表 4-1。

表 4-1　1991—2015 年山东黄河河道测验执行规范规程及规定

类别	名称	编码或文号	执行时段
国家规范	工程测量规范	TJ 26—78	1979. 06. 01—1993. 07. 31
	工程测量规范	GB 50026—1993	1993. 08. 01—2008. 04. 30
	工程测量规范	GB 50026—2007	2008. 05. 01—2015. 12. 31
	国家水准测量规范(国家测绘局印制)		1974. 06. 01—1991. 12. 31
	国家三、四等水准测量规范	GB/T 12898—1991	1992. 01. 01—2009. 09. 30
	国家三、四等水准测量规范	GB/T 12898—2009	2009. 10. 01—2015. 12. 31
	全球定位系统(GPS)测量规范	GB/T 18314—2001	2001. 09. 01—2009. 05. 30
	全球定位系统(GPS)测量规范	GB/T 18314—2009	2009. 06. 01—2015. 12. 31
	数字测绘成果质量检查与验收	GB/T 18316—2001	2001. 09. 01—2008. 11. 30
	数字测绘成果质量检查与验收	GB/T 18316—2008	2008. 12. 01—2009. 11. 30
	数字测绘成果质量检查与验收	GB/T 24356—2009	2009. 12. 01—2015. 12. 31

续表 4-1

类别	名称	编码或文号	执行时段
行业规程	全球定位系统实时动态测量(RTK)技术规范	CH/T 2009—2010	2010. 05. 01—2015. 12. 31
	水道观测规范	SL 257—2000	2000. 12. 30—2015. 12. 31
	测绘产品检查验收规定	CH 1002—95	1995. 12. 01—2015. 12. 31
	测绘产品质量评定标准	CH 1003—95	1995. 12. 01—2015. 12. 31
	测绘技术设计规定	CH/T 1004—2005	2006. 01. 01—2015. 12. 31
	测绘技术总结编写规定	CH/T 1001—2005	2006. 01. 01—2015. 12. 31
	高程控制测量成果质量检验技术规程	CH/T 1021—2010	2011. 01. 01—2015. 12. 31
	平面控制测量成果质量检验技术规程	CH/T 1022—2010	2011. 01. 01—2015. 12. 31
内部规定	黄河下游河道观测试行技术规定(水利电力部黄河水利委员会 1964 年编制)		1964—2015. 12. 31
	黄河下游河道测验技术补充规定(济南水文总站 1988 年 2 月修订)		1988. 02—2014. 08. 27
	河口河道勘测工作质量管理细则	黄鲁水研〔2001〕7 号	2001. 05. 31—2015. 12. 31
	河口河道数据库管理规定(试行)	黄鲁水研〔2001〕12 号	2001. 08. 06—2015. 12. 31
	河道河口勘测工作质量管理办法(试行)	黄鲁水研〔2002〕12 号	2002. 03. 27—2015. 12. 01
	GPS、全站仪河道测验技术规定	黄鲁水河〔2003〕8 号	2003. 04. 24—2014. 08. 27
	测绘仪器管理使用办法	黄鲁水河〔2004〕13 号	2004. 04. 22—2015. 12. 31
	黄河下游河道测验手册(修订版)	黄鲁水河〔2005〕21 号	2005. 08. 24—2014. 08. 27
	河口河道电子文档管理规定	黄鲁水河〔2006〕13 号	2006. 11. 20—2015. 12. 31
	黄河下游河道测验补充规定(2010)	黄鲁水河〔2010〕8 号	2010. 04. 02—2015. 12. 31
	黄河河道观测技术规程	黄水测〔2014〕32 号	2014. 08. 27—2015. 12. 31

第二节　断面布设及设施整顿

断面布设是原始河道断面测验的基础工作,设施整顿是河道断面测验前对各类基点的校测和各类设施的维护补充。

一、断面布设

河道断面布设的主要内容包括河道断面位置与方向确定、断面设施的造埋、测定及本底断面测量等。断面布设方法及设施随着测验技术的发展而不断变化。1991—2015 年，共进行了 1996 年汊河断面布设、1998 年小浪底水库运用方式研究黄河下游河道断面布设和 2003 年黄河下游河道测验体系建设断面布设。

（一）1996 年汊河断面布设

1996 年 5 月，黄河在清水沟流路清 8 分汊，由规划北汊入海，为监测北汊流路，黄河口勘测局会同河口疏浚指挥部在 7 月进行了查勘，8 月在分汊点及下游 2 千米处分别布设汊 1、汊 2 两断面，利用信标机对断面起终点进行定位，埋设简易混凝土桩，设置铁质断面标志杆和基线杆，本底断面测量采用测绳和水准仪进行。

（二）1998 年黄河下游河道断面布设

1998 年 9 月，小浪底水库运用方式研究黄河下游河道监测项目在高村以下河段布设 18 个加密河道监测断面，由黄河勘测规划设计有限公司设计并进行平高控制测量，断面设施埋设和断面测量由山东水文水资源局负责。本次断面布设，每个断面左右岸各设一组 GPS 点（1 个主基点，2 个辅助基点），平面采用国家 GPS E 级网标准测定，高程采用三等水准测定，断面采用 GPS 等仪器进行测量。从 1999 年汛前统测开始，除张潘马、路家庄两断面采用水准仪、六分仪等测量方法施测外，其余 16 个加密断面的滩地地形全部使用 GPS、全站仪施测，过水断面测验采用 GPS、全站仪测定起点距，测深杆（锤）施测水深。

（三）2003 年黄河下游河道断面布设

2003 年 7 月，黄委水文局《关于黄河下游河道测验体系建设断面布设的实施意见》下达了黄河下游河道测验体系建设项目，并对黄河下游河道加密及调整断面桩点方案设计变更进行了批复，2003 年 11 月和 2004 年 11 月，分两批下达了该项目的投资计划。

该项目由河南黄河水文勘测设计院设计，山东水文水资源局承担 118 个加密断面的布设和 8 个原有河道观测断面的调整，对断面端点和控制桩进行

GPS D 级和 E 级控制测量,对控制点进行三、四等水准测量,断面标志杆造埋,本底断面测量,原有断面设施整顿。

新加密的 118 个河道断面左右岸分别埋设兼作断面端点桩的 GPS 主基点和作为辅助控制点的 GPS 辅助基点,GPS 主基点以国家 GPS D 级标准测定平面位置;GPS 辅助基点埋设在断面线附近的黄河大堤临、背河堤肩上,以国家 GPS E 级标准测定平面位置,这两种类型的 GPS 基点均按照国家 GPS 基点规格制作、埋设,作为河道观测断面的首级高程控制点。

平面控制测量采用 1954 北京坐标系,分两级布设,首级网为 D 级,加密网为 E 级。D 级网中各点主要选用各断面的端点,在河道两岸分布均匀,因此在构网时主要以三角形和四边形为主,以边连接方式构成整网。整个河段分高村至张山、张山至新街口、新街口至宋家集、宋家集至河口四个网进行平差;共联测 358 个 GPS 主基点和 268 个辅助基点,起算点均为国家 GPS C 级点。

高程控制测量的高程起算点为 2003 年黄河下游二、三等水准网改造后的最新测量平差成果,采用 1956 黄海高程基准和 1985 国家高程基准分别进行平差。调整断面的大沽与黄海高程差采用原断面左岸高程差值,新设断面黄海大沽差采用相邻断面的高程差值。高程控制网在高村至河口河段共布设 25 条水准附合路线(左岸 13 条、右岸 12 条),用国家三等水准测量标准施测各水准点高程,共施测三等水准 1353.46 千米,对山东河段的所有断面水准点进行了三等联测。

本底断面测量水上大部分为 GPS-RTK 和全站仪法,个别断面为水准测量法;河道部分测量采用 GPS-RTK 或全站仪确定水位和测点起点距,测深杆或测深锤施测水深,采用“河道数据处理系统”进行河道断面数据处理,本次测量共实测大断面 126 个,断面总宽度 465.10 千米。

二、设施整顿

设施整顿的主要内容包括基本水准点、GPS 主基点、GPS 辅助基点、滩地桩、滩唇桩的校测、维护及补设,断面标志杆、断面基线杆的维护补设、整饰等。1991—2015 年山东黄河河道断面设施整顿统计见表 4-2。

表 4-2　1991—2015 年山东黄河河道断面设施整顿统计

年份	整顿内容
1990—1991	断面端点三等水准校测
1992—1996	滩唇桩、滩地桩、断面标志杆校测、补设和整饰
1997	断面端点三等水准校测
1998	滩唇桩、滩地桩、断面标志杆校测、补设和整饰，并对断面桩点进行统一编号
1999	滩唇桩、滩地桩、断面标志杆校测、补设和整饰
2000—2001	在 1998 年以前布设的断面上埋设 GPS 基点 474 座，滩唇桩、滩地桩 306 座，断面杆、基线杆 126 根
2003—2004	对测验体系建设中新布设的断面及调整断面进行了 GPS 基点的测设，对其他断面的滩地桩、滩唇桩进行了校测
2005	对滩唇桩、滩地桩进行了四等水准校测，进行了 GPS 测验方法和水准仪测验方法及新旧高程引据点的综合对比计算
2006	对高村至白铺段的所有 GPS 点、前郭口至沟杨家断面 GPS 点按 D 级网要求进行了 GPS 静态观测，并对高村至白铺左岸、高村至陶城铺及大庞庄至梯子坝右岸的桩点进行了三等水准联测
2010—2011	对高村至陶城铺左、右两岸部分桩点按 D 级网要求进行了 GPS 静态观测。2011 年对高村至邵庄及北店子至沪家右岸的桩点和高村至徐巴什左岸的桩点进行了三等水准联测
2014	对高村至河口所有河道断面上的桩点进行了三等水准联测

注：2002 年、2007—2009 年、2012—2013 年、2015 年未进行断面设施整顿。

第三节　河道断面测验

河道断面测验是以断面法进行河道相关要素的监测，在观测河段内布设固定横断面，通过监测其断面的变化来计算河道的冲淤分布和冲淤量。

一、测次布置

黄河山东段河道断面每年汛前、汛后分别进行 1 次统一性测验（简称统测),特殊洪水在洪峰过后增加测次。1991—2015 年,完成了 54 次河道断面监测,共计 7998 断面次,1991—2015 年河道断面测次见表 4-3。除 1999 年、2002 年、2004 年进行汛期加测外,其余年份均按照每年汛前、汛后 2 次统测进行。断面测量范围包括水下及上水部分的滩地,每次测验有 23 个监测断面采取河床质进行颗粒分析。统测期间,测验河段内的水文站进行输沙率测验,渔洼至河口段进行河势图测绘。

表 4-3 1991—2015 年河道断面测次

年份	测次	断面数量	断面测次	测验河段说明	年份	测次	断面数量	断面测次	测验河段说明
1991	2	82	164	高村至清 9 河段	2003	2	100	200	高村至汊 2 河段
1992	2	82	164	高村至清 9 河段	2004	3	218	654	高村至汊 2 河段,新增 118 个断面
1993	2	82	164	高村至清 9 河段	2005	2	218	436	高村至汊 2 河段
1994	2	82	164	高村至清 9 河段	2006	2	218	436	高村至汊 2 河段
1995	2	82	164	高村至清 9 河段	2007	2	218	436	高村至汊 2 河段
1996	1	82	82	高村至清 9 河段	2008	2	218	436	高村至汊 2 河段
	1	80	80	高村至清 7 河段	2009	2	218	436	高村至汊 2 河段
1997	2	80	160	高村至清 7 河段	2010	2	218	436	高村至汊 2 河段
1998	2	98	196	高村至清 7 河段,新增 18 个断面	2011	2	218	436	高村至汊 2 河段
1999	3	98	294	高村至清 7 河段	2012	2	218	436	高村至汊 2 河段
2000	2	98	196	高村至清 7 河段	2013	2	218	436	高村至汊 2 河段
2001	1	98	98	高村至清 7 河段	2014	2	218	436	高村至汊 2 河段
	1	100	100	高村至汊 2 河段	2015	2	218	436	高村至汊 2 河段
2002	3	100	300	高村至汊 2 河段	合计	54		7998	
2002	1	1	22	潘庄断面连续监测					

1997 年、2000 年、2005 年、2014 年进行了全断面测量。

2002 年 7 月 8—18 日调水调沙期间，在潘庄断面进行 11 天的连续监测，实测 22 断面次。

二、测验方法

1991—2015 年，随着测绘仪器及其载体的发展，河道测验方法也在不断发展。

1995 年以前，河道测验采用四等水准和水准仪视距测定滩地测点位置，过水断面采用测深杆、测深锤、六分仪、水准仪配合机动测船、橡皮舟进行测验，资料整理采用 PC-1500 计算机配合人工进行。

1995—1998 年统 1，采用机动测船配合冲锋舟或单独使用冲锋舟进行测验，测点采集和数据处理仍使用原方法进行。

1998 年统 2 至 2003 年，在 18 个小浪底水库运用方式研究黄河下游河道断面采用全站仪和 GPS 进行测验，其余断面仍采用原方法，1999 年汛后采用“黄河下游河道数据处理系统”进行数据处理。

2004 年以后，在整个山东河段采用 GPS 进行河道滩地部分的数据采集，过水断面仍使用原方法，数据采用“黄河下游河道数据处理系统”的升级版“黄河下游河道数据管理平台”进行处理。

2011 年高村至滨州河段过水断面采用数字测深仪测验，2014 年在整个山东河段过水断面测验中全部采用数字测深仪。

2014 年 4 月开始在济南勘测局河道断面观测中推广应用单基站 CORS 技术，2015 年应用到泺口水文站水文测验中；水准测量全部采用电子水准仪，平差软件进行数据后处理。

三、测验成果

1985—2015 年，黄河山东河段河道冲淤变化与上游来水来沙有密切关系，主槽冲淤分为 2 个阶段：2002 年调水调沙前的河道淤积和调水调沙后的河道冲刷。1985—2015 年高村至河口各河段主槽冲淤量见表 4-4，高村至河口各河段部分年份滩地冲淤量见表 4-5。

表 4-4　1985—2015 年高村至河口各河段主槽冲淤量

年份	测次	冲淤量(万 m^3)							冲淤厚度(m)						
		高村至孙口	孙口至艾山	艾山至泺口	泺口至利津	利津至CS7	CS7以下	全河段	高村至孙口	孙口至艾山	艾山至泺口	泺口至利津	利津至CS7	CS7以下	全河段
1985	统 1	226	964	1430	3620	730	1670	8640	0. 019	0. 172	0. 214	0. 337	0. 230	0. 383	0. 203
	统 2	-2440	-1540	-3200	-7020	-890	-670	-15760	-0. 205	-0. 275	-0. 480	-0. 653	-0. 280	-0. 154	-0. 371
1986	统 1	3310	2120	3150	6690	880	1010	17160	0. 278	0. 379	0. 472	0. 623	0. 277	0. 232	0. 404
	统 2	1310	-60. 0	420	550	680	260	3160	0. 110	-0. 011	0. 063	0. 051	0. 214	0. 060	0. 074
1987	统 1	388	193	469	1080	130	420	2680	0. 033	0. 035	0. 070	0. 101	0. 041	0. 096	0. 063
	统 2	-760	398	362	-58. 5	582	287	810	-0. 064	0. 071	0. 054	-0. 005	0. 183	0. 066	0. 019
1988	统 1	816	192	546	358	172	179	2262	0. 068	0. 034	0. 082	0. 033	0. 054	0. 041	0. 053
	统 2	3300	-490	-1920	-980	-110	-494	-694	0. 277	-0. 088	-0. 288	-0. 091	-0. 035	-0. 113	-0. 016
1989	统 1	780	1490	3050	2810	640	1070	9840	0. 065	0. 266	0. 457	0. 261	0. 201	0. 245	0. 232
	统 2	732	-713	-833	158	179	822	345	0. 061	-0. 127	-0. 125	0. 015	0. 056	0. 189	0. 008
1990	统 1	-867	874	1333	1250	580	410	3580	-0. 073	0. 156	0. 200	0. 116	0. 183	0. 094	0. 084
	统 2	556	-23. 0	-531	-235	66. 0	394	227	0. 047	-0. 004	-0. 080	-0. 022	0. 021	0. 090	0. 005
1991	统 1	-295	548	1717	1010	440	300	3720	-0. 025	0. 098	0. 257	0. 094	0. 138	0. 069	0. 088
	统 2	560	153	-795	709	473	150	1250	0. 047	0. 027	-0. 119	0. 066	0. 149	0. 034	0. 029
1992	统 1	729	551	1090	690	270	400	3730	0. 061	0. 098	0. 163	0. 064	0. 085	0. 092	0. 088
	统 2	38. 9	1111	-362	-470	-1007	364	-325	0. 003	0. 199	-0. 054	-0. 044	-0. 317	0. 084	-0. 008

续表 4-4

年份	测次	冲淤量(万 m^3)							冲淤厚度(m)						
		高村至孙口	孙口至艾山	艾山至泺口	泺口至利津	利津至CS7	CS7以下	全河段	高村至孙口	孙口至艾山	艾山至泺口	泺口至利津	利津至CS7	CS7以下	全河段
1993	统 1	2320	180	1830	3680	1830	810	10650	0. 195	0. 032	0. 274	0. 342	0. 576	0. 186	0. 251
	统 2	100	-649	-771	-690	410	657	-943	0. 008	-0. 116	-0. 116	-0. 064	0. 129	0. 151	-0. 022
1994	统 1	-1449	-185	844	2030	291	374	1905	-0. 122	-0. 033	0. 127	0. 189	0. 092	0. 086	0. 045
	统 2	664	486	-30. 0	340	40. 0	440	1940	0. 056	0. 087	-0. 004	0. 032	0. 013	0. 101	0. 046
1995	统 1	3090	850	1420	1110	230	250	6950	0. 259	0. 152	0. 213	0. 103	0. 072	0. 057	0. 164
	统 2	-412	-98. 0	-462	-508	-220	-130	-1830	-0. 035	-0. 018	-0. 069	-0. 047	-0. 069	-0. 030	-0. 043
1996	统 1	2470	300	990	1290	40. 0	490	5580	0. 207	0. 054	0. 148	0. 120	0. 013	0. 112	0. 131
	统 2	-1050	-60. 0	-2120	-3380	-830	-1440	-8880	-0. 088	-0. 011	-0. 318	-0. 315	-0. 261	-0. 330	-0. 209
1997	统 1	589	-338	1789	2210	-50. 0	-30	4170	0. 049	-0. 060	0. 268	0. 206	-0. 016	-0. 007	0. 098
	统 2	2820	1590	630	210	300	-840	4710	0. 237	0. 284	0. 094	0. 020	0. 094	-0. 193	0. 111
1998	统 1	298	17. 0	550	555	-20. 0	-20	1380	0. 025	0. 003	0. 082	0. 052	-0. 006	-0. 005	0. 032
	统 2	1550	40. 0	-1192	-631	150. 1	-36. 1	-119	0. 130	0. 007	-0. 179	-0. 059	0. 047	-0. 008	-0. 003
1999	统 1	637	533	1520	1700	0. 00	250	4640	0. 053	0. 095	0. 228	0. 158	0. 000	0. 057	0. 109
	统 2	566	342	-202	-140	178	-9. 6	735	0. 048	0. 061	-0. 030	-0. 013	0. 056	-0. 002	0. 017
2000	统 1	902	-172	1064. 6	1280	121	434	3629	0. 076	-0. 031	0. 160	0. 119	0. 038	0. 099	0. 085
	统 2	738	208	61. 0	-1334	138	-402	-591	0. 062	0. 037	0. 009	-0. 124	0. 043	-0. 092	-0. 014

续表 4-4

年份	测次	冲淤量(万 m^3)							冲淤厚度(m)						
		高村至孙口	孙口至艾山	艾山至泺口	泺口至利津	利津至CS7	CS7以下	全河段	高村至孙口	孙口至艾山	艾山至泺口	泺口至利津	利津至CS7	CS7以下	全河段
2001	统1	-118	-138	-169	1281	127	312	1295	-0.010	-0.025	-0.025	0.119	0.040	0.072	0.030
	统2	980	-6.60	-64.4	-868	-35.9	-26.4	-20.8	0.082	-0.001	-0.010	-0.081	-0.011	-0.006	0.000
2002	统1	-84.3	116	326	-462	-402	111	-395	-0.007	0.021	0.049	-0.043	-0.126	0.026	-0.009
	统2	-1866	-322	-934	-1678	-42.0	-1582	-6424	-0.157	-0.058	-0.140	-0.156	-0.013	-0.363	-0.151
	统3	480	52.2	158	275	-25.6	431	1369	0.040	0.009	0.024	0.026	-0.008	0.099	0.032
2003	统1	-581	-9.60	165	595	140	580.0	368	-0.049	-0.002	0.025	0.055	0.044	0.013	0.009
	统2	-2404	-1043	-2406	-3801	-1440	-662	-11760	-0.202	-0.186	-0.361	-0.354	-0.453	-0.152	-0.277
2004	统1	206	-145	162	644	-33.8	477	1310	0.017	-0.026	0.024	0.060	-0.011	0.109	0.031
	统2	-1573	-184	-988	-1974	-204	-670	-5593	-0.132	-0.033	-0.148	-0.184	-0.064	-0.154	-0.132
	统3	869	-183	-374	-150	-57.8	635	740	0.073	-0.033	-0.056	-0.014	-0.018	0.146	0.017
2005	统1	-836	-254	-131	372	41.0	348	-459	-0.070	-0.045	-0.020	0.035	0.013	0.080	-0.011
	统2	-1441	-1226	-1951	-1945	-236	-1166	-7965	-0.121	-0.219	-0.293	-0.181	-0.074	-0.267	-0.188
2006	统1	-257	460	1044	24.0	90.0	714	2075	-0.022	0.082	0.157	0.002	0.028	0.164	0.049
	统2	-1888	-466	-308	-402	-124	-3.00	-3191	-0.158	-0.083	-0.046	-0.037	-0.039	-0.001	-0.075
2007	统1	-21.8	-56.7	-46.8	188	146	356	566	-0.002	-0.010	-0.007	0.018	0.046	0.082	0.013
	统2	-2497	-596	-1267	-1975	-275	-589	-7199	-0.210	-0.107	-0.190	-0.184	-0.086	-0.135	-0.170
2008	统1	10.8	35.9	256	-141	-148	213	227	0.001	0.006	0.038	-0.013	-0.046	0.049	0.005
	统2	-1663	-425	-149	-447	-269	-337	-3290	-0.140	-0.076	-0.022	-0.042	-0.085	-0.077	-0.077

续表 4-4

年份	测次	冲淤量(万 m^3)							冲淤厚度(m)						
		高村至孙口	孙口至艾山	艾山至泺口	泺口至利津	利津至CS7	CS7以下	全河段	高村至孙口	孙口至艾山	艾山至泺口	泺口至利津	利津至CS7	CS7以下	全河段
2009	统 1	−985	−99.5	93.8	465	−81.9	284	−323	−0.083	−0.018	0.014	0.043	−0.026	0.065	−0.008
	统 2	−1206	−353	−474	−899	−111	−860	−3902	−0.101	−0.063	−0.071	−0.084	−0.035	−0.197	−0.092
2010	统 1	361	−334	159	434	99.7	498	1218	0.030	−0.060	0.024	0.040	0.031	0.114	0.029
	统 2	−1686	−64	−1167	−1388	−291	−361	−4957	−0.141	−0.011	−0.175	−0.129	−0.092	−0.083	−0.117
2011	统 1	−716	−132	267	109	−31.7	137	−366	−0.060	−0.024	0.040	0.010	−0.010	0.031	−0.009
	统 2	−548	−552	−907	−697	−138	−744	−3586	−0.046	−0.099	−0.136	−0.065	−0.043	−0.171	−0.084
2012	统 1	255	46.6	630	807	−29.1	−165	1544	0.021	0.008	0.094	0.075	−0.009	−0.038	0.036
	统 2	−1784	−624	−1564	−1747	−15.6	51.8	−5683	−0.150	−0.111	−0.234	−0.163	−0.005	0.012	−0.134
2013	统 1	477	198	708	580	95.8	250	2309	0.040	0.035	0.106	0.054	0.030	0.057	0.054
	统 2	−1403	−438	−1347	−1818	−465	−463	−5934	−0.118	−0.078	−0.202	−0.169	−0.146	−0.106	−0.140
2014	统 1	−114	167	221	−156	−70.4	170	217	−0.010	0.030	0.033	−0.014	−0.022	0.039	0.005
	统 2	−1776	−168	−260	−931	−135	−31.1	−3301	−0.149	−0.030	−0.039	−0.087	−0.042	−0.007	−0.078
2015	统 1	−315	240	61.0	498	−197	154	442	−0.026	0.043	0.009	0.046	−0.062	0.035	0.010
	统 2	−571	−515	−200	256	308	182	−541	−0.048	−0.092	−0.030	0.024	0.097	0.042	−0.013

表 4-5 高村至河口各河段部分年份滩地冲淤量

年份	测次	冲淤量(万 m^3)							冲淤厚度(m)						
		高村至孙口	孙口至艾山	艾山至泺口	泺口至利津	利津至CS7	CS7以下	全河段	高村至孙口	孙口至艾山	艾山至泺口	泺口至利津	利津至CS7	CS7以下	全河段
1996	统 2	8170	330	-150	480	10.0	0	8840	0.138	0.020	-0.005	0.018	0.001	0	0.054
1997	统 2	705	-1735	-1070	4430	980	-260	3050	0.012	-0.108	-0.038	0.162	0.113	-0.010	0.018
2000	统 2	-1963	304	-2013	-7668	-950	-517	-12810	-0.040	0.010	-0.080	-0.280	-0.110	-0.020	-0.080
2002	统 2	-1247	-38.8						-0.020	-0.002					
2005	统 1	-1665	-1429	-945	-852	-201	90.8	-5001	-0.023	-0.087	-0.034	-0.029	-0.017	0.004	-0.027
2014	统 2	-4984	-14380	-1036	-1555	985	644	-7384	-0.068	-0.087	-0.038	-0.053	0.083	0.026	-0.040

注:1996 年大水、2002 年调水调沙漫滩后进行了滩地断面测量,1997 年、2000 年、2005 年、2014 年进行了全断面测量,其余年份未进行滩地测量。

第四节　河床质测验及瞬时水面线观测

河床质测验为河床表层床沙测验,其目的是了解表层河床的泥沙组成,为研究黄河河床变化和泥沙来源提供基础资料;瞬时水面线观测目的是了解水面纵比降与河底纵比降的关系,为计算河道行洪能力提供基础数据。

一、河床质测验

1991—2015 年,山东黄河河段共进行河床质测验 53 次,计 1219 断面次。河床质测验在统测的典型断面上进行,测验断面固定。河床质测验时测线布设均匀分布,水边、鸡心滩不取样。垂线取样数目,水面宽小于 300 米时为 5 条垂线,大于 300 米时为 7 条垂线。河床质取样使用横式采样器或耙式采样器在测船上进行。河床质沙样取样后由山东水文水资源局泥沙分析室进行颗粒分析。1991—2015 年山东黄河河道测验河床质取样断面见表 4-6。

表 4-6　1991—2015 年山东黄河河道测验河床质取样断面

取样断面个数	断面名称	测次	取样方法
23	高村(四)、苏泗庄、彭楼、杨集、孙口、十里堡、陶城铺、位山、王坡、艾山(二)、朱圈、水牛赵、泺口(三)、刘家园、杨房、道旭、利津(三)、东张、一号坝、清 1、清 3、清 4、清 7	统 1、统 2、统 3	横式采样器、耙式采样器

二、瞬时水面线观测

根据黄委水文局要求,1990 年 10 月开始在河道统测时进行利津以下河段的瞬时水面线观测,在利津水文站、一号坝水位站、西河口水位站、十八公里、丁字路口、清 8 等位置设立临时水位站,同步观测水位,其观测时机为统测开始、中间、结束观测 3 次瞬时水位,时间均匀分布 3 次,点绘瞬时水面线。1996 年 5 月黄河调整北汊入海后,瞬时水面线的观测位置调整为利津水文站、一号坝水位站、西河口水位站、清 3、丁字路口、汊 2。2005 年第二次河道统测后停止瞬时水面线观测,其中,1990—1996 年成果进行上报。

第五章　黄河河口测验

黄河河口测验的目的是通过对黄河河口及附近海区的水文泥沙监测,分析河口段河道、河口以及黄河三角洲附近海区的演变规律,为黄河口治理规划、黄河三角洲开发提供基础性资料。黄河河口测验主要包括黄河三角洲附近海区固定测深断面测验、黄河三角洲附近海区水下地形测绘、河口段河势监测、其他测验及河口测验技术的发展等。

第一节　河口测验依据

河口测验执行国家规范、行业规程及内部规定。1991—2015 年黄河三角洲附近海区测验依据见表 5-1。

表 5-1　1991—2015 年黄河三角洲附近海区测验依据

类别	名称	编码或文号	执行时间
国家规范	海道测量规范	GB 12327—1998	1999. 05. 01—2015. 12. 31
	中国海图图式	GB 12319—1990	1990. 05. 01—1998. 04. 30
	中国海图图式	GB 12319—1998	1998. 05. 01—2015. 12. 31
	海洋工程地形测量规范	GB 17501—1998	1999. 04. 01—2015. 12. 31
	海滨观测规范	GB/T 14914—1994	1994. 10. 01—2006. 07. 31
	海滨观测规范	GB/T 14914—2006	2006. 08. 01—2015. 12. 31
	国家水准测量规范(国家测绘局印制)		1974. 06. 01—1991. 12. 31
	国家三、四等水准测量规范	GB/T 12898—1991	1992. 01. 01—2009. 09. 30
	国家三、四等水准测量规范	GB/T 12898—2009	2009. 10. 01—2015. 12. 31
	全球定位系统(GPS)测量规范	GB/T 18314—2001	2001. 09. 01—2009. 05. 30
	全球定位系统(GPS)测量规范	GB/T 18314—2009	2009. 06. 01—2015. 12. 31
	数字测绘成果质量检查与验收	GB/T 18316—2001	2001. 09. 01—2008. 11. 30
	数字测绘成果质量检查与验收	GB/T 18316—2008	2008. 12. 01—2009. 11. 30
	数字测绘成果质量检查与验收	GB/T 24356—2009	2009. 12. 01—2015. 12. 31

续表 5-1

类别	名称	编码或文号	执行时间
行业规范	全球定位系统实时动态测量(RTK)技术规范	CH/T 2009—2010	2010.05.01—2015.12.31
	测绘技术设计规定	CH/T 1004—2005	2006.01.01—2015.12.31
	测绘技术总结编写规定	CH/T 1001—2005	2006.01.01—2015.12.31
	高程控制测量成果质量检验技术规程	CH/T 1021—2010	2011.01.01—2015.12.31
	平面控制测量成果质量检验技术规程	CH/T 1022—2010	2011.01.01—2015.12.31
内部规定	河口河道勘测工作质量管理细则	黄鲁水研〔2001〕7 号	2001.05.31—2015.12.31
	河口河道数据库管理规定(试行)	黄鲁水研〔2001〕12 号	2001.08.06—2015.12.31
	河道河口勘测工作质量管理办法(试行)	黄鲁水研〔2002〕12 号	2002.03.27—2015.12.31
	测绘仪器管理使用办法	黄鲁水河〔2004〕13 号	2004.04.22—2015.12.31
	河口河道电子文档管理规定	黄鲁水河〔2006〕13 号	2006.11.20—2015.12.31
	黄河三角洲附近海区测验操作规程	黄水测〔2012〕40 号	2013.01.01—2015.12.31

第二节　测验设施整顿

河口测验的设施与当时的测验技术相适应,1973 年之前采用六分仪后方交会定位时,在岸边布设高寻常标和寻常标,1973—1997 年采用无线电定位仪和微波定位仪进行定位时,分别在无棣县的埕口、寿光市的羊口和龙口市龙口设置岸台,1983 年春岸台调整为富国水文站、羊口水文站和大原水文站,1999—2015 年采用 GPS 信标机进行定位,取消了岸台。为满足潮位观测的需要,在比较稳定的沟口埋设固定水准点,作为潮位观测水尺零点高程引测的基本水准点。平面坐标采用 1954 北京坐标系,高程采用 1956 黄海基面。测验设施分别在 2011 年和 2015 年进行了全面整顿,其他年份均对潮位站水准点进行高程校测。

一、2011 年设施整顿

2011 年 7 月至 2013 年 4 月,为适应黄河河口地区自然环境和测验需求,根据《国家发改委关于"十一五"水文水资源工程建设可行性研究报告的批复》(发改农经〔2009〕2499 号)及水利部《关于开展"十一五"水文水资源工程建设初步设计有关工作的紧急通知》(水文计〔2008〕191号),黄委水文局在2011年以黄水规计〔2011〕36号文下达了水文水资源工程2011年投资预算,河南黄河水文勘测设计院受山东水文水资源局委托对黄河河口基地滨海区淤积测验设施、GPS基站网建设工程进行初步设计,黄河口勘测局承担了施工任务。

(一)主要建设内容

主要建设内容包括GPS控制点埋设、测量、自记潮位遥测系统建设、仪器设备购置等。规模如下:

埋设GPS控制点390个,E级GPS基点静态测量,三等水准路线28条,计1121千米;在一零六沟口、东营港港口、孤东、截流沟口建设自记潮位遥测系统;购置信标机及海测软件2套、GPS(1+2)1台套、绘图仪1套、越野巡测车1辆。

(二)项目实施

仪器设备由山东水文水资源局购置,GPS控制网和水准网的测设及自记潮位计的建设由黄河口勘测局承担。

1. 控制点制埋

控制点制埋包括GPS基点桩制作和埋设。2011年7—12月,完成桩点的制作;2012年3月5—20日,完成滨海区附近海岸的点位查勘;2012年4—5月完成GPS基点桩埋设。

2. 平高控制测量

2012年5月19日至7月29日,完成GPS静态测量外业工作;2012年8月11日至9月20日,完成GPS静态测量内业平差计算;2012年11月26日至2013年3月26日,完成三等水准测量;2013年3月26日至4月14日,完成三等水准测量内业平差计算。

本项目GPS控制网采用E级布设,在构网时主要以三角形和四边形为主,以边连接方式构成整网,连接边不小于2千米。该项目共解算基线2316条,观测闭合环10934个,完成E级GPS基点390座。

高程控制采用三等水准测量,分别在黄河左、右两岸布设三等水准附合路线16条和12条,测线总长1121千米。引据点高程为2003年黄河下游二、三等水准网改造后的最新测量平差成果。

3. 自记潮位计建设

2012年4月5日至5月17日进行了滨海区海域遥测潮位计站位查勘及

选址,确定了基础形式(孤东验潮站为浅基承台基础,其他 3 站均为深基承台基础)、钢管支架规格和高度。2012 年 8 月 27 日完成了基础施工及 HW-1000 型超声波水位计安装。

(三)项目成果

项目成果为 GPS 控制点的 GPS 点点之记、GPS 点环视图、GPS 网成果表、水准点成果表、自记潮位计竣工报告等。

二、2015 年设施整顿

在进行 2015 年黄河三角洲附近海区水下地形测绘项目时,对测区沿岸的测验设施进行了系统整顿。

本次整顿共完成 GPS D 级控制点造埋 214 座,GPS D 级网静态测量 214 座、三等水准联测 1152.2 千米(207 座水准点)、四套 GPS 信标机三个区域内的固定偏差测定,18 个潮位站的设置观测及 17.71 千米的四等水准联测。

根据测区实际和已知点的分布,结合原有控制网的破坏情况,在黄河三角洲滨海区湾湾沟至小清河口沿岸布设平高控制点,埋设标准按照国家 GPS D 级网的标准,以三角形和四边形为主,以边连接方式构成由 214 座 GPS 控制点组成的平面控制网,该网的平均边长 3.79 千米,最大边长 11.91 千米,最小边长 1.08 千米,网内有 10 个国家 C 级 GPS 基点作为本网的起算数据。

高程控制网是在平面控制网的基础上,对 GPS 基点进行三等水准的高程引测,共布设三等水准路线 24 条,联测基点 207 座,水准路线总长 1152.2 千米。

各潮位站的校核水准点和水尺零点高程引测采用四等水准以支线的形式联测,共布设四等水准支线 17 条,联测四等水准点 67 座,水准路线长度 17.71 千米。

第三节　三角洲附近海区固定测深断面测验

黄河三角洲附近海区固定测深断面测验始于 1959 年,当时在测验海区垂直于海岸布设了 7 个测深断面,大体了解一下水的深度和海底的坡度,1968 年开始进行水下地形测量,每年的测深断面不尽一致,1976 年后海区测深断面基本固定。1976—2015 年,黄河三角洲附近海区测区范围为西起湾湾沟口、南至小清河口的海域,神仙沟口以西由岸边向北测至北纬

38°22′05″,黄河口附近向东测至东经 119°33′00″,海区岸线长 320 千米。

一、测深断面布设

黄河口改走清水沟流路后,三角洲附近海区共设置 36 个固定测深断面作为常规测验断面,其中 1~8 断面为南北方向布设,9~13 断面为神仙沟故道尖岬处放射状布设,14~36 断面为东西方向布设。

二、潮位站分布及设置

为了满足海区测验中潮位对水深改正的需要,根据该海区的潮汐变化规律,在其沿岸布设了湾湾沟口、二河口、一零六沟口、十八井、桩西、五号桩、孤东、三号排涝站、新河北烂泥、截流沟口、清水沟老河口、永丰河口、广利河口 13 处潮位站,其中三号排涝站为短期潮位站,其他均为临时潮位站,黄河三角洲附近海区固定测深断面及潮位站分布见图 5-1。

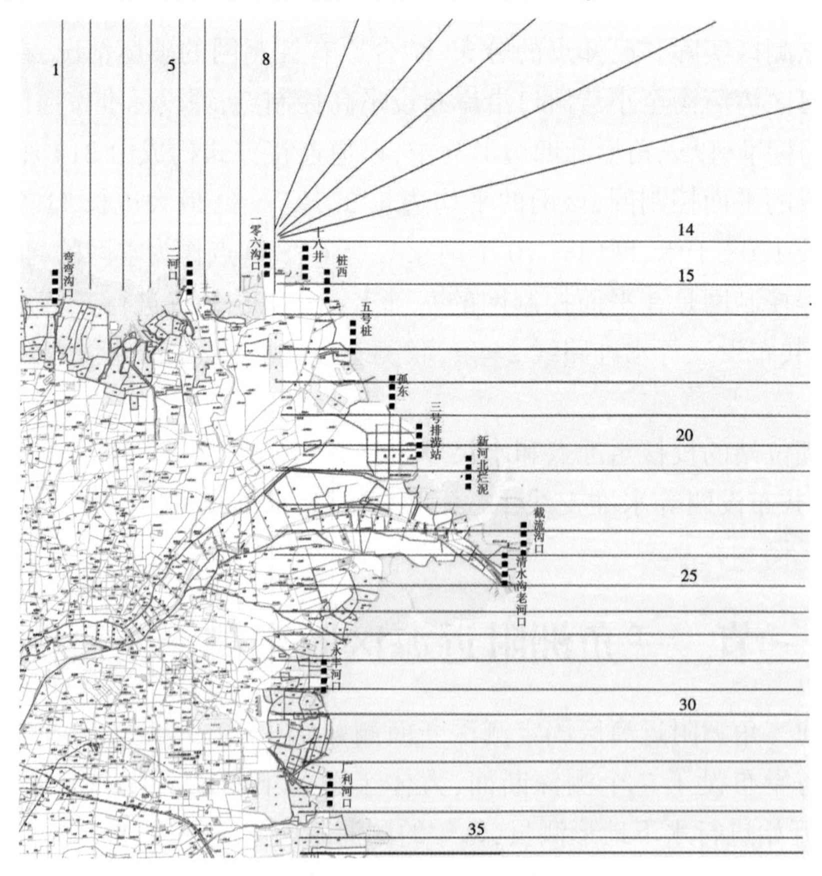

图 5-1　黄河三角洲附近海区固定测深断面及潮位站分布

相同潮位站位置基本固定,但每年会根据设站水域的实际略有调整;潮位站设置时间根据海区测验的时间确定,一般在海区测验之前完成。

潮位站采用木桩直立式水尺,水尺设置在前方无沙滩阻隔、海水可自由流通、能充分反映当地海区潮汐的地方,且水尺能牢固设立,受风浪、急流冲击和船只碰撞等影响较小。每个潮位站设置的水尺不少于 3 支,木桩直径不低于 0.1 米,入泥深度以保证水尺稳固为原则,且要求垂直于水面,高潮不淹没、低潮保证读数不小于 0.3 米,相邻两支水尺的观测范围至少有 0.3 米的重合。

潮位站基本水准点为国家三等水准点,以国家二等水准点为引据点,用三等水准联测其高程。

13 个潮位站中,新河北烂泥潮位站水尺零点高程采用与三号排涝站连续 3 天及以上的同步观测资料的海面水准推求,其他潮位站水尺零点高程采用四等水准由基本水准点引测。

三、测次布置

黄河三角洲附近海区固定测深断面测验在每年汛后进行 1 次,每年监测的断面也不完全一致,1991—2015 年黄河三角洲附近海区固定测深断面监测统计见表 5-2。

表 5-2　1991—2015 年黄河三角洲附近海区固定测深断面监测统计

年份	断面数	年份	断面数	年份	断面数
1991	31(1~8、14~36)	1999	36(1~36)	2008	36(1~36)
1993	38(1~36、加 1~加 2)	2001	36(1~36)	2009	36(1~36)
1994	36(1~36)	2002	36(1~36)	2010	36(1~36)
1995	23(14~36)	2003	36(1~36)	2011	36(1~36)
1996	36(1~36)	2004	16(16~31)	2012	36(1~36)
1997	22(15~36)	2005	16(16~31)	2013	36(1~36)
1998	36(1~36)	2006	16(16~31)	2014	36(1~36)

注:1992 年、2000 年、2007 年、2015 年为黄河三角洲附近海区水下地形测绘年份。

1991—2015 年,共进行黄河三角洲附近海区固定测深断面测验 21 次,计 666 断面次。

四、测验及资料整理

黄河三角洲附近海区固定测深断面测验一般采用深水船和浅滩船分别进行深、浅水区的测验,在进行测深断面测验时,该区域相应临时潮位站进行潮位观测。

1991—1996 年采用美国进口 UHF547 微波定位仪定位,测深仪采集水深,人工辅助计算机进行资料处理。

1997—2015 年,海区测点数据采用 GPS 信标机+测深仪+计算机三机联测数据采集系统进行,测点平面位置采用 GPS 信标机测定,水深为测深仪测定,由计算机导航软件自动完成,作业人员在现场值班,发现异常立即处理。

海区测验外业结束后,进行内业资料的计算整理,资料整理的主要方式是人工辅助计算机完成,主要内容包括测深仪热敏水深记录纸的水深摘录及录入、潮位站水尺零点高程推求、编制潮位站考证簿、潮位观测资料的计算及成果录入、潮汐改正曲线的点绘、测点水深改正计算、断面实测成果表的编制、测深断面剖面图的绘制以及海区冲淤计算等。

常规固定断面测验的主要成果为固定测深断面成果、固定测深断面比较成果、断面冲淤计算成果以及和整个测区相邻测次冲淤成果。

第四节　黄河三角洲附近海区水下地形测绘

黄河三角洲附近海区水下地形测绘是在 14000 平方千米的海区内布设 130 个测深断面,进行水深测量;对 350 千米的高潮岸线进行测量,获得能够代表黄河三角洲附近海区水下地形和海岸资料的水深图;对分布在测验海区海底质的取样分析,获得代表该海区海底质的沉积物类型图,为黄河河口治理提供准确的基础资料。1992 年、2000 年、2007 年和 2015 年进行了黄河三角洲附近海区水下地形测绘。

一、范围及测图比例尺

测区范围为西起洼拉沟口、南至小清河口的海域,即从神仙沟口以西由岸边向北测至北纬 38°31′;神仙沟口以南向东测至东经 119°51′,海区范围约 14000 平方千米,岸线长 350 千米。

测图比例尺为 1∶10000,成图比例尺为 1∶100000。

二、测绘内容

(一)控制点的造埋及平高控制测量

1992 年、2000 年和 2007 年,在每个潮位站设置 3 座基本水准点,以三等水准从国家二等水准点引测高程;从基本水准点以四等水准引测高程到水尺零点。

2015 年在测区沿海岸及潮位站附近埋设了 214 座控制点,分别以国家 D 级 GPS 测量测定其平面位置,以三等水准测量测定其高程,造埋规格按照国家 GPS 基点的规格和要求进行,并对桩点进行注记编号,埋设完成后现场绘制点之记。

(二)测定 GPS 信标机固定偏差参数

按照《全球定位系统(GPS)测量规范》的有关要求,4 次测绘均在海上测验开始前,进行了 GPS 信标机和控制点固定偏差参数的测定。

(三)潮位站设置及观测

根据测区的潮汐变化规律和测区的实际状况,本项目均在测区沿岸布设了杨克君河口、湾湾沟口、二河口、四河口、一零六沟口、十八井、桩西、五号桩坝头、贝类样板园、孤东验潮站、三号排涝站、新河北烂泥、截流沟口、清水沟老河口、小岛河口(2015 年启用)、永丰河口、广利河口、小清河口、刁龙嘴港(1992 年、2000 年、2007 年用)潮位站,黄河三角洲附近海区水下地形测绘测深断面及潮位站分布见图 5-2。潮位站的布设包括查勘、确定位置、水准点及水尺埋设和高程引测、填写潮位站考证簿等内容。历次测验潮位站位置基本固定,具体位置略有变动;潮位站高程引测按照国家三等水准为首级高程控制,四等水准进行水尺零点高程引测。

潮位观测使用直立式水尺,记至厘米,同时测记(目测)风向、风力及海面状况。观测与该站控制海区的水深测量同步进行,最短观测时间不低于 3 天,并满足海面水准法推求水尺零点高程的要求,每半小时观测 1 次,高低潮前后各 1 个小时每 10 分钟观测 1 次,以能准确测定出高低潮水位为原则。

(四)水深测量

1. 测线布设

按照垂直海岸布设测线的原则,在岬角区(神仙沟口附近)布设成放射状,其中神仙沟口以西海区每 2 千米布设 1 条测线,布设 26 条;神仙沟沙嘴区布设 11 条放射状测线;神仙沟沙嘴以南至广利河口以北海区(临近现河

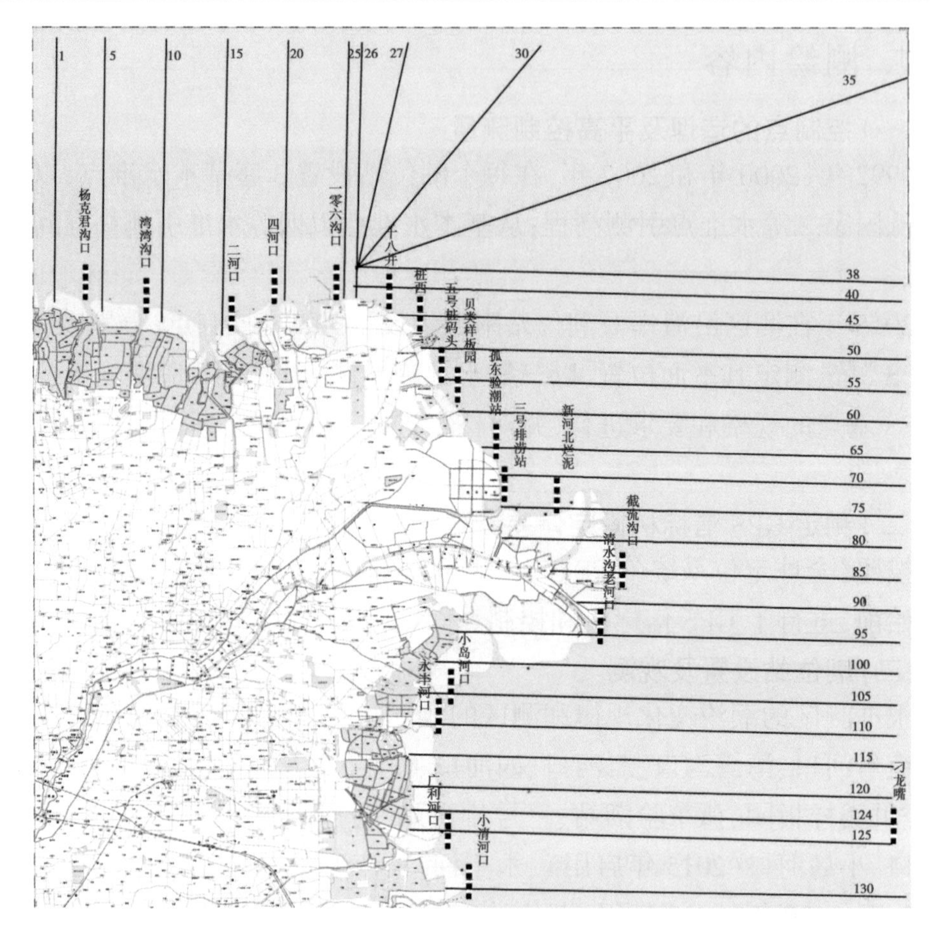

图 5-2　黄河三角洲附近海区水下地形测绘测深断面及潮位站分布

口附近海区)每 1 千米布设 1 条测线,共 87 条,广利河口以南至小清河口海区每 2 千米布设 1 条测线,共 6 条,测线总数 130 条。

为了资料的连续性,历次测验均采用固定的位置以便于冲淤比较计算。

2. 测深点间距

深水区控制在 500 米左右布设 1 测点,河口附近和水下地形前缘急坡地形变化急剧的区域测深点间距控制在 200~500 米。

3. 测验方法

测深点定位及水深测量:测深点位置由 GPS 信标机测定;水深使用测深仪测量。

(五)高潮岸线测定

高潮岸线测定使用 GPS 沿高潮痕迹测定高潮岸线(可视为平均高潮岸线)。一般顺直高潮岸线每 1 千米测 1 点,当岸线发生转折及遇到潮沟时加密测点,以测出转折变化及潮沟为原则。

(六)底质取样

水深测量的同时,在部分测深断面上采集海底质泥沙样品,进行颗粒分析。取样测线每10千米布设1条。每个取样断面上采集8~9个泥沙样品,其分布为浅滩区2~3个,前缘急坡区3个,缓坡区3个。所有泥沙样品由山东水文水资源局泥沙分析室分析。

(七)资料整理

对外业测验资料进行整理,完成水深摘录及录入、潮位站水尺零点高程推求、编制潮位站考证簿、潮水位计算及摘录、绘制潮汐改正曲线、进行水深潮汐改正、编制测验断面实测成果表、绘制测深断面剖面图、编制海底质颗粒分析及颗粒级配成果表、编制海区冲淤体积计算表、制作高潮线成果表、编绘水深图、编绘沉积物类型图等。

(八)水深图及沉积物类型分布图编绘印刷

根据海区实测成果及最新黄河三角洲陆地状况,按照1:100000比例尺编绘黄河三角洲附近海区水深图;根据海区海底质测验成果按照1:200000比例尺编绘黄河三角洲附近海区沉积物类型分布图。

1992年、2000年和2015年水深图和沉积物类型图由中国人民解放军海军天津海图出版社编绘印刷,2007年水深图和沉积物类型图由黄河口勘测局利用SV300海图处理软件编绘,山东水文水资源局印刷。

(九)专题研究

2000年、2007年黄河三角洲附近海区水下地形测绘后,山东水文水资源局组织人员,利用历次海区测验成果进行了专项研究。2000年专项分析研究题目是“黄河三角洲演变及其河口流路、水沙变化的关系”,有三个子课题,分别是“黄河三角洲附近海区水下地形演变分析”“黄河三角洲海岸线演变分析及三角洲海岸线”“附近海区水下地形变化与河口水沙量变化、河口流路演变关系”,最后形成了《黄河三角洲海岸及滨海区与河口流路、入海水沙的关系》分析报告;2007年专项分析研究主要对黄河来水来沙、黄河三角洲附近海区冲淤分布、海岸线蚀退延伸、口门摆动、拦门沙变化、河口河道冲淤变化等进行了系统的分析计算,形成了《黄河河口近期演变》分析报告。

三、主要成果

主要成果为水深实测成果、海底质泥沙颗粒级配成果、高潮岸线实测成果、潮位实测成果、测区水深图和海底沉积物类型分布图及有关测次的分析研究报告等。

第五节　河口段河势监测

黄河河口河段河势监测是通过对该河段的河势流向、行水现状和口门情势的监测,绘制河口段河势图,并通过河势图对该河段河道的河势进行描述。

一、测次布置

河势监测河段为清水沟流路渔洼至口门段,1991—2015 年河口河段河势测验次数见表 5-3。

表 5-3　1991—2015 年河口河段河势测验次数

年份	测验次数	年份	测验次数	年份	测验次数	年份	测验次数
1991	2	1998	1	2005	2	2012	2
1992	2	1999	2	2006	2	2013	2
1993	1	2000	1	2007	2	2014	2
1994	2	2001	1	2008	2	2015	2
1995	1	2002	3	2009	2		
1996	2	2003	1	2010	2		
1997	0	2004	1	2011	2		

二、监测方法

(一)外业测验

河势监测的主要内容为水边线、主流线、老滩沿、鸡心滩、串沟、汊沟等特殊地物,并根据这些河势要素的监测数据,绘制该河段的河势图。

1991—1996 年,河势测定采用美国 UHF-547 微波定位系统,岸台设置在三号排涝站和防潮闸,两处岸台覆盖渔洼至口门,从渔洼断面开始,沿黄河左右两岸尽量靠近岸边每 250~300 米测定一个点,UHF-547 定位仪打印出所测定点的坐标,同时目估出至岸边的距离,将这些测点点绘在工作图上,通过内业点绘出相应的位置,然后勾绘出河势图。1998—2015 年,河势图的测绘采用 GPS 信标机定位,利用信标机和计算机联机测定。

(二)内业资料整理

1991—2002 年汛前,首先制作 1/50000 比例尺的聚酯薄膜底图,然后根据外业的工作图和测绘数据,在聚酯薄膜底图上描绘各河势元素符号,清绘成图,再通过蓝晒得到河势图成果;2002 年汛后至 2007 年汛前,河势图利用南方绘图软件 CASS 进行编制、整饰、图形显示及打印成图;2007 年汛后至 2015 年,采用黄河口河势图测绘软件进行编制、整饰、图形显示及打印成图。

第六节　清水沟流路演变

1976 年黄河河口在西河口人工改道清水沟流路后,流路一直是在人工控制下周期性水流散乱、归股成槽、淤积延伸、摆动出汊运行。

一、流路摆动

清水沟位于以宁海为顶点的近代黄河三角洲的中南部,南邻甜水沟,1976 年 5 月河口流路在西河口实施人工改道清水沟后,改道点以下水流散乱,漫流入海,是比较典型的游荡型河段,其后经历归股成槽、顺直单一、淤积延伸、弯曲出汊、口门摆动等过程,较大的摆动有 1979 年汛期的清 4 以下,河道北向南摆动 23 千米,在大汶流海堡正东 5 千米处向东入海;1980 年 10 月河道向左摆动 6 千米,并在清 6 断面以下形成急弯自然摆动;至 1988 年后,清 9 断面以上河势稳定,河道单一顺直,无出汊现象,流路淤积延伸,河口口门逐渐向右偏移,清水沟流路向东南方向的弓形更趋明显,流路延长较多,清水沟流路河长由原来的 27 千米淤积延长至 65 千米,纵比降减小、口门出汊频繁,行河条件进一步恶化。

1996 年 3 月在清 8 断面以上 950 米处实施改汊工程,利用清水沟和神仙沟之间的洼地,在清 8 以下开挖 5 千米引河,并在改道点原河道修建截流坝迫使水流改走现行河道。

自 1996 年清 8 出汊后,出汊河道行水至 2000 年,除在口门附近 1~2 千米范围内有较小摆动外,没有发生过大的摆动及出汊。2000 年后,大的河口河势变动有 3 次,分别是 2004—2006 年口门南北向摆动、2007—2008 年新汊河出汊及 2011 年汊 2 河段人工裁弯取直。1996—2015 年,黄河河口一直在南北 17 千米、东西 14 千米范围内变动,影响区域面积 238 平方千米。

调水调沙作用下,2002—2004 年口门向南偏移 1 千米、向外淤积延伸约 2 千米,2005 年口门继续向南方向调整,偏移约 2 千米,同时在汊 3 以下 10 千米的河段内,出现宽度大于 100 米的串沟 3 条(北向 2 条、南向 1 条),洪水期分流较大,其中一条在汊 3 以下 500 米。2006 年汛后口门重新由东南方向调整为东北方向,与 2003 年方向基本一致,只是沿东方向延伸 4~5 千米,在距河门约 10 千米处增加 1 条向南串沟(此时汊 3 以下共 4 条较大汊沟),同时 2005 年形成的 3 条串沟有展宽趋势,特别是汊 3 下游向北串沟,宽度由最初的 100 米增至 2006 年汛后的近 200 米。

2007 年口门发生了较大变动,在汊 3 断面以下 1.5 千米处,出现了向北方向的入海水流,改道处口门宽 1.9 千米,整个新汊河长度在 5 千米左右,过流占整个河道的 80%以上,原河道仍然有水流动;汊 3 以下仍然保留着汊沟 6 条,2007 年调水调沙期间均过水。

2007 年 8 月形成的入海河道,经过一年多的自然调整,河道顺畅,宽度 1 千米,主河道走向为北偏东方向,2007 年汛期形成的西北股经过 2008 年调水调沙后淤死,至 2013 年汛前为一股入海,2013 年汛后,入海水流变为两股,其中主河为北偏西方向,方位角约 354 度,为船只出海航道;另一股河为北偏东方向,方位角 57 度,水深较小,过流量较小,渔船不能进出。两股河道之间形成一面积 15 平方千米的沙滩,低潮时显现,高潮时露出较小,至 2015 年,一直在东北方向分两股河入海,流路基本顺畅。

1991—2015 年黄河河口清水沟流路摆动见图 5-3。

二、流路河长

1976—1996 年汛前,西河口以下河长由改道初期的 27 千米,延长到 65 千米,平均每年延长 1.96 千米。河长的变动大致分为两个阶段:1976—1979 年清水沟改道初期,河长增加迅速,3 年河长由 27 千米增加到 45 千米,平均每年延长 6 千米;1980—1996 年汛前为河势基本稳定期,河长稳定增加,河口延伸至水深较大的海域,1986 年以后来沙量明显减少,河口淤积延伸速度减缓,1980 年 10 月至 1996 年 3 月,河长由 46 千米增加到 65 千米,平均每年延长 1.2 千米。

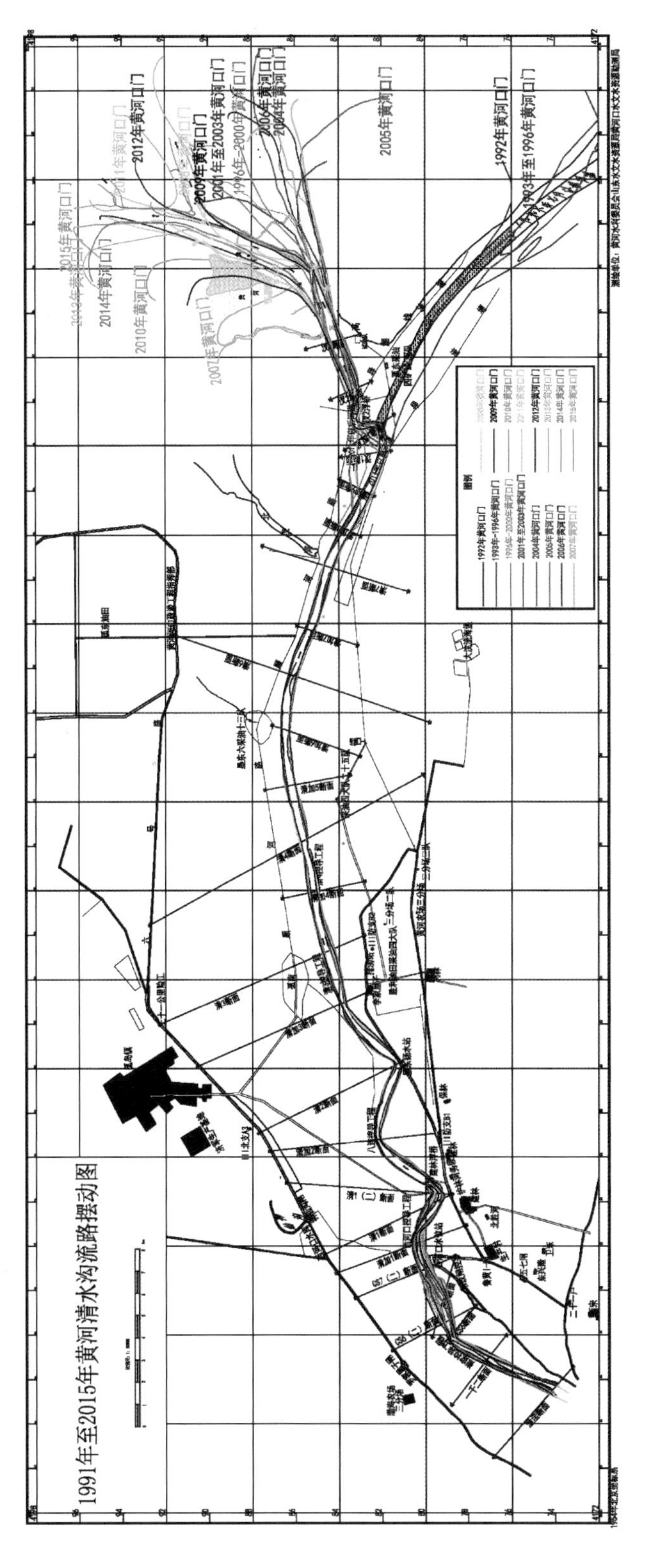

图 5-3　1991—2015 年黄河河口清水沟流路摆动

1996年汛前清8出汊缩短河长16千米,至2002年汛前西河口以下河长又延长至58千米。2004—2006年的3年间,恢复了淤积延伸,3年累计延伸3~4千米,至2011年汛前河长维持在61千米。2011年6月在清加9至汊2之间实施了人工裁弯取直工程,缩短流路1.7千米,此外,河长维持在61千米左右。

1976—2015年清水沟流路河长见表5-4。

表5-4　1976—2015年清水沟流路河长

序号	日期	河长(km)	序号	日期	河长(km)
1	1976.06	27	8	1996.06	49
2	1977.10	33	9	2002.10	58
3	1978.08	38	10	2006.10	61
4	1979.09	45	11	2011.06	61
5	1980.10	46	12	2011.10	58
6	1981.10	47	13	2015.10	61
7	1996.03	65			

注:河长为西河口至口门的河道长度。

第七节　拦门沙区水下地形测验

黄河水沙入海后受海洋动力的作用,在口门生成泥沙堆积体,形成拦门沙。为了掌握河口拦门沙演变规律,适时进行了拦门沙测验。

一、测验次数

1988—2015年,共进行24次拦门沙测验,清水沟老河口16次、清水沟清8出汊河口8次。1988—2015年黄河河口拦门沙测次见表5-5。

二、测验范围

黄河口两侧各10千米范围内的浅海区,自海岸向外延伸15~25千米,河道内自拦门沙坡底开始,按河道中泓线、两侧水边各1条线向上游测至清7断面,口外拦门沙中泓线测至15米水深,测绘河口两侧海岸形态。

表 5-5　1988—2015 年黄河河口拦门沙测次

时间	测次	口门位置	时间	测次	口门位置
1988. 04	1	清水沟老河口	1994. 10	1	清水沟老河口
1988. 08	1	清水沟老河口	1995. 09	1	清水沟老河口
1988. 10	1	清水沟老河口	1995. 10	1	清水沟老河口
1990. 07	1	清水沟老河口	1996. 09	1	清水沟老河口
1990. 10	1	清水沟老河口	1996. 10	1	清 8 出汊河口
1991. 07	1	清水沟老河口	1997. 08	1	清 8 出汊河口
1991. 09	1	清水沟老河口	1997. 10	1	清 8 出汊河口
1992. 07	1	清水沟老河口	1998. 10	1	清 8 出汊河口
1992. 09	1	清水沟老河口	1999. 10	1	清 8 出汊河口
1993. 08	1	清水沟老河口	2001. 06	1	清 8 出汊河口
1993. 11	1	清水沟老河口	2002. 07	1	清 8 出汊河口
1994. 08	1	清水沟老河口	2004. 07	1	清 8 出汊河口

三、测验内容

断面测量：在测区内垂直海岸线每 250 米布设 1 个断面，每 250 米布设一条测深垂线，前缘急坡处适当加密。测量河道左、右水边和中泓 3 个纵断面，每 250 米布设一条测深垂线，地形转折处加密。

潮位及水位观测：测量期间，在测验海区设立 3 个潮位站进行潮位观测，河道 3 个纵断面测量期间，在丁字路口、汊 1(清 8)及河口口门 3 处设立水位站并进行同步观测。

底质取样分析：在典型断面进行海底质取样，在河道主流线进行河床质取样，取样间隔 2. 5 千米，海底质样品做颗粒分析。

水深图编绘：根据拦门沙区域水下地形测验资料，编绘拦门沙区域水深图，成图比例尺为 1∶25000。

第八节　其他测验

为进一步研究河口水文要素的变化规律，在黄河河口进行了水文泥沙因子同步观测和泥沙幺重测验等。

一、水文泥沙因子同步观测

水文泥沙因子同步观测是通过对测验区域各代表性测站水文泥沙因子的同步观测,获取观测期间这些因子的同步变化数据,并根据这些数据的分析研究,得出整个测验区域水文泥沙因子的变化规律。

有完整资料记录的水文泥沙因子同步观测开始于1984年,至2015年共进行13次测验,观测项目为水深、流速、流向、含沙量、含盐度、河床质、透明度等。水文泥沙因子同步观测见表5-6。

表5-6 水文泥沙因子同步观测

序号	观测时间	观测时长(h)	观测站点(个)	观测方法
1	1984.05	73	10	304-Ⅰ型高精度无线电定位仪测定,测深杆测深,水文绞车悬吊直读式流速流向仪人工施测流速流向,横式采样器人工取样、置换法分析计算含沙量,光电颗分仪进行泥沙颗粒分析;盐度采用横式采样器人工取样,盐度计分析含盐量
2	1984.07	49	10	
3	1987.09	73	10	
4	1989.08	25	8	
5	1992.10	25	8	
6	1993.09	25	8	
7	1994.10	25	12	
8	1995.09	25	6	
9	2002.09	25	6	AG122GPS信标机测定平面位置,测深杆人工测深,水文绞车悬吊直读式流速流向仪施测流速流向,GD03站使用锤击式采样器、其他测站采用横式采样器人工取样、置换法分析计算含沙量,光电颗分仪进行泥沙颗分;盐度采样横式采样器取样,用盐度计分析含盐量
10	2003.05	25	6	
11	2003.10	25	6	
12	2004.06	25	6	
13	2004.10	25	6	

1984—1995年8个测次的观测站点位置布设在清7以下河道内,入海口门拦门沙上游前沿、顶端,拦门沙坎外;2002—2004年5个测次观测站点布设在孤东海域、北烂泥、南烂泥以及新滩附近,每测次的观测站点位置均不同。

主要成果为实测流速流向成果表、实测含沙量成果表、含盐度成果表、泥沙颗粒级配成果表等。

二、泥沙幺重测验

泥沙幺重是泥沙的重要参数,2009 年 7 月,山东水文水资源局与黄河水利科学研究院合作进行了黄河口附近泥沙幺重测验,测验范围为拦门沙区、入海沙嘴两侧的烂泥区,测区内布设 8 条断面线,每条线布置 8 个测点,共布设 64 个测点,每测点测量泥沙幺重,并取底层沙样,测验点使用 GPS 定位,泥沙幺重使用 γ 射线仪现场测验,海底质沙样使用蚌式取样器采集,激光粒度仪做颗粒分析。

第九节　黄河河口测验技术

随着黄河河口测验技术的发展,测点定位技术经历了传统定位技术、无线电微波定位技术和 GPS 定位技术的发展过程,资料处理经历手工计算、计算机辅助计算和计算机自动化处理 3 个阶段。

一、测深定位技术

1990 年之前,黄河口附近海区测验的定位技术以六分仪、无线电微波定位仪为主。1990—1997 年采用美国 UHF-547 三应答距离测量定位系统,测量误差最大 1 米,有效距离 120 千米。该仪器只需要在岸上设置两个岸台,船上定位时不需要绘制专用双曲线图,仪器接收岸台发射的信号后,通过距离计算并显示测点坐标,而且随时显示偏航距离,可以自动定时记录测点位置。1998 年使用 AG122GPS 信标机卫星定位技术进行海上测点定位,该方法不需要设置岸台,直接接收国家沿海地区设立的 RBN/DGPS 基站发射的信标信号(单频发射制,播发差分修正信息),通过计算机计算出测点位置并储存起来,实现了海上定位的全天候作业。GPS 信标机的使用,摆脱了测验时需要和岸台进行信号传输的测验模式,为海区测验设置的龙口、羊口、富国三个水文站,在技术上失去了存在的意义,是海区测验定位技术的重大进步。

在早期的黄河口附近海区测验中,水深测量采用测深杆、测深锤和 LA-ZI17-CT3 型回声测深仪。随着测深技术的发展,1991 年海区采用双频测深仪进行水深测量,测深仪稳定性有了较大提高,测深精度达到 0.01cm+0.1%h(h 为水深),测深记录模拟为热敏纸打印水深过程线,人工摘录水深。

2000 年开始使用信标机+数字测深仪+计算机联机采集数据系统进行海

区测验,该技术利用信标机、测深仪并通过海洋导航软件与计算机相连,实现了海区测验中信标机和测深仪的同步自动采集,减轻了作业强度。2012 年开始黄河三角洲附近海区无验潮测验模式关键技术及应用研究,该技术利用 GNSS 接受卫星信号,通过 GNSS 动态后处理技术计算出测点轨迹水面上的三维坐标,利用 EGM2008 地球重力模型将测点的大地高转换为某高程基面的水准高程,通过测深仪同步观测的测深数据,直接算得测点海底的三维坐标,该技术在 2015 年取得突破性进展。

二、数据处理技术

1991 年开始利用计算机技术参与海区资料的整理,在资料整理中,计算机进行了潮汐改正计算、冲淤计算及测验成果表的输出打印,水深摘录、潮位资料计算、潮汐过程线的绘制、水深改正摘录等资料处理仍为人工进行。

第六章　水环境监测

黄河山东水环境监测中心承担着山东黄河常规监测、省界水体监测、水功能区监测、水量调度监测、排污口监测、跨流域调水水质监测、底质及悬移质监测、应急突发水污染事件等水质监测任务，为黄河水资源保护、管理提供依据。

第一节　监测依据

黄河山东水环境监测中心执行国家标准和行业标准，监测项目包括水（地表水、地下水、饮用水、废污水、大气降水）、土壤、大气和噪声 4 大类。1991—2015 年各类监测参数采用标准见表 6-1。

表 6-1　1991—2015 年各类监测参数采用标准

类别	执行标准	标准编号	执行时段	说明
水类	地表水环境质量标准	GB 3838—88	1991—2001 年	国家标准
	生活饮用水卫生标准	GB 5749—1985	1991—2005 年	国家标准
	污水综合排放标准	GB 8978—88	1991—1995 年	国家标准
	大气降水分析方法	GB/T 13580—1992	1992—2015 年	国家标准
	地下水质量标准	GB/T 14848—1993	1993—2005 年	国家标准
	污水综合排放标准	GB 8978—1996	1996—2015 年	国家标准
	地表水环境质量标准	GB 3838—2002	2002—2015 年	国家标准
	生活饮用水卫生标准	GB 5749—2006	2006—2015 年	国家标准
	地表水资源质量标准	SL 63—1994	1994—2015 年	行业标准
	水环境监测规范	SL 219—1998	1998—2012 年	行业标准
	饮用净水水质标准	CJ 94—2005	2005—2015 年	行业标准
	城市供水水质标准	CJ/T 206—2005	2005—2015 年	行业标准
	污水排入城市下水道水质标准	CJ 343—2010	2010—2015 年	行业标准
	水环境监测规范	SL 219—2013	2013—2015 年	行业标准
土壤类	土壤环境质量标准	GB 15618—1995	1995—2015 年	国家标准
大气类	环境空气质量标准	GB 3095—2012	2012—2015 年	国家标准
噪声类	城市区域环境振动标准	GB 10070—1988	1991—2015 年	国家标准
	声环境质量标准	GB 3096—2008	2008—2015 年	国家标准
	建筑施工场界环境噪声排放标准	GB 12523—2011	2011—2015 年	国家标准

第二节　水质监测

1991—2002年,黄河山东水环境监测中心水质监测任务由黄河流域水资源保护局下达,2003—2015年由黄委水文局下达。监测任务包括常规水质监测、省界水体监测、水功能区、入黄排污口水质监测及其他水质监测。

一、常规水质监测

1991—2015年,山东黄河的常规水质监测断面为黄河干流的高村、孙口、艾山、泺口、滨州、利津和支流大汶河入黄口陈山口7个监测断面。常规水质监测参数见表6-2。

表6-2　常规水质监测参数

河名	监测断面	监测时段	1991年监测参数	初次监测参数	增减参数及年份	2015年监测参数	说明
黄河	高村	1991—2015年	流量、含沙量、水温、pH、电导率、氧化—还原电位、溶解氧、高锰酸盐指数、氨氮、总硬度、汞、氰化物、砷化物、挥发酚、六价铬、铜、铅、锌、镉、硝酸盐氮、亚硝酸盐氮等21项	—	1999年增加了五日生化需氧量、化学需氧量2项,2000年增加氟化物1项,2011年增加了铁、锰、硒、硫化物、阴离子洗涤剂、粪大肠菌群、钙、镁、钾、钠、碳酸盐、重碳酸盐、矿化度、总磷、悬浮物15项。2011年停测亚硝酸盐氮	流量、含沙量、水温、pH、电导率、氧化—还原电位、溶解氧、高锰酸盐指数、氨氮、总硬度、汞、氰化物、砷化物、挥发酚、六价铬、铜、铅、锌、镉、硝酸盐氮、五日生化需氧量、化学需氧量、氟化物、铁、锰、硒、硫化物、阴离子洗涤剂、粪大肠菌群、钙、镁、钾、钠、碳酸盐、重碳酸盐、矿化度、总磷、悬浮物38项	其中,氰化物、六价铬监测参数每年监测6次,硫化物、硒、阴离子表面活性剂、钙、镁、钾、钠、碳酸盐、重碳酸盐、总硬度、矿化度等11个监测参数每年监测4次;其他项目每年监测12次

续表 6-2

河名	监测断面	监测时段	1991 年监测参数	初次监测参数	增减参数及年份	2015 年监测参数	说明
黄河	孙口	2011—2015 年	—	流量、水温、悬浮物、pH、电导率、溶解氧、高锰酸盐指数、化学需氧量、五日生化需氧量、氨氮、总磷、氟化物、砷、汞、氰化物、铜、铅、锌、镉、六价铬、挥发酚、石油类、硫化物、硒、阴离子表面活性剂等 25 项	—	流量、水温、悬浮物、pH、电导率、溶解氧、高锰酸盐指数、化学需氧量、五日生化需氧量、氨氮、总磷、氟化物、砷、汞、氰化物、铜、铅、锌、镉、六价铬、挥发酚、石油类、硫化物、硒、阴离子表面活性剂等 25 项	其中，氰化物、六价铬监测参数每年监测 6 次，硫化物、硒、阴离子表面活性剂等 3 个监测参数每年监测 4 次；其他项目每年监测 12 次
黄河	艾山	1991—2015 年	流量、含沙量、水温、pH、电导率、氧化—还原电位、溶解氧、高锰酸盐指数、氨氮、总硬度、汞、氰化物、砷化物、挥发酚、六价铬、铜、铅、锌、镉、硝酸盐氮、亚硝酸盐氮等 21 项	—	2000 年增加了五日生化需氧量、化学需氧量、氟化物，2011 年增加了硒、硫化物、阴离子洗涤剂、2011 年停测亚硝酸盐氮	流量、含沙量、水温、pH、电导率、氧化—还原电位、溶解氧、高锰酸盐指数、氨氮、总硬度、汞、氰化物、砷化物、挥发酚、六价铬、铜、铅、锌、镉、硝酸盐氮、五日生化需氧量、化学需氧量、氟化物、硒、硫化物、阴离子洗涤剂等 26 项	其中，氰化物、六价铬监测参数每年监测 6 次，硫化物、硒、阴离子表面活性剂等 3 个监测参数每年监测 4 次；其他项目每年监测 12 次

续表 6-2

河名	监测断面	监测时段	1991 年监测参数	初次监测参数	增减参数及年份	2015 年监测参数	说明
黄河	泺口	1991—2015 年	流量、含沙量、水温、pH、电导率、氧化—还原电位、溶解氧、高锰酸盐指数、氨氮、总硬度、汞、氰化物、砷化物、挥发酚、六价铬、铜、铅、锌、镉、硝酸盐氮、亚硝酸盐氮、钙离子、镁离子、钾、钠离子、游离二氧化碳、侵蚀二氧化碳、硫酸根、重碳酸根、碳酸根、离子总量、总碱度、矿化度、五日生化需氧量、铁、粪大肠菌群和细菌总数等 37 项	—	1999 年增加了化学需氧量 1 项,2000 年增加了氟化物 1 项,2011 年增加了硫化物、阴离子洗涤剂、硒、铁、锰、总磷 6 项,2011 年停测了亚硝酸盐氮、钙离子、镁离子、钾、钠离子、游离二氧化碳、侵蚀二氧化碳、重碳酸根、碳酸根、离子总量、总碱度、矿化度、细菌总数等 13 项	流量、含沙量、水温、pH、电导率、氧化—还原电位、溶解氧、高锰酸盐指数、氨氮、总硬度、汞、氰化物、砷化物、挥发酚、六价铬、铜、铅、锌、镉、硝酸盐氮、硫酸盐、五日生化需氧量、铁、粪大肠群菌、化学需氧量、氟化物、硫化物、阴离子洗涤剂、硒、铁、锰、总磷等 32 项	其中,氰化物、六价铬监测参数每年监测 6 次,硫化物、硒、阴离子表面活性剂等 3 个监测参数每年监测 4 次;其他项目每年监测 12 次
黄河	滨州	2005—2015 年	—	流量、水温、悬浮物、pH、电导率、溶解氧、高锰酸盐指数、化学需氧量、五日生化需氧量、氨氮、总磷、氟化物、砷化物、汞、氰化物、铜、铅、锌、镉、铁、锰、六价铬、挥发酚、石油类、粪大肠菌群、硝酸盐氮、氯化物、硫酸盐、矿化度、总硬度、钙、镁、钾、钠、碳酸根、重碳酸根等 36 项	2011 年停测了钙、镁、钾、钠、重碳酸根、碳酸根、矿化度等 7 项,2011 年增加了硫化物、硒、阴离子表面活性剂等 3 项	流量、水温、悬浮物、pH、电导率、溶解氧、高锰酸盐指数、化学需氧量、五日生化需氧量、氨氮、总磷、氟化物、砷化物、汞、氰化物、铜、铅、锌、镉、铁、锰、六价铬、挥发酚、石油类、粪大肠菌群、硝酸盐氮、氯化物、硫酸盐、总硬度、硫化物、硒、阴离子表面活性剂等 32 项	其中,氰化物、六价铬监测参数每年监测 6 次,硫化物、硒、阴离子表面活性剂等 3 个监测参数每年监测 4 次;其他项目每年监测 12 次

续表 6-2

河名	监测断面	监测时段	1991 年监测参数	初次监测参数	增减参数及年份	2015 年监测参数	说明
黄河	利津	1991—2015 年	流量、含沙量、水温、pH、电导率、氧化—还原电位、溶解氧、高锰酸盐指数、氨氮、总硬度、汞、氰化物、砷化物、挥发酚、六价铬、铜、铅、锌、镉、硝酸盐氮、亚硝酸盐氮、钙离子、镁离子、钾、钠离子、游离二氧化碳、侵蚀二氧化碳、硫酸根、重碳酸根、碳酸根、离子总量、总碱度、矿化度、五日生化需氧量、铁、粪大肠菌群和细菌总数等 37 项	—	1991 年增加了石油类 1 项，1999 年增加氟化物 1 项，2000 年增加了化学需氧量 1 项，2011 年增加了锰、硒、硫化物、阴离子洗涤剂、总磷 5 项。2011 年停测亚硝酸盐氮、细菌总数、游离二氧化碳、侵蚀二氧化碳、离子总量等 5 项	流量、含沙量、水温、pH、电导率、氧化—还原电位、溶解氧、高锰酸盐指数、氨氮、总硬度、汞、氰化物、砷化物、挥发酚、六价铬、铜、铅、锌、镉、硝酸盐氮、钙离子、镁离子、钾、钠离子、硫酸根、重碳酸根、碳酸根、总碱度、矿化度、五日生化需氧量、铁、粪大肠菌群、石油类、氟化物、化学需氧量、锰、硒、硫化物、阴离子洗涤剂、总磷等 40 项	其中，氰化物、六价铬监测参数每年监测 6 次，硫化物、硒、阴离子表面活性剂、钙、镁、钾、钠、碳酸盐、重碳酸盐、总硬度、矿化度等 11 个监测参数每年监测 4 次；其他项目每年监测 12 次
大汶河	陈山口	1991—2015 年	流量、含沙量、水温、pH、电导率、氧化—还原电位、溶解氧、高锰酸盐指数、氨氮、总硬度、汞、氰化物、砷化物、挥发酚、六价铬、铜、铅、锌、镉、硝酸盐氮、亚硝酸盐氮、钙离子、镁离子、钾、钠离子、游离二氧化碳、侵蚀二氧化碳、硫酸根、重碳酸根、碳酸根、离子总量、总碱度、矿化度、五日生化需氧量、铁、粪大肠菌群和细菌总数等 37 项	—	2000 年增加了化学需氧量、氟化物 2 项，2011 年增加了硒、硫化物、阴离子洗涤剂、总磷等 4 项，2011 年停测亚硝酸盐氮、钙离子、镁离子、钾、钠离子、游离二氧化碳、侵蚀二氧化碳、重碳酸根、碳酸根、离子总量、总碱度、矿化度、粪大肠菌群、细菌总数、铁、硫酸根、硝酸盐氮等 17 项	流量、含沙量、水温、pH、电导率、氧化—还原电位、溶解氧、高锰酸盐指数、氨氮、总硬度、汞、氰化物、砷化物、挥发酚、六价铬、铜、铅、锌、镉、化学需氧量、氟化物、硒、硫化物、阴离子洗涤剂、总磷、五日生化需氧量等 26 项	其中，氰化物、六价铬监测参数每年监测 6 次，硫化物、硒、阴离子表面活性剂等 3 个监测参数每年监测 4 次；其他项目每年监测 12 次

二、省界水体监测

山东黄河的省界水体监测始于 1998 年，断面包括黄河干流高村、孙口、利津和支流金堤河柳屯、范县城关、台前桥(曹堤口)。

高村、利津断面的监测参数为流量、水温等40项,其中氰化物、六价铬每年监测6次;硫化物、硒、阴离子表面活性剂、钙、镁、钾、钠、碳酸盐、重碳酸盐、总硬度、矿化度每年监测4次;其他项目每年监测12次。孙口断面监测参数为流量、水温等32项,其中硫化物、硒、阴离子表面活性剂每年监测4次;其他项目每年监测12次。曹堤口断面水质监测参数为流量、水温、悬浮物等26项,每年监测12次。省界水体水质监测参数见表6-3。

表6-3　省界水体水质监测参数

河名	监测断面	初次监测时间	初次监测参数	增减参数及年份	2015年监测参数	说明
黄河	高村	1998年	水位、流量、气温、水温、pH、悬浮物、溶解氧、高锰酸盐指数、亚硝酸盐氮、硝酸盐氮、氨氮、总氰化物、砷化物、挥发酚、六价铬、氟化物、汞、镉、铅、铜、锌、总磷,共22项	1999年增加化学需氧量、五日生化需氧量2项,共24项;2001年停测水位、气温、亚硝酸盐氮,增加电导率、石油类、粪大肠菌群、氯化物、硫酸盐、铁、锰、钙、镁、钾、钠、碳酸盐、重碳酸盐、总硬度、矿化度,共36项;2011年增加总氮、硫化物、硒、阴离子表面活性剂,共40项	流量、水温、悬浮物、pH、电导率、溶解氧、高锰酸盐指数、化学需氧量、五日生化需氧量、氨氮、总磷、总氮、氟化物、砷、汞、氰化物、铜、铅、锌、镉、六价铬、挥发酚、石油类、硫化物、硒、阴离子表面活性剂、粪大肠菌群、硝酸盐氮、氯化物、硫酸盐、铁、锰、钙、镁、钾、钠、碳酸盐、重碳酸盐、总硬度、矿化度,共40项	
金堤河	柳屯	1998年		—	—	2000年撤销金堤河柳屯断面
金堤河	范县城关	1998年		—	—	2000年撤销金堤河范县城关断面
金堤河	台前桥	1998年		2000年增加化学需氧量、五日生化需氧量,共24项;2001年停测水位、气温、亚硝酸盐氮、硝酸盐氮,增加电导率、石油类,共22项	—	2011年台前桥监测断面下移,重新布设曹堤口监测断面

续表 6-3

河名	监测断面	初次监测时间	初次监测参数	增减参数及年份	2015 年监测参数	说明
黄河	利津	1998 年	水位、流量、气温、水温、pH、悬浮物、溶解氧、高锰酸盐指数、亚硝酸盐氮、硝酸盐氮、氨氮、总氰化物、砷化物、挥发酚、六价铬、氟化物、汞、镉、铅、铜、锌、总磷、石油类,共 23 项	2000 年增加化学需氧量、五日生化需氧量两项,共 25 项;2001 年停测水位、气温、亚硝酸盐氮,增加电导率、粪大肠菌群、氯化物、硫酸盐、铁、锰、钙、镁、钾、钠、碳酸盐、重碳酸盐、总硬度、矿化度,共 36 项;2011 年增加总氮、硫化物、硒、阴离子表面活性剂,共 40 项	流量、水温、悬浮物、pH、电导率、溶解氧、高锰酸盐指数、化学需氧量、五日生化需氧量、氨氮、总磷、总氮、氟化物、砷、汞、氰化物、铜、铅、锌、镉、六价铬、挥发酚、石油类、硫化物、硒、阴离子表面活性剂、粪大肠菌群、硝酸盐氮、氯化物、硫酸盐、铁、锰、钙、镁、钾、钠、碳酸盐、重碳酸盐、总硬度、矿化度,共 40 项	
金堤河	曹堤口	2011 年	流量、水温、悬浮物、pH、电导率、溶解氧、高锰酸盐指数、化学需氧量、五日生化需氧量、氨氮、总磷、总氮、氟化物、砷、汞、氰化物、铜、铅、锌、镉、六价铬、挥发酚、石油类、硫化物、硒、阴离子表面活性剂,共 26 项	—	流量、水温、悬浮物、pH、电导率、溶解氧、高锰酸盐指数、化学需氧量、五日生化需氧量、氨氮、总磷、总氮、氟化物、砷、汞、氰化物、铜、铅、锌、镉、六价铬、挥发酚、石油类、硫化物、硒、阴离子表面活性剂,共 26 项	
黄河	孙口	2011 年	流量、水温、悬浮物、pH、电导率、溶解氧、高锰酸盐指数、化学需氧量、五日生化需氧量、氨氮、总磷、总氮、氟化物、砷、汞、氰化物、铜、铅、锌、镉、六价铬、挥发酚、石油类、硫化物、硒、阴离子表面活性剂、粪大肠菌群、硝酸盐氮、氯化物、硫酸盐、铁、锰,共 32 项	—	流量、水温、悬浮物、pH、电导率、溶解氧、高锰酸盐指数、化学需氧量、五日生化需氧量、氨氮、总磷、总氮、氟化物、砷、汞、氰化物、铜、铅、锌、镉、六价铬、挥发酚、石油类、硫化物、硒、阴离子表面活性剂、粪大肠菌群、硝酸盐氮、氯化物、硫酸盐、铁、锰,共 32 项	

三、水功能区水质监测

水功能区水质监测始于 2001 年,黄河干流高村至河口段二级水功能区共有 6 个,分别是黄河濮阳饮用工业用水区(代表水质监测断面为高村)、黄河菏泽工业农业用水区(代表水质监测断面为孙口)、黄河聊城、德州饮用工业用水区(代表水质监测断面为艾山)、黄河滨州、淄博饮用工业用水区(代表水质监测断面为泺口)、黄河滨州饮用工业用水区(代表水质监测断面为滨州)、黄河东营饮用工业用水区(代表水质监测断面为利津)、金堤河支流水功能一级区划有1个,即金堤河豫鲁缓冲区(代表水质监测断面为曹堤口)。监测参数、采样频次与常规水质监测一致。

四、黄河水量统一调度水质监测

黄河山东水环境监测中心于2000年5月开始对高村、泺口、利津断面开展黄河水量统一调度水质监测,监测时间为11月至次年6月。11月至次年2月,每月监测1次,每月14日上报水质监测成果,3—6月,每旬监测1次,分别于4日、14日、24日上报水质监测成果。水量统一调度水质监测参数见表6-4。

表6-4　水量统一调度水质监测参数

监测断面	时间	旬次	监测参数
高村、泺口、利津	11月至次年2月	中旬	水温、pH、电导率、溶解氧、化学需氧量、高锰酸盐指数、五日生化需氧量、汞、砷、铜、铅、锌、镉、氰化物、挥发酚、总磷、氨氮、石油类、粪大肠菌群、硝酸盐氮、氟化物21项
	3—6月	上旬、下旬	水温、pH、溶解氧、氨氮、高锰酸盐指数、化学需氧量、挥发酚、汞、铅9项
		中旬	水温、pH、电导率、溶解氧、化学需氧量、高锰酸盐指数、五日生化需氧量、汞、砷、铜、铅、锌、镉、氰化物、挥发酚、总磷、氨氮、石油类、粪大肠菌群、硝酸盐氮、氟化物21项

五、排污口调查水质监测

黄河山东水环境监测中心分别于1991年10月、1994年1月、1999年8月、2003年7月、2005年5月及2011年5月进行了入河排污口调查与监测。其中,较大规模的调查与监测有3次,分别是1999年8月进行的黄河山东省境调查区水污染危害调查、2005年5月进行的黄河山东入河排污口调查与监测及2011年5月进行的山东黄河入河排污口调查与监测。入河排污口核查是实施《中华人民共和国水法》规定的水功能区管理、排污口审批、饮用水源地保护等各项水资源保护制度的核心基础工作,也是贯彻实施最严格水资源管理制度的重要举措。《黄河入河排污口管理办法(试行)》(黄水政〔2002〕24号)于2003年1月12日由黄委颁布实施。

（一）山东黄河干流入河排污口调查及监测

山东黄河入河排污口主要有3个，分别是平阴翟庄闸入河排污口、长清老王府入河排污口和旧县粉条加工区入河排污口。在2011年的排污口调查中，旧县乡周围生产粉条的小作坊已基本消失，污染得到有效遏制。

1. 平阴翟庄闸入河排污口核查

平阴翟庄闸入河排污口位于济南市平阴县城关镇翟庄村，是以工业污染物为主的综合排污口。该入河排污口排入的水功能区为山东黄河开发利用区中的聊城、德州工业农业用水区。

平阴污水处理厂的投产使平阴翟庄闸入黄排污口主要污染物浓度有了不同程度的降低，化学需氧量、氨氮和石油类浓度降低最为明显。

2. 长清老王府入河排污口核查

长清老王府入河排污口位于济南市长清区平安店镇老王府村，是以生活污水排放为主的综合排污口，主要污染物为化学需氧量、氨氮及其他有机污染物。该入河排污口排入的水功能区为山东黄河开发利用区中的聊城、德州工业农业用水区。

3. 东平县旧县乡粉条加工区排污口核查

东平县旧县乡粉条加工区排污口位于泰安市东平县旧县乡陈山口村。该排污口汇集了旧县乡220国道北侧所有粉条加工厂的污水，排污主要集中在冬、春两季。该排污口通过泵站不定期抽排到暗渠流入陈山口闸下河道，通过庞口闸进入黄河。

（二）山东黄河入黄支流排污口调查及监测

山东黄河入黄支流排污口有2个，即金堤河流域入黄支流排污口和大汶河流域入黄支流排污口，两条支流分别通过张庄闸和陈山口出湖闸以下河道进入黄河，其入黄监测断面分别是曹堤口和陈山口。

1. 金堤河流域入河支流排污口核查

金堤河流域入河支流排污口共有2处，即孙口造纸厂及台前县城关，这2处排污口均位于省界监测断面——台前桥断面下游。

孙口造纸厂位于河南省台前县城东南孙口工业园开发区内，金堤河的右岸，该入河排污口在台前桥断面下游2千米，主要排放该厂的废污水。

台前县城关入河排污口位于台前县城东丁李村，该排污口在金堤河的左岸，在台前桥断面下游1.5千米，主要排放台前县城区的工业生活废污水。

2. 大汶河流域入黄支流排污口核查

大汶河流域入黄支流排污口是大汶河的水通过陈山口出湖闸进入黄河。

六、跨流域调水水质监测

跨流域调水水质监测始于 2002 年,2002—2015 年,黄河山东水环境监测中心共完成了 5 次引黄济津、3 次引黄济淀应急调水、3 次引黄济津入冀水质监测。跨流域调水水质监测见表 6-5。

表 6-5　跨流域调水水质监测

监测项目	监测断面	监测频次	开始时间	结束时间	监测参数
引黄济津	高村、孙口、位山闸	每旬 1 次	2002. 10. 31 2003. 09. 08 2004. 10. 12 2009. 10. 10 2011. 11. 21	2003. 01. 21 2004. 01. 03 2005. 01. 22 2010. 02. 22 2012. 02. 01	水温、pH、电导率等 19 项;调查监测参数:总磷、总氮、五日生化需氧量、硫酸盐、粪大肠菌群等 5 项
引黄济淀	高村、孙口、位山闸	每旬 1 次	2006. 11. 24 2008. 01. 25 2009. 10. 01	2007. 02. 28 2008. 06. 17 2010. 02. 28	水温、pH、电导率等 19 项;调查监测参数:总磷、总氮、五日生化需氧量、硫酸盐、粪大肠菌群等 5 项
引黄济津入冀	高村、孙口、位山闸、艾山、潘庄闸	每旬 1 次	2010. 12. 01	2011. 02. 02	水温、pH、电导率等 17 项
	高村、孙口、位山闸		2012. 11. 12 2013. 11. 02	2012. 12. 03 2014. 01. 11	

七、其他水质监测

水源地有毒有机物调查监测始于 2008 年,2008—2015 年,监测断面为黄河干流高村、泺口、滨州、利津,监测参数为苯系物(苯、甲苯、乙苯、对二甲苯、间二甲苯、邻二甲苯、萘)、异丙苯,每年监测 3 次。

八、底质及悬移质监测

1991—2015 年,黄河山东水环境监测中心对河床底质及悬移质进行了监测,底质及悬移质监测情况见表 6-6。

九、水质监测采样

(一) 采样方法

采样方法按照国家标准和行业标准的相关要求及上级下达的《水质监

测任务书》要求执行。

表 6-6　底质及悬移质监测情况

<table>
<tr><th>底质监测/悬移质监测</th><th>监测年份</th><th>监测断面</th><th>监测频次</th><th>监测参数</th></tr>
<tr><td rowspan="15">底质监测</td><td rowspan="2">1992</td><td>泺口</td><td>2 次/年(6 月、7 月)</td><td rowspan="18">铜、铅、锌、镉、汞、砷</td></tr>
<tr><td>利津</td><td>3 次/年(5 月、6 月、7 月)</td></tr>
<tr><td rowspan="2">1993</td><td>泺口</td><td>3 次/年(5 月、8 月、10 月)</td></tr>
<tr><td>利津</td><td>2 次/年(3 月、6 月)</td></tr>
<tr><td rowspan="2">1994</td><td>泺口</td><td>2 次/年(6 月、10 月)</td></tr>
<tr><td>利津</td><td>3 次/年(4 月、6 月、10 月)</td></tr>
<tr><td rowspan="4">1995</td><td>高村</td><td>1 次/年(7 月)</td></tr>
<tr><td>艾山</td><td>2 次/年(6 月、7 月)</td></tr>
<tr><td>泺口</td><td>2 次/年(5 月、7 月)</td></tr>
<tr><td>利津</td><td>2 次/年(3 月、7 月)</td></tr>
<tr><td>1996</td><td>泺口</td><td>1 次/年(6 月)</td></tr>
<tr><td rowspan="4">1997</td><td>高村</td><td>1 次/年(7 月)</td></tr>
<tr><td>艾山</td><td>2 次/年(6 月、7 月)</td></tr>
<tr><td>泺口</td><td>2 次/年(6 月、7 月)</td></tr>
<tr><td>利津</td><td>2 次/年(2 月、7 月)</td></tr>
<tr><td rowspan="4">悬移质监测</td><td>1992</td><td rowspan="3">泺口</td><td>3 次/年(5 月、8 月、10 月)</td></tr>
<tr><td>1997</td><td>1 次/年(8 月)</td></tr>
<tr><td>1991,1993—1996,1998—2003</td><td>3 次/年(7 月、8 月、9 月)</td></tr>
<tr><td>2004—2015</td><td>泺口、利津</td><td>2 次/年(7 月、9 月)</td><td>汞、砷、铜、镉、有机物</td></tr>
</table>

水体监测采样垂线及采样点按《水环境监测规范》(SL 219—1998)及《水环境监测规范》(SL 219—2013)要求布设。地表水监测断面采用横式采样器采样，左、中、右三条垂线的水面下 0.5 米一点等比例混合法，移渡方式有船只、吊箱缆道或桥梁。

(二)采样代表性

山东黄河采样代表性选用了资料连续且具有可比性的干流高村、艾山、泺口、利津断面和支流大汶河入黄口陈山口断面资料进行了分析。

采样位置代表性分析选用 1980—1986 年资料系列；采样频率、断面代表性选用1980—1993年资料系列。

选用了砷化物、溶解氧、化学需氧量、氨氮、亚硝酸盐氮、氯化物、五日生化需氧量、总硬度、pH等9项作为代表性参数。

1. 断面代表性

三种不同采样断面组合方案中,pH、总硬度、氯化物、溶解氧、化学需氧量、氨氮、亚硝酸盐氮、砷化物8项参数水质监测结果为:4断面组合与3断面、2断面、1断面组合方案均属同一水质类别。

2. 频次代表性

高村、艾山、泺口、利津采样断面各参数年内不同采样频率监测结果对水质类别均无影响。

3. 垂线代表性

pH、总硬度、氯化物、溶解氧、化学需氧量、氨氮、亚硝酸盐氮、砷化物等参数,采样位置由3条采样垂线(左、中、右)精简为2条(左、右)或1条采样垂线(中泓),不改变水质类别。

(三)采样质量控制

质量控制的目的是保证水质监测的质量。质量控制样品数量为水样总数的10%~20%,每批水样不少于2个。质量控制样品用以下方法制备:

(1)全程序空白样。用于检验样品从采集到分析全过程是否符合质量控制要求。

(2)现场空白样。在采样现场以纯水代替样品,按与样品相同的操作步骤测试,以掌握采样过程中环境与操作条件对监测结果的影响。

(3)现场平行样。现场采集平行水样,用于反映采样与测定分析的精密度状况。

(4)现场加标回收样。取一份水样,将其分为两份子样,在其中的一份子样中加入一定量的被测物标准溶液,然后两份水样均按常规方法处理后送实验室分析。

十、水污染危害调查

按照黄河流域水资源保护局《黄河流域水污染危害调查工作大纲》《黄河流域水污染危害调查实施细则》的具体要求,黄河山东水环境监测中心于1999年8月下旬至11月下旬对菏泽市、济南市、淄博市以及主要支流大汶河流域的泰安市、莱芜市等水污染危害情况实施了全面调查,调查按照到地方政府有关部门获取资料，并到典型企业和危害现场实地查看、调查的方法进行。

（一）调查区污染源

黄河山东省境调查区有大汶河流域的泰安市、莱芜市以及济南市的"长平滩区"。其中，泰安市主要污染源是泰安城区工业生活区、山口工业区、新泰市工业生活区、宁阳县磁窑工业区以及肥城市工业生活区；莱芜市的主要污染源为莱城区和钢城区的工业生活区域；济南市的长平滩区（济南市长清、平阴两区县黄河右岸滩区）污染源，主要来自两区县城区乡镇企业工业废水和生活污水。

（二）黄河山东省境调查区水污染危害调查

1. 工业危害损失

工业危害损失包括大汶河流域和沿黄地区水污染危害造成的损失。

大汶河流域的泰安市、莱芜市是工业较发达的工业城市，受城区工业废水和生活污水的污染，大汶河上游及支流滂河污染较重，致使滂河、大汶河沿岸企业生产用水受到影响，增加了前期处理费用。

山东黄河干流沿黄调查区，水质污染关闸停引黄河水造成的工业危害损失，基本类同于黄河断流造成的工业危害损失。

2. 农业危害损失

农业危害损失一是大汶河流域的泰安市、莱芜市由污水灌溉引起农产品质量变劣导致价格下降的损失。二是沿黄地区因水污染停引黄河水造成农作物减产，基本类同于黄河断流造成的农业危害损失，不包括因缺水而造成的危害损失。

3. 工农业缺水损失

工农业缺水损失是因用水量缺口而对工农业生产造成的损失。

4. 城镇供水危害损失

城镇供水危害损失包括济南市西郊黄河水厂及淄博市高青县黄河自来水公司因黄河水受污染造成的损失。

5. 市政额外投资调查

山东黄河调查区域市政额外投资包括退水注入黄河的大汶河流域所属的泰安市、莱芜市和济南市长清县的市政部门的市政额外投资。

6. 人体健康危害调查

人体健康危害调查了受水污染危害较重的泰安市泰城区徐家楼乡夏家

庄村,受水质污染影响,该村群众身体健康受到了较大威胁。

7. 水质污染对水产品的危害损失

水质污染为泰安、菏泽、莱芜和淄博四市因水污染造成的渔业损失。山东黄河调查区域水污染危害损失见表 6-7。

表 6-7 山东黄河调查区域水污染危害损失 (单位:亿元)

区域名称	工业危害损失	农业危害损失	缺水危害损失	供水危害损失	市政额外投资损失	人体健康危害损失	水产品危害损失
大汶河流域	1.4495	1.950			0.9570	0.7379	0.0300
山东沿黄地区	4.1322	4.764	6.17	0.2867	0.1551		0.0094
合计	5.5817	6.714	6.17	0.2867	1.1121	0.7379	0.0394

第三节 监测能力

1991—2015 年,黄河山东水环境监测中心监测参数不断增加,监测能力稳步提升,建成了标准实验室,引进了先进仪器设备,6 次通过国家级计量认证及复查评审,建立了科学的质量管理体系。

一、监测仪器

(一)常规监测仪器设备

随着国家水资源监控能力建设项目(2012—2014)的实施,黄河山东水环境监测中心的监测能力和监测自动化水平不断提高,截至 2015 年年底,有常规监测仪器、样品前处理设备等 85 台(套),固定资产 1100 多万元。主要仪器设备有:ICS-600 离子色谱仪,DIONEX AD-SV 离子色谱自动进样器,安捷伦 7890B 气相色谱仪,吹扫捕集装置,PinAAcle 900T 原子吸收光度计,PF6-2 原子荧光光度计,JLBG-129 红外测油仪,MARS 6 微波消解仪,3K15 高速冷冻离心机,TU-1901 紫外/可见分光光度计,XSP-BM-8CAS 普通显微镜,AL204 电子天平,PrimoStar 生物显微镜,BOD-220AA 型 BOD 测定仪,COD 测定仪,总有机碳测定仪,自动电位滴定仪,超纯水机,超声波清洗机,溶解氧仪和生物毒性分析仪,AA900T 型原子吸收光谱仪(带石墨炉),TAS-990F 型原子吸收分光光度计,AFS-930 型原子荧光光度计,安捷伦 6890N 气相色谱仪,Waters e2695 液相色谱仪,ICS-1000 型离子色谱仪,723 型分光光度计,T6新悦可见分光光度计,DDS-12A型数字式电导率仪,DDS-307型电导率仪,PHS-3C型酸度计,TXB622L型电子天平,标准COD消解器,MARS240/50型CEM微波加速反应系统,Milli-Q超纯水机,TOC-VCPN型总有机碳测定仪,TOC-L型总有机碳测定仪,SAN++型流动注射分析仪,T70型自动电位滴定仪,T50A型自动电位滴定仪,FYFS-400X型低本底α、β测量仪,GXH-3011A1型便携式红外线气体分析仪,AWA5688型声级计等。

(二)应急监测仪器设备

为增强应急监测能力,黄河山东水环境监测中心配备有应急监测仪器设备9台(套),主要有采(送)样车、便携式6820V2型多参数测定仪、HI9804型多参数现场快速分析测量仪、HI9829-04G型HANNA多参数现场快速分析测量仪、DR/4000型及DR/2400型HACH便携式分光光度计和DRB200型HACH便携式消解仪等。

(三)先进监测仪器引进应用

黄河山东水环境监测中心引进的先进仪器,提高了监测能力。

1. 原子荧光光度计

2005年,配备了AFS-930原子荧光光度计,将氢化物发生—原子荧光技术应用于黄河水中汞和砷的测定。该仪器能自动进样,自动稀释,具有灵敏度高、自动化程度高等优点。

2. 离子色谱仪

2009年,配备了ICS-1000离子色谱仪,用于黄河水中氟化物、氯化物、硫酸盐和硝酸盐氮四种无机阴离子的测定。

2014年,配备了DIONEX AD-SV离子色谱自动进样器,解决了手动进样耗时的问题,实现了大批量水样连续自动监测。

3. 流动注射分析仪

2011年,配备了荷兰SKALAR　SAN++5000流动注射分析仪,用于黄河水中氰化物、挥发酚和硫化物的测定,代替了以往手工测定氰化物、挥发酚的预处理流程。

2013年,将流动注射分析仪应用于黄河水中阴离子表面活性剂的测定。

4. 全自动红外分光测油仪

2013年,配备了JLBG-129型红外测油仪,该仪器为全自动红外分光测油仪,用于黄河水中石油类的测定。

5. 溶解氧测定仪

2013 年,配备了哈希溶解氧测定仪,用于黄河水中溶解氧和五日生化需氧量(BOD_5)的测定,省去了碘量法试剂配制等环节。

6. 吹扫捕集装置

2014 年,配备了气相色谱吹扫捕集装置,用于黄河水中 7 种苯系物的测定。

二、水环境监测设施

水环境监测设施是水环境监测顺利开展的重要保障。黄河山东水环境监测中心水环境监测设施主要有采样用船只和吊箱缆道,以及黄河流域省界监测断面及重要水功能区的标识碑等。

2004 年,水利部发布《关于开展水功能区确界立碑工作的通知》(办资源〔2004〕117 号)和《全国重要江河湖泊水功能区标志设立工作的要求》,根据"黄河流域省界水资源监测断面及重要水功能区确界立碑实施方案"的要求,黄河山东水环境监测中心于 2014 年 10 月完成了黄河干流山东开发利用区中的 4 个二级水功能区:黄河聊城、德州饮用工业用水区,黄河淄博、滨州饮用工业用水区,黄河滨州饮用工业用水区,黄河东营饮用工业用水区的标识碑建设。于 2015 年 12 月完成了 3 个省界水资源监测断面:高村、利津、天然文岩渠标识碑建设。黄河流域省界水资源监测断面标识碑信息见表 6-8,水功能区标识碑信息见表 6-9。

三、标准实验室

新建成的标准实验室总面积 1500 平方米,分上、下两层,其中检测室面积 1430 平方米。一楼主要有样品室、天平室、试剂室、实验室(1)、仪器室(1)、流动注射分析室、色谱室和更衣室。二楼主要有微生物实验室、实验室(2)、原子荧光分析室、原子吸收分析室、总有机碳分析室、应急监测室、仪器室(2)和档案室。2015 年 2 月,该实验室启用。

四、计量认证评审、复查及监督检查

黄河山东水环境监测中心的计量认证始于 1994 年。1994 年 1 月首次通过国家级计量认证,1999 年 1 月、2004 年 6 月、2009 年 9 月、2012 年 8 月和 2015 年 8 月 5 次通过了国家级计量认证复查评审。1994 年和 1999 年发证机关为国家技术监督局;其他 4 次发证机关为国家认证认可监督管理委员会。国家级计量认证及复查评审见表 6-10。

表 6-8　黄河流域省界水资源监测断面标识碑信息

水质监测断面信息								标识碑信息			
断面名称	水功能区名称	所在一级水功能区名称	水系	河段长度（km）	水质目标	监测主体	断面属性	隶属测区	建设单位	建设时间	位置
高村	黄河濮阳饮用工业用水区	黄河豫鲁开发利用区	黄河	134.6	Ⅲ类	黄河山东水环境监测中心	常规、省界及饮用水源地监测断面	山东黄河水文测区	山东水文水资源局	2010.05	山东省东明县菜园集镇冷寨村
利津	黄河东营饮用工业用水区	黄河山东开发利用区	黄河	86.6	Ⅲ类	黄河山东水环境监测中心	常规、省界和饮用水源地监测断面	山东黄河水文测区	山东水文水资源局	2015.12	山东省利津县利津街道办事处刘家夹河村
天然文岩渠	天然文岩渠新乡缓冲区		黄河	46.0	Ⅴ类	黄河山东水环境监测中心	省界监测断面	河南黄河水文测区	山东水文水资源局	2015.10	河南省濮阳市濮阳县渠村乡三合村

表 6-9 水功能区标识碑信息

序号	水功能区信息											标识碑信息		
	水功能区名称	所在一级水功能区名称	水系	河段长度(km)	水质目标	范围				水质监测断面		数量	建设单位	建设时间
						起始断面		终止断面						
						断面名称	位置	断面名称	位置	断面名称	位置			
1	聊城、德州饮用工业用水区	黄河山东开发利用区	黄河	118.0	Ⅲ类	张庄闸入黄口	河南省台前县吴坝乡	齐河公路桥	德州市齐河县祝阿镇李家岸村	艾山	山东省东阿县铜城街道办事处艾山村	2	山东水文水资源局	2014.10
2	淄博、滨州饮用工业用水区	黄河山东开发利用区	黄河	87.3	Ⅲ类	齐河公路桥	山东省德州市齐河县祝阿镇李家岸村	梯子坝	山东省滨州市邹平县码头镇梯子坝村	泺口	山东省济南市天桥区泺口街道办事处	2	山东水文水资源局	2014.10
3	滨州饮用工业用水区	黄河山东开发利用区	黄河	83.8	Ⅲ类	梯子坝	山东省滨州市邹平县码头镇梯子坝村	王旺庄	山东省滨州市博兴县乔庄镇王旺庄	滨州	山东省滨州市南关黄河桥	2	山东水文水资源局	2014.10
4	东营饮用工业用水区	黄河山东开发利用区	黄河	86.6	Ⅲ类	王旺庄	山东省滨州市博兴县乔庄镇王旺庄	西河口	山东省东营市垦利县黄河口镇	利津	山东省利津县利津街道办事处刘家夹河村	2	山东水文水资源局	2014.10

表 6-10　国家级计量认证及复查评审

日期	计量认证参数类别	参数数量	认证参数	盲样考核项目数量	盲样考核项目	考核项目占比（%）	类型	发证机关	依据
1994.01	水（地面水、地下水、饮用水及水源水和工业废水）、土壤	44	水：水温、悬浮物、pH 等 38 项。土壤：铜、铅、锌、镉、汞、砷	4	pH、亚硝酸盐氮、高锰酸盐指数、锌	9.1	计量认证	国家技术监督局	《产品质量检验机构计量认证技术考核规范》（JJG 1021—90）
1999.01	水（地面水、地下水、饮用水及水源水和工业废水）、土壤	62	水：水温、悬浮物、pH 等 56 项。土壤：铜、铅、锌、镉、汞、砷	6	铜、汞、亚硝酸盐氮、总硬度、pH、高锰酸盐指数	9.7	认证复查评审	国家技术监督局	《产品质量检验机构计量认证技术考核规范》（JJG 1021—90）
2004.06	水（地面水、地下水、饮用水及水源水和工业废水）、土壤	55	水：水温、悬浮物、pH 等 49 项。土壤：铜、铅、镉、砷、汞和有机物	9	化学需氧量、六价铬、氟化物、氨氮、总硬度、高锰酸盐指数、硝酸盐氮、铜、铁	16.4	认证复查评审	国家认证认可监督管理委员会	《产品质量检验机构计量认证/审查认可评审准则》（试行）
2009.09	水（地面水、地下水、生活饮用水及水源水、工业废水和大气降水）、土壤	62	水：水温、悬浮物、pH 等 56 项。土壤：铜、铅、镉、砷、汞和有机物	10	砷化物、锰、氯化物、总氮、总磷、挥发酚、硫化物、甲苯、乙苯、铜（土壤）	16.1	认证复查评审	国家认证认可监督管理委员会	《实验室资质认定评审准则》《水利质量检测机构计量认证评审准则》（SL 309—2007）
2012.08	水（地表水、地下水、饮用水、污水、大气降水）及底质与土壤	63	水：水温、悬浮物、pH 等 57 项。土壤：铜、铅、镉、砷、汞和有机物	10	汞、六价铬、氰化物、石油类、硫酸盐、硝酸盐氮、铁、邻二甲苯、氯苯、锌（土壤）	15.9	认证复查评审	国家认证认可监督管理委员会	《实验室资质认定评审准则》《水利质量检测机构计量认证评审准则》（SL 309—2007）

续表 6-10

日期	计量认证参数类别	参数数量	认证参数	盲样考核项目数量	盲样考核项目	考核项目占比(%)	类型	发证机关	依据
2015.08	水(地表水、地下水、饮用水、废污水、大气降水)、大气及噪声	72	水:水温、悬浮物、pH、电导率、氧化—还原电位、游离二氧化碳、侵蚀二氧化碳、溶解氧、化学需氧量、高锰酸盐指数、五日生化需氧量、氨氮、亚硝酸盐氮、硝酸盐氮、总碱度、碳酸盐、重碳酸盐、氯化物、硫酸盐、钙、镁、钾、钠、矿化度、挥发酚、氰化物(总氰化物)、砷、六价铬、总铬、总汞、铜、铅、锌、镉、总大肠菌群、粪大肠菌群、菌落总数、氟化物、油、色度、浊度、铁、嗅和味、溶解性总固体、肉眼可见物、总磷、余氯、阴离子合成洗涤剂、锰、透明度、硒、总铬、总硬度、酸度、苯系物(苯、甲苯、乙苯、邻二甲苯、间二甲苯、对二甲苯和异丙苯)和氯苯。大气:飘尘、总悬浮颗粒、二氧化硫、氮氧化物、二氧化氮、一氧化碳和氟化物。噪声:噪声和振动	10	化学需氧量、总磷、铜、氟化物、硒、铅、挥发酚、苯、异丙苯和氮氧化物	13.9	认证复查评审	国家认证认可监督管理委员会	《实验室资质认定评审准则》《水利质量检测机构计量认证评审准则》(SL 309—2007)

五、质量管理体系

(一)质量管理体系有效运行

黄河山东水环境监测中心坚持“方法科学、行为公正、结果准确、客户满意”的质量方针,严格按照《质量手册》《程序文件》等质量管理体系文件的要求开展各类监测。

1994—2015年,黄河山东水环境监测中心认真学习国家认监委发布的《实验室资质认定评审准则》《水利质量检测机构计量认证评审准则》(SL 309—2007替代SL 309—2004),2015年年底,持证上岗的内审员10人,占总人数的83.3%。

按照新评审依据的要求,1994—2015年间,黄河山东水环境监测中心完成了3次质量管理体系文件的转版,形成了一套较为完善且具有针对性、可操作性和实用性的质量管理体系文件。以文件的形式聘任了内审员和质量监督员,分别负责质量管理体系的内部质量审核和质量监督检查。每年年底,黄河山东水环境监测中心最高管理者组织1次管理评审。

(二)人员结构及设备管理

1.人员结构

1994年首次计量认证评审时,黄河山东水环境监测中心共有10人,其中高级专业技术职称2人,中级专业技术职称2人,中级及以上职称占40%。2015年计量认证复查评审时,中心有12人,其中高级专业技术职称7人,中级专业技术职称3人,中级及以上职称占83.3%。

1994年1月首次计量认证至2015年,中心对技术负责人、质量负责人、质量监督员、样品管理员等多个特殊岗位进行了适当的人员调整,其中技术负责人、质量负责人等重要管理岗位调整后,均按照《评审准则》要求及时上报水利部计量办,同时上报黄委水文局备案。

2.业务培训

黄河山东水环境监测中心自行组织的内部培训有新《评审准则》、质量管理体系文件、采样及测试技术应用等内容。

3.仪器设备及计量器具管理

水环境监测仪器设备是开展水环境监测的重要基础保证,对仪器设备进行计量检定/校准是为保证监测数据的准确性和可靠性而进行的量值溯源,目的是使仪器设备始终处于受控状态,保证监测结果的有效性。

黄河山东水环境监测中心为每台仪器设备均建立了详细的档案,做到了一台一档。对没有操作规程的自检仪器设备,按照《国家计量检定规程编写规则》的要求,组织专人编写了仪器设备校/检验方法,确保了自检仪器设备的质量。建立了玻璃量器二级检定标准,由经过培训考核且取得检定资格的人员担当检定员,保证了玻璃量器的准确有效。

六、七项制度

(一)七项制度的发布

2010 年 8 月,水利部水文局印发《关于加强水质监测质量管理工作的实施方案》(水文质〔2010〕143 号),提出实行七项制度考核,即《水质监测人员岗位技术培训和考核制度》《实验室质量控制考核与比对试验实施办法》《实验室能力验证实施办法》《水质监测仪器设备监督检查制度》《省界缓冲区等重点水功能区水质监测质量监督检查制度》《水质自动监测站质量监督检查办法》《水质监测质量管理监督检查考核评定办法》7 项全国性质量管理制度和办法,简称七项制度。

(二)七项制度执行

1. 质量管理制度建设

2011 年 10 月,黄河山东水环境监测中心结合自身实际建立并印发了《黄河山东水环境监测中心水质监测质量管理制度》,该制度包括 6 项内容:水质监测人员岗位技术培训和考核管理制度、实验室质量控制考核与比对试验管理制度、水质监测仪器设备管理制度、水质监测分析质量管理制度、水质样品采集管理制度和实验室安全管理制度。

2. 水质监测人员岗位技术培训和考核

1)人员培训

2011—2015 年,黄河山东水环境监测中心每年均举办培训班,培训内容主要为突发性水污染应急监测、水质监测质量管理七项制度、应急预案修编、水质监测采样、应急事件处理预案、实验室考评大型仪器及新技术应用培训等。

2)持证上岗

黄河山东水环境监测中心组织检测人员和采样人员参加上级主管部门组织的上岗考核,保证检测人员和采样人员均持证上岗。2011—2015 年,组织检测人员多次参加上岗考核,所报项目及参考人员均通过考核。

3. 质量控制考核、比对试验与能力验证

根据水利部《关于加强水质监测质量管理工作的通知》(水文〔2010〕169

号)和《实验室质量控制考核与比对试验实施办法》,黄河山东水环境监测中心制定了《实验室质量控制考核与比对试验管理制度》,并严格执行。

1)质量控制考核、比对试验

2011—2015年,黄河山东水环境监测中心完成上级各类质量控制考核、比对试验,所考参数及比对试验结果均合格。

2)能力验证

能力验证始于2013年,2013—2015年,黄河山东水环境监测中心积极参加国家认证认可监督管理委员会组织的总硬度、锌、硒、硝酸盐氮、高锰酸盐指数、汞、甲苯和水利部水文局组织的氨氮、硝基苯、甲萘威、化学需氧量、总磷、1,2—二氯乙烷和百菌清各项实验室能力验证,均顺利通过验证。

4.常规监测质量控制

1)现场采样质量控制

黄河山东水环境监测中心对所有监测断面和大部分在测项目进行了现场平行样和全程序空白样的质量控制,全年按不同月份对采集不同参数的全程序空白和现场平行样进行了质量控制。质量控制符合规范要求。

2)实验室常规质量控制

实验室用水质量保证:黄河山东水环境监测中心所使用的实验室分析用水均通过购置的实验室专用超纯水系统自行制备,制备的每批次分析用水均满足检测要求。实验室试剂选用质量可靠信誉好的供应商,使其满足分析测试的质量要求。

实验室常规检测质量控制:实验室常规检测质量主要通过空白样测定、平行双样测定、加标回收率的测定和标准控制水样等方式进行控制,检测质量控制符合规范要求。

5.水质监测仪器设备监督检查

1)仪器设备的使用人员

大型仪器设备均授权2人及以上人员操作,保证了大型仪器设备的专人专用和专人管理,使仪器设备始终处于良好状态,保证了测试数据的质量。

2)仪器设备的维护保养

仪器设备的维护保养由仪器设备管理员进行,按照仪器特性和仪器相关要求进行维护保养,维护保养周期执行相关仪器设备使用说明书。

3)仪器设备的年使用效率

所有大型仪器设备的年使用效率均达到6次以上,原子吸收光谱仪、原子荧光光度计、离子色谱仪、流动注射分析仪等均达到20次以上。

4)仪器设备的量值溯源

大型仪器均由有资质的检定单位检定,确保对检测结果有影响的仪器设备和标准物质能溯源到国家基准。

第四节　水资源保护及水质

1991—2015年,山东黄河水质在黄河水量统一调度管理、纳污红线的确定和最严格水资源管理制度实施的综合作用下,水质状况逐年好转,各项水质监测参数均符合地表水三类水质标准。

一、纳污红线的确定和最严格水资源管理制度

2012年,《国务院关于实行最严格水资源管理制度的意见》(国发〔2012〕3号)对确立水功能区限制纳污红线提出了明确的目标和要求:确立水功能区限制纳污红线,到2030年主要污染物入河湖总量控制在水功能区纳污能力范围之内,水功能区水质达标率提高到95%以上。

"四项制度":一是用水总量控制。加强水资源开发利用控制红线管理,严格实行用水总量控制。包括严格规划管理和水资源论证,严格控制流域和区域取用水总量。二是用水效率控制制度。加强用水效率控制红线管理,全面推进节水型社会建设,包括全面加强节约用水管理,把节约用水贯穿于经济社会发展和群众生活生产全过程,强化用水定额管理,加快推进节水技术改造。三是水功能区限制纳污制度。加强水功能区限制纳污红线管理,严格控制入河湖排污总量。四是水资源管理责任和考核制度。将水资源开发利用、节约和保护的主要指标纳入地方经济社会发展综合评价体系。

二、水质评价

(一)评价标准

水质状况依据《地表水资源质量评价技术规程》(SL 395—2007)和《地表水环境质量标准》等技术标准要求进行水质评价。

(二)评价因子选取

依据《地表水环境质量标准》(GB 3838—2002)中规定的基本项目及黄

河山东水环境监测中心开展的水质监测参数，结合黄河流域水质监测实际，选择有代表性的pH、溶解氧、氨氮、高锰酸盐指数、化学需氧量、砷、铅、氟化物等项目进行评价。

（三）评价方法

水质评价采用单因子法进行评价，即通过计算各污染物的平均浓度，与评价标准值做对比，看其是否符合评价标准，确定其水质类别。

（四）水质状况

1991—2015年，山东黄河水质状况良好，pH各时段数值稳定，溶解氧、氨氮、高锰酸盐指数、化学需氧量、砷、铅、氟化物各时段含量平稳，均符合地表水三类水质标准，且水质呈现逐步好转的状况。1991—2015年山东黄河水质监测主要参数见表6-11。

表6-11　1991—2015年山东黄河水质监测主要参数

<table>
<tr><th colspan="2">年份</th><th>pH</th><th>溶解氧（mg/L）</th><th>氨氮（mg/L）</th><th>高锰酸盐指数（mg/L）</th><th>化学需氧量（mg/L）</th><th>砷（mg/L）</th><th>铅（mg/L）</th><th>氟化物（mg/L）</th></tr>
<tr><td colspan="2">1991—1995</td><td>8.1</td><td>8.0</td><td>0.28</td><td>4.0</td><td></td><td>0.015</td><td>0.042</td><td></td></tr>
<tr><td colspan="2">1996—2000</td><td>8.1</td><td>9.1</td><td>0.88</td><td>4.2</td><td>30.0</td><td>0.021</td><td>0.030</td><td>0.89</td></tr>
<tr><td rowspan="2">2001—2005</td><td>2001—2004</td><td rowspan="2">8.0</td><td rowspan="2">8.2</td><td rowspan="2">0.64</td><td rowspan="2">4.3</td><td rowspan="2">21.7</td><td>0.009</td><td rowspan="2">0.028</td><td rowspan="2">0.76</td></tr>
<tr><td>2005</td><td>0.0053</td></tr>
<tr><td colspan="2">2006—2010</td><td>8.2</td><td>8.7</td><td>0.48</td><td>3.2</td><td>16.1</td><td>0.0042</td><td>0.025</td><td>0.70</td></tr>
<tr><td rowspan="2">2011—2015</td><td>2011—2013</td><td rowspan="2">8.1</td><td rowspan="2">9.7</td><td rowspan="2">0.36</td><td rowspan="2">2.7</td><td rowspan="2">15.6</td><td rowspan="2">0.0034</td><td>0.025</td><td rowspan="2">0.62</td></tr>
<tr><td>2014—2015</td><td>0.0065</td></tr>
</table>

注：1. 滨州断面自2005年开始监测，孙口断面自2011年开始监测。

2. 化学需氧量监测年份：高村、泺口1999年、2000年、2002—2015年；艾山、利津2000年、2002—2015年；滨州2005—2015年；孙口2011—2015年。

3. 氟化物自1999年4月开始监测。

4. 检出限变化：砷0.007（1991—2004年），0.0002（2005—2015年）；铅0.050（1991—2013年），0.0025（2014—2015年）。

5. 未检出按1/2检出限参与计算。

6. 表内参数为相应时段平均数。

三、水质监测断面主要参数特征值

1991—2015 年,黄河山东水环境监测中心对高村、孙口、艾山、泺口、滨州、利津、陈山口、曹堤口、翟庄闸 9 个水质监测断面进行了监测,特征值包括主要监测参数的样品总数、检出率、超标率、实测最小值、实测最大值、最大值出现日期、最大值超标倍数及多年平均值。

1991—2015 年高村断面水质主要特征值见表 6-12,1991—2015 年艾山断面水质主要特征值见表 6-13,1991—2015 年泺口断面水质主要特征值见表 6-14,1991—2015 年利津断面水质主要特征值见表 6-15,1991—2015 年陈山口断面水质主要特征值见表 6-16,2011—2015 年曹堤口断面水质主要特征值见表 6-17。

表中多年平均值按照检出限变化情况进行分段计算,“/”前面的数值是根据变化前的检出限计算出的多年平均值,“/”后面的数值是根据变化后的检出限计算出的多年平均值,小于检出限的值按 1/2 检出限参加计算,平均值小于方法检出限但超过小数保留位数时,以 1/2 检出限作为多年平均值。检出限变化:氰化物 0.004 mg/L(1991—2011 年),0.002 mg/L(2012—2015 年);砷 0.007 mg/L(1991—2004 年),0.0002 mg/L(2005—2015 年);汞 0.0001 mg/L(1991—2004 年),0.00001 mg/L(2005—2015 年);铜 0.010 mg/L(1991—2013 年),0.0050 mg/L(2014—2015 年);铅 0.050 mg/L(1991—2013 年),0.0025 mg/L(2014—2015 年);镉 0.010 mg/L(1991—2013 年),0.0005 mg/L(2014—2015 年)。超标率计算标准:1991—2002 年,《地表水环境质量标准》(GB 3838—88)(Ⅲ类,曹堤口Ⅴ类);2002—2015 年,《地表水环境质量标准》(GB 3838—2002)(Ⅲ类,曹堤口Ⅴ类)。曹堤口超标率和超标倍数按照《地表水环境质量标准》(GB 3838)中Ⅴ类标准计算。

第五节　水污染事件调查处理

1991—2015 年发生较大水污染事件 8 起,分别是:1995 年 6 月长清造纸厂废污水污染事件、1996 年 6 月山东鲁雅制药厂水污染事件、1999 年 1 月黄河潼关—小浪底河段严重污染造成山东河段发生水污染事件、2003 年 1 月引黄济津应急调水因水质问题停止供水事件、2006 年 1 月黄河支流洛河柴油泄漏事件、2013 年 4 月长清死鸡事件、2013 年 8 月平阴污水处理厂向黄河排污事件、2014 年 1 月河南长垣滩区甲醇泄漏事件。选取 1995 年 6 月长清造纸厂废污水污染事件、1999 年 1 月黄河潼关—小浪底河段污染事件、2014 年 1 月河南长

表 6-12 1991—2015 年高村断面水质主要特征值

统计项目	pH	电导率	氯化物	硫酸盐	总硬度	溶解氧	高锰酸盐指数	化学需氧量	五日生化需氧量	氨氮	硝酸盐氮	挥发酚	氰化物	砷	六价铬	汞	铜	锌	铅	镉	氟化物	石油类	总磷	粪大肠菌群(个/L)
		μs/cm	mg/L																					
样品总数	299	299	188	188	183	689	299	180	590	299	299	299	186	299	177	299	248	209	248	248	201	149	159	144
检出率(%)										100	100	5.7	2.2	86.0	0	31.1	63.3	87.6	22.2	11.3	100	11.4	100	
超标率(%)			0	0		4.2	8.4	100/11.9	13.2	18.4	0	0.3	0	3.0		3.3	0	0	4.8	1.6	1.5	6.7	71.7	3.5
实测最小	7.5	497	35.6	64.4	95.3	0.0	1.0	<10	0.4	<0.05	0.42	<0.002	<0.002	<0.0002	<0.004	<0.00001	<0.005	<0.010	<0.0025	<0.0005	0.42	<0.05	0.06	70
实测最大	8.4	1303	155	250	303	15.9	16.1	60.0	13.6	3.73	7.18	0.008	0.013	0.068	<0.004	0.00049	0.154	0.596	0.236	0.018	1.21	0.15	4.84	16000
最大值出现日期	2008 08.10	2005 04.12	2015 11.10	1999 08.11	2005 04.12	2002 09.11	2003 09.12	2003 02.11	2002 09.12	1998 02.09	1995 08.10	1997 08.07	2004 10.12	1999 08.11		1992 02.12	1992 12.12	1996 06.09	1991 06.09	2003 09.12	1999 05.12	2006 12.12	2003 09.12	2008 07.09
最大值超标倍数							1.7	2.0	2.4	2.7		0.6		0.4		3.9			3.7	2.6	0.2	2.0	23.2	0.6
多年平均		863	94.9	137	170	8.7	3.8	18.5	2.4	0.62	3.79	0.001	0.002/0.001	0.017/0.0039	0.002	0.00005/0.00002	0.018/0.010	0.038	0.025/0.0080	0.005/0.0006	0.71	0.025	0.34	2391
统计年份	1991—2015	1991—2015	1999—2015	1999—2015	1991—2015	1991—2015	1991—2015	1999—2000，2002—2015	1999—2015	1991—2015	1991—2015	1991—2015	1991—2015	1991—2015	1991—2015	1991—2015	1991—2015	1991—2015	1991—2015	1991—2015	1999—2015	2000—2001，2004—2015	2002—2015	2004—2015

表 6-13　1991—2015 年艾山断面水质主要特征值

统计项目	pH	电导率	溶解氧	高锰酸盐指数	化学需氧量	五日生化需氧量	氨氮	挥发酚	氰化物	砷	六价铬	汞	铜	锌	铅	镉	氟化物	石油类	总磷
		μs/cm	mg/L																
样品总数	297	297	685	297	170	588	297	297	184	297	174	297	246	208	246	246	201	150	160
检出率(%)							99.3	2.7	2.2	85.5	0	24.9	58.5	86.1	20.7	8.1	100	6.0	100
超标率(%)			2.3	7.4	100/12.6	9.9	13.8	0.3	0	1.7		3.4	0	0	4.1	1.6	1.0	3.3	62.5
实测最小	7.5	507	0.0	1.1	<10	0.3	<0.05	<0.002	<0.002	<0.0002	<0.004	<0.00001	<0.005	<0.010	<0.0025	<0.0005	0.30	<0.05	0.08
实测最大	8.4	1305	16.3	16.1	61.6	16.7	3.67	0.006	0.018	0.094	<0.004	0.00044	0.156	0.502	0.183	0.022	1.17	0.56	4.16
最大值出现日期	1994 09.10	2005 04.12	2003 09.12	2003 09.12	2002 10.11	2003 09.12	1998 02.10	2006 12.12	2005 07.12	1999 09.10		1992 02.13	1992 12.10	1994 02.01	2003 09.12	2003 09.12	1999 08.11	2004 10.12	2003 09.12
最大值超标倍数				1.7	2.1	3.2	2.7	0.2		0.9		3.4			2.7	3.4	0.2	10.2	19.8
多年平均		848	8.8	3.8	18.0	2.3	0.56	0.001	0.002/0.001	0.016/0.0039	0.002	0.00005/0.00002	0.015/0.007	0.036	0.025/0.0060	0.005/0.00025	0.71	0.025	0.30
统计年份	1991—2015	1991—2015	1991—2015	1991—2015	2000，2002—2015	1999—2015	1991—2015	1991—2015	1991—2015	1991—2015	1991—2015	1991—2015	1991—2015	1991—1999，2002—2015	1991—2015	1991—2015	1999—2015	2000—2001，2004—2015	2002—2015

表 6-14　1991—2015 年泺口断面水质主要特征值

统计项目	pH	电导率	氯化物	硫酸盐	溶解氧	高锰酸盐指数	化学需氧量	五日生化需氧量	氨氮	硝酸盐氮	挥发酚	氰化物	砷	六价铬	汞	铜	锌	铅	镉	氟化物	石油类	总磷	粪大肠菌群（个/L）
		μs/cm	mg/L																				
样品总数	290	290	277	277	671	290	180	672	290	290	290	180	290	171	290	290	248	290	290	201	149	159	151
检出率（%）									99.7	100	3.8	3.9	83.8	0	30.3	64.1	90.7	25.2	9.7	100	5.4	100	
超标率（%）					2.8	6.2	100/5.8	9.8	9.7	0	0	0	1.7		2.8	0	0.4	5.5	1.7	2.0	2.7	66.7	5.3
实测最小	7.6	486	33.4	57.1	0.4	0.8	<10	0.3	<0.05	0.714	<0.002	<0.002	0.0011	<0.004	<0.00001	<0.005	<0.010	<0.0025	<0.0005	0.32	<0.05	0.06	90
实测最大	8.4	1314	163	254		10.7	102	16.7	4.04	5.98	0.003	0.011	0.061	<0.004	0.00042	0.128	1.780	0.322	0.029	1.17	0.17	3.66	23800
最大值出现日期	2008 08.12	2005 04.12	1998 02.10	1999 08.13	2003 09.12	1992 09.10	2005 07.12	2003 09.12	1998 02.10	2004 11.12	1991 08.10	2005 07.12	1998 07.13		1992 03.12	1992 10.10	1991 12.10	1991 06.11	2003 09.12	1999 08.13	2014 12.12	2003 09.12	2002 12.09
最大值超标倍数						0.8	4.1	3.2	3.0				0.2		3.2		0.8	5.4	4.8	0.2	2.4	17.3	1.4
多年平均		848	90.9	130	9.1	3.5	18.1	2.3	0.48	3.75	0.001	0.002/0.001	0.015/0.0041	0.002	0.00005/0.00002	0.018/0.0074	0.047	0.025/0.0051	0.005/0.00025	0.71	0.025	0.31	2692
统计年份	1991—2015	1991—2015	1991—2015	1991—2015	1991—2015	1991—2015	1999—2000，2002—2015	1991—2015	1991—2015	1991—2015	1991—2015	1991—2015	1991—2015	1991—2015	1991—2015	1991—2015	1991—1999，2002—2015	1991—2015	1991—2015	1999—2015	2000—2001，2004—2015	2002—2015	2002—2015

表 6-15　1991—2015 年利津断面水质主要特征值

统计项目	pH	电导率	氯化物	硫酸盐	总硬度	溶解氧	高锰酸盐指数	化学需氧量	五日生化需氧量	氨氮	硝酸盐氮	挥发酚	氰化物	砷	六价铬	汞	铜	锌	铅	镉	氟化物	石油类	总磷	粪大肠菌群(个/L)
		μs/cm	mg/L																					
样品总数	276	276	263	263	160	668	276	170	668	276	276	276	174	275	166	276	276	234	276	276	201	267	159	132
检出率(%)										99.6	100	2.9	5.7	83.0	0	30.8	56.5	81.6	23.2	9.4	100	12.7	100	
超标率(%)				0.4		2.5	6.5	100/9.6	7.3	8.0	0	0	0	1.5		3.6	0	0	5.1	0.7	2.5	7.9	68.6	3.0
实测最小	7.7	507	37.1	52.7	105	2.2	0.8	<10	0.3	<0.05	0.82	<0.002	<0.002	<0.0002	<0.004	<0.00001	<0.005	<0.010	<0.0025	<0.0005	0.39	<0.05	0.05	130
实测最大	8.5	1318	165	260	303	16.5	11.5	87.2	9.1	3.17	6.36	0.005	0.015	0.059	<0.004	0.00083	0.156	0.941	0.247	0.01	1.13	0.24	2.50	35000
最大值出现日期	2008 08.10	2005 04.12	1998 01.12	2015 11.10	2009 02.10	2005 07.12	1997 08.06	2006 09.12	2003 09.12	1998 01.12	2005 01.12	2005 09.12	1993 12.12	2000 03.11		1993 10.13	1992 12.12	1995 04.11	1991 06.11	1992 12.12	1999 08.11	2004 08.12	2006 09.12	2008 07.09
最大值超标倍数							0.9	3.4	1.3	2.2				0.2		7.3			3.9	1.0	0.1	3.8	11.5	2.5
多年平均		845	91.5	132	170	9.0	3.6	18.4	2.1	0.48	3.89	0.001	0.002/0.001	0.014/0.0038	0.002	0.00005/0.00002	0.016/0.0087	0.041	0.025/0.0070	0.005/0.00025	0.71	0.025	0.31	2181
统计年份	1991—2015	1991—2015	1991—2015	1991—2015	1991—2015	1991—2015	1991—2015	2000,2002—2015	1991—2015	1991—2015	1991—2015	1991—2015	1991—2015	1991—2015	1991—2015	1991—2015	1991—2015	1991—1999,2002—2015	1991—2015	1991—2015	1999—2015	1991—2015	2002—2015	2005—2015

表 6-16　1991—2015 年陈山口断面水质主要特征值

统计项目	pH	电导率	氯化物	硫酸盐	溶解氧	高锰酸盐指数	化学需氧量	五日生化需氧量	氨氮	硝酸盐氮	挥发酚	氰化物	砷	六价铬	汞	铜	锌	铅	镉	氟化物	石油类	总磷
		μs/cm			mg/L																	
样品总数	73	73	33	33	161	70	39	161	70	31	70	57	70	55	67	63	64	63	63	44	38	42
检出率(%)									100	100	8. 6	8. 8	87. 1	10. 9	29. 9	20. 6	45. 3	15. 9	0	100	50. 0	100
超标率(%)			0	0	1. 9	14. 3	33. 3	18. 0	4. 3	0	0	0	0	0	3. 0	0	0	0		0	47. 4	11. 9
实测最小	7. 6	320	15. 3	41	2. 5	1. 9	9. 7	0. 6	0. 07	0. 228	<0. 002	<0. 002	<0. 0002	<0. 004	<0. 00001	<0. 005	<0. 010	<0. 050	<0. 010	0. 31	<0. 05	0. 01
实测最大	8. 6	1064	117	232	13. 4	9. 0	88. 5	43. 6	1. 40	4. 31	0. 005	0. 012	0. 034	0. 017	0. 00018	0. 029	0. 224	0. 015	<0. 010	0. 86	0. 48	0. 36
最大值出现日期	1994 07. 11	1995 12. 11	2011 08. 10	2011 08. 10	2009 07. 11	2004 12. 12	2004 12. 12	2004 12. 12	2004 12. 12	2001 08. 11	2007 09. 12	2004 10. 12	1995 06. 12	2011 10. 11	2005 07. 12	1996 04. 08	1994 04. 20	1994 08. 08		2011 08. 10	2004 11. 12	2005 07. 12
最大值超标倍数						0. 5	3. 4	9. 9	0. 4						0. 8						8. 6	0. 8
多年平均		670	56. 3	96. 4	8. 2	4. 6	22. 2	3. 3	0. 38	1. 78	0. 001	0. 002/ 0. 001	0. 012/ 0. 0044	0. 002	0. 00005/ 0. 00003	0. 005	0. 018	0. 025	0. 005	0. 58	0. 07	0. 12
统计年份	1994— 2013	1994— 2013	1994— 2011	1994— 2011	1994— 2013	1994— 2013	2004— 2013	1994— 2013	1994— 2013	1994— 2001	1994— 2013	1994— 2013	1994— 2013	1994— 2013	1994— 2013	1994— 2013	1994— 2013	1994— 2013	1994— 2013	2001— 2013	2004— 2013	2003— 2013

表 6-17 2011—2015 年曹堤口断面水质主要特征值

统计项目	pH	电导率	溶解氧	高锰酸盐指数	化学需氧量	五日生化需氧量	氨氮	挥发酚	氰化物	砷	六价铬	汞	铜	锌	铅	镉	氟化物	石油类	总磷
		μs/cm	mg/L																
样品总数	56	56	166	56	56	166	56	56	56	56	56	56	56	56	56	56	56	56	56
检出率(%)							100	23.2	7.1	100	89.3	32.1	8.9	44.6	1.8	0	100	48.2	100
超标率(%)			0	1.8	28.6	21.7	23.2	0	0	0	0	0	0	0	0		58.9	46.4	28.6
实测最小	7.7	730	3.1	3.3	12.1	1.2	0.10	<0.002	<0.002	0.0008	<0.004	<0.00001	<0.005	<0.010	<0.0025	<0.0005	0.27	<0.05	0.02
实测最大	8.9	2540	18.9	19.1	74.4	18.5	10.3	0.020	0.010	0.0154	0.055	0.00018	0.0122	0.268	0.0039	<0.0005	4.53	3.76	1.41
最大值出现日期	2012 05.11	2015 12.10	2014 06.11	2015 11.9	2012 03.11	2013 02.01	2013 01.10	2013 01.10	2012 01.11	2013 08.10	2012 03.11	2011 07.10	2015 09.10	2015 12.10	2015 09.10		2015 11.09	2015 08.10	2015 04.10
最大值超标倍数				0.3	0.9	0.9	4.2										2.0	2.8	2.5
多年平均		1359	10.2	7.7	33.7	7.9	1.56	0.002	0.002/0.001	0.0033	0.013	0.00002	0.005/0.0025	0.022	0.025/0.00125	0.005/0.00025	1.30	0.17	0.20
统计年份	2011—2015	2011—2015	2011—2015	2011—2015	2011—2015	2011—2015	2011—2015	2011—2015	2011—2015	2011—2015	2011—2015	2011—2015	2011—2015	2011—2015	2011—2015	2011—2015	2011—2015	2011—2015	2011—2015

垣滩区甲醇泄漏事件做重点介绍。

一、长清造纸厂废污水污染

1995 年 6 月，北沙河老王府入黄口至济南 25 千米范围内黄河水被严重污染，水面漂浮着大片死鱼，形成一次严重的水污染事件。黄河山东水环境监测中心得到消息后，立即组织调查，调查结果表明：山东省长清县城区工业废水、生活污水及长清造纸厂污水排入北沙河，通过北沙河排入黄河。由于 1995 年枯水期黄河济南段经常发生断流，污水在河道内积存，黄河恢复过流后，济南附近河段便发生了突发性水污染事件。进一步查明主要是长清县恒利造纸有限责任公司造纸废污水未经任何处理便通过北沙河排入黄河所致。事故原因查明后，山东省环保局、山东黄河河务局会同黄河山东水环境监测中心到事故现场进行处理，依法关停了长清县恒利造纸有限责任公司。

二、黄河潼关—小浪底河段污染

1999 年 1 月下旬，黄河潼关—小浪底河段发生严重污染，1 月 25 日接到紧急通知后，黄河山东水环境监测中心立即启动应急预案，1 月 25 日，对高村、泺口两个监测断面取样监测，结果表明氨氮超过Ⅴ类水水质标准；化学需氧量超过Ⅳ类水水质标准；1 月 30 日对高村、泺口两断面监测结果为，高村断面石油类、氨氮、高锰酸盐指数 3 项均超过Ⅴ类水水质标准，化学需氧量超过Ⅳ类水水质标准；泺口断面石油类、氨氮超过Ⅴ类水水质标准，化学需氧量超过Ⅳ类水水质标准。2 月 5 日监测结果为，化学需氧量均超过Ⅳ类水水质标准，污染一直持续到 2 月底。此次黄河的水质污染，山东境内黄河干流河道全部受到污染。沿黄引水闸全部关闭，给济南、德州、滨州、淄博等 11 个县（市）带来用水压力，并造成一定危害损失。

三、河南长垣滩区甲醇泄漏

2014 年 1 月 31 日（农历大年初一）早上 08：00，一辆载有约 30 吨工业甲醇的运输罐车侧翻在河南省长垣县（其对岸为山东省东明县）周营上延工程下首黄河浅滩死水区，有 8～10 吨甲醇泄露，部分泄露甲醇经浅滩流入黄河水体中。

接到上级通知后，山东水文水资源局立即启动应急处置预案：由黄河山东水环境监测中心负责应急监测；由事发断面下游高村、孙口、艾山、泺口等水文站负责应急采样，并且密切监视黄河干流水质变化。

高村水文站是黄河进入山东的第一个站点,接到任务后干部职工高度重视,放弃休假,克服河面上雾气重、能见度低等困难,凭借对河道河势的准确把握和过硬的驾驶技术顺利完成了一次次采样任务。

孙口、艾山、泺口水文站接到任务后迅速做好采样准备,根据事发时间、事发断面与各水文站距离以及黄河相关河段流速,决定孙口水文站每 2 小时采样 1 次,艾山、泺口水文站每 6 小时采样 1 次。水文站职工放弃了春节与亲人团聚的机会,吃住在站上,克服寒冷和夜间能见度差等困难,保质保量完成了采样任务。

黄河山东水环境监测中心接到任务后,迅速通知相关人员结束休假,按要求制订监测方案,准备试验物品,调试仪器设备,做好各项准备,保证应急监测随时进行。接收水样后,坚持送到一批检测一批的原则,绝不在试验环节耽误时间,最大程度保证了监测时效性、样品代表性和监测质量。

本次应急监测共采集水样 89 个,取得监测数据 99 个,所有水样甲醇均未检出,化学需氧量和氨氮含量无明显异常。

在此次应急监测中,山东水文水资源局干部职工放弃了与家人共度佳节的机会,圆满完成了任务,保证了黄河沿线供水安全,彰显了黄河水文精神,受到黄委通令嘉奖。

第七章　专项测验

1991—2015 年,山东水文水资源局承担了调水调沙、黄河水量统一调度、跨流域调水、黄河三角洲生态补水、黄河下游河道原型观测等专项测验任务,按照黄委水文局要求,圆满完成了各项专项任务的测验,提交了合格成果。

第一节　调水调沙水文测报

2002 年起,黄委决定利用小浪底等水库联合调度进行调水调沙试验,以提高下游河道输水输沙能力。2002 年 7 月 4 日开始了首次调水调沙试验;2003 年,第二次调水调沙试验实现了小浪底、陆浑、故县水库水沙联合调度,调配水沙比例,形成合力冲刷下游河道;2005 年开始,调水调沙试验转为调水调沙生产运用。2002—2015 年,黄河小浪底水库连续进行了 15 次调水调沙。

一、测验项目

调水调沙期间,高村等 5 个干流水文站及丁字路口临时水文站(2002 年、2004 年)加测加报,项目包括水位、流量、含沙量、过水断面监测及泥沙颗粒分析;13 个常年观测水位站加测加报水位。

二、测报要求

(一)水文测验

历次调水调沙水文要素测验要求基本相同,高村等 5 个干流水文站及所属水位站均按照山东水文水资源局印发的“调水调沙测报任务书”进行水位、流量、泥沙、过水断面等测验。

(二)水情拍报

2002 年,调水调沙期间高村等 5 个干流水文站在正常报汛的基础上每日向黄河防总加报 14、20 时水情及实测流量,每日 9 时前向黄委水文局技术处上报前一日日平均水位、日平均流量,隔日上报日平均输沙率及日平均含沙量。2003 年,干流水文站、水位站流量在 1500 立方米每秒以下时,按 6 段制拍报水情;大于 1500 立方米每秒时,按 12 段制拍报水情。2004 年,高村、孙口、艾山水文站每日不少于6段制,泺口、利津水文站每日不少于4段制拍报水位、流量和含沙量,实测流量随测随报。2005年高村、孙口、艾山3个水文站按照汛期水情拍报要求拍报,实测流量随测随报。

2006—2015年,调水调沙期间高村、孙口、艾山、泺口、利津5个水文站一般按照4段制拍报;当水位涨落变化较大或出现特殊水情时,按照洪水测报方案和测站报汛任务书要求拍报,实测流量随测随报。

三、2002年调水调沙测报

2002年首次调水调沙标志性强、影响深远、意义重大。

小浪底水库2002年7月4日9时开闸放水拉开调水调沙序幕,至15日9时转入控制下泄流量800立方米每秒,历时11天。山东水文水资源局按黄委水文局要求,7月1日进入临战状态,7月22日全面结束调水调沙水文测报,历时22天。

(一)测报准备

按黄委水文局要求,山东水文水资源局在调水调沙前编制了《2002年黄河小浪底水库调水调沙运用期间山东黄河河道、河口及水文要素监测预案》,成立了以局长为组长的调水调沙测报领导小组,设立了丁字路口临时水文站,召开动员大会部署调水调沙测报,与基层各单位、有关科室签订了《调水调沙水文泥沙监测目标责任书》。

(二)水文测报

调水调沙期间,高村、孙口水文站洪水漫滩,高村水文站漫滩宽度1700米,孙口水文站漫滩宽度1430米;利津水文站担负着本站和丁字路口临时水文站测报任务。各水文站按照"目标责任书"和有关要求,严格执行测报规范,严禁粗放操作,坚持"四随四不"制度,冒酷暑、战高温、克服测报和生活中的种种困难,精心部署,合理调配,圆满完成了测报任务。

高村水文站7月5日00:00开始起涨,起涨水位62.37米,相应流量723立方米每秒,7日14:00实测最大单样含沙量26.4千克每立方米,11日09:00出现最高水位63.76米,相应流量2960立方米每秒,7月8—17日2400立方米每秒以上流量持续了10天;孙口水文站7月5日14:00开始起涨,起涨水位47.18米,相应流量753立方米每秒,12日00:00实测最大单样含沙量26.9千克每立方米,17日11:42出现最高水位49.00米,相应流量2800立方米每秒,7月11—18日,2300立方米每秒以上流量持续近8天;艾山水文站7月6日8:00开始起涨,起涨水位39.78米,相应流量756立方米每秒,9日20:00实测最大单样含沙量29.2千克每立方米,18日00:24出现最高水位41.76米,相应流量2670立方米每秒,7月9—18日,2000立方米每秒以上流量持续了近10天;泺口水文站7月6日20:00开始起涨,起涨水位28.78米,相应流量668立方米每秒,9日08:00实测最大单样含沙量28.6千克每立方米,18日15:24出现最高水位31.03米,相应流量2550立方米每秒,7月10—19日,2000立方米每秒以上的流量持续近10天;利津水文站7月7日08:00开始起涨,起涨水位12.29米,相应流量600立方米每秒,11日08:00实测最大单样含沙量35.0千克每立方米,19日05:00出现最高水位13.80米,相应流量2500立方米每秒,7月10—19日,2000立方米每秒以上流量持续了近10天。

本次调水调沙全测区共实测流量162次、输沙率48次、单样含沙量419次,实测过水断面248次,累计向黄河防总、山东黄河河务局等防汛单位拍报水情4194次。2002年调水调沙干流水文站水文要素测报次数见表7-1。

表7-1　2002年调水调沙干流水文站水文要素测报次数

站名	时间		流量	输沙率	单样	过水断面	水情拍报
	起涨	落平					
高村	07.05.00:00	07.20.00:00	28	10	75	42	518
孙口	07.05.14:00	07.20.14:00	25	6	68	43	824
艾山	07.06.08:00	07.21.08:00	23	7	55	46	732
泺口	07.06.20:00	07.21.20:00	28	8	72	39	836
利津	07.07.08:00	07.22.08:00	29	6	69	42	1120
丁字路口	07.07.16:00	07.21.08:00	29	11	80	36	164
合计			162	48	419	248	4194

(三)水文特性

调水调沙洪水向下游演进过程中,受前期主槽淤积等影响,出现了"小流量、高水位、漫滩严重、演进缓慢"等异常现象。

1. 平滩流量小

高村、孙口水文站平滩流量仅为1890立方米每秒和2290立方米每秒。

2. 小流量、高水位

高村水文站最高水位63.76米,相应流量仅为2960立方米每秒;孙口水文站最高水位49.00米,相应流量仅为2800立方米每秒。

3. 漫滩严重

受主槽淤积、行洪能力小等影响,山东黄河沿线漫滩严重:高村水文站左岸生产堤至右岸大堤全部过水,水面宽度2330米,最大断面流量仅2980立方米每秒;孙口水文站左岸滩地进水,水面宽度1930米,最大断面流量2800立方米每秒。

4. 洪水演进复杂,传播迟缓

洪峰从高村水文站到孙口水文站历时146.7小时,是同级洪峰传播时间的10倍多。

(四)潘庄断面淤积监测

按照黄委水文局要求,7月8—18日对潘庄河道断面进行了连续监测,黄测A105为主要渡河设施,冲锋舟辅助测验,首次使用了Bathy-500MF多频测深仪测量水深。其间,每天监测2次断面,11天共监测22断面次,出动测船28次。

四、丁字路口临时水文站测报

丁字路口临时水文站位于黄河三角洲,地处荒凉、杂草丛生、人烟稀少、蚊虫多,环境恶劣,测验设施简陋,利津水文站负责水文测报,他们克服困难,圆满完成了任务。

(一)测报项目和要求

调水调沙之前按黄委水文局要求设立丁字路口临时水文站,该站上距利津水文站79.5千米,下距入海口约30千米。测报项目有水位、流量、单样含沙量、悬移质输沙率、过水断面、颗粒分析、水情拍报。每天除施测2次流量外,其他项目按照利津水文站“测站任务书”测报。

该站仅在2002年、2004年调水调沙期间进行了水文测报。

(二)测报简介

丁字路口临时水文站2002年7月1日开始监测,15:10—17:20施测了第1份流量,测得流量152立方米每秒,相应水位3.74米,7日水位继续上涨,10 日 06:00 出现调水调沙期间最高水位 5.70 米,14 日 08:00 出现最大含沙量 35.8 千克每立方米,19 日 10:00 出现最大流量 2450 立方米每秒,相应水位 5.53 米,20 日 08:00 洪水开始回落,21 日 08:00 水位落至 3.98 米,相应流量 625 立方米每秒,停止观测。监测期间,该站水位变幅为 1.96 米,流量变幅 2300 立方米每秒,含沙量变幅 29.0 千克每立方米,1900 立方米每秒以上的流量持续了 12 天,实测流量 29 次、输沙率 11 次、单样含沙量 80 次、过水断面 36 次、颗粒分析留样 199 个,人工观测水位 319 次,向黄河防总拍报水情 164 份。丁字路口临时水文站用冲锋舟测验见图 7-1,丁字路口临时水文站施测含沙量见图 7-2。

图 7-1　丁字路口临时水文站用冲锋舟测验

图 7-2　丁字路口临时水文站施测含沙量

2004 年调水调沙期间,按黄委水文局要求丁字路口临时水文站进行了水沙测报,测报任务与要求同 2002 年。

五、调水调沙测报成果

2002—2015 年,小浪底水库连续进行 14 年 15 次调水调沙,山东黄河河道形态、水沙运行特性、行洪能力均发生了较大变化:主槽冲刷、水流归顺、同流量级水位降低、平滩流量增加。

历次调水调沙干流水文站洪水历时见表 7-2,历次调水调沙干流水文站水文要素观测次数见表 7-3,历次调水调沙干流水文站水文特征值见表 7-4,历次调水调沙干流水文站径流量见表 7-5,历次调水调沙干流水文站输沙量见表 7-6;2002—2015 年高村等干流水文站平滩流量见表 7-7。

表 7-2　历次调水调沙干流水文站洪水历时

年份	高村			孙口			艾山			泺口			利津			丁字路口		
	起涨时间(月.日.时)	落平时间(月.日.时)	历时(h)	起涨时间(月.日.时)	落平时间(月.日.时)	历时(h)	起涨时间(月.日.时)	落平时间(月.日.时)	历时(h)	起涨时间(月.日.时)	落平时间(月.日.时)	历时(h)	起涨时间(月.日.时)	落平时间(月.日.时)	历时(h)	始测时间(月.日.时)	止测时间(月.日.时)	历时(h)
2002	07.05.00:00	07.20.00:00	360	07.05.14:00	07.20.14:00	360	07.06.08:00	07.21.08:00	360	07.06.20:00	07.21.20:00	360	07.07.08:00	07.22.08:00	360	07.01.00:00	07.21.08:00	488
2003	08.30.08:00	09.25.07:06	623.1	08.30.20:00	09.25.16:00	620	08.31.12:00	09.26.02:00	614	09.01.08:00	09.26.12:00	604	09.02.00:00	09.27.00:00	600			
2004	06.21.00:00	07.16.08:00	608	06.21.08:00	07.16.22:00	614	06.21.16:00	07.17.08:00	616	06.22.01:39	07.18.00:00	622.4	06.22.14:00	07.18.20:00	630	06.23.00:00	07.19.14:00	638
2005	06.11.00:00	07.03.16:00	524	06.11.14:00	07.04.06:00	544	06.12.00:00	07.05.08:00	560	06.12.16:00	07.06.08:00	568	06.13.12:00	07.07.08:00	572			
2006	06.12.15:44	07.01.14:00	454.3	06.13.00:00	07.02.00:00	456	06.13.04:00	07.02.16:00	468	06.13.12:00	07.03.00:00	468	06.14.12:00	07.03.20:00	464			
2007	06.21.00:00	07.06.00:00	360	06.21.12:00	07.06.12:00	360	06.22.04:00	07.07.20:00	376	06.22.16:00	07.07.08:00	352	06.23.08:00	07.07.20:00	348			
2007	07.30.20:00	08.10.06:00	250	07.31.06:00	08.10.20:00	254	07.31.14:00	08.11.12:00	262	07.31.20:00	08.11.20:00	264	08.01.10:00	08.12.12:00	266			
2008	06.21.01:00	07.05.22:00	357	06.21.12:00	07.06.06:00	354	06.22.00:00	07.06.22:00	358	06.22.12:00	07.07.14:00	362	06.23.04:00	07.08.04:00	360			
2009	06.20.05:00	07.07.20:00	423	06.20.17:24	07.08.08:00	422.6	06.21.00:00	07.08.12:00	420	06.21.14:00	07.08.20:00	414	06.22.12:00	07.09.00:00	396			
2010	06.20.00:00	07.10.08:00	488	06.20.12:00	07.10.18:00	486	06.21.00:00	07.11.08:00	488	06.21.12:00	07.11.20:00	488	06.22.06:00	07.12.20:00	492			
2011	06.22.00:00	07.11.16:00	472	06.22.12:00	07.12.14:00	482	06.22.20:00	07.13.00:00	484	06.23.06:00	07.13.20:00	494	06.24.00:00	07.14.00:00	480			
2012	06.21.00:00	07.11.18:00	498	06.21.08:00	07.12.12:00	508	06.21.14:00	07.13.04:00	518	06.22.06:00	07.13.20:00	518	06.24.02:00	07.16.00:00	526			
2013	06.19.20:00	07.11.20:00	528	06.20.14:00	07.12.12:00	526	06.20.20:00	07.13.00:00	532	06.21.14:00	07.13.20:00	534	06.22.20:00	07.14.08:00	516			
2014	07.01.12:00	07.12.02:00	254	07.02.01:00	07.12.16:00	255	07.02.14:00	07.13.08:00	258	07.02.20:00	07.14.08:00	276	07.03.14:00	07.14.20:00	270			
2015	07.01.00:00	07.16.12:00	372	07.01.08:00	07.16.22:00	374	07.01.16:00	07.17.08:00	376	07.02.00:00	07.17.16:00	376	07.02.20:00	07.18.12:00	376			

注:1. 丁字路口站只在 2002 年、2004 年观测;

2. 丁字路口站 2002 年 7 月 21 日 8 时流量落至 625 m^3/s 后停止观测。

表 7-3 历次调水调沙干流水文站水文要素观测次数

序号	年份	高村			孙口			艾山			泺口			利津			丁字路口		
		流量	单样	输沙率	流量	单样	输沙率	流量	单样	输沙率	流量	单样	输沙率	流量	单样	输沙率	流量	单样	输沙率
1	2002	28	75	10	25	68	6	23	55	7	28	72	8	29	69	6	29	80	11
2	2003	36	76	15	36	80	11	32	65	7	42	84	11	35	81	11			
3	2004	34	166	8	36	167	7	40	141	7	40	121	6	38	118	4	39	111	6
4	2005	23	25	2	26	27	3	18	30	5	25	27	3	24	28	2			
5	2006	21	36	2	23	40	3	23	37	2	24	37	2	23	40	2			
6	2007	28	36	6	29	40	4	24	34	3	20	35	3	20	35	3			
7	2007	11	16	2	14	16	2	12	16	2	15	16	1	15	15	1			
8	2008	21	46	7	27	43	7	24	50	4	20	53	5	22	72	7			
9	2009	23	37	2	23	37	3	23	36	3	24	36	2	21	20	2			
10	2010	30	56	10	34	58	9	33	57	6	29	54	5	33	63	7			
11	2011	27	52	8	24	52	8	25	48	6	26	55	7	29	64	9			
12	2012	24	53	5	29	58	8	31	59	5	26	57	5	27	71	8			
13	2013	26	52	5	28	54	6	24	51	4	24	55	4	23	56	3			
14	2014	16	37	5	15	31	4	15	30	4	15	29	3	17	37	4			
15	2015	15	33	3	17	32	2	17	33	4	16	32	2	16	34	3			

表 7-4　历次调水调沙干流水文站水文特征值

序号	年份	高村				孙口				艾山				泺口				利津				丁字路口			
		最高水位(m)	最大流量(m^3/s)	最大含沙量(kg/m^3)	最大输沙率(t/s)	最高水位(m)	最大流量(m^3/s)	最大含沙量(kg/m^3)	最大输沙率(t/s)	最高水位(m)	最大流量(m^3/s)	最大含沙量(kg/m^3)	最大输沙率(t/s)	最高水位(m)	最大流量(m^3/s)	最大含沙量(kg/m^3)	最大输沙率(t/s)	最高水位(m)	最大流量(m^3/s)	最大含沙量(kg/m^3)	最大输沙率(t/s)	最高水位(m)	最大流量(m^3/s)	最大含沙量(kg/m^3)	最大输沙率(t/s)
1	2002	63.76	2980	24.7	53.4	49.00	2800	27.5	47.5	41.76	2670	29.2	55.2	31.03	2550	27.4	53.0	13.80	2500	32.0	52.6	5.70	2450	35.8	69.5
2	2003	63.66	2830	82.4	197	48.88	2770	77.6	173	41.75	2910	78.3	199	31.07	2840	83.8	203	13.93	2790	85.4	183				
3	2004	63.02	2970	12.6	32.9	48.73	2960	17.6	41.5	41.52	2950	16.9	43.1	30.81	2950	16.6	41.7	13.46	2950	22.9	54.7	5.52	2940	19.6	53.0
4	2005	62.95	3490	12.6	30.4	48.52	3400	15.8	40.2	41.43	3310	16.3	41.8	30.50	3120	15.5	44.2	13.33	2950	24.6	42.5				
5	2006	62.93	3940	22.9	29.4	48.92	3870	15.9	40.4	41.70	3850	16.2	41.6	31.06	3820	12.7	43.3	13.77	3750	22.1	46.8				
6	2007	62.99	4050	44.2	88.5	49.04	3980	42.6	91.7	41.97	3960	41.5	87.8	31.20	3930	39.5	89.2	13.96	3910	36.6	73.1				
7	2007	62.67	3690	38.8	116	48.68	3760	38.7	113	41.71	3730	39.0	129	31.03	3720	37.1	118	13.73	3710	39.3	123				
8	2008	62.8	4150	64.4	107	48.89	4100	64.3	118	41.86	4080	62.5	131	31.12	4070	64.3	102	13.73	4050	56.0	92.6				
9	2009	62.31	4080	10.2	22.5	48.49	3960	13.4	31.6	41.48	3860	18.1	32.0	30.76	3800	11.0	30.9	13.31	3730	15.9	47.9				
10	2010	62.42	4700	99.8	171	48.62	4510	84.6	122	41.68	4400	88.0	133	30.83	4260	85.6	133	13.25	3900	69.7	96.3				
11	2011	61.95	3640	56.7	78.6	47.95	3580	53.2	85.5	40.96	3490	49.7	53.8	30.22	3380	50.5	66.3	12.99	3200	40.1	41.1				
12	2012	61.84	3850	41.9	96.4	48.21	3780	40.8	102	41.23	3730	40.0	100	30.48	3650	38.5	106	13.21	3530	36.7	93.5				
13	2013	61.74	3880	27.0	82.0	48.00	3820	27.0	78.4	41.00	3740	28.8	89.5	30.24	3700	28.3	86.7	13.24	3640	27.3	84.1				
14	2014	61.41	3490	22.3	46.3	47.53	3360	21.8	43.3	40.41	3300	24.1	47.1	29.70	3200	25.3	43.2	12.75	3150	19.6	30.2				
15	2015	61.27	3250	5.47	11.2	47.45	3200	6.95	15.1	40.28	3070	8.95	18.3	29.58	3050	6.69	17.1	12.42	2720	10.4	20.2				

注:表中含沙量是断面平均含沙量。

表 7-5 历次调水调沙干流水文站径流量

（单位：亿 m^3）

序号	年份	高村	统计时段（月.日）	孙口	统计时段（月.日）	艾山	统计时段（月.日）	泺口	统计时段（月.日）	利津	统计时段（月.日）
1	2002	28.31	07.05—07.20	27.37	07.05—07.21	25.91	07.06—07.21	24.38	07.06—07.21	22.93	07.08—07.22
2	2003	48.65	08.20—09.25	47.38	08.20—09.25	51.66	08.20—09.26	47.01	08.20—09.26	45.23	08.20—09.27
3	2004	54.74	06.15—07.16	55.53	06.15—07.16	56.32	06.15—07.17	54.57	06.15—07.18	55.74	06.15—07.19
4	2005	49.32	06.10—07.04	47.83	06.11—07.04	47.52	06.11—07.05	44.71	06.12—07.06	42.64	06.13—07.07
5	2006	52.41	06.12—07.01	51.79	06.12—07.01	51.14	06.12—07.01	49.46	06.13—07.02	49.64	06.13—07.03
6	2007	39.93	06.20—07.06	38.64	06.21—07.06	37.96	06.21—07.07	37.03	06.21—07.07	37.25	06.21—07.08
7	2007	25.91	07.30—08.09	25.82	07.30—08.09	25.67	07.31—08.10	25.55	07.31—08.10	25.53	08.01—08.11
8	2008	41.43	06.20—07.06	40.80	06.21—07.07	40.99	06.21—07.07	40.92	06.21—07.08	40.15	06.22—07.09
9	2009	42.75	06.20—07.07	42.20	06.20—07.07	39.60	06.20—07.07	38.92	06.21—07.08	38.14	06.22—07.09
10	2010	51.47	06.19—07.10	48.68	06.20—07.10	47.77	06.20—07.10	49.26	06.21—07.11	45.61	06.22—07.12
11	2011	44.30	06.21—07.11	42.09	06.22—07.12	41.49	06.22—07.12	40.67	06.23—07.13	38.40	06.23—07.14
12	2012	54.82	06.20—07.11	52.81	06.21—07.12	51.78	06.22—07.13	51.42	06.23—07.14	49.37	06.24—07.15
13	2013	54.63	06.22—07.11	54.09	06.22—07.11	53.23	06.22—07.11	52.79	06.23—07.12	52.45	06.23—07.12
14	2014	23.69	07.01—07.12	23.05	07.01—07.12	22.01	07.02—07.13	21.79	07.02—07.13	21.65	07.03—07.14
15	2015	29.89	07.01—07.15	29.48	07.01—07.15	28.67	07.02—07.16	28.00	07.02—07.16	25.47	07.03—07.17

注：统计时段为整编时段。

表 7-6 历次调水调沙干流水文站输沙量

(单位:亿 t)

序号	年份	高村	统计时段(月.日)	孙口	统计时段(月.日)	艾山	统计时段(月.日)	泺口	统计时段(月.日)	利津	统计时段(月.日)
1	2002	0.345	07.05—07.20	0.374	07.05—07.21	0.455	07.06—07.21	0.457	07.06—07.21	0.497	07.08—07.22
2	2003	1.220	08.20—09.25	1.190	08.20—09.25	1.450	08.20—09.26	1.440	08.20—09.26	1.540	08.20—09.27
3	2004	0.416	06.15—07.16	0.545	06.15—07.16	0.636	06.15—07.17	0.627	06.15—07.18	0.791	06.15—07.19
4	2005	0.473	06.10—07.04	0.603	06.11—07.04	0.661	06.11—07.05	0.569	06.12—07.06	0.612	06.13—07.07
5	2006	0.383	06.12—07.01	0.505	06.12—07.01	0.540	06.12—07.01	0.549	06.13—07.02	0.655	06.13—07.03
6	2007	0.354	06.20—07.06	0.432	06.21—07.06	0.446	06.21—07.07	0.465	06.21—07.07	0.510	06.21—07.08
7	2007	0.355	07.30—08.09	0.391	07.30—08.09	0.470	07.31—08.10	0.408	07.31—08.10	0.477	08.01—08.11
8	2008	0.474	06.20—07.06	0.583	06.21—07.07	0.582	06.21—07.07	0.592	06.22—07.08	0.589	06.22—07.09
9	2009	0.213	06.20—07.07	0.303	06.20—07.07	0.314	06.20—07.07	0.307	06.21—07.08	0.387	06.22—07.09
10	2010	0.532	06.19—07.10	0.570	06.20—07.10	0.597	06.20—07.10	0.665	06.21—07.11	0.662	06.22—07.12
11	2011	0.381	06.21—07.11	0.396	06.22—07.12	0.417	06.22—07.12	0.433	06.23—07.13	0.438	06.23—07.14
12	2012	0.464	06.20—07.11	0.541	06.21—07.12	0.550	06.22—07.13	0.598	06.23—07.14	0.627	06.24—07.15
13	2013	0.489	06.22—07.11	0.510	06.22—07.11	0.555	06.22—07.11	0.589	06.23—07.12	0.561	06.23—07.12
14	2014	0.192	07.01—07.12	0.188	07.01—07.12	0.219	07.02—07.13	0.212	07.02—07.13	0.200	07.03—07.14
15	2015	0.108	07.01—07.15	0.136	07.01—07.15	0.150	07.02—07.16	0.143	07.02—07.16	0.166	07.03—07.17

注:统计时段为整编时段。

表 7-7 2002—2015 年高村等干流水文站平滩流量

（单位：m^3/s）

站名	2002年	2003年		2004年		2005年		2006年		2007年		2008年		2009年		2010年		2011年		2012年		2013年		2014年		2015年		2015年较2002年平滩流量增加值
	平滩流量	平滩流量	比上年增	平滩流量	与上年差	平滩流量	比上年增	平滩流量	比上年增	平滩流量	比上年增	平滩流量	比上年增	平滩流量	比上年增	平滩流量	比上年增	平滩流量	比上年增	平滩流量	比上年增	平滩流量	比上年增	平滩流量	比上年增	平滩流量	比上年增	
高村	1890	2500	610	3200	700	3500	300	4300	800	4600	300	4780	180	4800	20	4900	100	5000	100	5000	0	5000	0	5500	500	5500	0	3610
孙口	2290	2600	310	3100	500	3500	400	3880	380	3840	-40	4100	260	4450	350	5000	550	5000	0	5000	0	5000	0	5000	0	5000	0	2710
艾山	2450	2690	240	3200	510	3450	250	3760	310	3580	-180	3910	330	3930	20	4050	120	4150	100	4280	130	4520	240	4540	20	5100	560	2650
泺口	3000	3310	310	3700	390	4120	420	4350	230	4300	-50	4540	240	4560	20	4730	170	4790	60	4800	10	5150	350	5030	-120	4890	-140	1890
利津	3350	3600	250	4150	550	4250	100	4400	150	4550	150	4800	250	4950	150	5200	250	4940	-260	5200	260	5500	300	5500	0	5360	-140	2010

注：各站平滩流量为调水调沙当年确定数据。

2002—2015 年,调水调沙期间各干流水文站的水位—流量关系曲线逐年右移,过流能力逐年增强,主槽断面冲刷,平均河底高程降低,同水位条件下主槽水深变大、宽度增加。如高村测验断面,2002 年汛前实测大断面主槽宽度 508 米,平均河底高程 61.75 米;2007 年汛前实测大断面主槽宽度 645 米,平均河底高程 60.28 米;2015 年汛前实测大断面主槽宽度 682 米,平均河底高程 59.15 米。

2001—2015 年高村水文站水位—流量关系曲线见图 7-3,2001—2015 年孙口水文站水位—流量关系曲线见图 7-4,2001—2015 年利津水文站水位—流量关系曲线见图 7-5;2002—2015 年高村水文站主槽断面见图 7-6,2002—2015 年孙口水文站主槽断面见图 7-7,2002—2015 年利津水文站主槽断面见图 7-8。

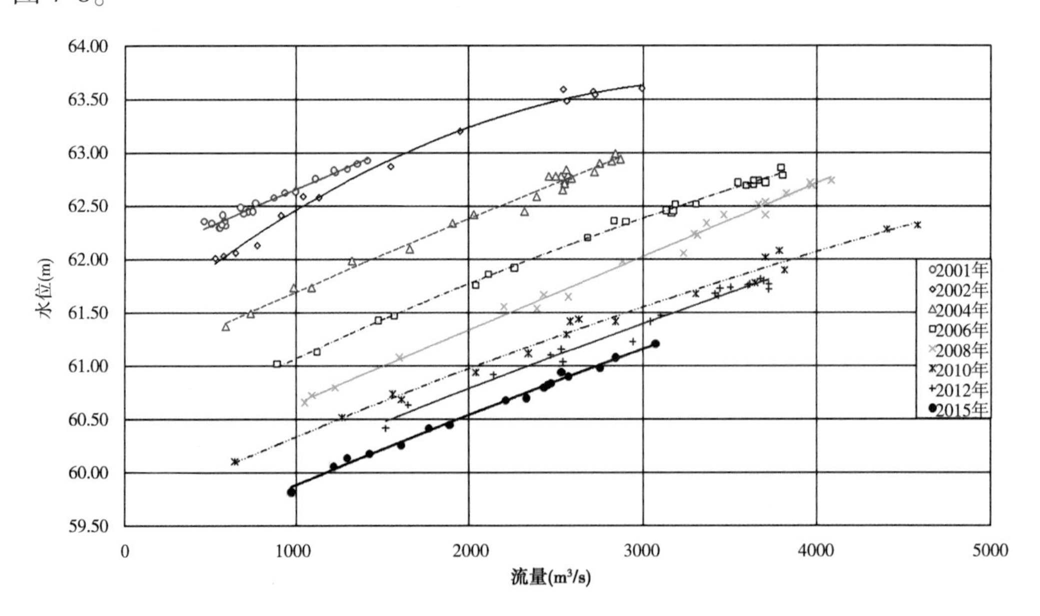

图 7-3　2001—2015 年高村水文站水位—流量关系曲线

六、黄河三角洲湿地生态补水测验

河道主槽在调水调沙作用下不断刷深,使得低水时期黄河水不能流入黄河三角洲湿地。2008 年第 8 次调水调沙期间,黄委决定利用清水沟流路向黄河三角洲自然保护区(大汶流、黄河口湿地)补水,山东水文水资源局负责生态补水期间的水文测报。2009—2015 年,调水调沙期间继续实施生态补水,2010 年开始利用刁口河流路向一千二湿地自然保护区生态补水。2008—2015 年,通过清水沟流路进行了 8 次生态补水;2010—2015 年通过刁口河流路进行了6次生态补水。

利津水文站、黄河口勘测局负责生态补水水文监测:每日观测水位不少于2次,水位涨落大时,适当加测;每日至少施测流量1次,根据水位涨落适时加测;每日用“等流量五线0.5一点混合法”测取单样含沙量2次,每5次单样留样1次作颗粒分析,用“2:1:1定比混合法”施测输沙率,施测次数不少于6次。

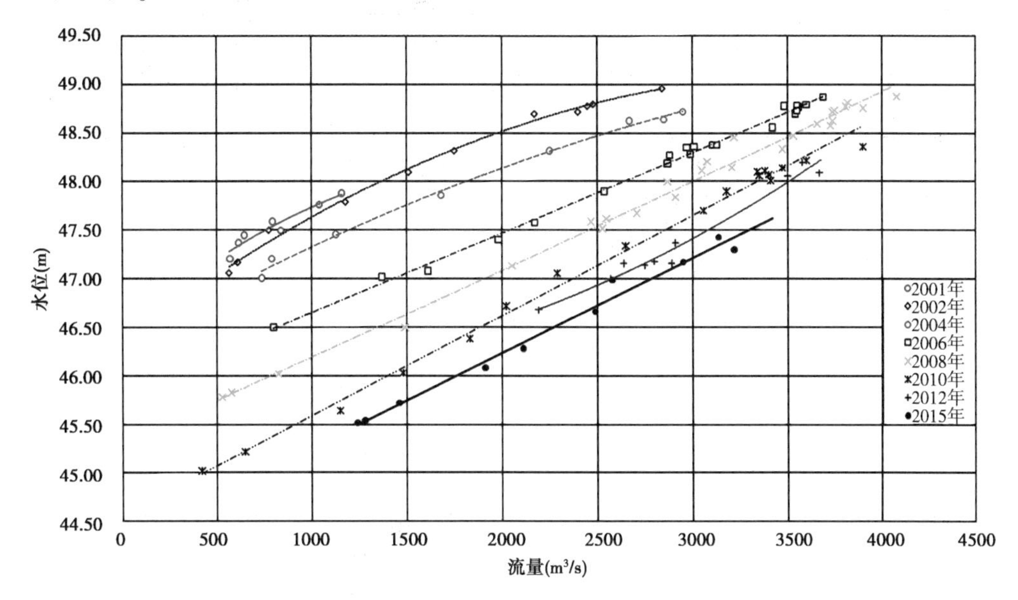

图7-4　2001—2015年孙口水文站水位—流量关系曲线

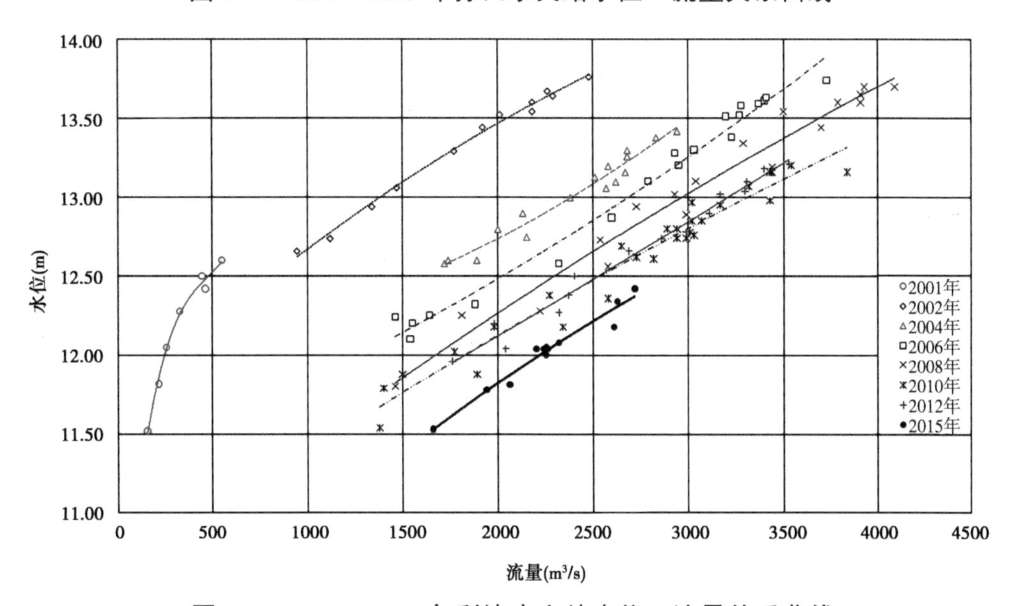

图7-5　2001—2015年利津水文站水位—流量关系曲线

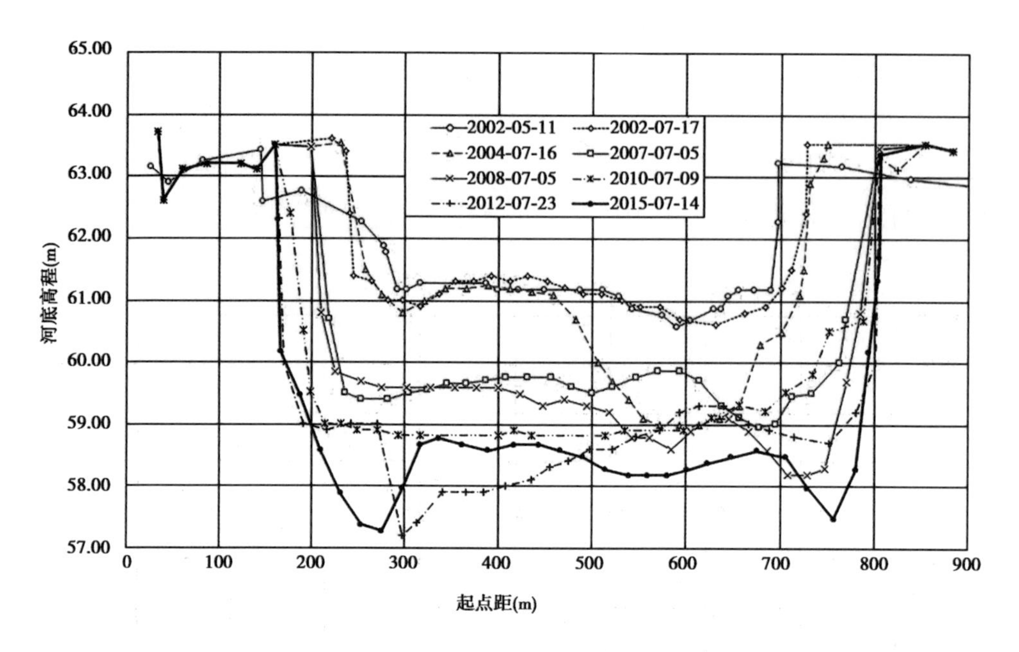

图 7-6　2002—2015 年高村水文站主槽断面

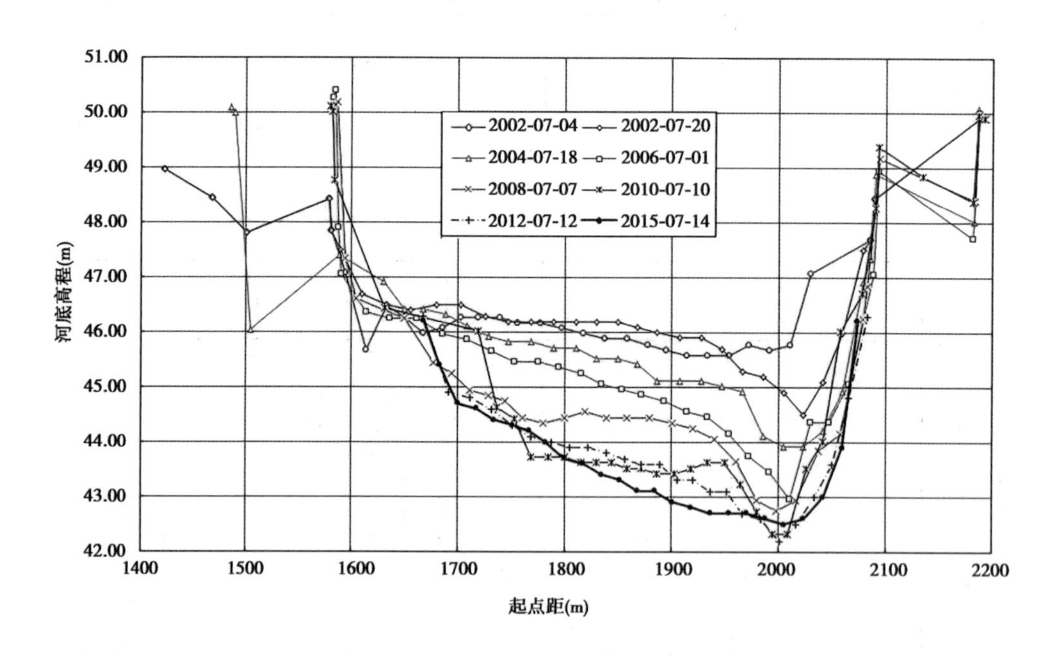

图 7-7　2002—2015 年孙口水文站主槽断面

生态补水期间,在清水沟流路左、右岸分别设 3 个监测断面;在刁口河流路设罗家屋子闸、一千二及入海口飞雁滩 3 个监测断面,黄河三角洲湿地生态补水测验内容及补水量见表 7-8。

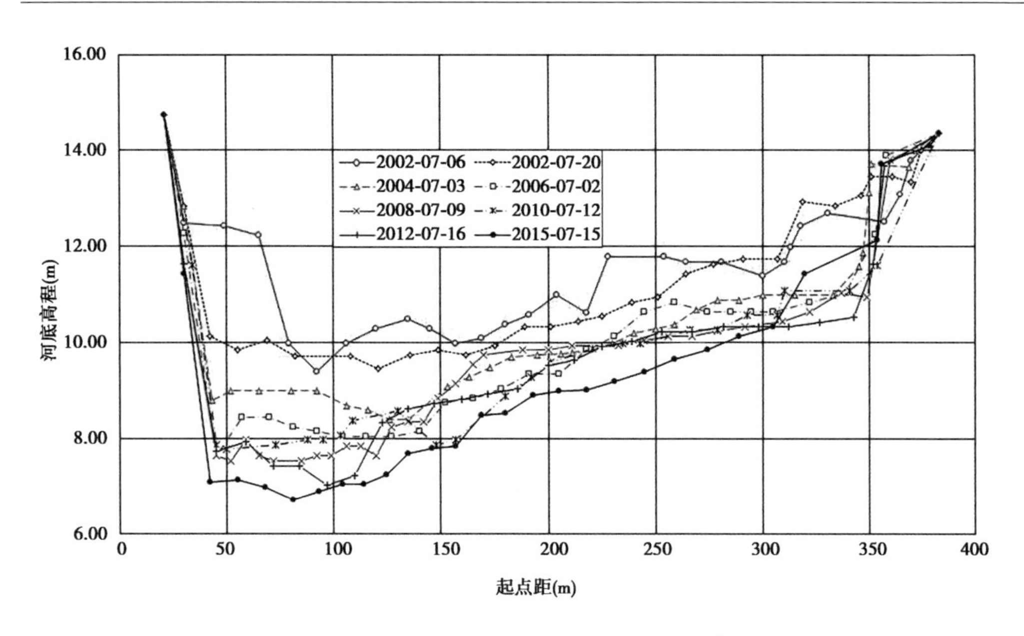

图 7-8　2002—2015 年利津水文站主槽断面

七、扰沙水文测报

为提高黄河下游泥沙淤积严重的卡口“驼峰”河段的过流能力,增强调水调沙冲刷效果,2004 年、2005 年、2008 年黄委开展了 3 次扰沙实践,山东水文水资源局参加了 2005 年、2008 年扰沙实践,并负责期间的水文测报。

2004 年第三次调水调沙期间,黄委决定辅以人工手段扰动小浪底水库及下游的徐码头、雷口两个“卡口”河段的泥沙,以期加大“卡口”河段河槽的冲刷。泥沙扰动分 6 月 22 日 12:00 至 6 月 30 日 08:00 及 7 月 7 日 07:00 至 7 月 13 日 06:00 两个阶段,累计作业 15 天。4 艘移动式船只沿黄河左岸布置在河南枣包楼工程上、下首(1、2 号船在枣包楼工程上首,10、11 号船在枣包楼工程下首)游动作业,11 艘固定式船只沿黄河右岸间隔约 600 米布置在梁山朱丁庄控导工程 28 坝至雷口断面之间。山东河段扰沙作业由山东黄河河务局组织、东平湖管理局实施。

2005 年调水调沙期间,黄委决定将三门峡库区的黄河潼关清淤专业射流船射流 00 号、射流 01 号、江河 045 号、江河 046 号 4 艘射流船调到下游“驼峰”现象较为严重、平滩流量较小的赵固堆—影堂河段,该河段长 4. 19 千米,作业时间为 6 月 16 日至 7 月 10 日。山东水文水资源局负责江河 046 号射流船的扰沙作业, 同时承担了 13 个河道断面的淤积监测及扰沙期间固

表 7-8　黄河三角洲湿地生态补水测验内容及补水量

年份	时间(月.日)		测验项目及测次(次)				补水量(万 m^3)							
							刁口河流路	清水沟流路						合计
							一千二湿地	大汶流湿地			黄河口湿地			
	开始	结束	水位	流量	含沙量	输沙率	罗家屋子	1号闸	2号闸	3号闸	1号闸	2号闸	3号闸	
2008	06.23	07.05												1356
2009	06.23	07.03												1508
2010	06.24	08.05	833	143	74	5	3713	531.1	232.2	1275				5751
2011	06.25	08.07	768	131	59	5	3625	912.7	1334					5872
2012	06.24	07.30	470	102	69	5	3279	1359	922.2		327.3	108.6	327.0	6323
2013	06.24	07.12	715	103	39	4	2620	727.2	338.6		669.7	261.0	159.4	4776
2014	07.04	07.13					1325	178.6	180.1		288.2	101.5	54.48	2128
2015	07.03	07.17	414	64	33	1	920.1	257.6	313.7		322.6	190.9	274.4	2279

注:1. 时间为测验开始和结束时间;
2. 测次为各测验断面合计数;
3. 2008 年、2009 年资料未进行系统资料整编。

定断面每日 2 次监测。扰沙作业依据《2005 年黄河调水调沙赵固堆—影堂河段射流扰沙施工方案》实施，水文要素依据扰沙期间临时任务书监测。6 月 16 日至 7 月 10 日共实测流量 136 次、输沙率 15 次，单样含沙量 224 次并进行了颗粒分析，报汛 1019 次，测量河道断面 13 个。扰沙船射流试验见图 7-9，扰沙船扰沙作业见图 7-10。

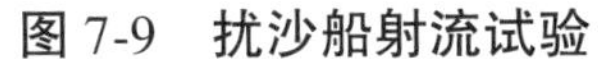
图 7-9　扰沙船射流试验

图 7-10　扰沙船扰沙作业

2008 年调水调沙期间，按照黄委《2008 年调水调沙运用路那里河段射流扰沙实施方案》，山东水文水资源局负责的江河 046 号、三门峡库区水文水资源局负责的射流 00 号和射流 01 号、河南水文水资源局负责的江河 045 号扰沙船开赴扰沙河段，6 月 22 日下午投入扰沙作业。流量 2800 立方米每秒以下在主流区扰动，超过此流量级后则转入边流区扰动，6 月 29 日扰沙结束。扰沙期间，除 21 日射流 00 号和射流 01 号在大田楼至雷口之间扰沙外，扰沙作业主要集中在雷口断面到路那里断面之间。扰沙河段布设 5 个观测断面，采集悬移质泥沙水样 236 个、河床质 35 组进行颗粒分析，流速测验 36 次，水位观测 11 组，水温观测 236 次。

第二节　黄河水量统一调度水文测报

20 世纪 90 年代，黄河下游频繁断流，河道主槽淤积萎缩，河口生态严重恶化。1998 年 12 月 14 日，经国务院批准，国家计委、水利部颁布实施了《黄河可供水量年度分配及干流水量调度方案》《黄河水量调度管理办法》，授权黄委对黄河水量统一调度，1999 年 3 月 1 日黄河水量实行统一调度管理，山东水文水资源局承担了黄河山东段水量统一调度期间的水文测报。

一、水量统一调度测报

1999—2001 年,黄河水量统一调度期间,山东水文水资源局按照黄委水文局要求加测加报。2002 年,黄委印发了“黄河下游水量调度工作责任制(试行)”,要求高村、利津水文站在水量统一调度期间,每日施测 1 次流量;当高村断面流量小于 200 立方米每秒时上报水位、流量,孙口、泺口水文站每日施测 1 次流量,干流 5 个水文站 14、20 时各加报 1 次水位、流量;当利津水文站流量小于 30 立方米每秒时,20 分钟内报告黄委水调局和山东黄河河务局。

2003 年 5 月 22 日,黄委印发了《黄河水量调度突发事件应急处置规定》,6 月 3 日,黄委水文局印发了《黄河水量调度突发事件应急处置规定实施方案》,明确了黄河水量调度期间的水文测报任务、责任,规定当本站流量小于或等于预警流量时拍报相应水情,并在 10 分钟内将有关情况电话报告黄委水文局水情信息中心,同时通知相邻水文站加测加报。干流主要控制断面预警流量及相关断面见表 7-9。

表 7-9　干流主要控制断面预警流量及相关断面

主要控制断面	预警流量(m^3/s)	相关断面
高村	120	夹河滩、孙口
孙口	100	高村、艾山
泺口	80	艾山、利津
利津	30	泺口

2006 年 7 月 5 日,《黄河水量调度条例》经国务院第 142 次常务会议通过,8 月 1 日起施行。依据《黄河水量调度条例》,黄委水文局 2007 年 1 月 5 日印发《关于下发黄委水文局水量调度水文测报方案的通知》,将黄河干流中、下游水量调度划分为关键调度期(3~6 月)、常规调度期(7 月至次年 2 月)、紧急调度期(出现应急突发事件),明确了测报任务、质量控制办法和要求。

关键调度期,干流水文站根据水情加密水位观测次数,特殊情况及时加测;根据水位、流量变化布置流量测次,河道流量偏小,引水量较大,有出现预警流量趋势时,适当增加测次,关键调度期人工观测水位次数见表 7-10,关键调度期流量监测次数见表 7-11。

表 7-10 关键调度期人工观测水位次数

水位日变幅(cm)	涨落率(cm/h)	观测次数
≤5		每日 8、14、20 时观测 3 次
6~14		每日 8、14、20、2 时观测 4 次
15~29		每日 0、4、8、12、16、20 时观测 6 次
≥30		最少观测 12~24 次
	1~2	按 6 段制观测
	2~5	按 12 段制观测
	>5	按 24 段制观测

表 7-11 关键调度期流量监测次数

水位日变幅(cm)	监测次数
≤5	每 3~5 天施测 1 次流量
5~20	每 2~3 天施测 1 次流量
>20	每天施测 1 次流量

常规调度期,按照“测站任务书”要求测报。

紧急调度期,干流水文站测验断面出现或低于预警流量时,预警断面及相关断面按 6 段制或 12 段制观测水位,预警断面每天至少施测 1 次流量,相关断面适当增加流量测次,预警断面恢复至预警流量以上 24 小时后,恢复正常测报。

2015 年,《黄委水调局转发国家防总关于黄河干流抗旱应急调度预案的批复》,规定山东黄河水文测区控制断面的预警流量分为橙色预警和红色预警,断面出现橙色预警流量时按紧急调度期和黄委水文局具体要求测报。山东黄河水文测区重要控制断面预警流量控制指标见表 7-12。

表 7-12 山东黄河水文测区重要控制断面预警流量控制指标 (单位:m^3/s)

断面		高村	孙口	泺口	利津
预警等级	橙色预警	144	120	96.0	60.0
	红色预警	120	100	80.0	50.0

二、下游枯水调度模型研究原型观测

枯水调度模型研究原型观测(简称原型观测)的目的是研究小浪底水库下泄较小流量时,黄河下游各河段的平均流速、河段水量损失。原型观测共开展4次,分别为2002年11月30日至12月11日冬季原型观测、2003年2月21日至3月20日、4月15—30日春季原型观测及6月10日至7月5日夏季原型观测。

2002年冬季原型观测期间,高村等5个干流水文站和增设的苏泗庄、杨集、韩刘、梯子坝、张肖堂5个临时水文站,完整监测水位和流量过程,12天观测水位1041次,实测流量211次。

2003年春季原型观测开展了2次,第一次干流水文站按8段制观测水位,每天至少施测2次流量,第二次每天至少施测1次流量,按8段制观测水位。第一次观测水位1826次,实测流量287次;第二次观测水位874次,实测流量85次。

2003年夏季原型观测期间,山东黄河水文测区观测水位1673次,实测流量259次。

第三节　跨流域调水水文测报

黄河跨流域调水包括引黄济津、引黄入冀(济淀),山东水文水资源局相关水文站承担了引黄济津、引黄入冀(济淀)调水期间及2000—2008年位山闸引黄渠首的水文测报。

一、引黄济津

按照国务院引黄济津总体部署,1991—2015年,分别从位山、潘庄引黄闸向天津应急调水7次,引黄济津历时及引水量见表7-13。

引黄济津期间,按照黄委水文局下达的“水量调度及引黄济津期间水文测报任务的通知”测报:

2000年、2002年引黄济津期间,孙口水文站每日加测1次水位、流量,加报14时水位、流量,其中2002年12月1—10日,该站每日施测2次流量。其间,艾山水文站协助位山闸监测水位、流量、悬移质输沙率、单样含沙量。

2003年引黄济津期间,高村、孙口两水文站平水期每日至少施测1次流量,冰期在保证安全的情况下每日施测1次流量;单样含沙量及输沙率按“测站任务书”测验;加报14时水位、流量;高村水文站流量小于250立方米每秒时,每日再加报20时水位、流量。其间,艾山水文站协助位山闸监测水位、流量、悬移质输沙率、含沙量。

表 7-13　引黄济津历时及引水量

序号	开始时间	结束时间	渠首闸	引水量(亿 m^3)
1	2000.10.13	2001.02.02	位山	8.66
2	2002.10.31	2003.01.23	位山	6.03
3	2003.09.12	2004.01.06	位山	9.25
4	2004.10.09	2005.01.25	位山	9.01
5	2009.10.01	2010.02.28	位山	5.65
6	2010.10.22	2011.04.11	潘庄	9.17
7	2011.10.18	2012.01.15	潘庄	4.96
合计				52.73

2004 年,高村、孙口、艾山三水文站在引黄济津期间,每日至少施测 1 次流量,10 日施测 1 次输沙率,每日 8 时施测 1 次单样含沙量,凌汛期每日 8 时定点观测冰情。艾山水文站负责位山闸渠首水文测验设施维护和水文监测。

2009 年引黄济津、济淀同步进行,孙口水文站每日至少施测 1 次流量,高村、艾山两水文站每 2 日至少施测 1 次流量,特殊水情适当加密测次。单样含沙量、输沙率测验执行测站任务书。5 个干流水文站每日加报 14 时水位、流量。

二、引黄入冀(济淀)

引黄入冀(济淀)调水始于 1993 年,分别从位山、潘庄引黄闸向河北供水,至 2015 年调水 26 次,累计调水 64.42 亿立方米。1993 年,位山引黄入冀一期工程建设完成后,为缓解河北省沧州、衡水地区严重旱情,1 月底开始引黄应急调水。1993—2005 年引黄入冀期间,干流水文站未进行加测加报;2006—2015 年,山东水文水资源局按照黄委水文局印发的“水文监测任务书”测报。

第四节　刁口河备用流路河道测验体系

刁口河流路是黄河 1964—1976 年间的行水流路,该流路南起黄河左岸罗家屋子闸,经河口区孤岛镇、仙河镇、利津县刁口乡进入渤海,全长 54 千米,从罗家屋子闸到九分场节制闸为人工开挖河道,河宽30~50米,从九分场节制闸到入海口为原刁口河河道,河宽400~800米,全河现有4个节制闸、3座拦河坝,两岸滩地主要种植玉米、棉花、豆类等农作物。

一、建设背景

刁口河流路是国家规划的黄河近期备用流路和生态保护的重点区域,1976—2015年未行水,河道严重退化,为配合黄河口生态补水、综合治理规划,根据《黄委中下游测区水文巡测基地2013—2014年度建设工程可行性研究报告》(黄规计〔2012〕315号)和水利部《关于报送黄委中下游测区水文巡测基地2013—2014年度建设工程可行性研究报告审查意见的报告》(水规总院〔2012〕1054号),2012年9月山东水文水资源局编制了《刁口河淤积测验体系水文建设工程初步设计报告》,2013年5月建设,10月完成。

二、建设内容

(一)基本控制点布设

刁口河流路左右岸分别均匀布设5个GPS D级点、10个GPS E级点,D级点、E级点同时作为三、四等水准点使用。

(二)控制点平面控制测量

平面控制采用北京54坐标系,分两级布网,首级控制网为D级,加密控制网为E级,起算点为国家GPS C级点;高程采用1956黄海基面,两级布网,首级以国家三等水准测量联测,加密控制以国家四等水准联测,引据点为黄委2003年黄河下游二、三等网改造后的最新平差结果。

2013年7月对10个GPS D级点进行D级静态测量,对20个GPS E级点进行E级静态测量,静态测量仪器采用天宝SPS882和天宝R8-3施测;对10个三等水准点(D级点)进行了三等水准联测,对20个四等水准点(E级点)进行了四等水准联测,三等水准测量采用天宝电子水准仪施测,四等水准测量采用威尔特NA2水准仪施测。

(三)河道断面布设

在刁口河罗家屋子闸至入海口54千米河段内,布设25个河道断面,自上而下分别命名为刁1~刁25。布设的断面以均匀分布为主,兼顾河道卡口、扩散段、收缩段、弯曲河道弧顶等河道实际,断面方向与河道主流或河道等高线走向垂直,且相邻断面走向基本一致。同时,测定了淤积监测断面的起点、终点坐标。

（四）断面本底测量

2013 年 8 月，采用 GPS-RTK 方式对刁 1～刁 25 共 25 个河道断面进行了本底测量，测量仪器采用天宝 SPS 和天宝 R8-3，水道面积采用冲锋舟载人 GPS 定位、测深杆测深的方法施测。

（五）河势图测绘

2013 年调水调沙期间对刁口河流路的河势进行了测绘，测绘方式为 GPS 信标机测绘，测量河段长 54 千米，主要施测了刁口河主河道的河势走向、水边线、汊沟、心滩、入海口门等。

（六）口门附近海域水下地形测绘

2013 年 9 月，黄河口勘测局对刁口河流路口门附近海域水下地形进行了测绘。

（1）测绘范围：刁口河河口 391 平方千米的范围及河口附近 24 千米左右的海岸演变，即 1954 年北京坐标系 *X* 坐标 4220000～4240000，*Y* 坐标 20637000～20657000，其中水下地形测绘 391 平方千米。

（2）测图比例尺：1∶10000。

（3）水深测量：垂直海岸线每 250 米布设 1 条测线，共布设 81 条测线。测点间距 50 米，前缘急坡区变化剧烈处适当加密测点。

（4）潮位观测：为进行水深改正，测量期间设 3 处潮位站观测潮位。

（5）高程控制测量：采用四等水准测定水尺零点高程。

（6）海底质取样：水深测量时，在部分水深测线上采集海底质泥沙样品，进行颗粒分析。取样断面每 1 千米布设 1 条，各取样断面采集 5～8 个泥沙样品，浅滩区采集 2～3 个，深水区采集 3～5 个。所有泥沙样品由山东水文水资源局泥沙室分析。

（7）海岸线监测：在水下地形测验期间，采用 GPS 信标机进行高潮岸线监测。

三、项目实施

2013 年 3 月 9 日，黄委水文局以黄水建设〔2013〕14 号文委托山东水文水资源局成立了“2013—2014 年度应急建设工程刁口河流路河道测验体系建设项目现场项目部”，开展刁口河备用流路测验体系建设。

该项目由河南黄河水文勘测设计院设计，郑州顺鑫工程监理有限公司监理,以公开招标方式确定由山东地质测绘院实施。

该项目自2013年6月19日开始GPS基点的制作,10月25日完成项目的内业资料处理,共造埋并测设D级GPS基点10座、E级GPS基点20座,施测三等水准245.03千米、四等水准177.13千米,测绘刁口河河段河势图54千米,布设并施测河道断面25个,累计宽度216.5千米,施测口门水下地形391平方千米,共施测测深断面81个,测线总长1774.1千米,施测高潮岸线85千米。

2013年10月27日,由刁口河流路河道淤积测验体系建设现场项目部、山东省地质测绘院、河南黄河水文勘测设计院、郑州顺鑫工程监理有限公司、山东水文水资源局、黄河口勘测局组成联合验收组,对该项目进行了完工验收。

四、主要成果

主要成果是在刁口河备用流路布设了由30座控制点组成的平高控制网,沿刁口河主河道布设了25个河道横断面并进行了本底断面测量,测得了流路河势图,测绘了刁口河口门附近海区水深图。

资料成果归黄委水文局所有,与山东地质测绘院共同使用。

第五节　小浪底水库运用方式研究黄河下游河道监测

按照"黄河小浪底水库运用方式研究"需求,高村以下河段河道断面从82个增加到100个,并设立营房、潘庄、梯子坝和丁字路口4处水位站观测水位。

一、加密断面及监测

1998年5月,山东水文水资源局在高村至河口河段布设了刘庄等18个加密河道断面,1998年10月开始进行黄河下游河道统一性测验,该项目结束后并入常规测验断面。

18个加密断面的起点距和水位均采用GPS测定,水深小于5.0米时采用测深杆施测,水深大于5.0米时采用测深锤施测,测深垂线布设以能控制河床变化为原则,但不少于规范规定的最少垂线数目。测量范围除大断面测量外，其余测次只测至上水部分或滩槽界。

二、水位观测

1998 年 6 月对营房、潘庄、梯子坝和丁字路口水位站进行了站址查勘，确定了 4 个水位站的具体位置，进行了水准点和水尺的布设，基本水准点用三等水准引测了高程，校核水准点和水尺用四等水准引测了高程。4 个新建水位站 1998 年 7 月 1 日开始观测，2005 年 10 月 1 日停止观测，其中营房、潘庄、梯子坝 3 处水位站全年观测，丁字路口水位站汛期观测。观测方式为人工观读直立式水尺，观测项目和测次参照常年水位站观测要求进行。

按照要求，各水位站观测资料及时进行了校核整理、编制水位月报表，年终整编后将成果资料上报小浪底水库运用方式研究项目组。

三、监测成果

山东水文水资源局编写了《黄河小浪底水库运用方式研究下游河道冲淤变化技术报告》。

第六节 应急测验

应急监测是对超标洪水、水库及堤防溃口、堰塞湖、凌期冰塞冰坝洪水、泥石流、枯水、突发性水污染等进行的监测。

一、组织建设

（一）黄河下游水文应急监测队

为有效应对、快速处置突发水文事件，2015 年 4 月，黄委水文局成立黄河流域水文应急监测队，并以黄水办〔2015〕5 号文件明确了应急监测队的组织形式及职责。

黄河流域水文应急监测队按照“平战结合、集中优势、就近处置、便于指挥”的原则，由总队和上游、中游、下游 3 个支队组成。总队由黄委水文局机关有关部门和勘察测绘局等单位组成；上游支队由上游水文水资源局和宁蒙水文水资源局联合组成；中游支队由三门峡库区水文水资源局和中游水文水资源局联合组成；下游支队由山东水文水资源局和河南水文水资源局联合组成。

下游支队的主要职责是在总队的领导下，负责三门峡至黄河口区间发生的区域性洪水和较大水文事件的应急监测。支队配备了水利卫星便携站、便携式雷达水位计、北斗卫星通信系统、水陆两用车、电波流速仪等仪器设备。

(二)山东水文水资源局测洪预备队

为了保证相应于花园口22300立方米每秒以下及东平湖最大泄量以下各级洪水测得到、测得准、报得出,对超标准洪水和异常洪水有对策,山东水文水资源局成立了测洪预备队,测洪预备队由局机关、济南勘测局、黄河口勘测局技术人员组成,按照测区流量级别明确任务及分工,一旦某水文站发生相应级别洪水或突发性水文事件,测洪预备队成员按照山东水文水资源局防汛领导小组的安排分赴测洪一线参加水文测报。例如,“96·8”洪水期间,测洪预备队分组参加了高村等5个干流水文站的洪水测报,2001年大汶河流域大洪水期间,参加了陈山口水文站的洪水测报。

每年汛前,山东水文水资源局根据实际调整预备队成员组成及职责,同时开展应急监测培训与演练,强化测洪预备队的防汛责任,提高队员应对突发事件的能力,检验应急物资、仪器设备、技术等方面的准备是否充分,进一步完善应急预案的可行性和实用性,全面提高测洪预备队的应急监测能力。

二、2003年蔡集生产堤决口测验

2003年汛期,黄河流域发生了历史罕见的秋汛,从8月下旬持续到11月下旬。9—11月,花园口水文站日平均流量超过2000立方米每秒达60天,造成黄河下游河道、堤防等防洪设施雨毁、水毁严重,兰考蔡集生产堤决口。9月18日凌晨,受上游滩地一胶泥嘴的影响,河势在兰考蔡集控导工程33坝前坐弯,洪水集中冲刷34~35坝,造成重大险情,若不及时抢险加固,洪水即可能在此冲进其后的滩地串沟,横河直奔大堤,后果不堪设想。同时,35坝上首滩地在洪水的强力冲刷下,迅速坍塌,生产堤决口,水流从35坝上首漫过,兰考北滩进水,山东河段5处漫滩,东明县滩区几个乡(镇)受淹277.46平方千米,189个村庄被水围困。黄河水位回落后,为尽快排除滩区积水,东明县政府决定破除滩区部分生产堤,让积水自然排入黄河。受地方政府委托,高村水文站承担了退水口门的水文监测任务,该站派出刘谦、李庆林、李强柱、魏玉科4名技术人员驾驶冲锋舟驶向退水口门,退水口门有十几处,最窄的十几米,最宽达130米,水面高出大河水位近2米,临时断面的最大水深1.5米,水流湍急,在这样困难、危险的条件下,他们靠一艘冲锋舟及简易测验设备出色完成了监测任务,为救灾减灾做出了贡献,受到了当地政府的高度赞扬和黄委水文局嘉奖。

第八章　资料整编

1991—2015 年，山东水文水资源局依据各类水文资料整编规范和年鉴汇编刊印规范，按照科学的方法、统一的标准和格式进行各类资料整编。资料整编主要包括基本水文资料整编、河道资料整编、河口资料整编、水质监测资料整编、泥沙颗粒分析资料整编等。25 年间，资料整编方法、步骤不断改进，整编技术特别是电算整编技术有了明显提升。

第一节　基本水文资料整编

基本水文资料整编包括：水位、流量、含沙量、测站考证资料整编等，整编步骤包括在站整编、集中整编、审查复审、汇编、验收、终审、资料刊印等。

一、整编依据

1991—1999 年，基本水文资料整编依据《水文年鉴编印规范》(SD 244—87)和黄委水文局《水文年鉴编印规范补充规定》；2000—2013 年 1 月，依据《水文资料整编规范》(SL 247—1999)，该规范水利部 1999 年 12 月 17 日发布，2000 年 1 月 1 日实施，2012 年 10 月 19 日发布了标准编号 SL 247—2012 的修订版，2013 年 1 月 19 日实施；2010—2015 年，同时执行水利部 2009 年 9 月 29 日发布的《水文年鉴汇编刊印规范》(SL 460—2009)。

二、整编步骤

资料整编分为在站整编、测区集中整编、测区审查复审、汇编区成果审查、黄河流域片成果资料审查验收、全国终审、资料刊印等七个阶段。1991—2005 年，《中华人民共和国水文年鉴》(简称《水文年鉴》)第 4 卷第 5 册(黄河流域水文资料)停刊，停刊期间汇编区仍组织汇编单位进行资料汇编。2006 年《水文年鉴》恢复刊印，2007 年开展的 2006 年度《水文年鉴》汇刊，在原有的在站整编、测区集中整编、审查复审、汇编等阶段的基础上，增加了黄河流域片《水文年鉴》成果资料审查验收及全国终审，2007—2015 年整编步骤没有改变。

测区集中整编、成果审查复审由山东水文水资源局组织;汇编区成果审查由郑州汇编区组织,黄委河南水文水资源局负责;黄河流域片《水文年鉴》成果资料审查验收由黄委水文局组织;全国终审由水利部水文局组织。

(一)在站整编

1991—2015 年,在站整编由各水文站组织完成,内容包括:原始资料校核审查,各种过程线、关系线绘制校核,单站合理性检查,水文调查,部分电算数据加工、录入等。2004—2015 年,使用山东水文水资源局研发的《基本水文资料电算整编数据加工录入系统》制作测站月(旬)水沙报表,年终将月报数据转换成数据文件进行整编。

(二)集中整编

1991—1994 年,测区集中整编安排 2 次:第一次在 6—7 月,进行上半年水沙量平衡对照,对单站合理性及上、下游站综合合理性进行检查、修正;第二次一般安排在 12 月,进行下半年水沙量平衡对照,交换审查全年原始资料、各种关系线、电算整编上机及成果输出、初审。每站选派 1~2 人参加,上半年 15 天左右完成,下半年 45 天左右完成。1995—2015 年,集中整编改为每年 1 次,一般在 11 月中、下旬开始, 50 天左右完成,所属 6 个水文站及黄河口勘测局各选派 1 名整编人员参加。内容包括:对全年各项原始资料、关系线交换审查,单站及上、下游站水沙量综合合理性检查、过程对照及突出测次分析批判,修正水位—流量关系线、单—断沙关系线,水位流量含沙量资料电算整编(1991—2003 年手工录入数据文件,2004—2015 年利用《基本水文资料电算整编数据加工录入系统》制作数据文件),初步审查整编成果。

(三)成果审查复审

1991—2015 年,整编成果审查、复审一般安排在次年 3—4 月,每站选派 1 人参加,35 天左右完成。内容包括:全面校核本站整编成果,审查本站水位—流量、单—断沙关系线及各种过程线,编写整编说明书,交换审查和调角审查对核站全年整编成果、各种关系线、整编说明书,打印整编成果,原始资料装订、存档。

(四)汇编区成果审查

汇编区成果审查一般在每年 6—7 月进行。1991—2015 年,山东水文水资源局每年安排 2 人参加郑州汇编区整编成果汇编,各参编单位相互审查整编资料,对整编数据的正确性、合理性及规格方法等做全面审查。

大汶河整编资料刊印在《水文年鉴》黄河流域水文资料第 4 卷第 5 册。1991—2005 年《水文年鉴》停刊期间，其资料经山东省水文局汇编后作为内部资料保存，未参加郑州汇编区成果资料审查验收。《水文年鉴》复刊后，2006—2015 年山东省水文局派员参加郑州汇编区水文资料的汇编。

涵闸引水资料整汇编，1991—2015 年，山东黄河河务局一直派员参加郑州汇编区涵闸引水资料汇编。1991—2005 年的引水资料作为内部资料，没有公开刊印，汇编时上交汇编区，由汇编区上交黄委水文局；2006—2015 年的引水资料刊印在《水文年鉴》黄河流域水文资料第 4 卷第 5 册。

（五）黄河流域片成果验收

2007 年起，黄委水文局组织对黄河流域片水文年鉴汇刊资料整编成果验收，各基层水文水资源局及沿黄省（区）水文水资源勘测局派员参加，验收时间及地点由黄委水文局确定，一般在每年 9 月进行，山东水文水资源局安排 1 人参加。验收期间，各单位相互审查黄河流域各卷册的水文资料。

（六）全国终审

全国终审是水利部水文局组织的对全国水文资料的审查，2007 年开始，验收时间及地点由水利部水文局确定，黄委水文局安排有关专家代表黄委参加。终审期间，各流域机构相互审查上年度整编成果、评定资料质量。

（七）资料刊印

1991—2005 年，《水文年鉴》因水文数据库建设停止刊印，停刊期间的水文资料纸质成果及电子数据参加郑州汇编区的审查、验收，汇编区将整编成果上交黄委水文局保存。山东水文水资源局档案室、整编室分别备存纸质整编成果和电子数据资料。

2006 年《水文年鉴》复刊后，刊印由黄委水文局组织实施，2006—2015 年度的排版由黄河水文勘测设计院数字排版中心（2013 年改为河南简易科技有限公司）完成，2006—2011 年度印刷由天津市云海科贸开发公司印刷厂、山东水文印务有限公司完成，2012—2015 年度由河南简易科技有限公司完成。

三、电算整编

1991—2015 年，山东水文水资源局所属测站的水位、流量、含沙量资料，应用全国水流沙整编通用程序及水文资料整汇编系统软件（北方片）电算整编，程序自动生成逐日平均水位表、逐日平均流量表、逐日平均含沙量表、逐日平均输沙率表、洪水水文(位)要素摘录表、流含表及各种实测成果表。

1991—2015年,电算整编经历了从集中排队上机到独立上机计算的过程。1991—1993年,使用全国水流沙整编通用程序,在黄委水文局VAX-Ⅱ型计算机上进行计算;1994—1997年,山东水文水资源局与黄委水文局VAX-Ⅱ机联网后,在本地计算机上调用整编程序计算,计算成果到黄委水文局上机打印;1998年整编程序安装到各基层水文局计算机,上机计算及成果打印在各基层水文局完成。

2002年,黄委水文局按照水利部水文局的要求研发水文资料整汇编系统软件(北方片),研发过程中黄河流域机构及流域内省区水文水资源勘测局进行了测试和资料试算,2008年,该整汇编系统软件与全国水流沙整编通用程序并行运算,2009—2015年,黄河流域及流域内部分省区水文水资源勘测局正式采用该整汇编系统软件进行资料整编。水文资料整汇编系统软件(北方片)主要功能包括:河道水流沙、水库堰闸水流沙、降水、蒸发、颗粒分析、小河站的水位、流量、泥沙整编、冰凌等数据的处理,以及综合制表、对照表制作、资料汇编、《水文年鉴》格式转换、各种固态水位及降水数据的转换等。

四、整编成果

1991—2015年,基本水文资料经过整编后有11种整编成果表:逐日平均水位表、逐日平均流量表、逐日平均输沙率表、逐日平均含沙量表、洪水水文要素摘录表、洪水水位摘录表、实测流量成果表、实测输沙率成果表、实测大断面成果表、冰厚与冰情要素摘录表、冰情统计表。1991—2015年基本水文资料整编成果及站年数见表8-1。

表8-1　1991—2015年基本水文资料整编成果及站年数

年份	逐日平均水位表	逐日平均流量表	逐日平均输沙率表	逐日平均含沙量表	洪水水文要素摘录表	洪水水位摘录表	实测流量成果表	实测输沙率成果表	实测大断面成果表	冰厚与冰情要素摘录表	冰情统计表
1991	23	7	5	5	5	9	7	5	7	19	21
1992	21	5	5	5	5	9	5	5	5	19	21
1993	21	5	5	5	5	8	5	5	5	19	20
1994	22	7	5	5	5	8	7	5	7	8	19

续表 8-1

年份	逐日平均水位表	逐日平均流量表	逐日平均输沙率表	逐日平均含沙量表	洪水水文要素摘录表	洪水水位摘录表	实测流量成果表	实测输沙率成果表	实测大断面成果表	冰厚与冰情要素摘录表	冰情统计表
1995	21	7	5	5	5	8	7	5	7	11	19
1996	21	7	5	5	5	8	7	5	7	13	18
1997	19	6	5	5	5	8	6	5	6	16	18
1998	20	7	5	5	5	8	7	5	7	17	18
1999	19	6	5	5	5	8	6	5	6	14	18
2000	18	5	5	5	5	8	5	5	5	13	18
2001	20	7	5	5	5	8	7	5	7	13	18
2002	18	5	5	5	5	8	5	5	5	16	18
2003	20	7	5	5	5	8	7	5	7	17	18
2004	20	7	5	5	5	8	7	5	7	15	18
2005	20	7	5	5	5	8	7	5	7	17	18
2006	19	6	5	5	5	8	6	5	6	14	18
2007	20	7	5	5	5	8	7	5	7	11	16
2008	20	7	5	5	5	8	7	5	7	14	18
2009	20	7	5	5	5	8	7	5	7	12	17
2010	20	7	5	5	5	8	7	5	7	18	18
2011	20	7	5	5	5	8	7	5	7	18	18
2012	20	7	5	5	5	8	7	5	7	9	14
2013	20	7	5	5	5	8	7	5	7	8	14
2014	18	5	5	5	5	8	5	5	5	3	10
2015	18	5	5	5	5	8	5	5	5	4	10

五、整编成果存储

整编成果存储方式有两种：一种是纸介质方式，以《水文年鉴》的形式刊印保存；一种是电子数据方式，储存于特定的水文数据库中。

（一）水文年鉴

《水文年鉴》按流域、水系系统编排卷册。1991—1998 年，全国分 10 卷

74册,1999年调整为10卷75册,2009年又调整为10卷74册,黄河流域为第4卷,分8册,山东水文水资源局基本水文资料刊印在第5册。

《水文年鉴》是在水文测站观测水文要素原始记录的基础上,按年度进行分析、计算、整理、审查,编成简明统一的规范图表,汇集印刷成册,具有规范性、统一性、系统性和权威性。《水文年鉴》是水文资料最重要、最基础的储存方式,一般按水文项目分目录、以站为序刊印数据表格,资料内容包括综合说明资料、基本资料、水文调查资料等。

(二)数据库

水文数据库是用计算机储存、编目和检索水文资料的系统,是水文资料成果储存的另一重要方式。1990年12月,水利部水文局和水调中心在北京召开"全国水文数据库工作会议",会议确定了全国水文数据库建库规划纲要,要求1995年初步建成水文数据库,《水文年鉴》刊印的水文资料成果数据是水文基本数据库。

水文数据库执行《基础水文数据库表结构及标识符标准》(SL 324—2005)。该标准将表结构分为基本信息表、摘录值类、日表类、旬表类、月表类、年表类、实测调查表类、率定表类、数据说明表类及字典表类10类。数据库管理软件系统使用ORACLE软件系统。

1994年开始,按照国家水文数据库建设需要,根据黄委水文局的部署,山东水文水资源局承担了所属测站的水文资料数据录入,历时2年多,完成了1919—1990年《水文年鉴》所刊印的水文资料录入,录入成果上交黄委水文局。1998年黄委国家水文数据库建设通过水利部验收。

2010年及2015年,山东水文水资源局按照黄委水文局的要求对数据库进行了部分水文资料的补录。2011年,黄委水文局在山东水文水资源局安装了水文数据库,资料范围为山东黄河水文测区各水文测站《水文年鉴》刊印资料,可为本单位提供水文信息查询服务,改变了手工检索资料方式,提高了水文信息应用服务能力。

六、历年资料审查

1992年初,黄委布置开展《黄河水文基本资料审编》——"黄河历年水文基本资料审查评价及天然径流计算"专项工作。黄委水文局按照《黄河历年基本水文资料审编工作大纲》要求,将山东黄河水文测区各水文站及大汶河戴村坝水文站的历年基本水文资料审查和天然径流计算,交山东水文水资源局组织实施。山东水文水资源局组织人员,历时4年,对高村、孙口(杨集)、艾山、泺口、利津(罗家屋子)及大汶河戴村坝6个水文站1950—1990年基本水文资料进行了审查和天然径流计算(简称历年基本水文资料审查)。

历年基本水文资料审查分为单站审查和综合合理性审查。

单站审查:①对测站基本情况进行考证:在已收集各项资料和分析成果的基础上,对测站设立以来的测验断面迁移、历年高程基面、水准点使用等沿革及测验设施设备、主要仪器工具、测验方法等的历年变动情况,进行系统的考证;对历年水位—流量关系曲线、单—断沙关系曲线和断面冲淤规律等测站特性进行分析;②对测验情况进行审查:检查水沙测次控制、测验方法是否符合规范规定,分析常测法是否存在系统误差,审查整编方法是否正确、定线是否合理。通过审查发现问题,分析原因,作为评价测验质量和修订成果的依据。

综合合理性审查是长系列、长河段的水沙量平衡分析、相关分析、综合平衡对照分析。从测验、整编方面查找原因,再依据测站特性和实验比测资料定量修改。

按照审查内容和对不同类型测站的审查要求,山东水文水资源局对6个水文站246个站年的资料进行了审查,撰写了6个单站审查报告及泺口水文站年水沙资料修改报告。泺口水文站1964年年径流量由原来的961.4亿立方米修改为948.0亿立方米,年输沙量由原来的19.1亿吨修改为18.8亿吨。

悬移质泥沙颗粒级配资料审查:高村、孙口、艾山、泺口、利津5个水文站是重点审查站,其间对1952—1990年195个站年资料进行了审查。审查内容包括:历年颗粒级配测验、分析、整编情况考证,单样颗粒级配与断面平均颗粒级配关系、颗粒分析测次控制审查,颗粒级配曲线对照,泺口水文站常测法断面颗粒资料精度分析。

高村至利津段河道断面资料审查:重点对1964—1990年高村至利津河段64个河道断面统一性测验的资料及计算成果进行了审查,共审查3612断面次,审查了考证资料,抽查验算了断面冲淤量计算成果,进行了综合合理性分析。

天然径流量计算:调查了高村至利津水文站区间用水现状,收集了历史用水资料,通过核实及合理分析,计算了该河段1952—1990年系列月、年耗水量,然后与审查修改后的各站实测径流资料合成演算天然径流量资料系列。

历年基本水文资料审查成果、审查报告及天然径流计算成果,由黄委水文局分别编入《黄河主要水文站悬沙颗粒级配资料及干流水库河道淤积资料审查报告汇编》《黄河流域河川径流耗水量调查和分析计算》《1952—1990年黄河流域主要水文站实测水沙特征值统计》《1952—1990年黄河流域主要水文站天然径流量资料》审编成果中。

七、专项水文资料整编

专项水文资料包括历次调水调沙、生态补水、跨流域调水期间的水文监测资料,山东水文水资源局按要求对监测资料进行了整编。

(一)调水调沙资料整编

2002年7月4日,黄河进行了首次调水调沙试验,至2015年,共进行了15次,其中2007年进行了2次。

首次调水调沙资料整编由黄委水文局组织,2002年7月19日至8月3日在郑州进行,山东水文水资源局和河南水文水资源局派员参加,整编内容为调水调沙期间山东黄河水文测区各水文站、水位站及丁字路口临时水文站的水位、流量、含沙量、大断面、颗粒分析资料。2003—2015年调水调沙资料整编由山东水文水资源局组织,各水文站派员参加。2003年、2004年,山东水文水资源局先后参加了黄委水文局组织的第2次、第3次调水调沙成果资料的审查验收。2005—2015年,调水调沙资料整编成果上报黄委水文局,山东水文水资源局整编室备存电子数据。

(二)生态补水资料整编

2008年调水调沙期间,黄委首次向黄河三角洲大汶流、黄河口湿地补水,至2015年,调水调沙期间连续进行了8次;2010—2015年利用刁口河备用流路连续6次向一千二湿地补水。

2008年、2009年,利津水文站对清水沟流路右岸一号闸、三号闸进行了水文监测并向黄委水调局报汛,根据报汛资料进行了补水量计算,未进行系统的资料整编。

2010—2015年,除2014年生态补水资料由山东黄河河务局组织整编外,其余年份均由山东水文水资源局负责测验及资料整编,整编资料上报黄委水调局、黄委水文局。山东水文水资源局档案室保存原始测验数据及纸质整编成果。

(三)跨流域调水资料整编

跨流域调水包括引黄济津、引黄入冀(济淀)调水,调水期间山东水文水资源局承担了部分年份引水涵闸的水文要素监测,相关水文站同期进行了水位、流量加测，监测资料经过整编后上报黄委水文局。

（1）引黄济津资料整编：引黄济津自1972年开始，至2015年进行了12次，其中1990年前5次，1991—2015年7次，7次中的前5次从位山闸引水，后2次从潘庄闸引水。山东水文水资源局分别于2001年3月、2003年7月、2004年2月、2005年3月派员参加了黄委水文局组织的第6次、第7次、第8次、第9次渠首引水资料的整编，整编内容包括水位、流量、含沙量资料，整编成果由黄委水文局装订成册。2009—2015年不再负责渠首引水资料整编，仅对引水期间相关的高村、孙口、艾山水文站的水流沙资料进行整编，整编资料上报黄委水文局。

（2）引黄入冀（济淀）资源整编：引黄入冀（济淀）始于1993年，从位山闸、潘庄闸向河北供水，至2015年进行了26次。其中山东水文水资源局对1993—2014年期间第12次、第13次、第15~18次、第20次引水资料进行了整编，整编内容包括水位、流量、含沙量资料。2009—2015年不再负责渠首引水资料整编，仅对引水期间相关的高村、孙口、艾山水文站的水流沙资料进行整编，整编资料上报黄委水文局。

八、历年特征值柱状图绘制

根据黄委水文局《关于上报测站特征值柱状图的通知》（黄水测便〔2005〕37号）要求，对局属6个水文站设站以来的水文特征值进行统计并绘制柱状图。黄委水文局于2006年6月刊印了内部资料《黄河水利委员会国家基本水文站特征值柱状图图集》，内容包括水文站最高水位、最大流量、最大含沙量、年降水量、年径流量、年输沙量，统计年份自各站建站开始至2004年资料。山东黄河水文测区水文站降水数据只进行报汛，不进行整编，没有绘制年降水量柱状图。陈山口水文站没有泥沙观测任务，没有绘制最大含沙量、年输沙量柱状图。

根据黄委水文局《关于上报"黄河水利委员会国家基本水文站特征值柱状图"资料的通知》（黄水测便〔2015〕2号）要求，山东水文水资源局补充了基本水文站2005—2014年资料，内容仍为水文站最高水位、最大流量、最大含沙量、年降水量、年径流量、年输沙量。黄委水文局对电子数据刻录了光盘，未刊印纸质资料。

九、水沙公报

《黄河水资源公报》1998年开始发布，《黄河泥沙公报》2000年开始发布,山东水文水资源局1999年开始为水沙公报编制提供基础数据。

第二节　河道河口观测资料整编

河道河口资料整编内容包括河道断面淤积监测资料、黄河三角洲附近海区水下地形监测资料。

一、整编依据

1991—2015年,河道河口观测资料整编依据主要有:山东水文水资源局制定和修订的《黄河下游河道测验技术补充规定》(1991—2014年8月)、《黄河下游河道测验手册(修订版)》(2005年8月—2014年8月)、《黄河淤积断面测验资料整汇编管理办法》(2010年1月—2015年12月)、《黄河三角洲附近海域测验规程》(2012—2015年)。2000—2015年同时执行《水文资料整编规范》(SL 247—1999),该规范水利部1999年12月17日发布,2000年1月1日实施;2012年10月19日发布了标准编号SL 247—2012的修订版,2013年1月19日实施。

二、整编步骤及内容

河道河口观测资料整编经勘测局审查、山东水文水资源局抽审、黄委水文局复审汇编3个阶段完成。

(一)勘测局审查

勘测局审查由黄河口勘测局和济南勘测局组织,审查期间对辖区断面年度内所有资料进行全面审查,测验记事考证,提交资料成果。

(二)山东水文水资源局抽审

山东黄河河道河口测验资料的抽审由山东水文水资源局组织,黄河口勘测局和济南勘测局派员参加,一般在当年年底或次年年初进行,审查内容为经过勘测局审查过的年度河道河口测验资料,按照30%抽审,对控制资料、考证资料全面审查,对所有成果进行合理性检查,对所有观测资料进行完整性和一致性检查。

(三)黄委水文局复审、汇编

河道测验资料参加黄河下游河道汇编区的复审、汇编,黄河下游河道汇编区为东霞院至河口河段的河道观测资料汇编区域,黄委水文局委托山东水文水资源局组织，山东水文水资源局、黄河水文勘察测绘局派员参加，黄委水文局派员指导。

1991—2010年河道资料复审按照年度复审资料的15%审查，2010—2015年，按照年度复审资料的30%审查，对全部整编成果进行合理性检查，对刊印成果进行编排。河口测验资料未进行复审汇编。

三、河道河口资料整编

（一）河道资料整编

1991—2015年，河道测验资料每年的12月份勘测局审查，年底或次年年初山东水文水资源局抽审，资料成果在山东水文水资源局档案室保存。

2001年4—9月，山东水文水资源局组织人员对黄河下游高村至河口段1991—2000年21次河道统测资料进行复审，在1818个断面次的河道观测资料中抽出15%进行审查，对考证资料和整编成果全面检查，对其余资料合理性检查，编制整编成果。

2002年1—2月，山东水文水资源局组织、河南黄河河务局测量队参加，对黄河下游铁谢至河口河段1991—2000年河道观测资料进行了汇编，又按照3%的比例进行了抽审，对所有成果进行了合理性检查，形成了1991—2000年黄河铁谢至河口河道资料汇编成果。

2001—2012年河道测验资料没有进行复审汇编。

2014年开始逐年对2013—2015年河道测验资料进行了统一复审、汇编。

河道测验资料汇编成果有：断面位置一览表，断面位置示意图，断面主槽及滩地划分情况一览表，刊印说明，大断面实测成果表，河道断面分级水位、水面宽、面积关系表，固定断面冲淤计算成果表，河床质颗粒级配成果表。

（二）河口资料整编

1970年之前的河口测验资料经过整编后分别刊印了《黄河流域黄河河口水文实验资料（河道部分）》和《黄河流域黄河河口水文实验资料（浅海部分）》。1991—2015年，黄河河口河道测验资料归入黄河下游河道资料整编刊布，浅海资料经过了勘测局审查和山东水文水资源局抽查，未进行复审和汇编，按要求装订后保存在山东水文水资源局档案室。

第三节　水质监测资料整编

水质监测资料整编是对监测原始资料系统化、规范化的整理分析,统计年特征值,整编内容包括测站考证、原始资料审查、整编说明书编写等;整编步骤包括在站整编、汇编、成果上报。

一、整编依据

1991—1998 年 8 月,水质监测资料依据黄河流域水资源保护局制定的《黄河流域水质监测资料整刊办法(试行)(含山东半岛诸河)》整编;1998 年 9 月—2015 年,依据水利部《水环境监测规范》(SL 219—98)整编,该规范由水利部 1998 年 7 月 20 日发布,1998 年 9 月 1 日实施,2013 年 12 月 16 日发布了标准编号 SL 219—2013 的修订版,2014 年 3 月 16 日实施。

二、整编步骤

整编步骤包括在站整编、汇编 2 个阶段。在站整编由黄河山东水环境监测中心负责,汇编先后由黄河流域水资源保护局和黄委水文局组织。

(一)在站整编

1. 整编内容

整编内容包括:对原始资料、整编成果进行合理性检查和全面校核、复核、审核,对检测分析方法的选择、质量控制等是否符合整编规定全面校核、复核、审核,编写整编说明书、资料打印、装订等。

2. 整编成果

(1)监测资料整编说明书;

(2)水质站断面一览表;

(3)水质站断面分布图;

(4)监测情况说明表及断面位置图;

(5)分析方法及检出限表;

(6)入河排污口监测信息一览表;

(7)水质监测成果表;

(8)水质监测特征值年统计表;

(9)底质监测成果表;

(10)悬移质监测成果表;

(11)入河排污口监测成果表。

(二)水质监测资料汇编

1991—2002 年,参加黄河流域水资源保护局组织的汇编,汇编后水质监测原始资料及成果上交黄河流域水资源保护局保存;2003—2015 年,参加黄委水文局组织的汇编,汇编后的水质监测原始资料及成果上交黄委水文局保存。

第四节　泥沙颗粒分析资料整编

1991 年起,泥沙颗粒分析资料应用全国水流沙整编通用程序整编,2008 年水文资料整汇编系统软件(北方片)与全国水流沙整编通用程序并行使用,2009—2015 年,正式采用水文资料整汇编系统软件(北方片)进行资料整编,整编一般在次年 2—3 月进行,主要有如下几个步骤:

(1)实测资料分析与数据整理,对各站沙样递送单与水流沙资料进行校核;

(2)编制实测悬移质颗粒级配成果表和实测河床质颗粒级配成果表;

(3)绘制单—断颗关系曲线并进行检验,计算关系线标准差、不确定度和系统误差;

(4)编制悬移质断面平均颗粒级配成果表、日平均悬移质颗粒级配成果表、月年平均悬移质颗粒级配成果表及实测流速、含沙量颗粒级配成果表;

(5)绘制年平均悬移质颗粒级配曲线;

(6)单站合理性检查和上下游合理性检查;

(7)编制悬移质泥沙颗粒级配资料整编说明书。

泥沙分析室每人负责一个或两个水文站的颗粒分析资料整编,初步成果完成后互换校核、复核,6—7 月参加郑州汇编区审查,成果同基本水文资料整编成果一并提交验收存储。

泥沙颗粒级配资料整编成果有《实测悬移质颗粒级配成果表》《悬移质断面平均颗粒级配成果表》《日平均悬移质颗粒级配成果表》《月年平均悬移质颗粒级配成果表》《实测河床质颗粒级配成果表》《实测流速、含沙量颗粒级配成果表》。

第九章　水文情报预报与信息化建设

1991—2015年,山东黄河水文情报预报工作得到长足发展,水情拍报设备从20世纪90年代使用的手摇电话、程控电话及单边带电台,到2007年国家防汛抗旱指挥系统济南水情分中心建成,水情信息处理传输能力显著提高,实现了水文信息的收集、整理、存储、查询、传输的网络化,初步构建了信息采集系统、水利卫星通信系统、基于公网的广域计算机网络系统。单站预报成果在山东黄河水文测报中发挥了重要参考作用。

第一节　水文情报

1991—2015年,山东水文水资源局按照黄委水文局、山东黄河河务局要求拍报水情,拍报站点、拍报方式、传递途径、拍报任务等,随着防汛要求、技术进步、站网调整等发生了相应变化。

一、水情拍报

(一)拍报测站

1991年,山东黄河水文测区水情拍报测站有高村、孙口、艾山、泺口、利津、陈山口6个基本水文站和苏泗庄、杨集、邢庙、国那里、黄庄、南桥、韩刘、北店子、刘家园、清河镇、张肖堂、道旭、麻湾、一号坝、西河口、十八公里16个常年观测水位站及贺洼、十里铺、邵庄、位山4个东平湖分洪专用水位站。

1993年6月1日起,邢庙水位站由常年观测水位站改为汛期水位站;道旭水位站1993年3月7日停止水位观测及拍报;十八公里水位站1995年9月1日撤站停止水位观测及拍报。1991—2015年水情拍报测站见表9-1。

表9-1　1991—2015年水情拍报测站

序号	站名	站码	站号	站别	2015年状况	说明
1	高村(四)	40105650	41374	水文站	正常测报	
2	孙口	40106350	41426	水文站	正常测报	
3	艾山(二)	40107100	41478	水文站	正常测报	

续表 9-1

序号	站名	站码	站号	站别	2015 年状况	说明
4	泺口(三)	40107450	41484	水文站	正常测报	
5	利津(三)	40108400	41516	水文站	正常测报	
6	陈山口(闸下二)上	41502403	41444	闸坝站	正常测报	
7	陈山口(闸下二)下	41502404	41446	闸坝站	正常测报	
8	陈山口(新闸下)上	41502421	41448	闸坝站	正常测报	
9	陈山口(新闸下)下	41502422	41449	闸坝站	正常测报	
10	苏泗庄(二)	40105850	41394	水位站	正常测报	
11	杨集(二)	40106100	41402	水位站	正常测报	
12	国那里(二)	40106550	41427	水位站	正常测报	
13	黄庄	40106850	41462	水位站	正常测报	
14	南桥(二)	40107050	41476	水位站	正常测报	
15	韩刘	40107140	41480	水位站	正常测报	
16	北店子(三)	40107400	41481	水位站	正常测报	
17	刘家园(二)	40107800	41486	水位站	正常测报	
18	清河镇	40108050	41498	水位站	正常测报	
19	张肖堂	40108150	41497	水位站	正常测报	
20	道旭(二)	40108200	41508	水位站	撤站	1993 年 3 月 7 日停测
21	麻湾	40108350	41507	水位站	正常测报	
22	一号坝(二)	40108500	41518	水位站	正常测报	
23	西河口(三)	40108650	41520	水位站	正常测报	
24	十八公里	40108950	41522	水位站	撤站	1995 年 9 月 1 日停测
25	邢庙	40106050	41400	汛期水位站	正常测报	1993 年 6 月 1 日改为汛期水位站
26	贺洼	40106730	41428	东平湖分洪专用水位站		
27	十里铺	40106700	41430	东平湖分洪专用水位站		
28	邵庄	40106750	41434	东平湖分洪专用水位站		
29	位山	40106900	41477	东平湖分洪专用水位站		

注:站码自 2006 年启用。

1991—2015 年,山东黄河水文测区高村、孙口、艾山、泺口 4 个水文站有雨量拍报任务。

(二)拍报时间

1991—2012 年,每年 6 月 15 日至 10 月 31 日为汛期水情拍报时间,11 月 20 日至次年 2 月底为凌汛期水情拍报时间,其他时间为非汛期;2013—2015 年汛期水情拍报时间变更为 6 月 1 日至 10 月 31 日。水文站和常年观测水位站非汛期也进行水情拍报。1991—1994 年,高村、孙口、艾山、泺口、利津 5 个干流水文站每年 6 月 1 日至 9 月底向国家防总和黄河防总加报每日 5 时水情(不含雨量)1 次(黄委水文局黄水情〔1991〕2 号),1995—2005 年改为每日向黄河防总加报 6 时水情(不含雨量)1 次。

(三)收报单位

1991—1994 年,高村、孙口、艾山、泺口、利津 5 个干流水文站直接向国家防总、黄河防总及所在地市河务局拍报水情(其中高村水文站还向濮阳河务局拍报水情),陈山口水文站闸门过水时向国家防总、黄河防总、东平湖防汛指挥部拍报水情。苏泗庄、邢庙、杨集、国那里、黄庄、南桥、韩刘、北店子、刘家园、清河镇、张肖堂、道旭、麻湾 13 个常年观测水位站向所在地(市)河务局拍报水情,汛期按要求向黄河防总拍报水情;一号坝、西河口、十八公里(1995 年 9 月 1 日撤站)3 个水位站除常年向所在地(市)河务局拍报水情外,汛期、凌汛期还向国家防总和黄河防总拍报水情。贺洼、十里铺、邵庄 3 个东平湖分洪专用水位站,东平湖分洪时或预约向黄河防总、所在地(市)河务局及东平湖防汛指挥部拍报水情。1993 年 6 月 1 日起,当高村水文站流量大于 3000 立方米每秒时,邢庙水位站向国家防总、黄河防总和所在地(市)河务局拍报水情。当孙口水文站流量大于 5000 立方米每秒时,位山专用水位站向黄河防总及所在地(市)河务局拍报水情。

1995 年起,所有水文站、水位站不再直接向国家防总拍报水情。

(四)拍报方式及传递途径

(1)1991—2006 年 4 月,各报汛站拍报水情的方式主要有:一是使用电话(手摇电话和程控电话)通过黄河通信线路向所在地(市)河务局报送水情,地(市)河务局将所辖河段各报汛站水情汇总后向山东黄河河务局转报,山东黄河河务局将潼关以下主要测站的水情汇总后电话传至各地(市)河务局和山东水文水资源局。同时各报汛水文站通过当地河务局黄河通信电话转接至当地邮电部门报房，向国家防总(5222 北京)和黄河防总(70895 郑州)拍报水情，其中高村、孙口水文站也可利用单边带电台直接向黄河防总拍报水情；二是使用黄河微波通信线路电话直接向黄委信息中心拍报水情，再由黄委信息中心向黄河防总和国家防总转报；三是使用淮委研发的报汛专用电话和报汛软件向黄河防总拍报水情。

(2)2006 年 5 月—2011 年，逐步形成了以 GSM、PSTN 为主的水情信息传输通道。2007 年 6 月济南水情分中心投入使用后，各水文站、水位站通过 RTU(集成 GSM 短信息通信模块的水文数据采集终端，下同)或手机短信方式将水情信息发送到济南水情分中心，济南水情分中心汇总校核后，利用"水情报文翻译入库软件"翻译入库，并由"报文系统"通过黄河下游微波信道传至黄委水文局水文水资源信息中心(黄委水文局信息中心，下同)，黄委水文局信息中心向黄河防总等单位转发。水情信息传输通道出现故障时，通过互联网发送至黄委水文局信息中心电子信箱，再由其向黄河防总等单位转发。

(3)2012—2015 年，形成了以互联网 VPN 与黄河下游微波信道为主、GSM 与水利卫星为辅的水情信息传输通道。水情信息传输有两种方式：一是各报汛站通过网络登录"基于公网的黄河水情拟校报系统"(山东水文水资源局自主研发)向济南水情分中心发送水情信息；二是通过 RTU 或手机短信向济南水情分中心发送水情信息。济南水情分中心将接收到的报汛站水情信息进行汇总校核，翻译入库，通过黄河下游微波信道或水利卫星信道发至黄委水文局信息中心。2012 年 4 月 24 日启用水情信息交换系统，与"报文系统"同时进行水情信息传输。水情信息传输通道出现故障时，通过互联网发送至黄委水文局信息中心电子信箱，再由黄委水文局信息中心翻译入库，通过水情信息交换系统与防汛抗旱指挥系统水情分中心对接实现数据交换。

二、拍报要求

(一)拍报依据

1991—2006 年 2 月，山东水文水资源局水情拍报依据水电部 1964 年 12 月颁布的《水文情报预报拍报办法》和 1985 年《水文情报预报规范》(SD 138—85)，按照黄委水文局、山东黄河河务局印发的"雨、水情拍报任务书"拍报。

2006 年 3 月 1 日—2015 年，依据水利部发布的《水情信息编码标准》(SL 330—2005)(2011 年修订后标准编号为 SL 330—2011)及上级印发的

“雨、水情拍报任务书”拍报。《水情信息编码标准》采用代码标识符加数据(值)描述的方法表示水文要素的标识及属性,标识符由英文字母和阿拉伯数字构成。

(二)拍报任务及标准

1991—2015 年,高村、孙口、艾山、泺口、利津 5 个干流水文站全年拍报水位、流量、含沙量、旬月水沙量,其中,高村、孙口、艾山、泺口水文站拍报降水量;苏泗庄等 16 个常年水位站全年拍报水位(1995 年 9 月 1 日以后 13 个常年水位站),以上测站凌汛期拍报气温、水温、冰情。陈山口水文站按闸坝站要求拍报水情。

1. 降水量

日、时段降水量:1991—1999 年,高村、孙口、艾山、泺口 4 个干流水文站汛期每日 8 时拍报 1 次,起报标准 5 毫米;2000—2012 年全年每日 8 时拍报 1 次,起报标准 1 毫米。

2013—2015 年,全年每日 8 时拍报 1 次降水量,采用翻斗式雨量计自动拍报的站,整点算起 0.5 小时发生降水时自动拍报时段降水量,通过 RTU 发至济南水情分中心再转发黄委水文局信息中心。

旬、月降水量:1991—1999 年,高村、孙口、艾山、泺口 4 个水文站,无论有无降水,汛期每月 11 日、21 日分别拍报上旬、中旬降水量,1 日除拍报上月下旬降水量外,还拍报上月全月降水量。2000—2015 年,无论有无降水,每月 11 日、21 日分别拍报上旬、中旬降水量,1 日拍报上月下旬降水量及上月全月降水量。

2. 水位、流量

1) 干流水文测站

拍报级别:1991—1999 年报汛级别分为 6 级。1 级每日 8 时拍报 1 次;2 级每日 8、20 时拍报 2 次;3 级每日 8、14、20、2 时拍报 4 次;4 级每日 8、11、14、17、20、23、2、5 时拍报 8 次;5 级每日 8、10、12、14、16、18、20、22、0、2、4、6 时拍报 12 次;6 级每日拍报 24 次,整点拍报。2000—2012 年,拍报级别在原来 6 级基础上增加了★级,按★级拍报的站,每日 8、12、14、16、20、0、4 时拍报 7 次。2013 年取消★级拍报级别,原★级对应的拍报标准执行 4 级 8 段制。

拍报标准:1991—1999 年,高村等 5 个干流各水文站流量小于 2000 立方米每秒,按 1 级拍报;2000 ~ 5000 立方米每秒时按 4 级拍报;高村水文站

5000~10000 立方米每秒(孙口水文站 5000~8000 立方米每秒)时按 5 级拍报,高村水文站 10000 立方米每秒(孙口水文站 8000 立方米每秒)以上时按 6 级拍报;艾山水文站及以下测站 5000 立方米每秒以上时,按 6 级拍报。水位站按任务书要求拍报,按预约加报。

2000—2012 年,高村等 5 个干流水文站流量小于 2000 立方米每秒,按 1 级拍报;2000~4000 立方米每秒时按★级拍报;高村、孙口水文站 4000~8000 立方米每秒时按 5 级拍报,8000 立方米每秒以上时按 6 级拍报;艾山、泺口、利津水文站 4000~5000 立方米每秒时按 5 级拍报,5000 立方米每秒以上时按 6 级拍报。2013—2015 年,★级对应的拍报标准执行 4 级 8 段制。

当水位(流量)达到起报或加报标准时,及时拍报水情。规定拍报洪水过程的站,及时加报起涨、洪峰、峰腰转折点及落平等特征水情。水位—流量关系呈绳套型的水文站,拍报洪峰时以最大流量为准则。1991—2006 年水文站在拍报实测流量时,单独列报,平水时可于次日 8 时拍报,洪水时随测随报。水位站起报标准按流量控制时,其流量系指距该站最近的上游水文站的同时段流量,拍报级别按报汛任务书执行。

2)陈山口水文站

1991—2015 年,陈山口、清河门两闸按闸坝站拍报规定拍报相关水情要素,按水情拍报任务书要求加报。

1991—1994 年,6 月 15 日至 10 月 31 日陈山口、清河门过水时闸上、闸下每日 8 时拍报 1 次水情;11 月 1 日至次年 6 月 14 日,陈山口、清河门闸下五日一报。

1995—2012 年,6 月 15 日至 10 月 31 日陈山口、清河门过水时闸上、闸下每日 8 时拍报 1 次水情,11 月 1 日至次年 6 月 14 日五日一报。

2013 年,6 月 1 日至 11 月 1 日陈山口、清河门过水时闸上、闸下每日 8 时拍报 1 次水情,11 月 2 日至次年 5 月 31 日五日一报。

2014—2015 年,6 月 1 日至次年 5 月 31 日陈山口、清河门过水时闸上、闸下每日 8 时拍报 1 次水情。

3.含沙量

1991—2015 年,高村等 5 个干流水文站汛期每日 8 时拍报 1 次沙情,含沙量不足 1.00 千克每立方米时可不拍报,25.0 千克每立方米以下于次日 8 时随水情拍报,达到或超过 25.0 千克每立方米时,随测随报,沙峰期间加报沙峰过程。

4. 旬、月水沙总量

旬、月径流量和输沙量,高村等5个干流水文站于旬末、月末后3日内报出;旬、月径流量或输沙量为零时也拍报,不得缺漏。

5. 冰情

1991—2015年,有冰情拍报任务的测站,每日8时拍报1次水情、气温、水温及冰情。当河道水情、冰情出现显著变化时,增加测报次数,并及时加报水情、冰情过程及封、开河时的洪峰水位、流量,特殊情况及时加报。

为提高水情信息报送质量,黄委水文局2005年印发《汛期水情报汛质量管理办法》,2008年6月印发《汛期水情报汛质量管理细则》,对黄委水文局所属各基层局报汛质量进行考核。每年6月1日—10月31日,黄委水文局对水文基础信息和实时水情信息进行考核,并以《黄河水情报汛简报》进行通报。考核内容包括报文数量、报送时效性(报汛时效性用到报率表示,即各类实时水情信息在20分钟内到达黄委水文局信息中心的正确报文数量占报文总数量的百分数)、错报数量、更正数量及水文基础信息数据更新是否及时、准确。

第二节　水文预报

山东水文水资源局主要按照洪水要素上、下游站相关法进行单站洪峰水位、洪峰流量及传播时间预报,预报结果用于指导水文站洪水测报。

一、单站洪水预报方法

(一)洪水要素经验相关法

洪水要素经验相关法是山东黄河水文测区单站预报主要的方法,山东黄河大部分河段无区间入流,个别河段虽有区间水量加入,但影响很小,在天然情况下,相邻站的洪峰流量相关关系较好,统计20世纪50年代以来山东黄河发生的大、中、小洪水资料,进行单站预报,根据水情做实时修正。

(二)马斯京根分段连续演算法

马斯京根法适宜黄河下游单站预报,在花园口水文站以下选定任意河段,由上游站向下游站逐河段推演,确定洪水推演起止时段、计算间隔时段,根据所选河段上游站实时水情,内插洪水推演起止时段内计算间隔时间的流量。

二、单站洪水预报

山东黄河水文测区单站预报要素主要为洪峰水位、洪峰流量、传播时间和洪峰过程预报。1991—2015 年,高村、孙口、艾山、泺口、利津 5 个干流水文站利用上、下游站水文要素相关法建立了单站预报方案。高村水文站统计分析了 1954—2015 年共计 70 次洪水资料;孙口水文站统计分析了 1954—2015 年共计 77 次洪水资料;艾山水文站统计分析了 1973—2015 年黄庄水位站和艾山水文站 32 年的洪水资料;泺口水文站统计分析了 1955—2015 年共计 69 次洪水资料;利津水文站统计分析了 1955—2015 年共计 66 次洪水资料。单站预报的洪峰流量、洪峰水位、峰现时间对各站做好洪水测报起到了参考作用,但由于黄河下游河道冲淤、洪水漫滩等对洪水演进的影响复杂,单站预报方法、预报精度尚需进一步研究、改进。

为提高艾山水文站洪水的预见期及预报精度,建立了黄庄水位—艾山水位—艾山流量相关关系,根据黄庄水位及时预报艾山水文站水位、流量,以控制艾山断面流量不超过 10000 立方米每秒。

第三节　信息化建设

信息化建设内容包括计算机网络、水文信息平台和视频会议建设,信息化建设是实现水文情报传输自动化、智能化的基础。

一、计算机网络建设

2002 年,山东水文水资源局通过百灵宽带(10M)实现了宽带上网,2003 年通过大功率无线网桥与济南勘测局、泺口水文站实现计算机网络连接,2008 年改为联通宽带(10M),2010 年局属 8 个基层单位全部实现了宽带上网。通过在互联网上建立 VPN 连接,实现了全局计算机网络的互联互通,局属各单位经济南水情分中心接入了黄委内网。

随着 2007 年"国家防汛抗旱指挥系统项目"、2010 年"黄河下游近期非工程措施建设——防汛计算机网络建设"和 2012 年"水利部新一代水利卫星通信系统"等项目建设完成,山东水文水资源局建成了以光纤接入山东黄河河务局信息中心连通黄委信息中心的上行主信道、基于互联网 VPN 连通局属各单位的下行主信道和水利卫星备用信道组成的网络传输通道。2011

年互联网出口带宽扩展为100M,山东水文水资源局初步构建了信息采集系统、水利卫星通信系统、基于公网的计算机广域网络系统。

二、水文信息平台建设

2015年11月,山东水文水资源局全面整合山东水文业务信息,建设山东黄河水文综合信息平台,通过调研,并综合山东黄河水文业务需求,2015年底编制了《山东黄河水文信息综合平台》研发方案,开始了《山东黄河水文信息综合平台》的研发。

三、视频会议终端建设

2009年12月,黄委水文局为山东水文水资源局配备宝利通视频会议终端,设备型号POLYCOM HDX8000,2010年1月28日首次使用视频会议系统参加黄委水文局召开的水文工作视频会议,至2015年运行正常,效果良好。

第十章　实验研究与技术创新

水文实验研究是水文科学技术研究的重要组成部分,为了探求黄河下游水文泥沙运动规律和河口河道演变规律,提高水文测报能力,根据水流泥沙运动理论通过外业观测水流泥沙变化和运行情况,收集连续的实验成果,通过分析,深化对各种水文现象的认识,进一步提高水文测报水平,为黄河治理、研究及沿岸工农业生产提供重要的实验数据和分析成果。1991—2015年,山东水文水资源局在基本水文规律研究、试验分析、测验方式方法及仪器设备革新改造等方面取得大量研究成果,山东黄河水文测报能力提升效果显著。

第一节　实验研究与技术创新项目

1991—2015年,山东水文水资源局为提升测报能力、改善工作环境、提高水文基础理论研究水平,进行了实验研究和测报技术创新。

一、项目来源

实验研究及分析项目的主要来源:黄委水文局黄河水文科技计划项目、黄河水文测报水平升级项目、黄河流域水资源保护局科研项目、山东黄河河务局科技计划项目和山东水文水资源局科技计划项目及自主项目等。

1991—2015年,山东水文水资源局完成了实验研究及技术分析项目87项,其中"973"国家重点项目1项,国家海洋公益性行业科研专项1项,黄河防汛科技项目2项,黄委水文局科技基金项目42项,山东黄河河务局科技计划项目2项,黄河流域水资源保护局科研项目2项,山东水文水资源局科技计划项目12项,自主项目25项。1991—2015年科技项目完成情况见表10-1。

二、获奖研究成果

1991—2015年,山东水文水资源局获省部级(含黄委)、黄委水文局、山东黄河河务局、山东省水利厅、黄河流域水资源保护局科技进步奖共83项。

表 10-1 1991—2015 年科技项目完成情况

序号	项目名称	任务来源	等级	完成时间	主要完成人
1	山东黄河宽滩断面洪水测报问题的探讨	黄委水文局	厅局级	1992.12	程进豪 赵树武
2	黄河下游假潮一般规律及对水沙量平衡影响的分析	黄委水文局	厅局级	1992.12	赵树廷
3	黄河山东段水污染动态和污染发展趋势的研究	黄委水文局	厅局级	1993.08	程进豪
4	小水小沙对黄河下游河道冲淤的影响	黄委水文局	厅局级	1997.03	霍瑞敬 杨凤栋 韩慧卿等
5	黄河口拦门沙与盐水楔特征及其演变	黄委水文局	厅局级	1997.05	庞家珍 刘浩泰 王　勇等
6	应用遥感动态图像分析黄河口清水沟流路演变过程及规律	黄委水文局	厅局级	1998.09	赵树廷 时连全 阎永新等
7	高村、孙口站漫滩洪水延长方法的研究	黄委水文局	厅局级	1998.12	苏启东 阎永新 崔传杰等
8	1996 年清 8 出汊工程对河口、河床演变的作用	山东黄河河务局	厅局级	1999.05	谷源泽 姜明星 徐丛亮等
9	山东黄河洪水及其洪水测报方案	黄委水文局	厅局级	1999.11	阎永新 张广海 王　华等
10	孙口水文站小水期水量偏大问题分析研究	黄委水文局	厅局级	2000.12	刘以泉 崔传杰 周建伟等
11	人工干预措施对黄河河口演变的影响	黄委水文局	厅局级	2000.04	谷源泽 徐丛亮 袁东良等
12	黄河下游山东河段漫滩洪水演进规律分析	山东黄河河务局	厅局级	2001.04	赵树廷 阎永新 李庆金等
13	LDXF 型缆道测验综合信号发生器	黄委水文局	厅局级	2001.06	张广海 李庆金 韩慧卿等
14	黄河河口滨海区信息管理系统	黄委水文局	厅局级	2001.12	徐丛亮 付作民 岳成鲲等
15	黄河复循环流路沙嘴延伸机制与行水年限分析	黄委水文局	厅局级	2002.03	谷源泽 徐丛亮 王　静等
16	黄河山东段小流量测验可靠性分析	黄委水文局	厅局级	2002.06	阎永新 崔传杰 张广海等
17	河道测验及普通水准测量数据处理软件	黄委水文局	厅局级	2002.06	田中岳 杨凤栋 霍瑞敬等
18	用 GPS 进行河道测验的实验研究	黄委水文局	厅局级	2002.12	霍瑞敬
19	山东水文水资源局局域网网站建设	黄委水文局	厅局级	2002.12	李庆金 万　鹏 韩慧卿等

续表 10-1

序号	项目名称	任务来源	等级	完成时间	主要完成人
20	GPS、全站仪河道测量操作规程的研究(一)	黄委水文局	厅局级	2003.10	高文永 霍瑞敬 姜明星等
21	自控式移动高压注油器研制	黄河水利委员会	省部级	2003.12	张永平 张广海 蔡锦勇等
22	水文测船流量测验系统研究	黄河水利委员会	省部级	2003.12	谷源泽 张广海 高文永等
23	YTL-A 型遥控太阳能测验标志灯研制	黄委水文局	厅局级	2003.12	张广海 李庆银 阎永新等
24	利用 GPS 全站仪进行河道测验的试验研究	黄委水文局	厅局级	2004.08	霍瑞敬 杨凤栋 姜明星等
25	GPS、全站仪河道测量操作规程的研究(二)	黄委水文局	厅局级	2004.08	姜明星 霍瑞敬 杨凤栋等
26	黄河三角洲近岸野外调查	华东师范大学	“973”国家重点项目08课题	2004.10	张建华 徐从亮 高国勇等
27	低水测验精度试验分析	黄委水文局	厅局级	2004.12	张永平 张广海 李庆金等
28	遥控悬杆测验设备	黄委水文局	厅局级	2005.10	徐长征 周建伟 李庆金等
29	SD-1 数字六分仪研制	黄委水文局	厅局级	2005.12	张广海 周建伟 姜明星等
30	利用在线监测技术开展黄河水质预警实验研究	黄委水文局	厅局级	2006.03	张永平 姜东生 王　伟等
31	水文缆道辅助设计程序的研制开发	黄委水文局	厅局级	2006.06	阎永新 厉明排 孙世雷等
32	黄河口河势图测绘软件的研究	黄委水文局	厅局级	2006.12	霍瑞敬 高振斌 宋中华等
33	黄河下游河道测深技术应用研究	黄委水文局	厅局级	2007.12	杨凤栋 陈纪涛 刘浩泰等
34	济南水源地量质统一监测及监测频次代表性试验研究	黄委水文局	厅局级	2008.05	李庆金 姜东生 王　伟等
35	黄河河口近海水域盐度、入海营养盐及调水调沙期自然保护区引水流量监测与研究项目	黄河水资源保护科学研究所	厅局级	2011.02	张建华 徐从亮 董春景等
36	MS2000 激光粒度仪电动手臂的研制	黄委水文局	厅局级	2011.03	张广海 李福军 李荣华等

续表 10-1

序号	项目名称	任务来源	等级	完成时间	主要完成人
37	黄河河口及附近海域测验操作规程	黄委水文局	厅局级	2011.05	霍瑞敬 陈纪涛 付作民等
38	离子色谱法在山东测区水质分析中的应用研究	黄委水文局	厅局级	2011.10	姜东生 时文博 陈纪涛等
39	NDT-1 电热自动量沙器的研制	黄委水文局	厅局级	2012.01	徐长征 时文博 尚俊生等
40	遥控闪光型太阳能测验标志灯推广应用	黄委水文局	厅局级	2012.03	张广海 李荣华 宋振苏等
41	MS2000 激光粒度仪电动手臂推广应用	黄委水文局	厅局级	2012.03	张广海 周建伟 孙世雷等
42	沙样水体自动控制分离器	黄委水文局	厅局级	2012.04	王　静 尚俊生 万　鹏等
43	LCX-1 型吊箱数字流向偏角仪研制	黄委水文局	厅局级	2012.06	张广海 尚俊生 霍家喜等
44	无验潮测验模式海域测量技术的应用研究(第一期)	黄委水文局	厅局级	2013.12	霍瑞敬 宋士强 杨凤栋等
45	TYBS-1 型推移质捕沙器研制及试验	黄委水文局	厅局级	2013.12	陈纪涛 刘　谦 孙玉琦等
46	TOC 和 COD 相关性研究及在黄河水质监测中的应用	黄委水文局	厅局级	2014.12	时文博 姜东生 丁丹丹等
47	ADCP 与 GPS 组合在非稳定河床条件下测流技术实验研究分析	黄委水文局	厅局级	2014.12	李庆金 李福军 周建伟等
48	水温在线遥测系统研制	黄委水文局	厅局级	2015.04	李庆金 张广海 李福军等
49	黄河口及邻近海域生态系统管理关键技术研究与应用示范	国家海洋局	省部级	2015.05	谷源泽 徐丛亮 张朝晖等
50	黄河河口水文泥沙监测及水生态站点建设	黄河水资源保护科学研究院	厅局级	2015.12	王雪峰 徐丛亮 高振斌等
51	水情报文实时校对系统开发	山东水文水资源局	处级	2010.12	万　鹏 张　利等
52	LJY-1 型水准测量量距仪研制	山东水文水资源局	处级	2011.01	张广海 刘凤学等

续表 10-1

序号	项目名称	任务来源	等级	完成时间	主要完成人
53	黄河口观测资料收集汇编	山东水文水资源局	处级	2011.08	陈俊卿 李小娟等
54	网络安全防护管理系统的应用研究	山东水文水资源局	处级	2012.01	万　鹏 张绍英等
55	“XZ-2 型智能流速记录仪”研制	山东水文水资源局	处级	2012.01	张广海 张　雨等
56	数字化艾山水文站测验断面全景地形图	山东水文水资源局	处级	2012.01	张　明 韩晓羽等
57	“缆道缆绳简捷上油器”研制	山东水文水资源局	处级	2012.01	李凤军 尚俊生等
58	“快捷河床质挖沙器”研制	山东水文水资源局	处级	2012.01	李凤军 刘以泉等
59	HD-370 全数字变频测深仪滨海区测验中的应用	山东水文水资源局	处级	2012.06	董春景 赵洪福等
60	基于公网的河道信息档案管理系统	山东水文水资源局	处级	2014.04	万　鹏 宋士强等
61	黄河下游河道数据管理平台升级改造	山东水文水资源局	处级	2014.05	高振斌 宋士强等
62	山东黄河单基站 CORS 系统建设及应用研究	山东水文水资源局	处级	2014.05	杨凤栋 董学刚等
63	黄河三角洲流路演变及对黄河下游的影响	自主		1994	庞家珍
64	黄河三角洲滨海区水下地形演变分析	自主		1998	姜明星 高文永
65	黄河口水沙变化对黄河三角洲发育和山东水资源利用影响研究	自主		1999	庞家珍 姜明星
66	黄河口径流、泥沙、海岸线变化及其发展趋势	自主		2000	庞家珍 姜明星 李福林
67	黄河口的观测研究	自主		2000	庞家珍
68	黄河三角洲陆海相互作用对近海环境资源影响研究	自主		2001	庞家珍
69	弯曲河段河道断面代表性分析	自主		2001	高文永 姜明星 霍瑞敬

续表 10-1

序号	项目名称	任务来源	等级	完成时间	主要完成人
70	黄河河口变化对黄河下游的影响	自主		2002	庞家珍
71	人工治理措施下黄河口河道变化发展趋势研究	自主		2002	高文永 姜明星 霍瑞敬
72	黄河河口演变	自主		2003	庞家珍 姜明星
73	下游河道数据管理平台的设计开发	自主		2005	田中岳 谷源泽 霍瑞敬
74	黄河调水调沙以来山东河段冲淤变化及水文特性分析	自主		2005	姜明星 霍瑞敬 张广海
75	黄河下游凌汛期河道水流演进计算分析	自主		2005	程晓明 王　静
76	GPS 基站系统多功能自动保护仪研制与应用	自主		2006	高振斌
77	山东黄河河道测量 GPS 基准转换参数的求解及应用研究	自主		2006	杨凤栋
78	山东黄河激光粒度分析仪推广应用与传统方法对比试验研究分析	自主		2006	吕　曼 扈仕娥 范文华
79	新式节能型水文测船吊缆收放设备研制	自主		2007	张广海
80	黄河河口近期演变	自主		2008	刘浩泰 霍瑞敬 陈纪涛
81	黄河山东河段水质变化分析	自主		2008	姜东生 王　伟
82	VNN 技术在水文专用网络建设中的应用研究	自主		2009	李作安
83	数字测深技术在黄河河道测验中的应用	自主		2011	杨凤栋
84	基于公网的黄河水情拟报系统	自主		2011	万　鹏
85	黄河水文技术档案管理信息系统	自主		2011	万　鹏
86	无验潮测验模式海域测量技术的应用研究(第二期)	自主		2013. 12	霍瑞敬 宋士强
87	孤东海堤及黄河口附近海域地形冲淤演变分析	自主		2014	付作民

其中,山东省科技进步奖三等奖 2 项(其中一项获得黄委科技进步二等奖);黄委科技进步奖三等奖 1 项;中国测绘学会优秀测绘工程铜奖 1 项;山东省科学技术协会优秀学术成果二等奖 1 项;山东省测绘行业协会优秀测绘工程奖 2 项(二等奖 1 项,三等奖 1 项);山东省水利厅科技进步奖一等奖 1 项;黄委水文局科技进步奖 69 项(二等奖 33 项,三等奖 32 项,四等奖 4 项);山东黄河河务局科技进步奖 2 项(一等奖 1 项,二等奖 1 项);黄河流域水资源保护局科技进步奖二等奖 4 项。1991—2015 年山东水文水资源局获奖项目见表 10-2。

第二节　科技论著

1991—2015 年,山东水文水资源局公开发表学术论文、出版学术专著,部分论文获得黄委水文局等上级单位奖励。

一、论文著作

1991—2015 年,山东水文水资源局出版著作 10 部,在学术刊物上公开发表水文科技论文 134 篇,参加学术交流的水文科技论文 59 篇。1991—2015 年出版著作见表 10-3,1991—2015 年公开发表的科技论文见表 10-4,1991—2015 年参加学术交流的科技论文见表 10-5。

二、获奖学术论文

1991—2015 年,山东水文水资源局获省部级、黄委水文局、山东黄河河务局优秀论文奖共 25 项,其中获山东省科学技术协会优秀论文三等奖 1 项;山东省水利学会优秀论文奖 2 项;山东黄河河务局科技论文二等奖 2 项;黄委水文局科技论文奖 20 项(优秀论文奖 1 项,一等奖 1 项,二等奖 1 项,三等奖 15 项,四等奖 2 项)。1991—2015 年获奖论文见表 10-6。

第三节　技术革新改造

1991—2015 年,山东水文水资源局共完成技术革新和技术改造 133 项,其中获黄委水文局浪花奖 96 项(一等奖 10 项,二等奖 41 项,三等奖 45 项),获黄委三新认证的项目 61 项、获国家发明专利 6 项,获国家实用新型专利 13 项。1991—2015 年技术革新和技术改造项目见表 10-7。

表 10-2　1991—2015 年山东水文水资源局获奖项目

序号	成果(项目)名称	授奖单位	等级	授奖文号	授奖时间	主要完成人
1	黄河三角洲陆海相互作用对近海环境资源影响研究	山东省科技进步奖评委会	科技进步三等奖		2001	庞家珍 姜明星
2	黄河三角洲胜利滩海油区海岸蚀退观测与研究	山东省人民政府	科技进步三等奖（黄委科技进步二等奖，2006 年）		2008	谷源泽 李中树 燕峒胜 浦高军 张建华 徐丛亮 姜明星等
3	山东黄河水资源利用效益分析与展望	黄河水利委员会	科技进步三等奖		1996	程进豪 李祖正 王学金
4	东营市滨海生态城防潮堤工程海域测量	中国测绘学会	优秀测绘工程铜奖		2013	周建伟 宋中华 霍瑞敬 宋士强 李福军等
5	黄河山东段流量测验精度实验	山东省科学技术协会	优秀学术成果二等奖		1992	程进豪 李祖正
6	刁口河流路河道淤积测验体系建设	山东省测绘行业协会	优秀工程二等奖		2015	张建华 武广军 岳成鲲 董春景 霍瑞敬等
7	2014 年黄河下游河道淤积断面全断面测量	山东省测绘行业协会	优秀工程三等奖		2015	霍瑞敬 岳成鲲 杨凤栋 宋士强 董学刚等
8	山东黄河挖河固堤启动工程原型观测试验研究	山东黄河河务局	科技进步一等奖		1999	王昌慈 高文永 刘景国 姜明星 乔富荣等
9	黄河口水沙变化对黄河三角洲发育和山东水资源利用影响研究	山东省水利厅	科技进步一等奖		1999	庞家珍 姜明星
10	CSSY 型船用测深测速仪	黄委水文局	科技进步二等奖	黄水科技〔2000〕3 号	2000	张广海 郭立新 时连全 阎永新 安连华
11	河道数据库管理系统	黄委水文局	科技进步二等奖	黄水科技〔2000〕3 号	2000	田中岳 王　华 霍瑞敬 霍家喜 杨凤栋
12	弯曲河段河道断面代表性分析	黄委水文局	科技进步二等奖	黄水科技〔2001〕5 号	2001	高文永 姜明星 霍瑞敬 张广泉 王　华

续表 10-2

序号	成果(项目)名称	授奖单位	等级	授奖文号	授奖时间	主要完成人
13	人工干预措施对黄河河口演变的影响	黄委水文局	科技进步二等奖	黄水科技〔2001〕5 号	2001	谷源泽 徐丛亮 袁东良 刘浩泰 马永来 吴 鸿
14	孙口水文站小水期水量偏大问题分析研究	黄委水文局	科技进步二等奖	黄水科技〔2001〕5 号	2001	刘以泉 崔传杰 周建伟 阎永新 李庆金
15	测站管理信息系统	黄委水文局	科技进步二等奖	黄水科技〔2004〕8 号	2004	谷源泽 田中岳 李庆金 张广海 李庆银 王景礼 万 鹏 李作安 张建萍
16	GPS、全站仪河道测量操作规程研究外业对比观测试验技术分析报告	黄委水文局	科技进步二等奖	黄水科技〔2004〕8 号	2004	高文永 霍瑞敬 姜明星 杨凤栋 王 华 王 静 宋中华
17	自控式移动高压注油器研制	黄委水文局	科技进步二等奖	黄水科技〔2005〕11 号	2005	张永平 张广海 蔡锦勇 李庆金 谷源泽等
18	水文测船流量测验系统研究	黄委水文局	科技进步二等奖	黄水科技〔2005〕11 号	2005	谷源泽 张广海 高文永 周建伟 孙世雷等
19	下游河道数据管理平台	黄委水文局	科技进步二等奖	黄水科技〔2005〕11 号	2005	谷源泽 田中岳 霍瑞敬 杨凤栋 蒋昕晖等
20	利用在线监测技术开展黄河水质预警实验研究	黄委水文局	科技进步二等奖	黄水科技〔2006〕4 号	2006	张永平 姜东生 王伟 李庆银 李跃奇等
21	遥控悬杆测验设备研制	黄委水文局	科技进步二等奖	黄水科技〔2007〕3 号	2007	徐长征 周建伟 李庆金 张广海 刘以泉等
22	水文缆道辅助设计程序的研制开发	黄委水文局	科技进步二等奖	黄水科技〔2007〕3 号	2007	阎永新 厉明排 孙世雷 扈仕娥 周建伟等

续表 10-2

序号	成果(项目)名称	授奖单位	等级	授奖文号	授奖时间	主要完成人
23	黄河河口近期演变	黄委水文局	科技进步二等奖	黄水科技〔2009〕7号	2009	刘浩泰 霍瑞敬 陈纪涛 付作民 陈俊卿
24	黄河下游河道测深技术应用研究	黄委水文局	科技进步二等奖	黄水科技〔2009〕7号	2009	杨凤栋 陈纪涛 刘浩泰 董学刚 刘风学等
25	外业测绘仪器便携式太阳能供电充电器研制	黄委水文局	科技进步二等奖	黄水科技〔2010〕10号	2010	刘风学 陈纪涛 张广海 董学刚 孙　芳等
26	济南水源地量质统一监测及监测频次代表性试验研究	黄委水文局	科技进步二等奖	黄水科技〔2010〕10号	2010	李庆金 姜东生 王　伟 霍家喜 杨秀丽等
27	沙样水体自动控制分离器	黄委水文局	科技进步二等奖	黄水科技〔2012〕8号	2012	王　静 尚俊生 万　鹏 耿　蕊 孟宪静等
28	数字测深技术在黄河河道测验中的应用	黄委水文局	科技进步二等奖	黄水科技〔2012〕8号	2012	杨凤栋 董　磊 陈学虞 杨　峰 左传翠等
29	离子色谱法在黄河水质分析中的应用研究	黄委水文局	科技进步二等奖	黄水科技〔2012〕8号	2012	姜东生 时文博 陈纪涛 董春景 张　利等
30	基于公网的黄河水情拟校报系统	黄委水文局	科技进步二等奖	黄水科技〔2012〕8号	2012	万　鹏 周建伟 张广海 杨秀丽 尚俊生等
31	黄河河口及附近海域测验操作规程研究	黄委水文局	科技进步二等奖	黄水科技〔2012〕8号	2012	霍瑞敬 陈纪涛 付作民 陈俊卿 宋中华等
32	黄河水文技术档案管理信息系统	黄委水文局	科技进步二等奖	黄水科技〔2012〕8号	2012	万　鹏 周建伟 张广海 时文博 宋士强等
33	黄河下游河道观测(专著)	黄委水文局	科技进步二等奖	黄水科技〔2013〕3号	2013	霍瑞敬 孙　芳 马　勇 刘风学等

续表 10-2

序号	成果(项目)名称	授奖单位	等级	授奖文号	授奖时间	主要完成人
34	耿井水库沉沙池使用年限论证报告	黄委水文局	科技进步二等奖	黄水科技〔2013〕3 号	2013	徐丛亮 何传光 付作民 高振斌 董春景等
35	无验潮模式海域测量技术的应用研究(第一期)	黄委水文局	科技进步二等奖	黄水科技〔2014〕7 号	2014	霍瑞敬 宋士强 杨凤栋 高振斌 田　慧等
36	LCX-1 型吊箱数字流向偏角仪研制	黄委水文局	科技进步二等奖	黄水科技〔2014〕7 号	2014	张广海 尚俊生 霍家喜 孙世雷 李福军等
37	TYBS-1 型推移质捕沙器研制及试验	黄委水文局	科技进步二等奖	黄水科技〔2014〕7 号	2014	陈纪涛 刘　谦 孙玉琦 孟宪静 霍瑞敬等
38	山东黄河单基站 CORS 系统建设及应用研究	黄委水文局	科技进步二等奖	黄水科技〔2014〕7 号	2014	杨凤栋 董学刚 宋士强 李　玲 左传翠等
39	基于公网的河道信息档案管理系统	黄委水文局	科技进步二等奖	黄水科技〔2014〕7 号	2014	万　鹏 宋士强 王　静 李福军 陈立强等
40	水温在线遥测系统研制	黄委水文局	科技进步二等奖	黄水科技〔2015〕3 号	2015	李庆金 张广海 李福军 周建伟 何付志等
41	TOC 和 COD 相关性研究及在黄河水质监测中的应用	黄委水文局	科技进步二等奖	黄水科技〔2015〕3 号	2015	时文博 姜东生 丁丹丹 刘　敏 李庆银等
42	广北水库沉沙池使用年限论证报告	黄委水文局	科技进步二等奖	黄水科技〔2015〕3 号	2015	徐丛亮 陈俊卿 李丽丽 高振斌 付作民
43	山东黄河水环境污染与保护对策研究	山东黄河河务局	科技进步二等奖	鲁黄水科技〔1998〕6 号	1998	程进豪 李景芝 渠　康 刘存功 马吉让
44	黄河干流山东河段纳污量调查报告	黄河流域水资源保护局	科技进步二等奖		1999	姜东生 李景芝 程进豪 马吉让 刘存功

续表 10-2

序号	成果(项目)名称	授奖单位	等级	授奖文号	授奖时间	主要完成人
45	黄河山东河段入河排污口调查研究	黄河流域水资源保护局	科技进步二等奖	黄护科〔2007〕5号	2007	姜东生 马吉让 王　伟 刘存功 霍家喜等
46	鲁豫缓冲区水质站点设置及入河排污口调查报告	黄河流域水资源保护局	科技进步二等奖	黄护科〔2007〕5号	2007	李庆金 王　伟 姜东生 马吉让 周建伟等
47	黄河山东河段水质变化分析	黄河流域水资源保护局	科技进步二等奖	黄护科〔2009〕4号	2009	姜东生 王　伟 霍家喜 苏拥军 刘　谦等
48	山东黄河宽滩断面漫滩洪水测报问题的探讨	黄委水文局	科技进步三等奖	黄水办〔1993〕43号	1993	程进豪 赵树武
49	近年来黄河口演变规律及今后十年演变预测	黄委水文局	科技进步三等奖	黄水办〔1995〕29号	1995	高文永 张广泉 姜明星 韩　富
50	黄河下游河道冲淤演变(1950—1990)	黄委水文局	科技进步三等奖	黄水办〔1995〕29号	1995	庞家珍 张广泉 霍瑞敬 韩　富
51	黄河山东段水环境污染动态分析	黄委水文局	科技进步三等奖	黄水办〔1995〕29号	1995	程进豪 王　宁 李景芝 刘存功
52	黄河下游假潮一般规律及水沙量平衡影响的分析	黄委水文局	科技进步三等奖	黄水办〔1995〕29号	1995	赵树廷 阎永新
53	黄河山东段河床糙率分析	黄委水文局	科技进步三等奖	黄水办〔1996〕43号	1996	程进豪 安连华 王　华 王维美
54	黄河河口演变及其治理原则	黄委水文局	科技进步三等奖	黄水办〔1996〕43号	1996	庞家珍 杨凤栋 谷源泽 姜明星
55	黄河河口拦门沙水沙运动特征	黄委水文局	科技进步三等奖	黄水办〔1996〕43号	1996	司书亨 张广泉 高文永
56	黄河三角洲滨海区水下地形演变分析	黄委水文局	科技进步三等奖	黄水科技〔1998〕4号	1998	姜明星 高文永
57	山东黄河水环境监测采样代表性综合分析	黄委水文局	科技进步三等奖	黄水科技〔1998〕4号	1998	程进豪 李景芝 李祖正 王维美 马吉让
58	水文生产定额分析	黄委水文局	科技进步三等奖	黄水科技〔1999〕6号	1999	时连全 安连华 程晓明
59	高村孙口站漫滩洪水高水延长方法的研究	黄委水文局	科技进步三等奖	黄水科技〔2000〕3号	2000	苏启东 阎永新 崔传杰
60	山东黄河洪水及其洪水测报方案	黄委水文局	科技进步三等奖	黄水科技〔2000〕3号	2000	阎永新 张广海 王　华 苏启东 李庆金
61	人工治理措施下黄河口河道变化发展趋势研究	黄委水文局	科技进步三等奖	黄水科技〔2002〕8号	2002	高文永 姜明星 霍瑞敬 王　静 陈纪涛 王　华 于　敏

续表 10-2

序号	成果(项目)名称	授奖单位	等级	授奖文号	授奖时间	主要完成人
62	“引黄济津”位山引黄闸流量系数分析及泄流曲线率定	黄委水文局	科技进步三等奖	黄水科技〔2003〕9 号	2003	阎永新 李庆金 王　静 崔传杰 张广海 万　鹏 李存才
63	黄河口复循环流路沙嘴延伸机制与行水年限分析	黄委水文局	科技进步三等奖	黄水科技〔2003〕9 号	2003	谷源泽 徐丛亮 王　静 李金萍
64	河道测验及普通水准测量数据处理软件	黄委水文局	科技进步三等奖	黄水科技〔2003〕9 号	2003	田中岳 杨凤栋 霍瑞敬 王学金 刘凤学
65	东平湖及周围环境评价与分析	黄委水文局	科技进步三等奖	黄水科技〔2003〕9 号	2003	高文永 姜东生 马吉让 刘桂珍 李景芝
66	黄河河口滨海区信息管理系统	黄委水文局	科技进步三等奖	黄水科技〔2003〕9 号	2003	徐丛亮 付作民 岳成鲲 高国勇 郝喜旺
67	山东黄河中常洪水水位特高对防洪的影响与对策研究	黄委水文局	科技进步三等奖	黄水科技〔2003〕9 号	2003	程进豪 王学金 王　华 吕　曼 崔传杰
68	东平湖水库分洪运用中河道水文变化规律研究与艾山下泄流量控制方法探讨	黄委水文局	科技进步三等奖	黄水科技〔2004〕8 号	2004	程进豪 王学金 吕　曼 崔传杰 刘小红等
69	利用 GPS、全站仪进行河道测验的试验研究	黄委水文局	科技进步三等奖	黄水科技〔2005〕11 号	2005	霍瑞敬 杨凤栋 姜明星 刘浩泰 王　华等
70	低水测验精度试验分析	黄委水文局	科技进步三等奖	黄水科技〔2006〕4 号	2006	张永平 张广海 李庆金 姜明星 崔传杰等
71	黄河口河势图测绘软件的研究	黄委水文局	科技进步三等奖	黄水科技〔2007〕3 号	2007	霍瑞敬 高振斌 宋中华 陈纪涛 王景礼等
72	徒骇河、潮河海洋水文及潮洪组合特征值分析报告	黄委水文局	科技进步三等奖	黄水科技〔2007〕3 号	2007	李世举 姜明星 王　静 崔传杰 范国庆等

续表 10-2

序号	成果(项目)名称	授奖单位	等级	授奖文号	授奖时间	主要完成人
73	华能石岛湾核电厂工程可行性研究海洋水文专用站观测专题报告	黄委水文局	科技进步三等奖	黄水科技〔2008〕3 号	2008	刘浩泰 陈纪涛 霍瑞敬 霍家喜 薄其民等
74	SD-1 数字六分仪研制	黄委水文局	科技进步三等奖	黄水科技〔2008〕3 号	2008	张广海 周建伟 姜明星 何付志 霍家喜等
75	德龙铁路德大线控制测量项目	黄委水文局	科技进步三等奖	黄水科技〔2011〕7 号	2011	宋中华 霍瑞敬 宋士强 董学刚 付作民等
76	MS2000 激光粒度仪电动手臂研制	黄委水文局	科技进步三等奖	黄水科技〔2011〕7 号	2011	张广海 李福军 李荣华 刘浩泰 宋振苏等
77	孤东海堤及黄河口附近海域地形冲淤演变分析报告	黄委水文局	科技进步三等奖	黄水科技〔2013〕3 号	2013	付作民 赵洪福 李　宁 王云玲 王福恩等
78	GPS 数字测深仪在瑞安温瑞塘河清淤工程中的应用	黄委水文局	科技进步三等奖	黄水科技〔2013〕3 号	2013	姜明星 刘风学 许　栋 董　磊 刘巧元等
79	郓城苏阁黄河浮桥桥位迁移防洪评价报告	黄委水文局	科技进步三等奖	黄水科技〔2015〕3 号	2015	霍瑞敬 宋士强 刘　昀 霍家喜 罗永平
80	山东黄河水资源水质评价报告	黄委水文局	科技进步四等奖	黄水办〔1991〕39 号	1991	程进豪
81	烟台黄海热电工程 灰场施工图设计水文勘测报告	黄委水文局	科技进步四等奖	黄水办〔1995〕29 号	1995	高文永 霍瑞敬
82	黄河山东段水文站单站洪水预报分析	黄委水文局	科技进步四等奖	黄水办〔1995〕29 号	1995	程进豪 谷源泽 李祖正 李庆金
83	小水小沙与黄河下游河道冲淤的关系	黄委水文局	科技进步四等奖	黄水科技〔1999〕6 号	1999	霍瑞敬 杨凤栋 韩慧卿 李庆银

表 10-3　1991—2015 年出版著作

序号	著作名称	出版时间	出版卷（期）	出版单位	作者姓名
1	山东黄河水文特性综合分析	1999.04	1999 年 4 月第 1 次印刷	黄河水利出版社	程进豪 谷源泽 李祖正 安连华 李存才等
2	黄河河口基本情况及基本规律	2004.05		武汉大学出版社	谢鉴衡 庞家珍
3	黄河三角洲与渤、黄海陆海互相作用研究	2005.03	2005 年 3 月第 1 版	科学出版社	黄海军、李凡、庞家珍、乐肯堂、李士国等
4	黄河三角洲胜利滩海油区海岸蚀退与防护研究	2006.03	2006 年 3 月第 1 版	黄河水利出版社	燕峒胜、蒲高军、张建华等
5	黄河河口水文测验	2008.12	2008 年 12 月第 1 版	黄河水利出版社	陈纪涛 刘浩泰 刘巧元等
6	黄河下游河道观测	2010.10	2010 年 10 月第 1 版	黄河水利出版社	霍瑞敬 孙　芳 马　勇等
7	山东黄河水环境及河道测验	2013.09	2013 年 9 月第 1 版	黄河水利出版社	刘存功 刘　敏 丁丹丹等
8	山东黄河水质监测及未来发展研究	2014.11		吉林人民出版社	姜东生 王　伟 董学阳等
9	山东黄河河道特性与水文特性综合分析	2015.08		光明日报出版社	周建伟 万　鹏 孙世雷等
10	黄河调水调沙对黄河下游河道及河口影响与评价	2015.12	2015 年 12 月第 1 版	西安出版社	岳成鲲 高振斌 陈俊卿 张　利 付作民等

表 10-4　1991—2015 年公开发表的科技论文

序号	论文名称	刊物名称	发表时间	出版卷（期）	出版单位	作者姓名
1	山东黄河干河引起的思考	黄河史志资料	1991.06	第 2 期	黄河史志资料编辑部	庞家珍
2	山东黄河宽滩断面洪水测报问题探讨	人民黄河	1992.08	第 8 期	人民黄河杂志社	程进豪 赵树武
3	黄河山东段水质评价	人民黄河	1992.09	第 9 期	人民黄河杂志社	程进豪
4	黄河下游河道冲淤演变(1950—1990)	山东水利科技	1992.04	第 4 期	山东水利科技编辑部	庞家珍 张广泉 霍瑞敬 韩　富
5	LJ-4 型流速仪计数器简介	水文	1992.04	第 2 期	中国水利水电出版社	张广海
6	胜利引黄闸撤除泵船实现自流引水的水文分析	山东水利科技	1994.03	第 3 期	山东水利科技编辑部	程进豪 安连华 王　华等
7	山东黄河泥沙特性及沙峰运行规律	人民黄河	1994.04	第 4 期	人民黄河杂志社	程进豪 谷源泽 李祖正等
8	论黄河三角洲流路演变及河口治理的指导原则	人民黄河	1994.05	第 5 期	人民黄河杂志社	庞家珍
9	黄河口清水沟流路现状及其演变	人民黄河	1994.05	第 5 期	人民黄河杂志社	高文永 张广泉 姜明星等
10	黄河山东段水质污染趋势分析	人民黄河	1994.10	第 10 期	人民黄河杂志社	程进豪 王　宁 李景芝等
11	黄河三角洲流路演变及对黄河下游的影响	海洋湖沼通报	1994.09	第 3 期	海洋湖沼通报杂志社	庞家珍
12	黄河山东段水环境动态分析	水资源保护	1995	第 1 期	水资源保护出版社	程进豪 王　宁 李景芝等
13	水文缆道循环索托架简介	水文	1995.08	第 4 期	中国水利水电出版社	游立潜 李庆金

续表 10-4

序号	论文名称	刊物名称	发表时间	出版卷（期）	出版单位	作者姓名
14	黄河水体 COD_{Mn} 样品保存对监测结果影响的分析	人民黄河	1995.10	第 10 期	人民黄河杂志社	程进豪 李景芝 刘存功等
15	黄河下游假潮一般规律及对水沙量平衡影响的分析	水文	1996.01	第 1 期	中国水利水电出版社	赵树廷 阎永新
16	一种水文缆道主索保护装置	水文	1996.04	第 2 期	中国水利水电出版社	程进豪 安连华 张广海
17	黄河河口水文特征及河口演变	黄河水文	1996.10			庞家珍
18	黄河山东段河床糙率分析	水利学报	1997.01	第 1 期	水利学报杂志社	程进豪 安连华 王　华 王维美
19	黄河山东段“96·8”洪水特性分析	人民黄河	1997.05	第 5 期	人民黄河杂志社	阎永新 李庆金 张广海等
20	HSLJ 型流速仪计数器	水文	1997.06	第 3 期	中国水利水电出版社	张广海 马登月 王学金
21	黄河山东段悬移质泥沙测验方法探讨	山东水利科技	1997.06	第 6 期	山东水利科技编辑部	范文华 扈仕娥
22	黄河河口清水沟流路演变及其治理措施分析	人民黄河	1997.07	第 7 期	人民黄河杂志社	高文永 张广泉 姜明星等
23	黄河口清水沟流路演变分析	泥沙研究	1997.09	第 3 期	中国水利水电出版社	高文永 张广泉 姜明星 韩　富
24	黄河口拦门沙与盐水楔特征及其演变	海洋湖沼通报	1997.09	第 3 期	海洋湖沼通报杂志社	庞家珍 刘浩泰 王　勇等

续表 10-4

序号	论文名称	刊物名称	发表时间	出版卷(期)	出版单位	作者姓名
25	小型灌注桩的施工	山东农机化	1997.09	第5期	山东农机化杂志社	阎永新 王景礼 唐 通
26	1997年1月孙口河段特殊冰情分析	山东水利科技	1998.04	第4期	山东水利科技编辑部	阎永新 王 静 李宪景等
27	精密水温记录仪	无线电	2000.03	第3期	无线电杂志社	张广海 崔传杰 阎永新 郭立新
28	黄河高村、孙口站漫滩洪水高水延长方法的研究	水文	2000.06	第3期	中国水利水电出版社	苏启东 阎永新
29	黄河口清8出汊工程的作用及对河口演变的影响	泥沙研究	2000.10	第10期	中国水利水电出版社	谷源泽 姜明星 徐丛亮等
30	黄河口径流、泥沙、海岸线变化及其发展趋势	海洋湖沼通报	2000.12	第4期	海洋湖沼通报杂志社	庞家珍 姜明星 李福林
31	黄河口的观测研究工作	黄河史志资料	2000.12	第4期	黄河史志资料编辑部	庞家珍
32	利津水文站吊箱缆道系统的改造经验	人民黄河	2001.01	第1期	人民黄河杂志社	高振斌 张 利 崔久云等
33	黄河口海域地形特征与冲淤演变分析	山东水利	2001.09	第9期	山东水利杂志编辑部	陈俊卿 张建华 高国勇 杨金荣
34	提高认识促进水文事业发展	中国水利	2001.09	增刊	中国水利杂志编辑部	刘以泉
35	水文测船悬杆测验设备技术改造	水文	2001.12	第6期	中国水利水电出版社	张广海 刘以泉 李庆金等

续表 10-4

序号	论文名称	刊物名称	发表时间	出版卷（期）	出版单位	作者姓名
36	黄河山东段“假潮”期水文测报方法分析	人民黄河	2001.03	第3期	人民黄河杂志社	谷源泽 刘以泉 崔传杰 阎永新
37	黄河山东河段水体近况浅析	山东环境	2002.04	环境保护科技论文专辑	山东环境编辑部	霍家喜 刘存功 刘延美
38	黄河“96·8”洪水现象及下游河床整治思路	泥沙研究	2002.08	第8期	中国水利水电出版社	郭继旺 刘以泉
39	黄河水沙对水环境的影响	黄河水利职业技术学院学报	2003.04	第4期	黄河水利职业技术学院	牛明颖 王 伟 王 静
40	黄河河口演变（Ⅰ）	海洋湖沼通报	2003.09	第3期	海洋湖沼通报杂志社	庞家珍 姜明星
41	黄河河口演变（Ⅱ）	海洋湖沼通报	2003.12	第4期	海洋湖沼通报杂志社	庞家珍 姜明星
42	无线遥控新型测验标志灯	无线电	2003.05	第5期	无线电杂志社	张广海
43	YTL-A 型遥控太阳能测验标志灯	水文	2003.12	第6期	中国水利水电出版社	张广海
44	2002年黄河调水调沙试验河口形态变化	泥沙研究	2004.05	第5期	中国水利水电出版社	张建华 徐丛亮 高国勇
45	NRXJT 精密数字水温测量台	水利水文自动化	2004.09	第3期	水利水文自动化编辑部	孙世雷 张广海
46	黄河口孤东及新滩海域蚀退分析	人民黄河	2004.11	第11期	人民黄河杂志社	张建华 陈俊卿 何传光 崔玉刚
47	山东黄河水资源及水环境与沿黄经济发展关系	水资源与水工程学报	2004.12	第6期	西北农林科技大学	范文华 王 静 扈仕娥等

续表 10-4

序号	论文名称	刊物名称	发表时间	出版卷（期）	出版单位	作者姓名
48	黄河口孤东及新滩海域流场调查分析	人民黄河	2004. 12	第 12 期	人民黄河杂志社	陈俊卿 张建华 崔玉刚 何传光
49	黄河山东段水文实测水面比降评价	泥沙研究	2005. 06	第 6 期	泥沙研究编辑部	韩慧卿 杨秀丽 王瑞云等
50	黄河山东段泥沙冲淤特性分析	人民黄河	2005. 09	增刊	人民黄河杂志社	杨凤栋 扈仕娥 马卫民
51	黄河三角洲地区生态环境问题探讨	人民黄河	2005. 09	增刊	人民黄河杂志社	李荣华 张　利 王振生 张汝军
52	黄河下游凌汛封河期河道水流演变分析	水利建设与管理	2005. 10	第 5 期	水利建设与管理编辑部	王　静 张广海
53	黄河下游凌汛典型年来水条件下凌汛河道水量演算	水利建设与管理	2005. 10	第 5 期	水利建设与管理编辑部	程进豪 阎永新
54	连续小水对山东黄河河道的影响及对策	水资源与水工程学报	2006. 04	第 2 期	西北农林科技大学	扈仕娥 扈仕勇 孙世雷
55	关于实现山东黄河水功能区划的对策探讨	昆明理工大学学报(理工版)	2006. 04	第 31 卷 第 2A 期	昆明理工大学	王景礼 王　伟 姜　蕾
56	黄河山东段入河排污现状分析及管理对策建议	昆明理工大学学报(理工版)	2006. 04	第 31 卷 第 2A 期	昆明理工大学	王景礼 刘巧元 姜　蕾
57	黄河下游滩区滞洪沉沙作用分析	人民黄河	2006. 08	增刊	人民黄河杂志社	李庆银 李存才 程晓明等
58	GPS 测量的优化组织与调度	人民黄河	2006. 08	第 8 期	人民黄河杂志社	董继东 董学刚 姜洪利等

续表 10-4

序号	论文名称	刊物名称	发表时间	出版卷（期）	出版单位	作者姓名
59	黄河第四次调水调沙泥沙扰动效果分析	人民黄河	2006. 09	第 9 期	人民黄河杂志社	刘巧元
60	黄河三角洲湿地生态环境需水量计算	山东师范大学学报	2006. 09	第 9 期	山东师范大学	程晓明 李庆银 李存才等
61	黄河口的观测与研究	人民黄河	2006. 10	增刊	人民黄河杂志社	庞家珍
62	浅谈砼施工中应注意的几点	建筑信息	2006. 11	第 11 期		陈立强 袁宝华 王景礼
63	黄河山东段低水期流速流向分布分析	人民黄河	2007. 01	第 1 期	人民黄河杂志社	阎永新 周建伟 李荣华等
64	水文信息电话专用电源的研制	水利水文自动化	2007. 03	第 1 期	水利水文自动化编辑部	张广海 常顺山 霍家喜等
65	黄河下游凌汛期河道水流演进计算分析	水资源与水工程学报	2007. 04	第 2 期	西北农林科技大学	李存才 程晓明 万鹏等
66	浅谈黄河水资源对山东经济发展的影响	中国人口资源与环境	2007. 03	第 3 期	山东师范大学	刘延美 刘巧元 王贞珍 陈云飞
67	清 8 出汊流路首次自然分汊摆动机理与启示	人民黄河	2007. 04	第 4 期	人民黄河杂志社	徐丛亮 郝喜旺 赵艳芳等
68	孤东海域海滩侵蚀现状及海堤加固方案探讨	人民黄河	2007. 04	第 4 期	人民黄河杂志社	李树彬 付作民 高振斌等
69	GPS 技术在黄河下游河道测验中的应用	人民黄河	2007. 07	第 7 期	人民黄河杂志社	董学刚 董继东 刘德存等

续表 10-4

序号	论文名称	刊物名称	发表时间	出版卷（期）	出版单位	作者姓名
70	黄河口汊 1—汊 2 河段河势演变分析及治理	人民黄河	2007.08	第 8 期	人民黄河杂志社	高振斌 尚应庆 李树彬等
71	SZF2-1 型波浪浮标系留锚系统的改进与应用	人民黄河	2007.07	增刊	人民黄河杂志社	李厥常 薄其民 郝喜旺等
72	SZF2-1 型波浪浮标的应用及常见故障处理	人民黄河	2007.07	增刊	人民黄河杂志社	薄其民 高振斌 崔玉刚等
73	Trimble 5700 GPS RTK 定位系统在送电线路中的应用	农业知识	2007.10	第 10 期	山东农业知识杂志社	刘风学 张 利 郭立新等
74	GPS RTK 技术应用实解	农业知识	2007.10	第 10 期	山东农业知识杂志社	郝喜旺 刘风学 张利等
75	GPS、全站仪车载专用工频电源设计	农业知识	2007.10	第 10 期	山东农业知识杂志社	刘风学 许 栋 张 利等
76	运用洪水资源提升东平湖水库综合运用效能	人民黄河	2007.07	增刊	人民黄河杂志社	刘以泉 王庆斌
77	平原地区城市产汇流计算方法的改进及验证	人民黄河	2008.02	第 2 期	人民黄河杂志社	张 利 宋士强 张艳红
78	基于熵权的模糊物元模型在水权分配中的应用	人民黄河	2008.08	第 8 期	人民黄河杂志社	张 利 宋士强 张艳红等
79	黄河山东测区测流受工程和人类活动影响及对策	中国水利	2008.11	第 22 期	中国水利报社	贾 柱 周建伟 崔传杰 王明虎

续表 10-4

序号	论文名称	刊物名称	发表时间	出版卷（期）	出版单位	作者姓名
80	黄河山东段水质变化趋势分析	人民黄河	2009	增刊	人民黄河杂志社	时文博 李　超 马卫民等
81	1996—2007 年黄河新口门造陆分析	人民黄河	2009.03	第 3 期	人民黄河杂志社	陈俊卿 李小娟 杨金荣等
82	主索入地角对水文缆道受力影响的分析	人民黄河	2009.04	第 4 期	人民黄河杂志社	阎永新 郭立新 王明虎等
83	黄河口湿地水环境监测项目分析	水资源与水工程学报	2009.08	第 4 期	西北农林科技大学	岳成鲲 阎永新 郝喜旺等
84	主索垂度对水文缆道受力影响的分析	水利规划与设计	2009.12	第 12 期	水利规划与设计杂志社	刘　谦 阎永新 单玉兰等
85	黄河水文科技与水文发展	水资源与水工程学报	2010.04	第 2 期	西北农林科技大学	孟宪静 蒋公社 孟繁设等
86	水文缆道主索加载垂度影响因素的分析	人民黄河	2010.04	第 4 期	人民黄河杂志社	阎永新 厉明排 王德忠等
87	黄河山东段“假潮”现象及其测报整编方法	人民黄河	2010.07	第 7 期	人民黄河杂志社	王德忠 阎永新 单玉兰等
88	非接触式超声波水位计常见故障与排除	科技信息	2010.07	第 7 期	科技信息杂志社	蒋公社 赵洪福 安　鹏等
89	水情自动传输与接收系统故障分析与维修	人民黄河	2010.08	增刊	人民黄河杂志社	蒋公社 孟繁设 赵洪福等
90	黄河来水变化对山东引水的影响及对策	人民黄河	2010.08	增刊	人民黄河杂志社	付作民 宋振苏 李小娟等

续表 10-4

序号	论文名称	刊物名称	发表时间	出版卷(期)	出版单位	作者姓名
91	船舶轴系常见故障及校中质量分析	人民黄河	2010.08	增刊	人民黄河杂志社	张汝军
92	船舶舵机系统组成与安全检查浅析	人民黄河	2010.08	增刊	人民黄河杂志社	张汝军
93	黄河下游复式河槽高村(四)站河床阻力分布特性分析	水文	2010.10	第5期	中国水利水电出版社	张　利 王德忠 时文博等
94	黄河下游复式河槽比降特性	人民黄河	2010.12	第12期	人民黄河杂志社	万　鹏 苏树义 刘　谦等
95	黄河河口段近期水质状况分析	海洋湖沼通报	2010.12	第4期	海洋湖沼通报杂志社	霍家喜 苏拥军 耿　蕊
96	利津水文站吊箱缆道系统的改造经验	人民黄河	2011.01	第1期	人民黄河杂志社	高振斌 张　利 崔久云等
97	GPS 工程测量网数据处理与质量评估方法研究	测绘工程	2011.08	第8期	测绘工程编辑部	宋中华 周命端 张玉生等
98	工程措施在黄河调水调沙中的作用	人民黄河	2011.08	增刊	人民黄河杂志社	徐丛亮 马光清 杨金荣等
99	黄河水资源与山东引黄灌溉的关系	城市建设理论研究	2011.08	第24期	城市建设理论研究杂志社	马光清 王福恩 杨金荣等
100	水文资料整编数据处理软件的设计及应用	水资源与水工程学报	2011.10	第5期	西北农林科技大学	王　静 李庆金 厉明排等
101	连续流动分析在监测黄河水质中挥发酚、氰化物的应用研究	山东师范大学学报	2011.12	第12期	山东师范大学	丁丹丹 程晓明 程迎春
102	连续流动分析仪注意事项及故障处理	现代仪器	2012.06	第3期	中国科学器材进出口总公司	丁丹丹 刘　敏 韩晓羽

续表 10-4

序号	论文名称	刊物名称	发表时间	出版卷（期）	出版单位	作者姓名
103	小浪底水库调水调沙对黄河下游河道冲淤影响分析	水资源与水工程学报	2012. 10	第 5 期	西北农林科技大学	付春兰 李庆银 王庆斌 李　倩
104	遥控闪光型 LED 测验标志灯的研制	水利信息化	2012. 08	第 4 期	水利信息化编辑部	张广海 孙世雷 王贞珍
105	水文测验吊箱防落水红外保护器的研制	水利信息化	2012. 10	第 5 期	水利信息化编辑部	张广海 孙世雷 王贞珍 董春景
106	UV-2601 紫外分光光度计在黄河山东水质监测中的应用	山东师范大学学报	2012. 01	第一期	山东师范大学	刘存功 刘　敏 丁丹丹等
107	黄河三角洲地区生态环境问题研究	科技信息	2013. 01	第 1 期	科技信息杂志社	刘存功 尚俊生 刘　敏等
108	山东黄河水质监测断面分布与监测参数研究	科技信息	2013. 02	第 3 期	科技信息杂志社	刘存功 刘　敏 孙佳秀等
109	回归分析在高村水文站水沙预报中的应用	人民黄河	2013. 05	第 5 期	人民黄河杂志社	李庆金 孟宪静 刘　丽等
110	黄河河口尾闾与三角洲演变过程机制解析	人民黄河	2013. 12	第 12 期	人民黄河杂志社	徐丛亮 李金萍 李广雪等
111	黄河口附近海域海底地形特征分析	人民黄河	2013. 12	增刊 2	人民黄河杂志社	高国勇 李丽丽 李永军 李　宁
112	黄河高含沙洪水悬移质泥沙及其组成特性	人民黄河	2013. 12	增刊 2	人民黄河杂志社	高国勇 李文平 李永军 李　宁
113	HD-307 全数字变频测深仪在滨海区测验中的应用	人民黄河	2013. 12	增刊 2	人民黄河杂志社	董春景 蒋公社 孟繁设等

续表 10-4

序号	论文名称	刊物名称	发表时间	出版卷(期)	出版单位	作者姓名
114	黄河山东段水质评价与趋势分析	科技信息	2013.12	第 23 期	科技信息杂志社	刘存功 霍瑞敬 刘 敏等
115	湿地生态需水量计算方法研究	人民黄河	2013.12	增刊 2	人民黄河杂志社	刘 昀 郭金星 魏 振等
116	黄河调水调沙入海切变锋分析	人民黄河	2014.01	第 1 期	人民黄河杂志社	徐丛亮 李金萍 谷 硕等
117	黄河入海口门现状及近期河势变化分析	人民黄河	2014.02	增刊 2	人民黄河杂志社	李丽丽 安 鹏 庞 进等
118	黄河口湿地生态需水及补水研究	人民黄河	2014.02	增刊	人民黄河杂志社	李丽丽 李小娟 王云玲等
119	测绘仪器在四川高速公路测量中的应用	科技信息	2014.02	第 4 期	科技信息杂志社	刘风学 尚俊生 尚景伟等
120	GPS 测深仪在河道清淤测量中的应用	水利规划与设计	2014.03	第 3 期	水利规划与设计编辑部	刘风学 刘宝贵 郭金星
121	水库优化调度与下游河道健康发展的关系	中国水运	2014.09	第 9 期	中国水运报刊社	付春兰 杨秀丽 辛 齐等
122	GPS 技术在水利工程测量中的应用分析	商品与质量	2014.12	第 12 期	商品与质量杂志社	王云玲 卢书慧 李美玉
123	黄河三角洲湿地生态补水引水能力分析	人民黄河	2014.12	增刊	人民黄河杂志社	高振斌 庞 进 高 洁等

续表 10-4

序号	论文名称	刊物名称	发表时间	出版卷（期）	出版单位	作者姓名
124	黄河入海泥沙造陆与河口来水来沙的关系	城市建设理论研究	2015.05	第14期	城市建设杂志社	霍瑞敬 许　栋 辛　齐
125	黄河河口段水环境因子演变分析	科技视界	2015.06	第18期	科技视界杂志社	霍家喜 姜明星
126	GPS 工程控制网数据处理研究及精度分析	城市建设理论研究	2015.07	第21期	城市建设杂志社	李作安 陈若楠 高　源等
127	黄河口清水沟流路现行河道拦门沙演变	城市建设理论研究	2015.07	第21期	城市建设杂志社	宋士强 张艳红 高　源等
128	黄河三角洲自然保护区生态补水保证流量研究	城市建设理论研究	2015.07	第5卷 第21期	城市建设杂志社	宋士强 董　韬 张艳红等
129	水情信息网络报汛系统的设计与应用	水资源与水工程学报	2015.10	第5期	西北农林科技大学	万　鹏 孙世雷 张建国等
130	黄河山东测区水文吊箱缆道应用及发展趋势探讨	人民黄河	2015.10	第10期	人民黄河杂志社	阎永新 姜东生 万　鹏等
131	山东黄河典型漫滩洪水来源、演进特征及近年河道冲淤变化分析	水资源与水工程学报	2015.10	第5期	西北农林科技大学	阎永新 杨凤栋 尚俊生等
132	滴定法测定总硬度精密性偏性试验及质量控制图分析	工程技术	2015.11	第11期	工程技术杂志社	姜东生 王　伟 苏拥军 李华栋
133	黄河下游河道淤积测量误差分析和冲淤计算方法的研究	工程技术	2015.11	第11期	工程技术杂志社	霍瑞敬 李荣华 杨金泉
134	调水调沙对黄河山东河段水文特性的影响	人民黄河	2015.12	第12期	人民黄河杂志社	姜东生 阎永新 王　静

表 10-5　1991—2015 年参加学术交流的科技论文

序号	论文名称	交流会或出版名称	交流时间	交流或出版单位	作者姓名
1	断面冲淤对测流精度的影响	1991 年全国水文水资源科技学术会交流	1991	水利部水文局	程进豪 李祖正
2	持续干旱下山东沿黄水资源的供需矛盾及对策	1994 年山东省水资源学术交流会交流	1994	山东水利科技编辑部	苏启东 丁吉龙 曹兆福
3	黄河局部地区“89・7”暴雨洪水分析	干旱地区突发性洪水国际学术交流会	1994	山东水利科技编辑部	苏启东 杨凤栋 丁吉龙 韩慧卿
4	Flurial Process of The Yellow River Estuary and The Principle of The Regulation	第二届国际水科学与工程讨论会论文集	1995.03	清华大学出版社	庞家珍 杨凤栋 谷源泽等
5	山东黄河宽滩复式断面最大洪水及低水流量不确定度估算及水量平衡验证	山东省水文专业学术会交流	1995.05		苏启东 杨凤栋 丁吉龙 韩慧卿
6	悬移质泥沙测验方法探讨	水文专业二次会议交流	1995.05	水利部水文局	谷源泽 王学金 李存才 张广海
7	山东东平湖的水质污染动态分析及防污综合治理	1995 年中国海洋湖沼学会年会交流	1995.09	海洋湖沼通报杂志社	苏启东 丁吉龙 李宪景
8	治黄方略浅议	潘季驯治河理论与实践学术研讨会论文集	1995.09		庞家珍
9	近年来黄河口演变规律及今后十年演变预测	第二届全国泥沙基本理论学术研讨会	1995.11	中国建材工业出版社	高文永 张广泉 姜明星等
10	山东黄河水资源利用效益分析与展望	全国水政水资源科技研讨会	1995.11	水政水资源编辑部	程进豪 李祖正 王学金等
11	Fluvial Process for the Qingshuigou River Course of the Yellow River Estuary	泥沙变化产生的问题和造成的影响会议	1998.11	德国 IHP/OHP 与中国 IHP 联合主办	高文永 张广泉 姜明星 韩　富

续表 10-5

序号	论文名称	交流会或出版名称	交流时间	交流或出版单位	作者姓名
12	黄河河口变化对黄河下游的影响	黄河河口问题及治理对策研讨会专家论坛	2002.03	黄河水利出版社	庞家珍
13	2001 年东平湖水库陈山口闸下河道泄洪能力分析	第九届全国水利水电工程青年学术交流会	2002.09	大连理工大学出版社	刘以泉 张广海 崔传杰等
14	人工治理措施下黄河口河道发展变化趋势研究	第五届海峡两岸水利工程与管理研讨会	2002.12	台湾经济部水利署	高文永 姜明星 霍瑞敬等
15	黄河下游悬河治理方略	中国水利学会 2003 学术论文集	2003	中国三峡出版社	刘以泉
16	小浪底水库的运用对山东河段泥沙组成的影响	中国水力发电工程学会水文泥沙专业委员会第四届学术讨论会	2003.09	广西电力工业勘察设计研究院	范文华 扈仕娥 王　静等
17	黄河口拦门沙区基本特征及近几年变化情况	第六届海峡两岸多沙河川治理与管理研讨会	2003.12	黄河水利委员会	高文永 姜明星
18	对黄河下游治理方略的几点思考	黄河下游治理方略专家论坛	2004.11		庞家珍
19	黄河河口地区湿地的变化和面临的问题及对策措施	山东水利科技论坛 2006 文集	2006.11	山东科学技术出版社	王景礼 高振斌 袁宝华
20	山东黄河水资源保护问题分析与对策建议	山东水利科技论坛 2006 文集	2006.11	山东科学技术出版社	刘延美 王景礼 刘巧元
21	黄河滩区对下游河道行洪及冲淤的影响	山东水利科技论坛 2006 文集	2006.11	山东科学技术出版社	李庆银 杨秀丽 程晓明 李存才

续表 10-5

序号	论文名称	交流会或出版名称	交流时间	交流或出版单位	作者姓名
22	黄河三角洲湿地生态需水量研究	山东水利科技论坛 2006 文集	2006.11	山东科学技术出版社	程晓明 李庆银 李存才
23	风暴潮侵袭对黄河三角洲湿地生态的危害与防护	山东水利科技论坛 2006 文集	2006.11	山东科学技术出版社	李存才 程晓明 李庆银
24	调水调沙对黄河山东河段的冲淤影响分析	山东水利科技论坛 2006 文集	2007.06	山东省水利学会	高振斌 崔玉刚 岳成鲲
25	黄河东营段河道冲淤对引供水的影响	山东水利科技论坛 2006 文集	2007.06	山东省水利学会	陈俊卿 高振斌 何传光
26	节制对黄河水资源的过度索取，恢复黄河生态良性维持	第三届黄河国际论坛论文集	2007.10	黄河水利出版社	庞家珍 杨凤栋
27	黄河东营段河道冲淤对引供水的影响	山东水利科技论坛 2007	2007.08	山东科学技术出版社	陈俊卿 高振斌 何传光等
28	黄河三角洲滨海区冲淤变化分析	山东水利科技论坛 2007	2007.08	山东科学技术出版社	陈俊卿 杨金荣 蒋公社等
29	山东黄河滩区生产堤对洪水过程演进影响的分析	第四届黄河国际论坛	2009.10	黄河水利出版社	王 静 李福军 贾 柱等
30	黄河下游河道 GPS 控制网的布设实践	2012 中国水文学术讨论会	2012.11	河海大学出版社	董学刚 杨凤栋 郭立新等

续表 10-5

序号	论文名称	交流会或出版名称	交流时间	交流或出版单位	作者姓名
31	GPS 技术在黄河下游河道控制网建设中的应用	2012 中国水文学术讨论会	2012.11	河海大学出版社	董学刚 杨凤栋 孙芳等
32	黄河三角洲刁口河流路附近海区变化分析	2012 中国水文学术讨论会	2012.11	河海大学出版社	霍瑞敬 宋中华 宋士强
33	黄河河口尾间摆动演变过程与机制探析	2012 中国水文学术讨论会	2012.11	河海大学出版社	徐丛亮 李金萍 李广雪
34	黄河下游冰情变化趋势分析	2012 中国水文学术讨论会	2012.11	河海大学出版社	程晓明 马志瑾 霍家喜 盖永智
35	陆海相互作用下黄河调水调沙洪峰入海水沙演进规律研究	2012 中国水文学术讨论会	2012.11	河海大学出版社	徐丛亮 高国勇 崔玉刚等
36	东平湖水库运用对黄河下游河道冲淤变化分析	2012 中国水文学术讨论会	2012.11	河海大学出版社	张　利 万　鹏 宋振苏等
37	平原地区城市产汇流计算改进模型	2012 中国水文学术讨论会	2012.11	河海大学出版社	李庆金 周建伟 宋士强等
38	L2TP 技术在山东黄河虚拟动态专网中的应用	2012 中国水文学术讨论会	2012.11	河海大学出版社	万　鹏 马德辉 马德龙
39	黄河山东段假潮现象及测报整对策探讨	2012 中国水文学术讨论会	2012.11	河海大学出版社	阎永新 王学金 刘　谦等

续表 10-5

序号	论文名称	交流会或出版名称	交流时间	交流或出版单位	作者姓名
40	流冰河道水质自动站采样泵自动定位装置研制	2012 中国水文学术讨论会	2012. 11	河海大学出版社	张广海 宋振苏 魏 振等
41	激光粒度仪工作泵专用电动手臂的研制	2012 中国水文学术讨论会	2012. 11	河海大学出版社	张广海 王学金 宋士强
42	水文缆道基础施工精确定位方法实践	2012 中国水文学术讨论会	2012. 11	河海大学出版社	李庆金 阎永新 王学金等
43	SD-1 数字六分仪研制	2012 中国水文学术讨论会	2012. 11	河海大学出版社	张广海 王学金 魏 振
44	水文吊箱缆道自喷式上油器的研制	2012 中国水文学术讨论会	2012. 11	河海大学出版社	王学金 庞 进 厉明排等
45	遥控悬杆测验设备研制	2012 中国水文学术讨论会	2012. 11	河海大学出版社	张广海 王学金 张建国等
46	ZD400 型光电测沙仪试验初探	2012 中国水文学术讨论会	2012. 11	河海大学出版社	周建伟 厉明排 宋士强等
47	直立式水尺防冰方法试验	2012 中国水文学术讨论会	2012. 11	河海大学出版社	董学阳
48	悬移质泥沙分析自动供排水装备的研制	2012 中国水文学术讨论会	2012. 11	河海大学出版社	周建伟 宋士强 董 韬等
49	紫外分光光度法测定水体中硝酸盐氮的研究	2012 中国水文学术讨论会	2012. 11	河海大学出版社	刘存功 时文博 丁丹丹等

续表 10-5

序号	论文名称	交流会或出版名称	交流时间	交流或出版单位	作者姓名
50	黄河下游凌汛开河期凌峰水量下泄过程演算方法探讨	2012 中国水文学术讨论会	2012.11	河海大学出版社	程晓明 刘东旭 李庆银等
51	模糊物元分析法在黄河流域水权分配中的应用	2012 中国水文学术讨论会	2012.11	河海大学出版社	李庆金 周建伟 宋士强等
52	生产堤对黄河长平滩区的影响分析	2012 中国水文学术讨论会	2012.11	河海大学出版社	李庆金 周建伟 张广海等
53	黄河上游水量减少原因分析	2012 中国水文学术讨论会	2012.11	河海大学出版社	程晓明 蒋秀华 时文博等
54	黄河河口地区湿地现状分析研究	2012 中国水文学术讨论会	2012.11	河海大学出版社	刘存功 丁丹丹 霍家喜等
55	黄河河口段近期河道冲淤变化分析	第十六届海峡两岸多砂河川整治与管理研讨会	2013.05	黄河研究会	霍瑞敬 刘新民 高 源
56	黄河泥沙对总磷测试方法的影响分析	第十六届海峡两岸多砂河川整治与管理研讨会	2013.05	黄河研究会	马吉让
57	黄河入海切变锋与尾闾摆动演变解析	中国海洋学会 2013 年学术年会	2013.09	中国海洋学会	徐丛亮 李金萍 郭 菲等
58	调水调沙十年对黄河口及邻近海域水下地貌的影响	中国海洋学会 2013 年学术年会	2013.09	中国海洋学会	徐丛亮 谷 硕 付作民等
59	小浪底水库运用前后黄河下游水流沙的变化分析	中国水利学会 2015 学术年会	2015.10	河海大学出版社	付春兰 李庆银 李 倩

表 10-6　1991—2015 年获奖论文

序号	论文名称	授奖单位	等级	授奖时间	主要完成人
1	黄河下游河道冲淤演变(1950—1990)	山东省科学技术协会	三等奖	1995	庞家珍 张广泉 霍瑞敬 韩　富
2	山东黄河水文工作的建立与发展	山东水利学会	优秀学术论文奖	1992	庞家珍
3	黄河口拦门沙与盐水楔特征及其演变	山东水利学会	二等奖	1997	庞家珍 刘浩泰 王 勇 韩慧卿 姜明星
4	论黄河三角洲流路演变及河口治理的指导原则	黄委水文局	优秀论文奖	1992	庞家珍
5	黄河河口演变(Ⅰ)(Ⅱ)	黄委水文局	一等奖	2004	庞家珍 姜明星
6	近年来黄河口演变规律及今后十年演变预测	山东黄河河务局	二等奖	1996	高文永 张广泉 姜明星 韩　富
7	黄河山东段河床糙率分析	山东黄河河务局	二等奖	1996	程进豪 安连华 王　华 王维美
8	黄河口孤东及新滩海域流场调查分析	黄委水文局	二等奖	2005	陈俊卿 张建华 崔玉刚
9	东平湖及周围水环境分析	黄委水文局	三等奖	2003	姜东生 刘存功 刘桂珍
10	山东黄河水环境存在的问题与保护措施	黄委水文局	三等奖	2003	姜东生 刘桂珍 尚应庆
11	黄河山东段 1986—1996 年水沙变化特点	黄委水文局	三等奖	2003	吕　曼
12	SYG-II 型智能冷原子荧光测汞仪在水环境监测中的应用	黄委水文局	三等奖	2004	马吉让 陈志凌 尚俊生
13	黄河口孤东及新滩海域蚀退分析	黄委水文局	三等奖	2005	张建华 陈俊卿 何传光
14	对黄河下游治理方略的几点思考	黄委水文局	三等奖	2005	庞家珍
15	黄河三角洲海岸及滨海区演变与河口流路、入海水沙的关系	黄委水文局	三等奖	2005	姜明星 杨凤栋 霍瑞敬
16	黄河山东段断流后的复流	黄委水文局	三等奖	2005	何传光 刘延荣 刘　丽
17	山东黄河水资源形势和可持续利用对策	黄委水文局	三等奖	2005	郑庆元 王　静 王德忠
18	连续小水对山东黄河河道的影响及对策	黄委水文局	三等奖	2006	扈仕娥 扈仕勇 孙世雷
19	黄河山东段泥沙冲淤特性分析	黄委水文局	三等奖	2006	杨凤栋 扈仕娥 马卫民
20	南北展工程河道防凌能力综合分析	黄委水文局	三等奖	2006	王　静 李存才
21	黄河口三角洲湿地生态环境需水量计算	黄委水文局	三等奖	2007	程晓明 李庆银 李存才
22	黄河汊 1—汊 2 河段河势演变分析及治理	黄委水文局	三等奖	2008	高振斌 尚应庆 李树彬
23	GPS、全站仪河道测量与传统作业方法的精度分析	黄委水文局	三等奖	2009	高振斌 王福恩 蒋公社
24	山东黄河泥沙特性及沙峰运移规律	黄委水文局	四等奖	1997	程进豪 谷源泽 李祖正 王　华
25	黄河山东段洪水运移特性分析	黄委水文局	四等奖	1997	程进豪 谷源泽 李祖正 李庆金

表 10-7　1991—2015 年技术革新和技术改造项目

序号	项目名称	主要完成人	获黄委水文局浪花奖（年份等级）	获黄委三新认证时间	获得国家专利情况
1	ELD/S-260 电动手动两用吊箱	张广海 谷源泽 阎永新 高文永 郭立新	2002 年一等奖	2002 年	
2	电控防冻自动量沙器的研制	徐长征 周建伟 李春莲 陈学虞 刘德存 张建国 王明刚	2008 年一等奖	2011 年	2013 年获国家实用新型专利
3	小钢板船铅鱼升降系统研制	郭立新 赵云奉 张　明 王明虎 梅胜利 李作安 杨　峰	2009 年一等奖		
4	节能式遥控基线、断面照明设备的研制与应用	刘　谦 孟宪静 尚俊生 单玉兰 孙玉琦 刘运生 陈文铎	2009 年一等奖	2009 年	
5	测深仪声速/水深校正器的研制	杨凤栋 赵信祥 左传翠 杨　峰 梅胜利 殷复忠 苏树义	2011 年一等奖	2012 年	2012 年获国家实用新型专利
6	吊箱防落水红外保护器研制	张　利 李福军 张广海 周建伟 董春景 梅胜利 杨　峰	2011 年一等奖	2012 年	2012 年获国家实用新型专利
7	水质自动站水样采集位置自动控制系统研制	姜东生 张广海 周建伟 宋振苏 李荣华 黄国立 高　源	2012 年一等奖	2012 年	
8	新型水文测验 GPS 适配器	刘风学 代永辉 郭金星 吴　潇 陈学虞 盖永智 王利雁	2015 年一等奖		
9	多用途电动绞车智能控制仪研制	张广海 李言鹏 王向明 丁心瑞 张艳红 何付志 杨金泉	2015 年一等奖	2015 年	
10	服务器虚拟化技术在水文信息系统中的应用	万　鹏 杨　钊 王　静 李言鹏 刘　昀 王向明 厉　玮	2015 年一等奖		
11	WPM7100-A 型移动式遥测水位计	谷源泽 张广海 周　密 阎永新 李庆金	2002 年二等奖	2002 年	
12	山东黄河水文测验资料处理程序	阎永新 张广海 李庆金 王　静 崔传杰	2002 年二等奖	2002 年	

续表 10-7

序号	项目名称	主要完成人	获黄委水文局浪花奖（年份等级）	获黄委三新认证时间	获得国家专利情况
13	NRGIA 精密水温记录仪	张广海 崔传杰 阎永新 郭立新 韩慧卿	2002 年二等奖	2002 年	
14	CSJ 型船用变频调速绞车	张广海 郭立新 时连全 阎永新 赵云奉	2002 年二等奖	2002 年	
15	悬杆测验设备改造	张广海 刘以泉 郭继旺 王　静 周建伟	2002 年二等奖	2002 年	
16	SV300 绘图软件开发与应用	陈俊卿 付作民 岳成鲲 何传光 薄其民	2002 年二等奖	2003 年	
17	EDDybd/S-260 型遥控变频调速电动/手动测验吊箱	张广海 李庆金 谷源泽 韩慧卿 王振生 曾莲芝 崔久云	2003 年二等奖	2002 年	
18	基本水文资料电算整编数据加工录入系统	王　静 厉明排 范文华 李存才 田中岳 张广海 崔传杰	2003 年二等奖	2005 年	
19	EHS-30 型低水测验水文绞车	孙世雷 张广海 李庆金 韩慧卿 万　鹏	2003 年二等奖	2005 年	
20	ZSX-3 型流速流向仪应用	陈俊卿 何传光 王　华 王学金 蒋公社	2004 年二等奖		
21	YKYC-200 型遥控遥测吊箱缆道测验系统开发研制	高文永 王效孔 张广海 李世举 钞增平 李学春 张永平	2005 年二等奖		
22	远程数据传输技术在水环境实时监测中的应用	姜东生 万　鹏 王　伟 杨秀丽 范国庆 陈立强 刘桂珍	2005 年二等奖		
23	水文机动测船遥控启闭装置研制	徐长征 张广海 周建伟 刘以泉 姜洪利 李凤军 张文利	2006 年二等奖		
24	2005 年黄河下游调水调沙运用泥沙扰动试验原型观测及效果分析	董继东 刘巧元 刘宝贵 马卫民 姜　蕾 李　玲	2006 年二等奖		

续表 10-7

序号	项目名称	主要完成人	获黄委水文局浪花奖（年份等级）	获黄委三新认证时间	获得国家专利情况
25	新型锚式河床质取样器	刘风学 姜洪利 陈兆云 王守光 陈鲁新 苏照辉 梅胜利	2006 年二等奖		2013 年获国家实用新型专利
26	山东黄河河道测量 GPS 基准转换参数的求解及应用研究	杨凤栋 董继东 扈仕娥 董学刚 霍瑞敬 陈纪涛 刘巧元	2006 年二等奖	2007 年	
27	山东黄河激光粒度分析仪推广应用及与传统方法对比试验研究分析	吕　曼 扈仕娥 姜明星 范文华 王秀芳 扈仕勇 贾　柱	2006 年二等奖		
28	XXL-2 型流速测算仪	李庆金 张广海 王景礼 李荣华 周建伟 霍家喜 姜　蕾	2006 年二等奖		
29	河道电子考证管理系统	董学刚 刘延荣 马卫民 王桂勤 杨　峰 董进东 宋玉敏	2007 年二等奖	2007 年	
30	新式节能型水文测船吊缆收放设备研制	张广海 周建伟 霍家喜 谢学东 王景礼 梁海燕 王庆斌	2007 年二等奖	2007 年	
31	新型测量杆触地端的研制	杨凤栋 陈学虞 宋玉敏 胡道峰 张　明 张兆云 王明虎	2008 年二等奖		2013 年获国家实用新型专利
32	泥沙室全自动供排水系统的研制与应用	徐长征 周建伟 陈学虞 俞福聚 张建国 许传玲 张文利	2008 年二等奖		
33	水文缆道灌注桩基础地脚螺栓及地锚一种精确定位方法	阎永新 刘　谦 李福军 袁　华 王贞珍 张建国 王明刚	2008 年二等奖		

续表 10-7

序号	项目名称	主要完成人	获黄委水文局浪花奖（年份等级）	获黄委三新认证时间	获得国家专利情况
34	全自动排式太阳能温水供应设备研制	徐长征 陈学虞 俞福聚 许传玲 张文利 刘德存 杨道法	2008 年二等奖		
35	吊箱防落水装置研制	张广海 李作安 郭立新 万　鹏 张　利 李存才 王　静	2008 年二等奖		
36	EXD/S-200 节能型电动吊箱	张广海 周建伟 李福军 万　鹏 张建国 宋中华 俞福聚	2009 年二等奖	2009 年	
37	Bathy-500DF/MF 水文回声测深仪安装杆的研制	杨凤栋 董继东 马卫民 许　栋 宋玉敏 杨　峰 张厚宪	2009 年二等奖		2011 年获国家发明专利
38	主索入地角对水文缆道受力影响的分析	阎永新 郭立新 王明虎 王德忠 王明刚 梅胜利 孙佳秀	2009 年二等奖		
39	锅炉循环水自动控制器的研制及应用	左学升 岳成鲲 左学玲 弭尚岭 殷际磊 阮树贤 王广军	2009 年二等奖		
40	网络 ARP 病毒防护系统开发与应用	万　鹏 张　利 李作安 李福军 刘　丽 陈立强 孙佳秀	2009 年二等奖		
41	LJY-1 型水准测量量距仪研制	张广海 李荣华 宋振苏 刘风学 曹建中 宋玉敏 陈学虞	2010 年二等奖		
42	ADCP 在黄河口近海海洋水文观测中的应用	徐丛亮 王雪峰 陈俊卿 时文博 王福恩 张世勇 王　杰	2010 年二等奖		
43	GPS-RTK 与测深仪联机模式在水道断面测量中的应用探讨	高振斌 李小娟 安　鹏 杨金荣 高照民 曹建忠 马光清	2010 年二等奖	2010 年	

续表 10-7

序号	项目名称	主要完成人	获黄委水文局浪花奖（年份等级）	获黄委三新认证时间	获得国家专利情况
44	Surfer 软件在黄河口海洋水文监测中的应用	徐丛亮 宋振苏 李荣华 时文博 李永军 杨金荣 王光涛	2011 年二等奖		
45	XZ-2 型智能流速记录仪	张广海 张　雨 董　韬 张绍英 路善河 李　倩 张建民	2012 年二等奖		2012 年获国家实用新型专利
46	网络安全防护管理系统的应用研究	万　鹏 张绍英 路善河 杨金荣 曹　烨 梅胜利 赵桂香	2012 年二等奖		
47	钢板船舵系改造	张汝军 李荣华 刘秀珍 张建民 王圣草 李高峰 黄　强	2013 年二等奖		
48	测深仪换能器折叠架、保护架研制	刘风学 王桂勤 陈学虞 苏照辉 吴　潇 陈鲁新 聂海涛	2013 年二等奖		
49	无线遥控式多功能取样器	杨　峰 殷际超 王圣草 吴海滨 汝少华 郭金星 殷复忠	2013 年二等奖		
50	电控恒温柴油发动机加热器	尚俊生 李凤军 徐兴东 陈文鹏 陈立强 张文利 李　振	2014 年二等奖		
51	旋转调整式遥测水位计	刘安国 张建国 郭金星 王光涛 张文利 殷际磊 厉　玮	2014 年二等奖		
52	LD-1 缆道智能测距仪	张广海 李庆金 崔传杰 王　静	2002 年三等奖	2002 年	
53	陈山口水文站吊箱缆道循环系统	张广海 郭继旺 阎永新 王　静 崔传杰	2002 年三等奖		
54	陶城铺引黄闸（东闸）流速仪过河、吊船两用水文缆道	张广海 谷源泽 高文永 阎永新 郭立新	2002 年三等奖		
55	库区测验数据库管理系统	田中岳	2002 年三等奖	2002 年	
56	水文测验吊箱垂直升降系统改造	高振斌 李荣华 王振生 卢宝田 扈仕永	2002 年三等奖	2002 年	

续表 10-7

序号	项目名称	主要完成人	获黄委水文局浪花奖（年份等级）	获黄委三新认证时间	获得国家专利情况
57	无线遥控新型测验标志灯	张广海 李庆银 阎永新 李庆金 韩慧卿	2002 年三等奖	2003 年	
58	EXDbp/S-200 型变频电动吊箱	谷源泽 张广海 王效孔 刘　谦 汝少华	2002 年三等奖		
59	笔记本电脑便携式外接电源	张广海 徐长征 李宪景 周建伟 李春莲	2002 年三等奖		
60	黄河河口滨海区信息管理系统	徐丛亮 付作民 岳成鲲 高国勇 郝喜旺		2003 年	
61	河道测验及普通水准测量数据处理软件	田中岳 杨凤栋 霍瑞敬 王学金 刘风学		2003 年	
62	NRXJT 精密数显水温测量台	张广海 张永平 孙世雷 王　华 王学金		2004 年	
63	LDXF 型缆道测验综合信号发生器	张广海 李庆金 韩慧卿 孙世雷	2003 年三等奖		
64	山东水文水资源局局域网网站建设	李庆金 万　鹏 韩慧卿 张广海 王　静	2003 年三等奖		
65	黄河口滨海区测量数据采集联机系统应用	张建华 付作民 高国勇 崔玉刚 王桂英	2003 年三等奖	2005 年	
66	应用遥感动态图像分析黄河口清水沟流路演变过程及规律	赵树廷 时连全 阎永新 王　华 李宪景	2004 年三等奖	2004 年	
67	新型船用直流绞车	孙世雷 王　华 张广海 王贞珍	2004 年三等奖		
68	锥式河床质自动采样器的改进	李荣华 王振生 张　利 崔久云 张汝军	2005 年三等奖		
69	QH-28 型移动组合式浅海测验水文绞车的研制与应用	薄其民 陈俊卿 边春华 赵艳芳 李小娟 杨金荣	2005 年三等奖		

续表 10-7

序号	项目名称	主要完成人	获黄委水文局浪花奖（年份等级）	获黄委三新认证时间	获得国家专利情况
70	便捷式河床质取样器	刘风学 许　栋 孙　芳 刘延荣 苏照辉	2005 年三等奖		
71	水文信息电话专用电源	张广海 王景礼 庞　进 李荣华 李庆银 董继东 霍家喜	2006 年三等奖		
72	山东黄河水文电子图片管理子系统开发	万　鹏 陈立强 李庆金 张　利 李存才 霍家喜 王秀芳	2006 年三等奖		
73	黄测 A109 测船主辅机冷却水柜水位高低自控设备改造	徐长征 张广海 周建伟 刘以泉 王景礼 李凤军 姜洪利	2006 年三等奖		
74	低温采样箱的设计与推广应用	王　伟 刘延美 霍家喜 庞　进 王景礼 厉明排 刘延荣	2006 年三等奖		
75	山东黄河宽河段滩地洪水预报方法研究	程晓明 李庆银 李存才 杨秀丽 马吉让 程迎春 黄玉芳	2006 年三等奖		
76	WGS-84 坐标系统下测深仪的应用及数据处理方法	扈仕娥 刘宝贵 李　玲 刘延荣 王景礼 杨　峰 姜　蕾	2006 年三等奖		
77	GPS 基站系统多功能监测、保护仪设计与应用	薄其民 赵艳芳 高振斌 郝喜旺 袁宝华		2006 年	
78	山东黄河干流水文缆道主索防振装置设计与安装	程晓明 李庆银 扈仕娥 厉明排 刘以泉		2006 年	
79	电动吊箱缆道上油器的开发应用	孟宪静 孙玉琦 刘运生 张　雨 孟繁社		2006 年	

续表 10-7

序号	项目名称	主要完成人	获黄委水文局浪花奖（年份等级）	获黄委三新认证时间	获得国家专利情况
80	山东黄河河道测量 GPS 基准转换参数的求解及应用研究	杨凤栋 董继东 扈仕娥 董学刚 刘巧元		2007 年	
81	黄河河口河势图测绘软件的研制	霍瑞敬 高振斌 宋中华 陈纪涛 王景礼		2008 年	
82	SZF 型波浪浮标的引进及应用	陈纪涛 刘浩泰 霍家喜 王景礼 李作安		2008 年	
83	水文缆道设计程序研制开发	阎永新 贾立玲 袁　华 刘　谦 王景礼		2008 年	
84	SD-1 数字六分仪研制	张广海 周建伟 姜明星 何付志 霍家喜		2008 年	
85	SZF2-1 型波浪浮标系留锚系统的改进与应用	李厥常 薄其民 郝喜旺 赵洪福 蒋公社 马光清 王福恩	2007 年三等奖	2009 年	
86	测深仪便捷折叠架的研制	刘凤学 李福军 孙　芳 陈学虞 许　栋 陈兆云 陈鲁新	2008 年三等奖		2013 年获国家实用新型专利
87	循环索自动上油器的研制	赵云奉 郭立新 李作安 张　明 王明虎 张兆云 殷复臣	2008 年三等奖		
88	水文测船挂机升降系统的研制	郭立新 张兆云 杨　峰 赵云奉 王明虎 殷复臣 殷复忠	2008 年三等奖		
89	泥沙处理支架研制	赵云奉 李作安 张　明 王明虎 张兆云 赵桂香 李成磊	2008 年三等奖		
90	RISS 软件在滨海区测绘中的应用	岳成鲲 高振斌 尚应庆 左学升 赵洪福 弭尚岭 王云玲	2008 年三等奖	2009 年	
91	节能式遥控基线、断面照明设备的研制与应用	刘　谦 孟宪静 尚俊生 单玉兰 孙玉琦		2009 年	
92	万向量沙器的研制	刘　谦 张　雨 单玉兰 刘运生 尚景伟		2009 年	

续表 10-7

序号	项目名称	主要完成人	获黄委水文局浪花奖（年份等级）	获黄委三新认证时间	获得国家专利情况
93	VNN 技术在水文专用网络建设中的应用研究	李作安 梁海燕 郭立新 万　鹏 毛利强		2009 年	
94	多波束测深系统在黄河河口地区的应用	高国勇 李荣华 岳成鲲 郝喜旺 李文平		2009 年	
95	黄河 86 轮新导航雷达技术的应用	崔玉刚 左学升 左学玲 王广军 蒋公社		2009 年	
96	XZ-1 型智能流速记录仪	张广海 霍家喜 张　利 孙　芳 李存才		2009 年	
97	船用调压器的研制与使用	刘　谦 孟宪静 孙玉琦 刘运生 陈文铎 冯秋霞 张　雨	2009 年三等奖		
98	悬移质水样处理数据管理系统软件设计	刘　敏 董学阳 杨秀丽 安　鹏 刘树群 孙婷婷	2010 年三等奖		
99	防过充充电定时器制作	张建国 张建民 李福军 代永磊 代永辉 李凤军 张文利	2010 年三等奖		
100	OBS 浊度计在黄河口近海海域测量泥沙浓度的实践应用	徐丛亮 王雪峰 安　鹏 高振斌 张世勇 赵洪福 李小娟	2010 年三等奖	2010 年	
101	水位遥测与数据传输系统故障分析与维护	蒋公社 崔玉刚 安　鹏 赵洪福 孟繁设 殷际磊 弭尚岭	2010 年三等奖		
102	GPS 点、高级水准点标识模具研制	郭金星 宋玉敏 陈鲁新 陈学虞 董　磊 吴　潇 孟繁设	2010 年三等奖		
103	激光粒度仪电动手臂	张广海 李庆金 刘　谦		2010 年	2012 年获国家实用新型专利

续表 10-7

序号	项目名称	主要完成人	获黄委水文局浪花奖（年份等级）	获黄委三新认证时间	获得国家专利情况
104	水文测船挂机动力系统的研制	杨　峰 王明虎 殷复忠 梅胜利 陈学虞 董　韬 邱新华	2011 年三等奖		
105	YSCADA-1 水文数据采集传输终端在河口水文中的应用	蒋公社 郝喜旺 孟繁设 杨金荣 王云玲 葛　启 刘新伟	2011 年三等奖		
106	NRG1A 精密温度仪在黄河下游的推广应用	梅胜利 杨　峰 殷复忠 邱新华 张　明 李成磊 赵桂香	2011 年三等奖		
107	山东水文局防汛仓库、济南勘测局基地污水自动排污系统研制	刘风学 曹　烨 耿　蕊 吴　潇 赵信祥 董　韬 郭金星	2011 年三等奖		
108	遥控闪光型太阳能测验标志灯研制	张广海 李荣华 宋振苏 曹　烨 张建国		2011 年	
109	泺口水文站流速仪自动化过河缆道防盗报警系统研制	董学阳 孙佳秀 王丁洁 孙婷婷 付春兰		2011 年	
110	缆道缆绳简捷上油器	李凤军 尚俊生 陈文鹏 张建国 李　振 张文利 代永辉	2012 年三等奖		
111	快捷河床质挖沙器	李凤军 刘以泉 陈文鹏 王庆斌 贾立玲 李彦邦 解金瑞	2012 年三等奖	2013 年	
112	基于 GPS 系统的测量技术在海堤测验中的应用	赵洪福 董　韬 杨金荣 张绍英 张文利 李　倩 吴海滨	2012 年三等奖		
113	HD-370 全数字变频测深仪在滨海区测验中的应用	董春景 赵洪福 宋振苏 王学金 王福恩 李永军 刘新伟	2012 年三等奖		

续表 10-7

序号	项目名称	主要完成人	获黄委水文局浪花奖（年份等级）	获黄委三新认证时间	获得国家专利情况
114	利用水面比降、水流阻力预报洪峰传播时间方法研究	周建伟 王学金 李福军 毛利强 厉明排		2012 年	
115	黄河水情拟校报系统（网络版）	万　鹏 周建伟 张广海 杨秀丽 尚俊生		2012 年	
116	离子色谱法在黄河水质分析中的应用研究	姜东生 时文博 陈纪涛 董春景 张　利		2012 年	
117	沙样水体自动控制分离器	王　静 尚俊生 万　鹏 耿　蕊 孟宪静		2012 年	
118	钢板船舵系改造	徐长征 尚俊生 苏照辉 冯文娟 姜苗苗 陈文鹏 张汝军	2013 年三等奖		
119	深水泥沙采样器	尚俊生 王庆斌 李凤军 苏照辉 李　振 冯文娟 张文利	2014 年三等奖		
120	ELD550-1 型吊箱节能电动绞车	张广海 李福军 李言鹏 曹　烨 谷　硕		2014 年	
121	基于公网的河道信息档案管理系统	万　鹏 宋士强 王　静 李福军 陈立强		2014 年	
122	新式水质采样器研制	李庆银 董学阳 杨秀丽 李　倩 杨轶文		2014 年	
123	吊箱数字流向偏角仪	张广海 尚俊生 霍家喜		2014 年	2013 年获国家实用新型专利，2015 年获国家发明专利
124	HY1600 型单频回声测深仪在黄河三角洲附近海域测验中的应用	赵洪福 蒋公社 张建民 黄国立 高　洁 王　凯 孟祥明	2015 年三等奖		

续表 10-7

序号	项目名称	主要完成人	获黄委水文局浪花奖（年份等级）	获黄委三新认证时间	获得国家专利情况
125	MC-4C 湿度密度仪在黄河口测量中的应用	李丽丽 贾玉芳 李小娟 王光涛 殷际磊		2015 年	
126	测船姿态改正技术在黄河口水下地形测量中的应用	宋士强 李丽丽 庞　进 张艳红 刘　丽		2015 年	
127	直立式防冻水尺	董学阳 李庆银 杨秀丽 唐　通			2012 年获国家发明专利
128	水文缆道电动绞车	李庆银 董学阳 唐　通 程晓明			2013 年获国家发明专利
129	船用流量测验自动控制装置	李庆银 程晓明 董学阳 李福军			2013 年获国家发明专利
130	一种数字式六分仪	张广海 周建伟 霍家喜			2014 年获国家实用新型专利，2015 年获国家发明专利
131	智能流速记录仪	张广海 李庆金 周建伟			2012 年获国家实用新型专利
132	电动升降吊箱红外保护器	张广海 姜东生 李庆金			2012 年获国家实用新型专利
133	悬移质泥沙清浑水自动分离器	张广海 王学金 万　鹏			2013 年获国家实用新型专利

第十一章　水政监察

山东水文水政监察围绕山东黄河水文中心工作，加强水政监察队伍建设，宣传贯彻水文行业法律法规，依法查处水事案件，维护黄河水文合法权益，为促进山东黄河水文事业健康和谐发展发挥了积极作用。

第一节　执法依据

水利法规是水政监察执法的准绳。1991—2015年，山东水文水资源局水政监察支队依据《中华人民共和国水法》《中华人民共和国防洪法》《中华人民共和国水文条例》《水文监测环境和设施保护办法》《黄河水文管理办法》及水文行业技术标准、规范等，查处水事案件，维护山东黄河水文合法权益。

第二节　机　构

1990年11月，成立黄委水文局下游水政监察处，济南水文总站主任任水政监察处主任，办公室设2名科级水政监察员，负责具体事务。

1999年12月，成立黄河水利委员会山东水文水资源局水政监察大队，与原水政机构合署办公，名称为“黄河水利委员会水文局直属山东水文水政监察大队”（简称山东水文水政监察大队）。

2002年，机构改革，成立山东水文水资源局水政水资源科。

2007年5月，黄河水利委员会水文局直属山东水文水政监察大队，升格为黄河水利委员会山东水文水政监察支队，支队队长由分管水政水资源科的副局长兼任，副支队长由水政水资源科科长担任。济南勘测局设立济南水文水政监察大队，黄河口勘测局设立黄河口水文水政监察大队，水政监察大队队长和副队长由勘测局局长、副局长兼任。根据局属各单位管辖的河段长度、断面数、设施的多少等，分别在各勘测局和各水文站设置了若干个水政监察员岗位，到2015年底，黄河水利委员会山东水文水政监察支队共有25名水政监察员。

第三节 水利法律法规宣传及执法设备

1991—2015年,山东水文水政监察支队积极开展普法宣传活动,取得良好效果;为迅速有效查处水事案件,配置了水政监察执法设备。

一、水政执法宣传

1991—2015年,山东水文水政监察支队开展了形式多样、丰富多彩的普法宣传活动。一是开展了“世界水日”“中国水周”“12·4”全国法制宣传日宣传活动,送法进村、送法到断面、送法到田间地头;二是在执法过程中开展水利法律、法规宣传,利用身边人和身边事教育群众,普法宣传活动更具实效;三是专题宣传与集中宣传相结合,采取形式多样的宣传方式,普法宣传更具特色。

山东水文水政监察支队荣获黄委水文局“五五”普法、“六五”普法工作先进单位,水政水资源科荣获黄委“五五”普法、“六五”普法先进部门称号。

二、水政执法设备配备

1991—2015年,上级分年度为山东水文水政监察支队、济南水文水政监察大队、黄河口水文水政监察大队配置了水政监察执法设备,主要有:水政监察车、摄像机、照相机、复印机、打印机,扫描仪、投影仪、传真机、台式电脑、笔记本电脑、录音笔、电话、手持GPS、执法移动设备、执法记录仪。另外,山东水文水政监察支队配备河道巡查室内监控系统、车载系统和单兵设备1组,济南水文水政监察大队、黄河口水文水政监察大队配备河道巡查单兵设备各1组。

第四节 水文合法权益维护

依据《中华人民共和国水法》《中华人民共和国水文条例》《水文监测环境和设施保护办法》等法律法规,坚持以事实为依据,以法律为准绳,实事求是,秉公执法的原则,1991—2015年,依法查处了各类侵犯水文合法权益的水事案件,查处的涉河工程建设影响水文监测案:日东黄河公路大桥建设影响高村水文站水文监测案;东明黄河公路大桥改扩建工程影响高村水文站水文监测案;鄄城黄河公路大桥建设影响邢庙水位站及河道断面水文监测案;

伟那里浮桥建设影响河道断面水文监测案;苏阁浮桥改建影响河道断面水文监测案;台辉黄河公路大桥建设影响孙口水文站及河道断面水文监测案;将军渡黄河铁路特大桥建设影响孙口水文站及河道断面水文监测案;青兰高速黄河公路大桥建设影响艾山水文站及河道断面水文监测案;南水北调工程建设影响陈山口水文站水文监测设施案;青银高速黄河公路大桥建设影响河道断面水文监测案;小崔浮桥建设影响河道断面水文监测案;东营港疏港铁路刁口河特大桥建设影响河道断面水文监测案等。

水文监测河段内修建建筑物案:高村水文站左岸滩地养鸡场建设影响水文监测案;孙口水文站左岸滩地养猪场建设影响水文监测案。

水文监测河段内植树案:2002 年、2005 年对孙口水文站右岸滩地和基线实施了清障,2008 年对高村、孙口、艾山、泺口、利津、陈山口水文站水文监测河段内树林进行了清障。2008—2015 年,局属各水文站对水文监测河段内再生、新植树苗进行了清除。

第五节　执法案例和断面保护标识牌建设纪实

为保证水文监测的正常进行,山东水文水政监察支队 2008 年对各水文站监测河段内影响测验的树木等障碍物进行了大规模清理,并在各水文站监测断面上、下游建设了标识牌。

一、水文执法案例纪实

自 2000 年起,山东黄河下游滩区开始大面积种植速生杨,逐步形成了黄河下游滩区片林。黄河下游滩区森林化给山东黄河水文测区测报带来了严重影响。为保证水文监测工作正常进行,山东水文水资源局分别在 2002 年、2005 年和 2008 年实施了水文测验断面清障。

2008 年 5 月 23 日,黄委副主任徐乘在孙口水文站检查黄河防汛时,山东水文水资源局就黄河下游水文测验断面片林严重影响水文测验做了汇报,徐乘当场指示:将影响黄河下游水文测验断面片林情况及时上报,限期清除。5 月 28 日,山东水文水资源局上报了《关于山东黄河水文测验断面片林急需清障情况的报告》,5 月 30 日,黄河防总下发了《关于尽快清除严重影响水文测验工作违章林木的紧急通知》的明传电报。

在水文测验断面片林清障中,黄委水政局、黄委水文局先后到山东黄河水文测区各个水文站督导,并及时与当地黄河河务部门、地方政府协调。地方政府成立了清障组织,明确了责任,细化了清障措施,限定了清障时间,6月10—20日,地方政府抽调大量人力、警力,重拳出击,对高村、孙口、艾山、泺口、利津、陈山口水文站水文测验断面片林实施了清除,共清除片林310多亩,清除树木31370棵。水文测验断面清障取得了前所未有的成果,影响山东黄河水文测区测验的片林问题得到解决。2008年孙口水文站右岸滩地断面清障见图11-1,2008年利津水文站右岸滩地断面清障见图11-2,2008年上级领导督导清障工作见图11-3。

图11-1　2008年孙口水文站右岸滩地断面清障

图11-2　2008年利津水文站右岸滩地断面清障

为此,黄委颁发嘉奖令(嘉奖令〔2008〕4号),对在清除影响水文测验断

图 11-3　2008 年上级领导督导清障工作

面片林工作中表现突出的山东水文水资源局和王效孔、王学金、周建伟、郭立新、厉明排、李庆银、李荣华予以通令嘉奖。

二、水文断面保护标识牌建设纪实

为进一步加强水文监测环境和水文设施保护区管理，按照黄河防总《关于设立水文测验保护区边界标识牌的通知》(黄防总〔2008〕261 号)要求，2008 年 7—8 月，山东水文水资源局对所辖 6 个基本水文站水文测验断面进行了标识牌建设。

在山东黄河水文测验断面标识牌建设中，严格质量管理，力求高起点、高标准。7 月中下旬，山东水文水资源局对山东沿黄各地区标识牌制作厂家进行了多方调研，选择了信誉好、价格合理的厂家加工制作。局属各水文站严格按照山东水文水资源局"水文测验断面保护区标识牌建设项目实施方案"施工，标识牌建设工程做到了精益求精。

施工期间正值高温酷暑天气，滩内杂草丛生，蚊虫肆虐，水文职工冒着近 40 摄氏度的高温定位、挖坑、运输、埋桩，由于滩地种植高秆农作物，田间道路无法行车，全靠人力把保护桩抬到埋设位置，一根界桩重 230 千克，需要 4 个人才能抬动，为按时完成标识牌建设任务，他们不辞劳苦、双休日不休息，凌晨 4:30 起床运桩、埋桩，晚上八九点才收工，克服了多种困难，圆满完成了任务，埋设断面保护界桩 744 个，设置断面保护界牌 24 处，安装测验设施保护警示标志 306 块。

第十二章 基本建设

1991—2015年,国家对黄河水文的投资力度逐步加大。通过1997年、1998年"一江一河"专项建设、1999年"国家重要水文站建设"、2001年"水文基础设施建设"、2007年"中央直属项目"建设、2011年"水文水资源工程"建设等项目的投资,大幅提升了山东黄河水文测区技术装备现代化水平和水文测报能力,改善了水文职工的工作、生活环境,投资取得了显著的社会效益和经济效益。

第一节 基本建设项目

1991—2015年,山东水文水资源局完成主要水利建设资金项目(不包括房屋、测船等水文基础设施维修及不形成固定资产的项目)投资5696.98万元。其中新建水文生产业务用房5260.47平方米,投资644.81万元;黄河口勘测局和济南勘测局新建生产业务用房4285.00平方米,投资946.03万元;泺口基地新建生产业务用房5882.40平方米,投资1671.57万元;新建职工住宅305套,26219.21平方米,投资2299.51万元;新建基层单位吃水工程17处,投资135.06万元。

一、水文生产业务用房建设

1991—2015年,山东黄河水文测区多数水文站、水位站生产业务用房,通过国家重要水文站建设、水文监测设施建设等项目的投资,得到更新改造,水文职工从20世纪60—80年代建设的砖木结构平房,搬进了宽敞明亮的砖混结构楼房,站容站貌明显改善。

1991—2015年,山东黄河水文测区共新建水文生产业务用房5260.47平方米,国家投资644.81万元。1991—2015年山东黄河水文测区生产业务用房建设情况见表12-1;高村水文站新旧生产业务用房对比见图12-1,孙口水文站新旧生产业务用房对比见图12-2,艾山水文站新旧生产业务用房对比见图12-3,泺口水文站新建生产业务用房见图12-4,利津水文站新建生产业务用房见图12-5。

表 12-1　1991—2015 年山东黄河水文测区生产业务用房建设情况

单位名称	建设时间	建筑面积（m^2）	层数	结构	建设位置	投资（万元）	批准文号	竣工日期	说明
利津水文站	1993.06—1995.05	345.12	1	砖混	利津水文站站院	43.80	黄水计〔1993〕29 号	1995.05	
山东黄河环境监测中心	1995—1996.12	1117.88	2	框架	济南市花园路 141 号	112.60	黄水计〔1994〕62 号、黄水计〔1995〕7 号	1996.12	拨改贷 60 万元
泺口水文站	1998.08—1999.07	1134.85	1	砖混	济南泺口黄河大堤右岸	156.00	黄水计〔1998〕32 号	1999.07	仿古园林式
高村水文站	1999.12—2001.05	698.8	2	砖混	山东东明黄河大堤右岸	82.87	黄水计〔1999〕76 号	2001.05	
孙口水文站	1999.12—2001.05	718.34	3	砖混	山东梁山黄河右岸滩地	96.26	黄水计〔1999〕76 号	2001.05	局部三层
利津水文站	2001.12—2003.09	368.36	1	砖混	利津水文站站院	33.15	黄水计〔2001〕80 号	2003.09	
艾山水文站	2002.04—2004.06	712.00	2	砖混	山东东阿黄河左岸	105.67	黄水计〔2001〕80 号	2004.06	
北店子水位站	2002.06—2002.10	82.86	1	砖混	北店子水位站站院	7.46	黄水计〔2001〕65 号	2002.10	
苏泗庄水位站	2003.03—2003.06	82.26	1	砖混	苏泗庄水位站站院	7.00	黄水计〔2001〕65 号	2003.06	
合计		5260.47				644.81			

注：建设时间指各项工程自前期准备至竣工验收期间的时间，竣工时间指项目验收时间。

(a)

(b)

图 12-1　高村水文站新旧生产业务用房对比

(a)

(b)

图 12-2　孙口水文站新旧生产业务用房对比

二、勘测局生产业务用房建设

(一)黄河口勘测局

黄河口勘测局 2002 年 7 月由东营市西城东赵村迁至现址(东营东城东三路 172 号)。1988 年,黄委水文局以黄水计字〔1988〕第 57 号文批复黄河口勘测局在西城东赵村新建生产业务用房 1021 平方米,1990 年 12 月竣工

(a)

(b)

图 12-3　艾山水文站新旧生产业务用房对比

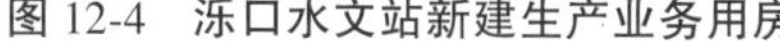

图 12-4　泺口水文站新建生产业务用房

图 12-5　利津水文站新建生产业务用房

并使用(之前该局在垦利县一号坝水位站院内办公)。迁至东城后至 2012 年一直在临街楼房办公,2008 年黄委水文局下达黄河下游近期防洪非工程措施项目,批复黄河口勘测局在该局院内新建生产业务用房 2945 平方米(含黄河口勘测局龙口基地 1043 平方米)。2010 年 4 月,山东水文水资源局《关于黄河口水文水资源勘测局水文测报中心楼建设有关问题的请示》(黄鲁水计财〔2010〕12 号),向黄委水文局汇报了东营市对该区域的建筑物不能低于

7层的规划要求,黄委水文局《关于黄河口水文水资源勘测局水文测报中心楼建设方案的批复》(黄水规计〔2010〕7号),同意该楼总建筑面积不超过5000平方米,可分期实施、自筹部分资金。依据批复,黄河口勘测局于2011年11月完成中心楼建设,建筑面积4860平方米,其中自筹资金建设1915平方米。该生产业务用房为7层砖混结构,一层车库,二至六层办公,七层设为会议室、水情中心和职工之家。黄河口勘测局生产业务用房见图12-6。

(二)济南勘测局

济南勘测局2010年7月迁至新生产业务用房,之前在济南市大桥路185号职工宿舍楼的部分房间办公。2007年中央直属水文基础设施工程批复济南勘测局在济南市历城区盖家沟村黄河右岸淤背区内新建生产业务用房1340平方米,砖混结构,地上二层,局部三层。济南勘测局生产业务用房见图12-7。

图12-6　黄河口勘测局生产业务用房

图12-7　济南勘测局生产业务用房

1991—2015年,黄河口勘测局、济南勘测局共新建生产业务用房6200平方米(含自筹资金建设部分),国家共投资946.03万元。黄河口勘测局、济南勘测局生产业务用房建设投资见表12-2。

三、基地及水环境监测实验楼建设

(一)山东水文水资源局基地

山东水文水资源局基地(简称基地)拟建位置在济南市花园路141号院

表 12-2 黄河口勘测局、济南勘测局生产业务用房建设投资

单位名称	建设时间	建筑面积（m^2）	层数	结构	建设位置	投资（万元）	批准文号	竣工日期	说明
黄河口勘测局（东城）	2010.10—2011.11	1902.00	7	砖混	东营市（东城）东三路 172 号	466.16	黄规计〔2008〕182 号、黄水规计〔2009〕27 号	2011.11	
黄河口勘测局龙口基地	2010.10—2011.11	1043.00	7	混砖	东营市（东城）东三路 172 号	309.56	黄水规计〔2010〕43 号、黄水规计〔2011〕36 号	2011.11	同黄河口勘测局办公楼一起建设
济南勘测局	2009.07—2010.05	1340.00	3	砖混	济南黄河右岸盖家沟淤背区内	170.31	黄水计〔2007〕68 号	2010.05	
合计		4285.00				946.03			

内(拆除原生产业务用房重建),根据济南市规划局对该区域的规划,该位置不能拆旧建新。经与济南市黄河河务局协商,基地建设位置改在济南泺口黄河大堤右岸淤背区,2011年黄委《关于黄河水利委员会山东水文水资源局在淤区建设水文测报中心的批复》(黄建管〔2011〕36号),批准了济南泺口黄河大堤右岸淤背区(桩号29+845—29+990)为基地建设新址。

2011年7月,黄委水文局《转发水利部2010—2011年水文水资源工程初步设计报告的批复》(黄水规计〔2011〕35号),核定基地建筑面积4500平方米,投资1058.27万元。工程于2012年3月16日开工,2013年10月9日完成全部建设任务,2013年12月24日黄委水文局对该基地进行了竣工验收。

基地建设总用地15138.36平方米,建筑占地2073.0平方米,新建生产业务用房(三层、局部四层,砖混结构)4382.40平方米、附属配套工程1宗(锅炉房60平方米、排水设施1套、供水设施1套、供电电缆358米、院内道路3290平方米、站院硬化1620平方米、环境绿化2100平方米、大门1处、围墙310米、消防管道260米、供暖管道212米)和配套设备1宗(购置档案室密集架122.53立方米、空调10台、打印机5台、电脑10台、笔记本电脑4台)。

(二)山东黄河水环境监测实验楼

山东黄河水环境监测实验楼(简称监测实验楼)拟建位置在济南市花园路141号院内,与山东水文水资源局基地建设位置调整相同,建设位置经黄委批准改在济南泺口黄河大堤右岸淤背区,并与基地同步建设。

黄河流域水资源保护局《关于下达2009年部属水利建设水资源监测能力建设项目投资计划的通知》(黄护计〔2009〕15号)和《关于下达2010年部属水利建设水资源监测能力建设(2009—2010)项目投资计划的通知》(黄护计〔2010〕4号),下达投资计划为613.30万元,用于监测实验楼1500平方米建设及实验室仪器设备购置。该工程于2012年3月16日开工建设,2013年10月9日完成全部建设任务,2014年8月8日黄委组织验收委员会对监测实验楼进行了竣工验收。

监测实验楼位于基地生产业务用房东部,二层框架结构,层高4.2米,新建监测实验楼1500平方米及附属配套设施1宗(锅炉房20平方米、围墙120米、绿化300平方米、化粪池1处、消防栓1处)和配套设备1宗(购置废水处理设备1套、循环泵1台、热交换器1台、水处理设备1台、排污管道100米、供水管道110米、供暖管道90米、分光光度计1套、COD测定仪1台、自动流动注射分析仪1套等)。

基地及水环境监测实验楼基础施工见图 12-8,基地及水环境监测实验楼主体施工见图 12-9,基地及水环境监测实验楼见图 12-10。山东水文水资源局基地和水环境监测实验楼建设投资见表 12-3。

图 12-8　基地及水环境监测实验楼基础施工

图 12-9　基地及水环境监测实验楼主体施工

图 12-10　基地及水环境监测实验楼

四、职工住宅建设

《国务院关于深化城镇住房制度改革的决定》(国发〔1994〕43 号)发布以后，山东水文水资源局按照山东省有关政策于 1997 年取消了福利分房。1997—2001 年,依据国家有关政策采取国家投资与个人集资相结合的方式建设了部分职工住宅。1991—2001 年是职工住宅投资建设变革期,高村、孙口、陈山口水文站、济南勘测局及山东黄河水质监测中心职工住宅楼为国家

表 12-3　山东水文水资源局基地和水环境监测实验楼建设投资

项目名称	建设时间	建筑面积(m^2)	层数	建筑结构	建设地点	投资总额(万元)	批准文号	竣工验收日期
山东水文水资源局基地	2012.03—2013.12	4382.40	4	砖混	泺口黄河大坝右岸淤背区,大堤桩号29+845—29+990范围内	1058.27	黄水规计〔2011〕35号	2013.12
黄河山东水环境监测中心实验楼	2012.03—2014.08	1500.00	2	框架	泺口黄河大坝右岸淤背区,大堤桩号29+845—29+990范围内	613.30	黄护计〔2009〕15号 黄护计〔2010〕4号	2014.08
合计		5882.40				1671.57		

投资建设的福利房；艾山、泺口、利津水文站及黄河口勘测局东城职工住宅为国家投资与职工个人集资建设（购置）。其间新建职工住宅305套，建筑面积26219.21平方米，国家投资2299.51万元。1991—2001年山东黄河水文测区职工住宅建设投资见表12-4。

五、生产业务用房维修

（一）机关办公楼维修

山东水文水资源局机关办公楼建于1981年，建筑面积3201平方米，该楼建成后20余年未曾大修，出现内外墙皮脱落、空腹钢窗锈蚀变形、室内水泥地面剥蚀裂缝、供电线路老化等。2002年，山东水文水资源局《关于呈报机关办公楼大修申请经费报告书的报告》（黄鲁水计财〔2002〕12号）上报黄委水文局，黄委水文局《关于下达2002年财政补助收入预算的通知》（黄水预〔2002〕6号）下达机关办公楼及部分水文站房大修（改造）专项经费（其他水利事业费）80万元。

2002年10月15日，山东水文水资源局对办公楼开始维修，2003年1月15日完成。主要维修内容有内外墙粉饰（内墙刷乳胶漆，外墙刷彩色外墙漆）、门厅维修及外观改造、楼梯台阶及走廊地面贴大理石、更新门窗、室内地面贴全瓷地面砖、更新室内强弱电线路及开关插座、更新办公室及会议室桌椅。

（二）机关院内集中供暖改造

山东水文水资源局机关院内的办公楼、临街楼、防汛车库及1号、2号、3号职工住宅楼，2002年前采用自建燃煤锅炉供暖，2001年，《济南市环保局关于限期淘汰两吨燃煤锅炉的通知》（济环字〔2001〕21号）要求市区内取缔两吨燃煤锅炉并加入济南市集中供热管网。为落实该文件的相关要求，山东水文水资源局及时向黄委水文局汇报请示，上报了“采暖改造工程项目建设建议书”“供暖改造工程施工图设计及预算”，黄委水文局《关于山东水文水资源局机关供暖改造工程施工图设计及预算的批复》（黄水计〔2002〕33号）、《关于下达2004年部署水利基建投资计划的通知》（黄水计〔2004〕77号）批复了供暖改造项目，下达投资计划160万元。2004年，山东水文水资源局完成了自建采暖设施的更新改造，实现了济南市集中供暖，主要完成了热交换站建设、院内外管道安装及室内采暖设施改造、供暖入网费缴纳等。

表 12-4　1991—2001 年山东黄河水文测区职工住宅建设投资

单位	建设时间	建筑面积（m^2）	层数	套数	建筑结构	建设地点	投资总额（万元）	批准文号	竣工日期	是否房改
黄河口勘测局（西城）	1988—1991	1723.00	4	32	砖混	东营市东营区东赵村	50.76	黄水计字〔1988〕第 57 号	1991	否
济南勘测局	1990.09—1992.01	2122.60	5	40	砖混	济南市天桥区大桥路 185 号	64.21	黄水计〔1991〕61 号	1992.01	是
高村水文站	1994—1996.12	2050.00	5	30	砖混	山东东明县城	208.30	黄水计〔1996〕90 号	1996.12	是
孙口、陈山口水文站	1995—1996.01	2586.00	5	26	砖混	山东梁山县城	280.00	黄水计〔1995〕58 号	1996.01	是
山东黄河水质监测中心	1995.10—1996.01	3440.00	6	48	砖混	济南市花园路 141 号	348.30	黄水计〔1995〕6 号	1996.01	是
艾山水文站	1997.03—1998.12	1898.00	6	20	砖混	山东东阿王海小区	159.38	黄水计〔1998〕41 号、黄水计〔1998〕7 号	1998.12	是
泺口水文站	2000.03—2002.06	2403.31	6	23	砖混	济南金阁、太阳城小区	482.42	黄水计〔1999〕98 号	2002.06	是
黄河口勘测局（东城）	2001.06—2002.06	7670.10	3	66	砖混	东营东城东三路 172 号	523.72	黄水计〔2000〕28 号	2002.06	是
利津水文站	2000.03—2001.05	2326.20	5	20	砖混	山东利津县津二路	182.42	黄水计〔2000〕67 号	2001.05	是
合计		26219.21					2299.51			

六、吃水工程

为了解决基层单位职工吃水困难,2001 年黄委水文局《关于抓紧编制水文基层单位吃水工程设计及预算的通知》(黄水计〔2001〕66 号)要求各基层局编制吃水工程初步设计及工程预算。山东水文水资源局按要求对基层单位进行了现场查勘,编制了吃水工程初步设计及工程预算,并上报黄委水文局。2002 年,黄委水文局《关于基层单位吃水工程初步设计的批复》(黄水计〔2002〕31 号)批复了该项目,批复预算 135.06 万元,以黄水计〔2002〕22 号文下达投资 30 万元。山东水文水资源局根据工程点多线长等特点,按照分级管理、分头实施的方式施工,2002 年 8 月 20 日开工, 10 月底完成了全部建设任务,完成投资 135.06 万元。山东水文水资源局基层单位吃水工程建设见表 12-5。

第二节　测报基础设施建设

1991—2015 年,完成重要水文测报基础设施建设项目投资 3545.36 万元,其中,水文站、水位站新设置水尺 111 支、水准点 90 个、新修建观测道路 25 处,投资 143.01 万元;新建造机动测船 10 艘、非机动测船 6 只,投资 1755.83 万元;新建水文缆道 13 处,投资 759.76 万元;新建改建靠船码头 8 处,投资 291.63 万元;购置防汛专用车、水政监察车、水质监测车及交通车 26 辆,投资 595.13 万元。

一、水尺、水准点、观测道路建设

1999 年,根据山东黄河水文测区水尺、水准点及观测道路状况,山东水文水资源局《关于报送黄河流域重点水文站建设工程技术设计及预算的报告》(黄鲁水计财〔1999〕12 号)上报黄委水文局,黄委水文局《关于下达 1999 年水利部直属水文防汛应急工程项目财政预算内专项资金计划的通知》(黄水计〔1999〕56 号)批复专项资金 75.00 万元,用于山东黄河水文测区有关水文站、水位站水尺、水准点、观测道路建设。另外,在黄河流域重点水文站建设项目中,黄委水文局《关于黄河流域重点水文站测验设施建设及预算的批复》(黄水计〔1999〕89 号)等文件批复高村、孙口、泺口水文站水尺、水准点、观测道路建设项目投资 68.01 万元。山东水文水资源局以黄鲁水技〔1999〕

表 12-5 山东水文水资源局基层单位吃水工程建设

序号	单位	地质情况	工程量统计								说明
			设计井深(m)	实际井深(m)	设计供水管路(m)	实际供水管路(m)	泵房(m^2)	储水池(m^3)	水泵(台)	净水设备	
1	高村水文站生活基地	黄河冲积平原	500	510	20	70	18		1		一楼每户院内增建供水管路及水表、水池
2	苏泗庄水位站	黄河冲积平原	50	60	20	20			1		供水设备安装在室内
3	孙口水文站赵固堆基地	黄河冲积平原	60	60	315	320	16		1		增建水池两个
4	杨集水位站	黄河冲积平原	50	60	20	25			1		供水设备安装在室内
5	国那里水位站	黄河冲积平原	40	50	20	25			1	1	水质含氟略超标,增净化设备1台
6	黄庄水位站	山坡坡麓地貌	50	50	20	25			1		
7	南桥水位站	黄河冲积平原	60	70	20	25			1		
8	泺口水文站	黄河冲积平原							1		更新为变频供水设备(含水泵)
9	北店子水位站	黄河冲积平原	70		20	170					接河务部门深水井
10	刘家园水位站	黄河冲积平原	30	30	20	25			1		
11	利津水文站生活基地	黄河冲积平原			20	30	16	30	1		从自来水主管道接至供水房
12	清河镇水位站	黄河冲积平原	35		20	220					接河务部门深水井
13	张肖堂水位站	黄河冲积平原	40		20	220					接河务部门深水井
14	麻湾水位站	黄河冲积平原	30	30	20	25			1		
15	济南勘测队	黄河冲积平原			491	513					增加室外地下给水管道
16	一号坝水位站	黄河冲积平原			20	705		2	1	1	从胜利油田水库引水净化后饮用
17	西河口水位站	黄河冲积平原			30	30				1	接河务部门深水井
合计					1096	2448	50	32	12	3	

10号、黄鲁水计财〔1999〕36号分别下达了水尺、水准点及观测道路的建设任务书和实施计划,对项目的建设内容、技术标准、完成时间等提出了具体要求。项目由各水文站负责实施,1999年11月开始建设,2000年10月完工,新设置水尺111支、制埋引测三等水准点90个、新修建观测道路25处。水文站、水位站水尺水准点观测道路建设见表12-6。

表12-6 水文站、水位站水尺水准点观测道路建设

序号	站名	站别	标准化水尺(组/支)	水准点(个)	观测道路(处)
1	高村	水文	1/5	6	1
2	苏泗庄	水位	1/5	3	1
3	孙口	水文	1/5	6	1
4	邢庙	水位	1/3	3	1
5	杨集	水位	1/5	3	1
6	国那里	水位	1/5	3	1
7	邵庄	水位	1/3	3	1
8	贺洼	水位	1/3	3	1
9	陈山口闸下二	水文	1/3	3	1
10	陈山口新闸下	水文	1/3	3	1
11	十里堡	水位	1/3	3	1
12	黄庄	水位	1/5	3	1
13	艾山	水文	1/5	6	1
14	位山	水位	1/3	3	1
15	南桥	水位	1/5	3	1
16	韩刘	水位	1/5	3	1
17	泺口	水文	1/5	6	1
18	北店子	水位	1/5	3	1
19	刘家园	水位	1/5	3	1
20	利津	水文	1/5	6	1
21	清河镇	水位	1/5	3	1
22	张肖堂	水位	1/5	3	1
23	麻湾	水位	1/5	3	1
24	一号坝	水位	1/5	3	1
25	西河口	水位	1/5	3	1
合计			25/111	90	25

水尺、水准点及观测道路建设标准如下:

水尺:基础为直径0.60米、深5.0米钢筋混凝土灌注桩,水尺桩为直径110毫米、长3.0米钢管(管内灌注200号混凝土并密封)。

水准点:按照《水位观测标准》(GBJ 138—90)水准点设置要求制埋引测。

观测道路:沿水尺断面建设1米宽、大理石贴面台阶式道路。

二、水文测船建设

1991—2015年,新建机动测船10艘、非机动测船6只,累计投资1755.83万元。所有测船更新改造均委托具有船舶设计资质的公司设计,委托具有船舶制造资质的公司建造。随着船舶建造工艺和水文监测技术的发展,先进的造船工艺和先进的监测设备在新建测船上得到应用,新建测船功能不断完善,安全性能和测洪能力明显提升。

黄测A106测船见图12-11,黄测112测船见图12-12,黄测B107测船见图12-13,黄测A110测船见图12-14。1991—2015年山东黄河水文测区水文测船建设见表12-7。

图12-11　黄测A106测船

图12-12　黄测112测船

三、水文缆道建设

1991—2015年,山东黄河水文测区新建水文缆道13处,投资759.76万元。其中吊船缆道1处，位于艾山水文站；吊船吊箱两用缆道1处，位于利津水文站；吊箱缆道6处，分别位于高村、孙口、艾山、陈山口、利津水文站，其中陈山口水文站（闸下二、新闸下）两个断面各建1处；流速仪缆道3处，分别位于陈山口水文站（闸下二、新闸下各1处）和泺口水文站；利津水文站在吊箱缆道断面上、下游各建设拉偏缆道1处。1991—2015年高村等水文站水文缆道建设见表12-8。

图12-13　黄测B107测船

图12-14　黄测A110测船

四、靠船码头建设

1991年以前，山东黄河水文测区靠船码头多为简易码头，个别水文站没有靠船码头，测验船只临时选择堤坝后停靠，测船停靠、出船测验及人员上下船十分不便，船只和人员安全存在隐患。为解决上述问题，1991—2015年山东黄河水文测区新建改建靠船码头8处，累计投资291.63万元。新建码头有砌石和混凝土两种，码头建设位置在分析各站历年河势变化及堤防建设规划的基础上，尽量满足高、中、低不同水流条件下测船停靠方便、进出安全的需求。2015年建设的孙口水文站靠船码头见图12-15，2015年建设的艾山水文站靠船码头见图12-16，2002年建设的泺口水文站靠船码头见图12-17。1991—2015年高村等水文站靠船码头建设见表12-9。

表 12-7　1991—2015 年山东黄河水文测区水文测船建设

序号	使用单位	测船名称	投资总额（万元）	批准文号	建设时间	制造商	建设地点	竣工日期	2015 年在用测船
1	高村水文站	黄测 10 号	28.00	黄水计〔1993〕21 号	1993.04—1993.12	济宁造船厂	济宁市	1993.12	报废
2	济南勘测局	黄测 A105	95.00	黄水计〔1993〕21 号	1993.04—1994.07	济宁造船厂	济宁市	1994.07	在用
3	黄河口勘测局	黄测 A106	108.00	黄水计〔1993〕21 号、黄水计〔1995〕8 号	1994.10—1995.10	济宁造船厂	济宁市	1995.10	在用
4	高村水文站	黄测 B104	36.00	黄水计〔1993〕21 号、黄水计〔1995〕8 号	1994.10—1995.03	济宁造船厂	济宁市	1995.03	在用
5	高村水文站	黄测 A107	140.00	黄水计〔1996〕79 号	1996.10—1997.03	济宁造船厂	济宁市	1997.03	在用
6	泺口水文站	黄测 B105	41.86	黄水计〔1996〕79 号	1996.10—1997.03	济宁造船厂	济宁市	1997.03	在用
7	泺口水文站	黄测 B109	34.62	黄水计〔1996〕79 号	1999.12—2002.12	济宁造船厂	济宁市	2002.12	在用
8	高村水文站	黄测 A108	180.00	黄水计〔1998〕98 号	1999.12—2000.11	镇江造船厂	济南市泺口	2000.11	在用
9	孙口水文站	黄测 A109	180.00	黄水计〔1998〕98 号	1999.12—2000.11	镇江造船厂	济南市泺口	2000.11	在用
10	艾山水文站	黄测 B106	41.58	黄水计〔1999〕36 号	2000.07—2001.03	镇江造船厂	济南市泺口	2001.03	在用
11	利津水文站	黄测 B107	40.78	黄水计〔1999〕36 号	2000.07—2001.03	镇江造船厂	济南市泺口	2001.03	在用
12	艾山水文站	黄测 B108	23.52	黄水计〔1999〕36 号	2000.07—2000.11	济宁造船厂	济宁市	2000.11	在用
13	利津水文站	黄测 B110	22.99	黄水计〔1999〕36 号	2000.07—2000.11	济宁造船厂	济宁市	2000.11	在用
14	黄河口勘测局	黄测 A110	366.41	黄水计〔2007〕10 号	2008.02—2009.06	扬州市海川船厂	江苏扬州	2009.06	在用
15	孙口水文站	黄测 111	253.81	黄水规计〔2011〕36 号、〔2012〕10 号	2011.09—2012.10	开封江河船业有限公司	河南台前县	2012.10	在用
16	孙口水文站	黄测 112	163.26	黄水规计〔2011〕36 号、〔2012〕10 号	2011.09—2012.10	开封江河船业有限公司	河南台前县	2012.10	在用
合计			1755.83						

注：黄测 A103(黄河 86)由上海中华造船厂 1985 年 1 月至 1986 年 10 月建造，动力 447 kW(单机)，总投资 330.75 万元，2012 年 11 月黄委水文局批准报废，2013 年 8 月黄河口勘测局注销登记。

表 12-8　1991—2015 年高村等水文站水文缆道建设

序号	单位	类别	建设时间	批准文号	投资（万元）	主跨（m）	施工单位	竣工日期	说明
1	利津水文站	吊船吊箱	1991—1992. 12	黄水计〔1991〕12 号	20. 00	664	利津水文站	1992. 12	两用
2	艾山水文站	吊船	2002. 04—2004. 06	黄水计〔2001〕80 号	46. 63	690	山东舜源水文工程处	2004. 06	
3	艾山水文站	吊箱	2002. 04—2004. 06	黄水计〔2001〕80 号	102. 76	681	山东舜源水文工程处	2004. 06	改建
4	利津水文站	吊箱上拉偏	2001. 12—2003. 09	黄水计〔2001〕80 号	98. 55	620	山东舜源水文工程处	2003. 09	
5		吊箱下拉偏							
6	高村水文站	吊箱	2002. 01—2002. 10	黄水计〔2002〕15 号	123. 00	620	山东舜源水文工程处	2002. 10	
7	陈山口闸下二	吊箱	2000. 04—2001. 03	黄水计〔1999〕103 号	94. 61	136	河南黄河工程技术开发公司	2001. 03	
8	陈山口新闸下	吊箱				174			
9	孙口水文站	吊箱	2007. 10—2009. 06	黄水计〔2007〕10 号	129. 53	450	山东舜源水文工程处	2009. 06	
10		拉偏							
11	泺口水文站	铅鱼	2007. 11—2009. 06	黄水计〔2007〕10 号	84. 12	426	山东舜源水文工程处	2009. 06	
12	陈山口闸下二	铅鱼	2007. 10—2009. 06	黄水计〔2007〕10 号	60. 56	136	山东舜源水文工程处	2009. 06	
13	陈山口新闸下	铅鱼				174. 5			
合计					759. 76				

表 12-9 1991—2015 年高村等水文站靠船码头建设

序号	单位	建设时间	结构型式	码头长度(m)	码头高度或码头顶高程(m)	使用范围	施工单位	批准文号	投资(万元)	竣工日期
1	高村水文站	1999.12—2001.05	浆砌石重力式码头	24.00	3.50	中低水	东明县方明建筑集团公司	黄水计〔1999〕76 号	14.80	2001.05
2	孙口水文站	1999.12—2001.05	浆砌石重力式码头	15.00	5.00	中低水	梁山县建筑公司	黄水计〔1999〕76 号	14.10	2001.05
3	泺口水文站	1999.12—2002.12	浆砌石重力式码头	22.00	7.00	高中低水	历城建筑公司十三分公司	黄水计〔1999〕76 号	18.00	2002.12
4	艾山水文站	2002.04—2004.06	混凝土重力式码头	12.00	8.00	高中低水	山东舜源水文工程处	黄水计〔2001〕80 号	14.00	2004.06
5	利津水文站	2001.12—2003.09	混凝土重力式码头	11.50	4.00	高中低水	山东舜源水文工程处	黄水计〔2001〕80 号	14.00	2003.09
6	高村水文站	2015.07—2015.12	钢筋混凝土高桩码头	13.80	63.00	高中低水	山东舜源水文工程处	黄规计〔2015〕67 号	54.59	2015.12
7	孙口水文站	2015.09—2015.12	钢筋混凝土高桩码头	30.00	51.30	高中低水	山东舜源水文工程处	黄规计〔2015〕67 号	119.76	2015.12
8	艾山水文站	2015.10—2015.12	浆砌石重力式码头	15.50	42.00	高中低水	山东舜源水文工程处	黄规计〔2015〕67 号	42.38	2015.12
		合计							291.63	

图 12-15　2015 年建设的孙口水文站靠船码头

图 12-16　2015 年建设的艾山水文站靠船码头

图 12-17　2002 年建设的泺口水文站靠船码头

五、防汛(生产)用车

1991—2015 年购置防汛(生产)车辆 26 辆,投资 595.13 万元。1991—2015 年山东黄河水文测区防汛(生产)车购置配备见表 12-10。

表 12-10　1991—2015 年山东黄河水文测区防汛(生产)车购置配备

序号	车辆型号	购置时间	批准文号	投资额(万元)	使用性质	2015 年车况	说明
1	北京 121	1991.10	黄防办字〔1988〕第 44 号	4.40	防汛车	报废	艾山水文站
2	五十铃客货 NHR54ELW	1991.11	黄水计字〔1991〕32 号	13.50	生产用车	报废	黄河口勘测局
3	金杯客货	1991.11	黄水计字〔1991〕32 号	4.00	生产用车	报废	济南勘测局
4	北京 212	1994.06	黄水计〔1994〕34 号	5.00	水政车	报废	局机关
5	北京 213	1994.06	黄水计〔1994〕21 号	17.00	水质监测车	报废	局机关
6	北京 213	1994.10	黄水计〔1994〕40 号	19.00	防汛车	报废	局机关
7	三菱越野	1997.12	黄水计〔1997〕84 号	40.00	防汛车	报废	局机关
8	红旗 7220AE	1998.10	黄水计〔1998〕5 号	29.00	防汛车	报废	局机关
9	标志 505	1998.10	黄护计〔1998〕5 号	21.00	水质监测	报废	局机关
10	金杯小型客车(3 辆)	2000.12	黄水计〔2000〕14 号	79.00	交通车	报废	高村、孙口、泺口水文站各 1 辆
11	猎豹越野汽车 CJY6470E	2002.03	黄水计〔2001〕80 号	30.00	交通车	报废	艾山水文站
12	别克旅行面包车 GL8	2002.09	黄水计〔2001〕80 号	34.47	交通车		利津水文站
13	丰田 GTM6480AD(2 辆)	2011.09	黄水规计〔2011〕36 号、〔2012〕12 号	56.80	巡测车	在用	黄河口勘测局、济南勘测局各 1 辆
14	尼桑 2N6494H2G4(3 辆)	2011.09	黄水规计〔2011〕36 号、〔2012〕12 号	60.00	交通工具车	在用	高村、孙口、泺口水文站各 1 辆
15	猎豹 CFA6470MA(2 辆)	2011.09	黄水规计〔2011〕37	32.00	水政车	在用	济南勘测局、利津各 1 辆
16	丰田 GTM6480GSL	2011.10	黄水规计〔2011〕36 号、〔2012〕12 号	35.00	巡测车	在用	局机关
17	尼桑 2N6494H2G4	2011.09	黄水规计〔2011〕30 号	12.85	交通车	在用	艾山水文站
18	别克旅行面包车 GL8	2000.12	黄河流域保护局调拨	37.80	水质监测	在用	黄河口勘测局
19	别克旅行面包车 GL8	2003.07	黄河流域保护局调拨	29.51	水质监测	在用	局机关
20	丰田 GTM6480GDL	2015.12	黄河流域保护局调拨	34.80	水质监测	在用	局机关
合计				595.13			

第十三章 财务 审计 水文经济

1991—2015年,山东水文水资源局认真贯彻执行国家财经法规和上级财务管理规定,不断优化财务管理体制,制定完善了各项财务管理制度,各项资金发挥了应有效益。强化了审计监督,坚持“围绕中心、服务大局,全面审计、突出重点”的方针,对财务收支、基建项目、领导干部经济责任和离任等依法进行了审计,发挥了有效的监督作用。在全面完成水文业务的同时,大力发展水文经济,涉及的领域有水文测报、水质监测、水资源论证、勘察测绘、水文设施建设、房屋租赁等,创收总量逐年增加,职工收入稳步提高。

第一节 财务管理

山东水文水资源局财务管理包括管理体制、运行机制、水文业务经费管理、基本建设财务管理和国有资产管理。

一、财务管理体制和运行机制

(一)财务管理体制

山东水文水资源局是流域机构事业费三级核算机构。所属的黄河口勘测局、济南勘测局和高村、孙口、艾山、泺口、利津5个干流水文站为水利事业费内部核算单位,陈山口水文站为报销单位。

1991—2015年,山东水文水资源局执行农业事业单位财务制度,在各年度预算编制、汇总、报送和执行方面严格按照《会计法》《预算法》《事业单位会计制度》《事业单位财务规则和会计准则》及黄委水文局相关财经规章要求,认真开展各项工作。参照水文行业财务管理模式,山东水文水资源局于1999年1月在原有黄河口勘测局、济南勘测局、孙口水文站内部核算单位的基础上,将高村、艾山、泺口、利津水文站4个报销单位改为所属内部核算单位,建立起了符合山东黄河水文实际的财务管理体系。各单位根据《会计法》《会计基础工作规范》《银行账户管理办法》,设置了基本存款账户和零余额账户,形成了一套完整的会计核算体系。

按照《会计法》有关规定和黄委水文局2002年机构改革意见,山东水文水资源局在原有财务机构的基础上,2002年12月,对财务职能配置和人员编制进行了充实调整,增设了会计核算部,设置了各类专职会计岗位。黄河口勘测局设置了财务机构和专职会计岗位,济南勘测局和各水文站均设置了专职财务人员岗位(会计1名、出纳1名),所配财务人员均持证上岗。

为加强财务管理,探索财务管理方式,2015年1月1日,泺口、利津水文站财务分别并入济南勘测局和黄河口勘测局,该管理体制运行至2015年12月31日。

(二)财政体制三项制度改革的实施

1999年,财政部推行以部门预算为主要内容的财政三项制度改革,即部门预算、国库支付、政府采购。山东水文水资源局从2000年开始实施部门预算,通过"两上两下"编报年度部门预算,预算编制细化到基层单位和各项目,经上级批复后严格执行,避免了随意性,增强了预算的严肃性;通过部门预算编制的落实,科学、准确、有预见性地反映了山东水文水资源局的预算执行情况。

2003年,财政资金在水利部预算单位开始实施国库支付(零余额账户)。山东水文水资源局2005年5月做好了国库集中支付的相关准备,如银行开户、用款计划、支付申请(审核、汇总、上报)、支付信息的反馈等,2005年6月正式实行国库集中支付。国库集中支付分为财政直接支付和授权支付,每一笔资金支付都要通过财政部国库支付中心。2005年6月—2015年,山东水文水资源局水利事业费基本由财政授权支付,基本建设资金约70%是财政直接支付,实施过程中严格按照国库支付管理制度和批复的项目支付使用,每一笔资金的支付均经过严格的程序和手续完成。

2003年,山东水文水资源局根据上级有关政府采购管理实施办法制定了相应的管理细则和管理办法,成立了政府采购领导小组。实施过程中严格按照批复预算,对有关货物、工程和服务项目,委托代理机构进行公开招标、竞争性谈判、询价等,保证了资金合法、合规、高效使用。

(三)财务管理体系"三项机制"的实施

2012年,为了加强财务管理,提升预算管理科学化、精细化水平,水利部制定了《水利部预算项目储备管理暂行办法》《水利部预算执行考核暂行办法》《水利部预算执行动态监控暂行办法》,简称“三项机制”。根据“三项机制”要求,山东水文水资源局制定了相关内部控制制度。通过一系列制度的实施,山东水文水资源局的财务管理水平上了一个大的台阶。在预算管理方面,水文测报经费储备预算基本到位,提高了预算编报质量,细化了预算编制内容,保证了各项测验正常进行。在预算执行方面,做到了序时、均衡,未出现关键节点突击支付现象。在预算执行监控方面,水利部通过统一、规范、完善的预算执行监控系统的监控,在预算执行、国库支付、政府采购中没有发现疑点。

(四)银行账户管理

银行账户的开设是财务管理的重点,加强银行账户管理是杜绝财经违纪的有效手段。2002年,山东水文水资源局根据黄委《关于中央预算单位银行账户管理暂行办法》(黄财〔2002〕43号)和财政部驻山东专员办关于中央基层预算单位银行账户摸底统计的要求,对银行账户的设立、变更、撤销、清理进行了全面清查。经过自查,没有发现违反规定开设账户和多设账户情况,并将清查情况上报黄委水文局和财政部驻山东专员办。根据财政部和人民银行关于账户管理规定,山东水文水资源局所有银行账户经财政部驻山东专员办批复后方可使用,每年按时对所有银行账户进行年检,并及时统计上报。

(五)财政部驻山东专员办监督与管理

根据财政部驻山东专员办的要求,山东水文水资源局每年初将年度财务收支、国有资产变动、部门预算编制、会计信息资料采集、预算批复、财务重大事项、银行账户变化等情况向财政部驻山东专员办报送,接受审查,并负责疑问解答。财政部驻山东专员办还随时督察山东水文水资源局的国库支付情况,对财政直接支付的事项进行审批。

(六)财务管理制度的制定与实施

1991—2015年,山东水文水资源局认真贯彻落实国家财经法律法规,严格执行事业单位会计制度和上级各项财务规章,规范和完善内部管理,强化内部会计监督,防止差错、杜绝舞弊,提高会计信息质量,保护资产的安全和完整,确保有关法律法规的贯彻执行,形成了良好的运行机制,制定了预算编制、预算执行、会计核算、财务管理等一系列内部控制制度共19项。1991—2015年山东水文水资源局财务管理制度见表13-1。

表 13-1　1991—2015 年山东水文水资源局财务管理制度

序号	年份	制度名称	发文字号
1	1992	医药费报销管理办法	黄水计财〔1992〕26 号
2	1999	山东水文水资源局财务管理(试行)办法	黄鲁水计财〔1999〕7 号
3	2000	资金使用管理规定	黄鲁水计财〔2000〕34 号
4	2002	关于印发机关财务管理有关规定的通知	黄鲁水计财〔2002〕7 号
5	2003	山东水文水资源局机关财务管理办法	黄鲁水计财〔2003〕40 号
6	2006	山东水文水资源局财务管理补充办法	黄鲁水计财〔2006〕2 号
7	2009	山东水文水资源局差旅费报销管理办法	黄鲁水计财〔2009〕39 号
8	2010	山东水文水资源局经济工作考核办法	黄鲁水计财〔2010〕55 号
9	2012	山东水文水资源局差旅费报销管理办法(修订)	黄鲁水计财〔2012〕5 号
10	2012	山东水文水资源局经济合同管理办法	黄鲁水计财〔2012〕12 号
11	2013	山东水文水资源局公务卡实施细则	黄鲁水计财〔2013〕38 号
12	2014	山东水文水资源局财务月报管理办法	黄鲁水计财〔2014〕9 号
13	2014	山东水文水资源局差旅费实施细则(试行)	黄鲁水计财〔2014〕15 号
14	2014	山东水文水资源局项目储备管理办法	黄鲁水计财〔2014〕22 号
15	2014	山东水文水资源局项目验收管理办法	黄鲁水计财〔2014〕23 号
16	2014	山东水文水资源局内部会计控制制度	黄鲁水计财〔2014〕24 号
17	2014	山东水文水资源局经济合同管理办法	黄鲁水计财〔2014〕25 号
18	2014	山东水文水资源局预算管理办法	黄鲁水计财〔2014〕30 号
19	2014	山东水文水资源局机关财务管理办法	黄鲁水计财便〔2014〕9 号

二、水文经费管理及资金效益

(一)水文经费管理

山东水文水资源局事业费预算管理大致分为两个阶段。第一阶段,1991—1998 年,根据上级主管部门核定的收支预算,按照“三保一兼顾”即保固定工资发放、保安全生产、保重点工作开展,兼顾一般的原则,对所属单位统筹安排、切块下达全年财政预算,并对财政预算缺口和预算外发放的各项地方性津补贴采取各单位自筹,以收抵支的管理办法。局属各单位每年向山东水文水资源局编报水利事业费收支预算。

第二阶段,1999—2015 年,根据《农业事业单位财务制度》的收支预算管理要求,山东水文水资源局对所属会计核算单位实施各项收入统一纳入单位财务管理、财政经费定额或定向补助、超支不补、节余留用(建立事业基金)的预算管理办法。建立了核算单位大收入、大支出的预算体系。山东水文水资源局每年向上级主管部门汇总编报事业费收支预算。期间,2000年开始按“两上两下”要求向黄委水文局编报年度部门预算和专项预算。

以上两个阶段的预算管理,均能促进局属各单位“增产节约、增收节支”工作的开展,促使局属各单位严格控制各项支出,积极筹措资金发放政策范围内津补贴,努力提高职工的收入水平。

山东水文水资源局经费来源主要是财政补助收入、事业收入、其他收入。财政补助收入,不同时期下达预算的方式也不同:1991—2002年,上级下达预算没有细化到人员经费和项目经费,政策是财政经费定额或定向补助、超支不补、节余留用(建立事业基金)的办法;2003—2015年,下达预算细化到人员经费(在职人员、离退休人员、住房公积金、住房补贴)、公用经费、项目经费(水文测报、水质监测、水政执法、水资源管理、其他水利事业费等),这是“三项机制”实施的基本要求。事业收入主要是测绘项目、水资源评价项目、水文分析、水质监测、水文有偿服务项目等。其他收入主要是租赁收入、废品变价收入、利息收入等。1991—2015年山东水文水资源局预算收入见表13-2。

表13-2　1991—2015年山东水文水资源局预算收入(不含基建)

(单位:万元)

年度	水利事业费(财政收入)						经营创收		合计
	在职人员经费	离退人员经费	购房补贴	公积金	日常公用	项目经费	事业收入	其他收入	
1991	227.06						36.60		263.66
1992	268.01						72.84		340.85
1993	318.02						91.76		409.78
1994	422.84						82.95		505.79
1995	405.27						122.68		527.95
1996	669.04						72.89		741.93
1997	997.00						89.23		1086.23
1998	694.80						466.44		1161.24

续表 13-2

年度	水利事业费(财政收入)						经营创收		合计
	在职人员经费	离退人员经费	购房补贴	公积金	日常公用	项目经费	事业收入	其他收入	
1999	806.34						593.00		1399.3
2000	853.60						691.64		1545.24
2001	1087.35						506.00		1593.35
2002	1179.45						392.92		1572.37
2003	510.00	283.15		70.00	146.40	571.00	19.00	155.95	1755.5
2004	741.00				111.40	422.25	351.85	149.17	1775.67
2005	949.00				68.00	578.00	398.35	92.52	2085.87
2006	478.00	330.00		103.54	14.00	711.00	506.87	104.58	2247.99
2007	586.00	415.00		70.00		1011.96	558.59	248.64	2890.19
2008	515.00	380.48		163.00	190.20	1032.13	857.21	8.24	3146.26
2009	515.00	420.98	46.24	200.58	85.20	1403.90	650.04	324.44	3646.38
2010	559.40	409.23	100.00	200.58	80.94	1631.10	1256.60	69.56	4307.41
2011	567.30	1115.59	275.90	200.58	95.00	1316.70	1195.13	370.70	5136.90
2012	787.13	811.70	224.15	200.58	343.02	1632.53	1498.89	589.00	6087.00
2013	937.97	828.56	242.47	182.67	549.66	1222.52	715.05	525.06	5203.96
2014	1153.15	939.66	174.93	166.72	770.90	1443.86	1088.20	443.53	6180.95
2015	1389.61	1651.27	197.01	191.72	788.92	1516.18	1672.51	430.28	7837.70

(二)资金发挥的效益

1991—2015年,山东水文水资源局财政资金不断增加,创收能力逐渐增强,经济总量逐年增大,特别是水文业务经费定额标准的实施(2007年开始实施,2010年水文业务经费全部到位),山东黄河水文测区经济形势发生了很大变化,支撑了山东黄河水文事业的快速发展。体现在:各项水文测报顺利开展并得以圆满完成;水文测报设施正常维护得到保证;河道河口测验手段得到提升;水环境监测能力不断增强;水情传递保障有力;水文测报水平逐步提高,科技创新能力不断增强;职工队伍稳定,职工精神面貌和整体素质不断提升,职工归属感不断增强;事业收入逐年增加,有效地弥补了人员经费不足,职工收入不断增长,生活水平不断提高,实现了水文业务与水文经济的协调发展。

三、基本建设财务管理

随着国家财政体制改革不断深化,基本建设程序和财务管理制度不断完善,对水利基本建设管理的要求也越来越高。结合山东黄河水文测区基本建设实际,山东水文水资源局制定了基本建设管理办法,认真做好基本建设项目的可行性论证,从编制项目建设规划开始就立足建设项目的可实施性,既要做到生产实际需要,又要考虑控制建设规模和建设标准;既要做到高起点,又要做到实事求是。严格执行基本建设"四项制度"(项目法人制、招标投标制、监理制、合同管理制),从建设项目施工图设计到进入项目的实施阶段,从招标投标管理、合同签订到项目验收,都认真做好每一环节的工作。施工前,选择具有高度责任心和专业技术知识、懂法律的优秀人才作为项目办人员;施工过程中,高度重视质量监督,对不符合工程规范标准的问题,要求立即整改,并说明原因和处理方法。按照《基本建设项目竣工决算编制工作规程》要求,对完成的建设项目,山东水文水资源局及时组织人员编写竣工报告和竣工财务决算报告,并通过黄委和黄委水文局的竣工决算审查及审计,为竣工验收奠定了基础。同时,按照基本建设程序做好工程完工验收,并通过上级部门的竣工验收。

2012 年以前,山东水文水资源局为基本建设单位,按照国有基本建设会计制度和基本建设财务管理规定单独建立账户,统一核算,统一签订基本建设施工和采购合同,发生的基本建设支出由山东水文水资源局财务统一支付和报销,所属基层单位为生产单位、使用单位和现场项目部。2013—2015 年,山东水文水资源局变为现场项目部,基本建设施工和采购合同由黄委水文局建管处统一签订,发生的基本建设支出由黄委水文局统一支付和报销。

四、国有资产管理

山东水文水资源局根据上级国有资产管理要求,设置了器材、设备、仪器管理岗位,并按要求设置了固定资产、材料、低值易耗品、劳动保护用品等账簿,局属各单位按要求设置了兼职资产管理岗位和相应的账簿。

山东水文水资源局为发挥物资供应主渠道作用,保证正常测验和各级洪水测报的物资供应,设置了设备、仪器和各类器材管理仓库,分类储备各类防汛物品。物资的进货渠道主要为上级调拨和局统一购置两种方式。防汛物资的发放,根据山东水文水资源局制定的国有资产管理制度和局属单位工作需要配发。

山东水文水资源局不断强化国有资产监督管理,按照“分级管理、考核监督”的原则,把国有资产管理作为基层单位年终考核的重要指标。为加强国有资产管理,提高国有资产的使用效率,保证国有资产的保值增值,制定了相关资产管理制度。1991—2015 年山东水文水资源局固定资产管理制度见表 13-3。

表 13-3　1991—2015 年山东水文水资源局固定资产管理制度

序号	年份	制度名称	发文字号
1	1993	固定资产使用管理试行办法	黄鲁水计财〔1993〕15 号
2	2003	山东水文水资源局政府采购(集中采购)管理暂行办法	黄鲁水计财〔2003〕14 号
3	2004	山东水文水资源局物资管理办法	黄鲁水计财〔2004〕54 号
4	2014	山东水文水资源局国有资产管理实施细则	黄鲁水计财〔2014〕26 号
5	2014	山东水文水资源局政府采购实施细则	黄鲁水计财〔2014〕28 号

山东水文水资源局每年均开展全局性的资产清查,摸清各类资产的“家底”,掌握现有资产的数量、构成和使用情况,及时总结国有资产管理中存在的问题,建立了有效的资产监督管理机制,提高了资产的使用效率。

山东水文水资源局根据 2012 年国家颁布的《新会计准则制度》及相关文件要求,对国有资产管理系统进行了由单机版到网络版的升级。系统升级后,国有资产由原来 12 大类合并升级为 6 大类,方便了国有资产的登记与管理。同时,固定资产录入标准由原来的专用设备 800 元、通用设备 500 元提高到专用设备 1500 元、通用设备 1000 元。国有资产信息系统的升级,满足了现代资产管理的需要。

1991—2015 年,山东水文水资源局固定资产逐年增加,1991 年底固定资产 1276.10 万元,2015 年底固定资产 15734.59 万元,增长了 12 倍还多。1991—2015 年山东水文水资源局固定资产见表 13-4。

表 13-4　1991—2015 年山东水文水资源局固定资产　（单位：万元）

年份	固定资产年末数	年份	固定资产年末数	年份	固定资产年末数
1991	1276.10	2000	5615.14	2009	10043.60
1992	1280.47	2001	6015.98	2010	10146.00
1993	1375.36	2002	6964.33	2011	11376.81
1994	1538.58	2003	7470.31	2012	11332.35
1995	1808.99	2004	7758.89	2013	13776.53
1996	1868.78	2005	7941.10	2014	15708.87
1997	2643.15	2006	8403.44	2015	15734.59
1998	2938.35	2007	8865.43		
1999	3993.20	2008	9768.09		

第二节　审　计

山东水文水资源局依据法律、法规和有关规定对财务收支和经济责任进行审计，对基本建设项目资金、治黄重点资金的管理使用进行监督，发挥了应有作用。

一、机构设置及职责

1988 年 12 月审计室成立，其主要职责是：按照法律、法规和有关规定对各种投资计划、经费预算执行、国有资产管理及营运效率、专项资金使用情况等进行审计监督；负责对局属单位负责人进行任期（离任）经济责任审计；对局属单位财务状况进行年度财务收支审计，并进行业务指导与监督检查；配合有关部门查处经济案件；建立和完善各项内部审计规章制度；督促审计意见的整改落实等。

1992 年 10 月，审计室、监察科合并为监察审计科，2002 年机构改革保留了监察审计科。

黄河口勘测局和济南勘测局分别于 2003 年 4 月、2011 年 8 月聘任了兼职审计员。

每年年初制订审计计划上报黄委水文局,根据批复意见,对全年的审计工作进行安排。

二、财务收支审计

1989—1992年,对局属各单位财务收支审计主要内容为:审计各项治黄资金的使用和管理情况,包括基本建设资金、防汛资金、专项资金、事业收入等各项资金收支的合规性与有效性。根据审计署《关于对行政事业单位推行定期审计制度的通知》,山东水文水资源局对局属各单位账目处理及经营活动进行定期审计,每年的审计覆盖率达到30%以上。1993—1996年,对上年度的水文事业费、基本建设两项决算开展同步审计,对局属单位财务收支定期审计,对基层报销单位及机关收支情况进行审计,审计覆盖率60%。1997—2014年审计覆盖率扩大到70%以上。2015年,根据《国务院关于加强审计工作的意见》,审计监督覆盖率达到100%。

三、基本建设项目审计

基本建设项目审计以水文工程建设资金为重点,对重点建设项目、治黄重点资金进行监督,及时纠正项目实施中的问题,确保公共资金规范高效使用和项目顺利实施。重点关注招标投标、大额资金使用、工程资金结算及工程建设领域可能出现的其他突出问题,保障工程安全、资金安全、干部安全。对山东水文水资源局基本建设工程项目进行跟踪审计,按照事前介入、事中控制、事后核查的全过程审计理念,做到实时监督,及时纠正,促进水利建设资金合法有效使用。1991—2015年,共计完成70多项基本建设项目审计。

四、经济责任审计

1989年开始,根据黄委《关于任期(承包经营)经济责任制审计暂行办法》,开始逐步推行承包经营责任审计;1996年,根据《黄河水利委员会干部离任(任期)责任审计办法》,推行了领导干部离任(任期)责任审计;2001年,根据《黄河水利委员会领导干部任期经济责任审计暂行办法》,全面推进山东水文水资源局的经济责任审计。凡是独立会计核算单位的领导干部任期内办理调任、转任、轮岗、退休等事项前或任期满三年的领导干部,都进行经济责任审计。1991—2015年,共计完成任期经济责任审计24项,完成离任经济责任审计16项。

第三节 水文经济

山东水文水资源局以提高职工生产生活水平为目标,在理清发展思路的基础上,整合全局技术、设备和人才资源,立足黄河,走向社会,内抓项目质量和成本管理,外创山东黄河水文品牌形象,不断拓展创收新领域,经济成果丰硕。据统计,1991 年创收 36.6 万元, 2015 年 2102.79 万元,增长了 57 倍。

一、组织机构

山东水文水资源局重视创收工作,在不同时期成立了相应机构,保障了创收工作的顺利开展。1989 年 2 月以前为生产经营科,1989 年 2 月至 1996 年 4 月为综合经营办公室,1996 年 5 月至 2002 年 12 月为综合经营处, 2000 年 10 月成立山东舜源水文工程处。

二、各类资质的申办及业务范围

为规范管理和适应市场竞争需要,山东水文水资源局积极申办各类生产资质,依法办理了各类资质,各类证书及业务范围:

测绘乙级资质证书。业务范围为工程测量、控制测量、地形测量、建筑工程测量、水利工程测量、线路与桥隧测量,丙级海洋测绘、水深测量、海洋测绘、水文观测、不动产测绘、地籍测绘。

水文水资源调查评价甲级资质证书。业务范围为水文水资源监测(地表水水量监测、地下水水量监测、水质监测、水文调查、水文测量)、水文水资源情报预报(水文情报预报、水质预测预报)、水文测报系统设计与实施、水文分析与计算、水资源调查评价(地表水水资源调查评价、地下水水资源调查评价、水质评价)。

建设项目水资源论证乙级资质证书。业务范围为地表水、浅层地下水,农业、林牧渔业、水利建筑业、商饮业、服务业。

检验检测机构资质认定证书(国家级)。

水利水电工程施工总承包三级资质证书。

通过了 ISO9001:2008 质量管理体系工程测量项目复查认证和水文测验、粒度分析两个科目的质量体系扩项认证。

另外,山东水文水资源局积极鼓励职工考取注册测绘师、建造师、高空作业证、水资源论证上岗证等职业资格证书。

三、重视和加强水文经济

(一)水文经济起步及发展

山东水文水资源局水文经济起步于20世纪80年代,各单位在完成正常工作的同时积极创收,建过糕点厂(局机关)、烧过瓷砖(高村水文站)、办过布鞋厂(孙口水文站)、办过养兔场、养鸡场(艾山水文站)、种过蔬菜大棚(泺口水文站)、搞过仓储(济南勘测局)。由于缺乏资金设备,缺乏经验技术,缺乏经营人才,加之山东黄河水文点多线长、人员分散,各单位各自为战,单打独斗,形不成规模,收益甚微,多数停产停业。

2000—2015年,山东水文水资源局党组坚持“一手抓水文测报,一手抓水文经济,两手抓,两手都要硬”的指导思想,根据山东黄河水文特点,制定了经济发展规划,明确了经济目标和发展方向。积极提升资质等级,不断提高对外服务能力;整合人才资源,发挥山东水文水资源局的龙头统领作用和黄河口勘测局、济南勘测局两翼带动作用,吸收各水文站优秀人才,打造专业技术团队;树立品牌意识,强化服务质量,争创一流服务水准,创建了山东黄河水文品牌;强化责任意识,落实经营创收指标。通过一系列工作,开创了山东黄河水文经济工作新局面。

(二)重点开展的水文经济工作领域

山东水文水资源局发挥水文测报、水质监测、水资源论证、勘察测绘、水文站建设等专业优势,充分利用现有仪器设备,多渠道开展经营创收,取得了可喜的经济效益和社会效益。

2000—2015年,山东黄河水文职工立足黄河,面向社会,足迹不仅遍布全国各地,还走出国门,走向世界。

利用测绘资质,做好测绘服务。主动参与黄河三角洲开发及黄河三角洲高效生态经济区开发建设,与东营市、胜利油田等单位联系,先后承揽了黄河口附近地形测绘、孤东海堤及新滩海域海底地形勘测、东营市防潮堤测量、黄河下游宽河滩区滞洪沉沙功能及滩区减灾技术项目、黄河河口水文泥沙监测及水生态站点建设、入海营养盐及调水调沙期间自然保护区引水流量监测与研究、小清河口门地形测绘、寿光市海洋基础测绘工程、济阳原油管道复线工程黄河穿越勘察测量。完成了德(州)龙(口)烟(台)铁路、青岛至大家洼铁路、内蒙古铁路的线路测量。完成了高压输电线路测量、中铁工程设计公司测绘项目。相继完成了东营市、利津县、惠民县、河北省肥乡县、鸡泽县、馆陶县等地的农村土地承包经营权确权登记颁证测绘和成果检查验收项目。承揽了云南地形测量任务。还走出国门,完成了卡塔尔多哈开发区地形测量及安哥拉农田开发和公路测量任务。

利用水文水资源调查评价资质证书和水资源论证资质证书,完成了多项防洪评价、水资源论证项目。

利用水利水电工程施工总承包资质证书,发挥水文业务技术优势,积极为行业内外做好技术服务。先后承揽了黄河水量调度管理系统水雨情信息采集低水测验设施工程施工第三标段建设项目、黄委11处水文测站改建项目第五标段的建设工程;完成了水文缆道建设和靠船码头建设;完成了重庆中小河流治理项目建设、侯壁水文站测流缆道和贾桥水文站建设等。

利用检验检测机构资质认定证书,对外承揽了多项水环境监测任务。

充分利用现有资源和地域优势,开展闲置房屋租赁。局机关临街楼出租,济南勘测局生活基地临街房屋出租,黄河口勘测局西城站院和东城临街楼出租,高村、艾山水文站生活基地临街房出租等。

第十四章　机构与人事管理

1991—2015年,山东水文水资源局机构设置逐步完善,职能配置更加合理,职工队伍建设进一步加强,干部素质、职工技术素质和文化层次逐年提高,聘用制度改革逐步深化,专业技术职务评聘、职工工资、劳动保险、职工教育、离退休职工管理及安全生产管理更加规范。

第一节　机　构

山东水文水资源局(黄河流域水资源保护局山东局)系正处级(正县级)事业单位,隶属于黄河水利委员会水文局领导。承担的主要任务:一是6个水文站、18个水位站(含汛期水位站)的水文测报;二是黄河山东段218个河道断面测验;三是黄河三角洲附近海区14000平方千米水下地形测绘;四是干流及主要支流入黄口、重要入黄排污口等水质监测。

一、机构沿革

1992年8月,黄河水利委员会济南水文总站更名为"黄河水利委员会山东水文水资源局"(简称山东水文水资源局),由黄委水文局领导。

1995年11月,山东水文水资源局(黄河流域水资源保护局山东局)划归山东黄河河务局领导,其业务仍受黄委水文局和黄河流域水资源保护局领导。局领导任免和机构调整要事先征求黄委水文局和黄河流域水资源保护局意见。

1998年2月,黄委下发《关于变更山东水文水资源局(黄河流域水资源保护局山东局)隶属关系的通知》,将山东水文水资源局(黄河流域水资源保护局山东局)划归黄委水文局和黄河流域水资源保护局管理。隶属关系变更后,山东水文水资源局(黄河流域水资源保护局山东局)有关业务及计划财务、人事行政等,由黄委水文局和黄河流域水资源保护局管理;机关党务工作仍由山东黄河河务局直属机关党委领导。

二、机构设置

(一)机关部门

1990年,技术科更名为测验科。1992年1月,测验科恢复原名为技术科。

1992年10月,监察科、审计室合并为监察审计科。随着离休、退休职工人数的逐年增加,为进一步加强管理和服务,1992年6月,成立济南水文总站离退休职工管理科。

1996年4月,成立综合经营处(正科级),原综合经营办公室撤销。

2002年,机构改革前局机关设有办公室、技术科、计划财务科、政工科、研究室、监察审计科、工会、离退休职工管理科、监测科、综合经营处等10个科室、部门。

2002年12月,按照黄委事业单位机构改革的总体部署,黄委水文局批复了山东水文水资源局(黄河流域水资源保护局山东局)职能配置、机构设置和人员编制方案(简称"三定方案")。根据职能不同,将原机关科室(部门)分为机关部门和局直事业单位。

机关部门:办公室、技术科、人事劳动科(原政工科)、河口河道科(原研究室)、计划财务科、监察审计科、水政水资源科、工会8个部门。

根据工作需要新设局副总工程师岗位(正科级)。

2011年11月,黄委水文局批复同意设立山东水文水资源局精神文明建设办公室(机关党委办公室,正科级),设主任1名,副主任1名(黄水人〔2011〕141号)。2012年3月,成立山东水文水资源局精神文明建设办公室(机关党委办公室)。

(二)局直事业(企业)单位

2002年12月,机构改革后,局直事业单位:水质监测中心(正科级)、泥沙分析室(副科级,归口技术科)、水文设施设备管护中心(正科级,与技术科合署办公)、水情信息中心(副科级,归口技术科)、机关服务中心(正科级)、会计核算部(副科级,归口计划财务科)、离退休职工活动室(副科级,归口人事劳动科),共7个单位。

2011年3月,经黄委人劳局批复,水情信息中心升格为正科级。

直属企业单位:2000年10月成立山东舜源水文工程处,系全民所有制企业,其业务范围包括:水利水电工程施工,水利设施设备维修与保养,水文设施设备研发、生产、销售等。

2002 年 12 月综合经营处撤销。

(三)局属单位

1. 黄河口水文水资源勘测局

1994 年 12 月,“黄河水利委员会东营水文水资源勘测实验总队”更名为“黄河口水文水资源勘测局”(简称黄河口勘测局),隶属关系、机构设置及级别不变,行政领导称谓改称局长、副局长(黄鲁水政工字〔1994〕第 57 号)。

2002 年机构改革保留了黄河口勘测局(副处级),局领导按一正三副配备(含总工)。

黄河口勘测局下设办公室、财务科、研究室、河道勘测队、浅海勘测队(均为正科级,黄鲁水政工〔2002〕63 号),原政工科撤销。黄河口勘测局主要负责黄河山东段滨州以下至入海口河段河道断面冲淤测验、渔洼以下河口河段河势测绘,黄河三角洲附近海区 14000 平方千米水下地形测验,一号坝、西河口水位站的水位观测任务。

2. 济南勘测局

1993 年 3 月,“黄河水利委员会济南水文总站河道观测队”更名为“山东黄河济南勘察测绘队”,隶属关系、级别不变,下设办公室和两个分队(均为股级)(鲁黄水政工字〔1993〕12 号)。

2002 年机构改革,“山东黄河济南勘察测绘队”更名为“黄河水利委员会济南勘测局”(黄鲁水政工〔2002〕67 号)(简称济南勘测局)。行政领导改称局长、副局长。机构设置:办公室、数据处理中心、船舶服务中心、勘测一队和勘测二队(均为股级)。

2009 年 2 月,黄委水文局《关于明确山东水文水资源局济南勘测局机构规格的通知》(黄水人〔2009〕15 号),明确山东水文水资源局所属的济南勘测局机构规格为副处级,内部设置办公室、技术科(均为正科级),可根据工作需要下设生产单位;局行政领导按一正两副配备(含总工),局机关科(室)领导职数原则上按一正一副配备。

2011 年 11 月,根据黄委水文局《关于山东水文水资源局增设科级机构的通知》(黄水人〔2011〕141 号)精神,同意济南勘测局设立勘测一院(室)、勘测二院(室)2 个正科级生产机构,领导职数按一正一副配备。

济南勘测局主要负责黄河山东段高村至泺家(滨州)河道断面测验。

3. 局属各水文站

2002 年机构改革前和机构改革后，局属各水文站没有变化。设有高村、孙口、艾山、泺口、利津 5 个干流水文站（均为正科级）及东平湖出湖闸陈山口水文站（副科级）。

（四）水文水政监察机构

1990 年 11 月，黄委水文局成立了黄委水文局下游水政监察处，设在济南水文总站，济南水文总站主任任黄委水文局下游水政监察处主任，设 2 名科级水政监察员。1999 年 12 月，黄委水文局按照水利部《关于流域机构水政监察规范化建设实施方案的通知》，成立山东水文水资源局水政监察大队，名称为“黄河水利委员会水文局直属山东水文水政监察大队”（简称山东水文水政监察大队）。2002 年机构改革时设立水政水资源科，作为山东水文水政监察大队的办事机构。2007 年 5 月，水文水政监察大队升格为水文水政监察支队，名称为“黄河水利委员会山东水文水政监察支队”；黄河口勘测局、济南勘测局水文水政监察机构相应升格为“黄河水利委员会黄河口水文水政监察大队”“黄河水利委员会济南水文水政监察大队”。

（五）水文研究机构

1992 年 8 月，经黄委水文局批准，成立了“黄河河口海岸科学研究所”（黄水人〔1992〕64 号）。该研究所以黄河水利委员会东营水文水资源勘测实验总队为依托，下设河流研究室和浅海研究室，分别与黄河水利委员会东营水文水资源勘测实验总队的河道勘测队、浅海勘测队合署办公。

1994 年 10 月，为了适应社会经济发展需要，发挥水文行业优势，拓宽服务范围，成立“黄河山东水文水资源科学研究所”（黄鲁水政工字〔1994〕41 号）。

（六）党务

2000 年 5 月，经黄委水文局党组批准，成立中共黄委山东水文水资源局党组，同时，撤销中共黄委山东水文水资源局分党组。

山东黄河水文测区党员的教育管理分别隶属于单位所在地机关党委，其中，局机关为山东水文水资源局机关党总支，隶属于山东黄河河务局直属机关党委，下设 9 个党支部，包括机关各部门党支部、机关离退休职工党支部、济南勘测局党支部。黄河口勘测局设立党总支,隶属于东营市市直机关党委,下设机关党支部、勘测党支部、离退休党支部和龙口党支部。泺口水文站党支部,2015 年 11 月以前隶属于济南黄河河务局机关党委,2015 年 12 月起隶属于山东水文水资源局机关党总支。高村、孙口、艾山、利津水文站分别设立党支部,隶属于所在县直属机关党委。陈山口水文站因党员人数较少,党员归属于孙口水文站党支部管理。

(七)山东黄河水资源保护机构

1993 年 11 月,水利部、城乡建设环境保护部黄河水资源保护办公室济南监测站更名为“黄河山东水环境监测中心(简称监测中心)”(黄水人〔1993〕110 号),监测中心下设监测科。

1995 年 5 月,根据黄委关于印发《黄河流域水资源保护局职能配置、机构设置及人员编制》的通知,黄河流域水资源保护局下设“黄河山东水资源保护局、黄河河南水资源保护局”(黄水护〔1995〕41 号),印章为“水利部、城乡建设环境保护部黄河流域水资源保护局山东局”,以印章名为准,称为“黄河流域水资源保护局山东局(简称黄河山东水资源保护局)”。

1995 年 9 月,黄河流域水资源保护局任命了黄河流域水资源保护局山东局局长、黄河山东水环境监测中心主任。同年 11 月,黄委决定黄委水文局和黄河流域水资源保护局采取“上分下不分”的管理体制,山东水文水资源局与黄河流域水资源保护局山东局合署办公。

三、单位法人登记及机构代码证书办理

山东水文水资源局于 2004 年 8 月 25 日在国家事业单位登记管理局进行登记并办理了单位法人证书,高村、孙口、艾山、利津水文站、济南勘测局于 2004 年 10 月 10 日在国家事业单位登记管理局进行登记并办理了单位法人证书,黄河口勘测局于 2008 年 3 月 27 日在东营市事业单位登记管理局进行登记并办理了单位法人证书,泺口水文站于 2009 年在济南市事业单位登记管理局进行登记并办理了单位法人证书。

办理完单位法人证书后,在国家技术监督部门办理了机构代码证书。

单位法人证书和机构代码证书均按要求进行了年度审验。

山东水文水资源局(黄河流域水资源保护局山东局)2015年机构设置见下图：

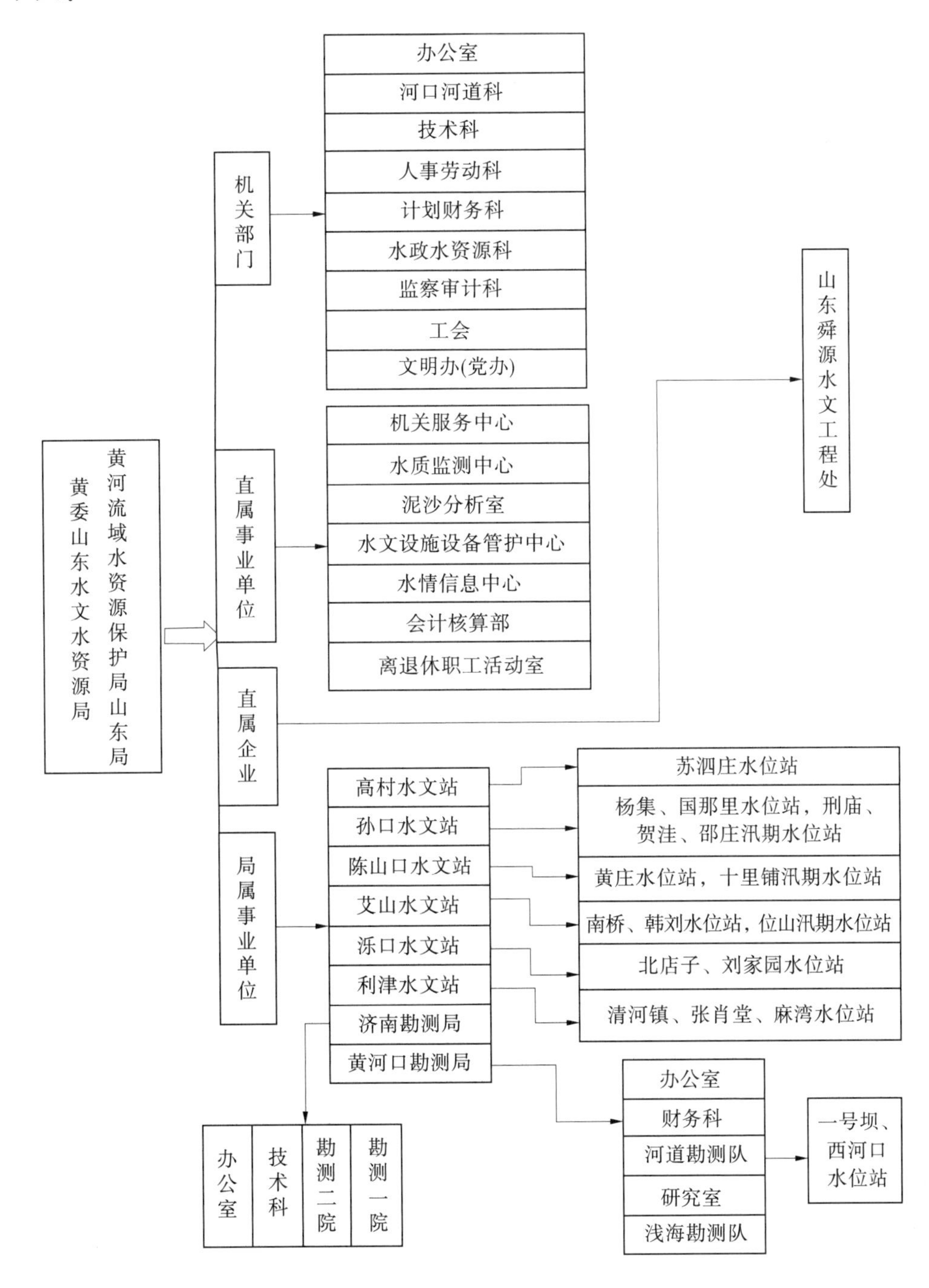

第二节 职工队伍建设

1991—2015 年,山东水文水资源局在职职工人数总体下降,学历层次、技术职务明显提升,在职职工和离退休职工管理更加规范。

一、各年度在职职工人数

1991—2015 年,山东水文水资源局在职职工人数整体下降,1992 年底人数最多,达 352 人;2012 年底人数最少,为 274 人。1991—2001 年,年底总人数均在 300 人以上;2002—2015 年,年底总人数均在 300 人以下。1991—2015 年山东水文水资源局各年度在职职工人数见表 14-1。

二、文化结构

1991—2015 年,山东水文水资源局不断加大人才引进和培养力度,接收和引进具有水文相关专业的全日制中专、大专、大学毕业生和研究生 119 人。在招聘各类全日制毕业生的同时,鼓励职工参加学历(学位)教育,推荐职工报考对口专业的在职学历(学位)教育,职工的整体素质有了显著提高。

表 14-1 1991—2015 年山东水文水资源局各年度在职职工人数

年份	新增	离退休	调出	调入	在职死亡	自动离职	开除公职	年底总人数
1990								350
1991	8	6	3		3			346
1992	13	4	5	2				352
1993	1	7	3					343
1994	2	5	2					338
1995	6	5	2					337
1996	1	9	1					328
1997	2	12	2	2				318
1998	1	4	3	1				313
1999	2	4						311
2000	3	9	1	1	1	1		303
2001	4	5		1				303

续表 14-1

年份	新增	离退休	调出	调入	在职死亡	自动离职	开除公职	年底总人数
2002	1	25	1	1	3			276
2003	4	1	1					278
2004	12	1	4	1	1			285
2005	9		4					290
2006	7	2	1		1			293
2007	4	4	2		1			290
2008	13	6	2		2			293
2009	8	9			1			291
2010	8	6						293
2011	7	11	3					286
2012	10	22	1	1				274
2013	18	12			1		4	275
2014	12	8	1	1				279
2015	20	7	5	2		1		288

研究生学历(学位):1991—2006 年,研究生学历(学位)人数为 0,2007 年 2 人,2007 年起逐年增加,2015 年 16 人。

本科学历:1991 年 16 人,1997 年起逐年增加,2015 年 157 人。

专科学历:1991 年 41 人,2006 年 83 人,2007 年起专科人数逐年下降,2015 年 62 人。

专科以下学历:1991 年 289 人,1992 年 296 人,1993 年起专科以下学历人数逐年下降,2015 年 53 人。

三、技术素质

教授级高级工程师:1991—1993 年、1995—1997 年、2003 年、2007 年 1 人,1994 年 2 人,1998—2002 年、2004—2006 年人数为 0, 2008 年起教授级高级工程师人数逐年增加,2015 年 7 人。

副高级职称(含高级工程师、高级政工师、高级会计师等):1991 年 3 人,1995 年 8 人,2002 年 3 人,2003 年起副高级职称人数逐年增加,2015 年 52 人。

中级职称(含工程师、政工师、经济师、会计师等):1991 年 22 人,2001 年 73 人,2015 年 44 人。

初级职称(含助理级和员级):1991 年 120 人,2008 年 45 人,2015 年 77 人。

高级技师:1991—2004 年人数为 0,2005 年 2 人,2015 年 16 人。

技师:1991 年 3 人,1994 年降为 1 人,2015 年 43 人。

初、中、高级工人:1991 年 187 人,2015 年 61 人。

1991—2015 年山东黄河水文测区职工基本情况见表 14-2。

表 14-2　1991—2015 年山东黄河水文测区职工基本情况

年份	在职职工(人)															离退休职工人数
	总人数	班子成员	技术人员					工人系列				学历				
			教授级高工	副高职称	中级职称	初级职称	合计	高级技师	技师	其他	合计	研究生	大学本科	大学专科	专科以下	
1991	346	4	1	3	22	120	146	0	3	187	190	0	16	41	289	142
1992	352	4	1	5	25	120	151	0	3	178	181	0	16	40	296	143
1993	343	4	1	7	33	112	153	0	2	177	179	0	22	40	281	147
1994	338	4	2	6	35	113	156	0	1	177	178	0	27	37	274	150
1995	337	5	1	8	43	98	150	0	4	173	177	0	26	37	274	154
1996	328	5	1	7	46	96	150	0	4	172	176	0	27	44	257	157
1997	318	7	1	5	52	80	138	0	4	170	174	0	27	49	242	167
1998	313	7	0	5	51	77	133	0	3	176	179	0	33	43	237	167
1999	311	7	0	5	46	77	128	0	3	173	176	0	36	57	218	168
2000	303	6	0	3	61	74	138	0	4	167	171	0	41	58	204	170
2001	303	6	0	3	73	73	149	0	22	135	157	0	45	63	195	173
2002	276	7	0	3	66	68	137	0	29	128	157	0	48	64	164	191
2003	278	7	1	4	65	69	139	0	40	116	156	0	51	64	163	186
2004	285	7	0	6	62	70	138	0	44	116	160	0	59	73	153	184
2005	290	7	0	20	66	54	140	2	45	119	164	0	64	83	143	179
2006	293	7	0	29	65	51	145	2	49	113	164	0	68	83	142	171

续表 14-2

年份	在职职工(人)																离退休职工人数
	总人数	班子成员	技术人员					工人系列				学历					
			教授级高工	副高职称	中级职称	初级职称	合计	高级技师	技师	其他	合计	研究生	大学本科	大学专科	专科以下		
2007	290	7	1	33	66	57	157	6	46	109	161	2	73	81	134		167
2008	293	7	2	35	69	45	151	6	52	98	156	4	83	77	129		171
2009	291	6	2	36	69	53	160	10	63	83	156	6	85	80	126		172
2010	293	7	2	39	67	65	173	14	59	84	157	6	98	76	113		173
2011	286	7	3	46	63	59	171	14	62	75	151	7	102	71	106		180
2012	274	8	4	45	64	47	160	14	55	67	136	9	118	72	75		194
2013	275	7	5	49	58	56	168	13	53	62	128	11	128	71	65		201
2014	279	7	7	48	58	69	182	14	54	59	127	14	144	62	59		203
2015	288	7	7	52	44	77	180	16	43	61	120	16	157	62	53		205

注：1. 1991—2015 年技术人员中不包括见习期人员；

2. 2000—2015 年技术人员中包括工人身份具有专业技术职称人员；

3. 表中数据为年度末数据。

四、年度考核

1991—2015 年，山东水文水资源局对所属单位、部门及干部、职工和专业技术人员的管理逐步实现了制度化、规范化，每年进行严格的年度考核，考核分为领导班子、局管干部、一般职工和专业技术人员考核。

（一）领导班子、局管干部考核

对局属单位、机关部门领导班子和领导干部的考核。领导班子考核的主要内容为思想政治建设、领导能力、工作实绩、党风廉政建设、群众信任度等；领导干部考核的主要内容为德、能、勤、绩、廉、群众信任度等政治业务素质、履行职责情况。考核程序为领导班子及班子成员述职、述学、述廉，并进行民主测评。局管干部须填写《干部年度考核登记表》，报局党组签署评鉴意见。

考核结果分优秀、合格、基本合格、不合格四个等次。优秀一般控制在15%左右。

(二)一般职工考核

对局属单位、机关部门副科级(不含)以下在职职工进行的考核。考核工作由职工所在单位、部门按照山东水文水资源局职工考核办法组织实施。考核从德、能、勤、绩四个方面进行,每位职工须填写《职工年度考核登记表》,撰写年度工作总结,进行民主测评,所在单位、部门签署工作评鉴意见。考核结果分优秀、合格、基本合格、不合格四个等次。优秀一般控制在15%左右。

(三)专业技术人员考核

对具有专业技术任职资格且聘任在专业技术岗位上的人员进行的考核。专业技术人员考核,副高级职称及以下人员,由专业技术人员所在单位、部门按照山东水文水资源局专业技术人员考核办法组织考核。考核从德、能、勤、绩四个方面进行,专业技术人员须填写《专业技术人员年度考核评价表》,撰写年度工作总结,进行民主测评,所在单位、部门签署意见。考核结果分优秀、称职、基本称职、不称职四个等次。优秀一般控制在15%左右。教授级高级工程师(三、四级)由黄委水文局委托山东水文水资源局考核,考核结果由黄委水文局确定。

五、离退休职工管理

1992年6月,山东水文水资源局增设离退休职工管理科(黄水政字〔92〕27号)。2002年机构改革,撤销离退休职工管理科,设置离退休职工活动室(副科级),归口人事劳动科管理。人员编制2人,其中主任1人。

离退休职工的管理,实行"统一指导、分级管理、各负其责、离退休人员待遇分开"的原则,在哪个单位退休就归哪个单位管理。机关和各单位均建有离退休职工管理制度,配备专兼职服务人员。根据老同志的专长和身体状况,发挥政治、经验、技术和威望优势,为社会、单位做贡献。局机关和黄河口勘测局建有离退休职工党支部,其他单位党员,有的与在职职工混编在同一党支部,有的将组织关系转入原籍居住地。

1991年年底,共有离退休职工142人,其中离休干部31人。2015年年底,离退休职工205人,其中离休干部11人。1991—2015年山东水文水资源局各年度离退休人员统计见表14-3。

表 14-3　1991—2015 年山东水文水资源局各年度离退休人员统计

年份	当年新增人数		当年去世人数		年底人数		
	离休	退休	离休	退休	离休	退休	总数
1991	0	6	1	1	31	111	142
1992	0	4	0	3	31	112	143
1993	0	7	1	2	30	117	147
1994	0	4	1	0	29	121	150
1995	0	5	1	0	28	126	154
1996	0	9	0	6	28	129	157
1997	0	12	0	2	28	139	167
1998	0	4	2	2	26	141	167
1999	0	4	1	2	25	143	168
2000	0	9	0	7	25	145	170
2001	0	5	0	2	25	148	173
2002	0	25	0	7	25	166	191
2003	0	1	1	5	24	162	186
2004	0	1	1	2	23	161	184
2005	0	0	0	5	23	156	179
2006	0	2	2	8	21	150	171
2007	0	3	1	6	20	147	167
2008	0	10	2	4	18	153	171
2009	0	7	2	4	16	156	172
2010	0	5	1	3	15	158	173
2011	0	12	1	4	14	166	180
2012	0	21	2	5	12	182	194
2013	0	12	1	4	11	190	201
2014	0	8	0	6	11	192	203
2015	0	7	0	5	11	194	205

第三节　聘用制度改革和专业技术职务评审

1991—2015 年，山东水文水资源局按照上级要求，逐步推行了事业单位机构改革和聘用制度改革,取得良好效果,专业技术职务评审逐步规范。

一、机构改革和人员聘用制度改革

2002年底,山东水文水资源局开始进行机构改革和人员聘用制度改革,聘用制实施后,新聘任到领导岗位以及新取得高一级专业技术职务任职资格或职业技能资格的人员被聘任到相应岗位,兑现了相应岗位的工资福利待遇,初步实现了以岗定薪、岗变薪变的要求。

根据《黄委水文局事业单位机构改革实施意见通知》(黄水人〔2002〕34号)要求,按照政、事、企分开,合理划分事权,明确责任,理顺关系及精简、统一、效能的原则,在全局进行“定编、定员、定岗”“三定”机构改革,对副科级及以下职工一律实行待聘。本次机构改革黄委水文局核准山东水文水资源局机构编制230人,山东水文水资源局根据核定的编制作了如下分配:局机关(含局直单位)编制80人,黄河口勘测局编制48人,高村水文站编制19人,孙口水文站编制19人,艾山水文站编制13人,泺口水文站编制15人,利津水文站编制13,陈山口水文站编制4人,济南勘测局编制19人。实有在职职工人数严重超编,经通盘考虑,作出如下安排:39人结构性转岗;21名符合退休条件的人员自愿申请办理提前退休手续;10人参加定向学习培训;4名科级干部因年龄原因或本人自愿高职低聘;39名基层职工超编上岗。本次改革是执行“三定方案”,从严格意义上讲,还不是人员聘用制。

2005年,根据水利部《关于水利事业单位试行人员聘用制度实施意见》《黄委水文局事业单位人员聘用制度改革实施方案》,按照“公开、平等、竞争、择优”的原则,在全局范围内进行全员聘用制度改革,12月,281名职工参与岗位竞争。通过岗位竞争,281名职工全部上岗,有2人走上A级岗位,79人进入B级岗位,142人竞聘到C级岗位,38人竞聘到D级岗位,20人被确定为辅助岗位。经单位与个人协商,受聘人员分别与单位签订了短期、中长期聘用合同,共签订聘用合同281份,签约率为100%。

聘用制改革,使事业单位人事管理实现了四个转变:由身份管理向岗位管理转变,由单纯行政管理向法制管理转变,由行政依附关系向平等人事主体转变,由固定用人向合同用人转变。

2011年,国务院颁布了《事业单位岗位设置管理试行办法》,按照管理、专业技术、工勤技能三类岗位比例和不同等级进行了岗位设置,其中,管理岗位分为10个等级,处级正职、处级副职、科级正职、科级副职、科员、办事员依次分别对应管理岗位五至十级职员岗位。专业技术岗位分为 13 个等级,包括高级岗位、中级岗位和初级岗位。高级岗位分 7 个等级,即一至七级:高级专业技术职务的正高级岗位包括一至四级,副高级岗位包括五至七级;中级岗位分 3 个等级,即八至十级;初级岗位分 3 个等级,即十一至十三级,其中十三级是员级岗位。工勤技能岗位包括技术工岗位和普通工岗位,技术工岗位分为 5 个等级:高级技师、技师、高级工、中级工、初级工,依次分别对应一至五级工勤技能岗位,普通工岗位不分等级。按照黄委水文局事业单位岗位设置要求,山东水文水资源局制订了事业单位岗位设置实施方案,经黄委水文局批准后实施。该方案将山东水文水资源局事业单位岗位划分为管理岗位、专业技术岗位和工勤技能岗位,黄委水文局核定三类岗位总计 306 个。其中,管理岗位总数为 14 个,设置五至八级 4 个等级;专业技术岗位总数为 215 个,设置三至十三级 11 个等级;工勤技能岗位总数为 77 个,设置全部 5 个等级。

经黄委水文局几次核增人员编制,2013 年 7 月,山东水文水资源局公益事业人员编制 330 个。2002—2015 年没有超编现象。

随着申报专业技术岗位和工勤技能岗位职称人员的不断增加,取得高级专业技术职务任职资格和高级技师任职资格的人员越来越多,超出了黄委水文局核定的岗位数,部分取得任职资格的人员不能聘任到相应岗位。

2013 年 8 月,山东水文水资源局制定了《山东水文水资源局空岗聘任办法(试行)》(黄鲁水人劳〔2013〕51 号),办法规定,专业技术人员和工勤技能人员按照如下规定执行:现聘人员数与核准的岗位数相比,超出比例在 10%及以下的按“退一进一”,超出 10%的按“退二进一”,通过竞聘上岗确定聘用人员。2013—2015 年空岗聘任专业技术人员 47 人次,聘任工勤技能人员 21 人次。

二、专业技术职务评审

1991 年,山东水文水资源局专业技术职务均由黄委水文局及以上评审委员会评审,批复后予以聘任。1992 年,根据黄委《关于一九九一年度专业技术职务评聘工作安排意见的通知》(黄人劳〔1992〕61 号),山东水文水资源局对各级、各类专业技术职务进行评审和推荐。

(一)初级专业技术职务评审委员会组成及职责

1992 年 6 月,山东水文水资源局成立了水利工程类初级专业技术职务评审委员会。评审委员会实行任期制,每届任期二年。职责是:对山东水文水资源局申报初级专业技术职务人员的申报材料进行评审认定,对申报中级及以上专业技术职务人员的申报材料进行审查推荐。

2001年起,山东水文水资源局初级专业技术职务评审委员会对申报初、中级专业技术职务任职资格申报人进行答辩。同时,将申报人员申报材料进行为期一周的公示。2006年起,凡申报各类各级专业技术职务任职资格申报人答辩均由山东水文水资源局组织实施。申报正高级专业技术职务人员除参加山东水文水资源局组织的答辩外,还要参加黄委组织的能力水平答辩。

(二)专业技术职务任职资格认定

自1992年起,山东水文水资源局对在专业技术岗位上工作见习期满的全日制大中专毕业生考核合格后,按照不同学历层次认定其专业技术职务任职资格。即:中专毕业见习期满,认定为“员”级,大专毕业见习期满再从事本专业技术工作满2年,认定为“助理”级,大学本科毕业见习期满,认定为“助理”级。

2013年11月,水利部印发了《水利部职称改革领导小组办公室关于进一步加强职称认定管理工作的意见》(职改办〔2013〕19号),对职称认定做了更加详细的规定,即:大专毕业见习期满,认定为“员”级,再从事本专业技术工作满2年,认定为“助理”级;大学本科毕业见习期满,认定为“助理”级;研究生毕业获硕士学位试用期满(3个月)认定为“助理”级,累计从事本专业技术工作满3年,认定为中级;研究生毕业获博士学位试用期满(3个月),认定为中级。

(三)外语水平考试

1992年,水利部人劳干〔1992〕24号文件对外语水平考试做了具体规定,并将外语水平考试纳入晋升专业技术职务的必备条件。外语考试由水利部统一组织,统一发放外语考试合格证书,有效期三年。2006年起,水利部不再组织职称外语考试,须参加由人事部统一组织的全国相应等级职称外语考试。成绩合格者,有效期至相应级别专业技术职务资格评审通过为止。2007年起,对参加全国职称外语考试且成绩达到全国通用标准分数线的,考试成绩有效期调整为10年。

(四)专业理论、计算机知识考试

1996年起,对申报专业技术职务计算机能力方面的要求,各单位根据申报人在计算机开发、使用和操作方面的实际能力,实事求是地出具证明,并由人事部门盖章,作为申报职称的参考依据。1999—2002 年,在职称评审中,实行由水利部统一组织的专业理论知识和计算机知识考试,但不作为申报职称的必备条件。2003 年起,专业理论知识与计算机应用能力考试合格纳入申报职称的必备条件。申报正高级人员仅要求外语合格。同时,对各个时期符合计算机应用能力免试条件做了相关规定。

(五)专业技术职务考核等级要求

专业技术职务考核是晋升职称的必备条件。1992—1995 年,考核优秀者可申报高一级职称,称职者可以续聘,基本称职者限期改进,不称职者予以解聘或低聘。1996—2003 年,申报副高级及以下职称(含破格申报),凡年度考核为称职以上者,可申报高一级职称,其中,1996—1997 年,同等破格条件下,考核优秀者优先。1996—2004 年,申报正高级职称,考核必须为优秀。2005—2015 年,申报正高级职称考核称职及以上即可。

(六)继续教育培训

2003 年起,继续教育培训以水利行业培训登记证书为准。2007 年起,对继续教育培训做了具体规定:参评前 5 年累计脱产培训超过 3 个月或每年不少于 12 天(6 学时计算为 1 天),或每年不少于 72 个学时。2013 年,按照水利部《关于进一步完善干部教育培训激励约束机制的意见》(水人事〔2011〕116 号)要求,凡申报专业技术职务任职资格的,须满足参评前 5 年参加各类培训时间累计达到 3 个月或 2013 年当年达到 12 天(72 学时,每天按 6 学时计算)的要求。2014—2015 年,要求每年达到 90 学时(每天按 8 学时计算)。

(七)专业技术职务结构等级

1991—2015 年,高、中级职称人员不断增加,副高及以上职称人员 1991 年 4 人,2015 年 59 人;中级职称人员 1991 年 22 人,2001 年 73 人,2015 年 44 人;初级职称人员不断减少,1991 年 120 人,2008 年 45 人,2015 年 77 人。1991—2015 年山东水文水资源局各年度专业技术职务人员见表 14-4。

(八)工人身份申报专业技术职务

1999—2000 年,黄委为打破身份界限,变身份管理为岗位管理,对工人身份人员申报专业技术职务做了具体规定,即:凡在专业技术岗位上工作并长期从事专业技术工作、属于工人身份的专业技术人员,获得了规定的学历与资历,具备了规定的专业工龄,可申报相应系列的专业技术职务任职资格。

任职资格一律报黄委统一评审认定。

表 14-4　1991—2015 年山东水文水资源局各年度专业技术职务人员

年份	合计			工程技术			政工			会计与经济			其他		
	高级	中级	初级	高级	中级	初级	高级	中级	初级	高级	中级	初级	高级	中级	初级
1991	4	22	120	4	19	101	0	0	0	0	3	19			
1992	6	25	120	6	22	101					3	19			
1993	8	33	112	8	27	89		1	4		5	19			
1994	8	35	113	8	30	89		1	5		4	19			
1995	9	43	98	9	37	76		1	5		3	17		2	
1996	8	46	96	8	41	74		1	5		2	17		2	
1997	6	52	80	6	46	61			4		4	15		2	
1998	5	52	77	5	46	60			4		4	13		2	
1999	5	51	77	5	45	61			4		4	12		2	
2000	5	61	74	5	52	57			4		4	13		5	
2001	3	73	73	3	61	60		1	4		7	9		4	
2002	3	66	68	3	49	53		3	2		10	13		4	
2003	5	65	69	4	48	54	1	3	2		10	13		4	
2004	6	62	70	5	45	55	1	3	2		10	13		4	
2005	20	66	54	17	47	41	2	4	1	1	11	12		4	
2006	29	65	47	24	46	34	4	3	1	1	11	12		5	
2007	34	66	54	27	50	41	5	2	1	2	9	12		5	
2008	37	69	45	30	51	36	5	2	1	2	11	8		5	
2009	38	69	53	32	51	45	4	2	1	2	11	7		5	
2010	41	67	65	34	49	57	5	1	1	2	12	7		5	
2011	49	63	59	41	49	52	6	1	1	2	9	6		4	
2012	49	64	47	42	49	39	5	1	1	2	10	7		4	
2013	54	58	56	47	45	41	5		1	2	9	14		4	
2014	55	59	79	48	45	65	5		1	2	9	13		5	
2015	59	44	77	52	32	66	5		1	2	7	10		5	

注:高级职称包括教授级高工和副高级职称。

2001 年起,黄委要求,在专业技术岗位上工作的工人专业技术职务任职资格不再由黄委统一评审认定,按照职称评审管理权限,由各单位自行组织评审认定。2005 年,山东水文水资源局按照职称评审管理权限评审认定了工人身份的助理工程师任职资格,2006—2015 年,由黄委水文局评审认定。

获得专业技术职务任职资格的工人,无论是否聘任,工人身份不变,工人专业技术职务解聘后,仍按照工人身份进行管理。2000—2015 年工人身份具备专业技术职务任职资格人数见表 14-5。

表 14-5　2000—2015 年工人身份具备专业技术职务任职资格人数

年份	副高级职称人数	中级职称人数	初级职称人数
2000		1	19
2001		3	19
2002		3	20
2003		3	20
2004		1	19
2005		3	25
2006		7	25
2007	1	7	18
2008	1	10	17
2009	1	10	24
2010	1	10	26
2011	1	12	24
2012	1	16	21
2013	2	14	27
2014	2	18	32
2015	2	18	30

第四节　职工工资和劳动保险

1991—2015 年,山东水文水资源局职工工资和各类津贴补贴进一步规范,职工收入逐年增加,2013 年退休和在职职工加入了医疗保险,2014 年 10 月在职职工全员加入了养老保险。

一、职工工资

1988 年 10 月 1 日起,根据水利部《关于水文系统执行〈野外地质勘探工作人员工资制度〉的批复》(水利部司局文件:人劳工〔1988〕16 号),山东水文水资源局(原济南水文总站)开始执行野外地质勘探工资标准。

根据黄委《关于印发黄河水利委员会事业单位工资制度改革实施意见

的通知》(黄人劳〔1994〕75号)和黄委人劳局《关于转发人事部、地质矿产部〈野外地质勘探队贯彻《事业单位工作人员工资制度改革方案》的实施意见〉的通知》(黄人劳劳〔1995〕43号),1993年10月起按差额拨款单位类型进行了工资制度改革。改革内容为:专业技术人员实行专业技术职务岗位工资制,管理人员实行职员职务岗位工资制,技术工人实行技术等级岗位工资制,普通工人实行等级岗位工资制。改革后的工资由固定部分与非固定部分构成,职务(技术)等级工资为工资构成中固定部分,岗位津贴为工资构成中非固定部分,固定部分为60%,非固定部分为40%,并规定在职人员凡连续两年考核合格及以上,两年晋升一个工资档次。本次改革同时增加了离退休费。

1995年10月、1997年10月、1999年10月、2001年10月、2003年10月、2005年10月,按照人事部、财政部、国土资源部关于调整野外地质勘探队工作人员工资标准的文件,正常晋升了工资档次、增加了离退休费。

1997年7月、1999年7月、2001年1月、2001年10月、2003年7月,按照上级文件调整了工资标准、增加了离退休费。

2006年7月,根据《水文局转发关于地质勘探事业单位和测绘系统测绘队工作人员收入分配制度改革实施意见的通知》(黄水人〔2007〕21号)及《水文局转发黄委人劳局转发水利部关于机关事业单位部分离退休人员增加离退休费的通知》(黄水人〔2007〕20号),进行了收入分配制度改革,本次改革实行岗位绩效工资制度,岗位绩效工资由岗位工资、薪级工资、绩效工资和津贴补贴4部分组成,其中岗位工资和薪级工资为基本工资。基本工资执行国家统一的政策和标准。

2006年7月1日起,野外地质勘探队工作人员年度考核结果为合格及以上等次的,每年增加一级薪级工资,第二年的1月起执行。同时增加了离退休费。2007年1月—2015年1月,每年考核合格及以上等次人员,正常增加一级薪级工资。

2009年1月和2010年1月,分别对离退休人员津贴补贴项目进行了归并分类,分为国家统一规定津贴补贴项目、改革性补贴项目、离休人员补贴。

2014年10月,按照上级文件调整了工资标准、增加了离退休费。

二、各类津贴补贴

(1)岗位津贴补贴。按照人社部、财政部、水利部、黄委、山东省人事厅、山东省财政厅有关规定,对监察、纪检办案人员,从事审计、信访、安全生产、环境监测、计划生育、老干部岗位、档案管理、泥沙分析、水政监察及参加防汛人员,根据有关规定发放津贴和补贴。

(2)政府特殊津贴。根据人力资源和社会保障部、财政部《关于调整政府特殊津贴标准的通知》(人社部发〔2008〕88号),从2009年1月1日起,按月发放的政府特殊津贴标准由每人每月100元调整为每人每月600元。

(3)荣誉津贴。根据黄委《关于省部级以上离退休劳动模范、先进生产(工作)者实行荣誉津贴的通知》(黄工〔1997〕38号),1998年1月起对全国及省部级劳动模范、先进生产(工作)者、国务院表彰的行业先进人物及综合性荣誉称号的离退休人员发放荣誉津贴,具体标准为:国家表彰的,每人每月100元;省部级表彰的,每人每月80元。根据黄委《关于省部级以上离退休劳动模范实行荣誉津贴的补充通知》(黄工〔2005〕4号)精神,2005年1月起,对黄委表彰的历届劳动模范、先进生产(工作)者(按照1998年黄委统一核定的名额为准),各省表彰的"五一劳动奖章"获得者,符合条件的人员,离退休后每月享受荣誉津贴80元。

(4)精神文明奖。按照属地管理原则,山东水文水资源局机关及所属单位,分别按照本单位荣获的精神文明单位称号等级,执行所在地市的有关精神文明奖金标准。

(5)伤残抚恤金。按照民政部、财政部文件精神,对因公伤残评定为十级及以上人员发放抚恤金。

(6)其他津贴补贴。住房补贴、交通补贴、岗位补贴、物业服务补贴等。

三、养老保险

(一)合同制职工养老保险

1991年,山东水文水资源局合同制职工的养老保险参加地方统筹,1992年由参加地方统筹改为参加水利行业统筹。根据劳动和社会保障部、财政部、水利部下发的《关于水利部直属事业单位劳动合同制职工基本养老保险移交地方管理的通知》(劳社部函〔2000〕168号)文件规定,2000年9月1日起,水利部直属事业单位劳动合同制职工基本养老保险移交所在省(自治区、直辖市)社会保险机构管理。2002年底,山东水文水资源局完成向地方的移交工作,2003年1月1日起,按规定直接向山东省社保局缴纳劳动合同制职工基本养老保险费。2015年12月31日,山东水文水资源局合同制在职职工37名,合同制退休职工4名。

(二)全员养老保险

根据《国务院关于机关事业单位工作人员养老保险制度改革的决定》(国发〔2015〕2号)、《国务院办公厅关于印发机关事业单位职业年金办法的通知》(国办发〔2015〕18号)、《人力资源和社会保障部　财政部关于贯彻落实〈国务院关于机关事业单位工作人员养老保险制度改革的决定〉的通知》(人社部发〔2015〕28号)、《山东省人民政府关于机关事业单位工作人员养老保险制度改革的实施意见》(鲁政发〔2015〕4号)、《山东省人力资源和社会保障厅　山东省财政厅〈关于印发山东省机关事业单位工作人员养老保险制度改革实施办法〉的通知》(鲁人社发〔2015〕46号),自2014年10月1日起,国务院决定改革机关事业单位工作人员养老保险制度,基本养老保险费由单位和个人共同承担,单位缴纳基本养老保险费的比例为本单位工资总额的20%,个人缴纳基本养老保险费的比例为本人缴费工资的8%,由单位代扣代缴;职业年金所需费用由单位和工作人员个人共同承担,单位缴纳职业年金费用的比例为本单位工资总额的8%,个人缴费比例为本人缴费工资的4%,由单位代扣代缴。

四、医疗保险

山东水文水资源局局机关、济南勘测局、泺口水文站于2013年9月加入医保;黄河口勘测局、利津水文站于2013年1月加入医保,并补缴了2001年7月至2012年12月期间的费用;高村水文站于2013年1月加入医保;孙口水文站、陈山口水文站于2013年4月加入医保;艾山水文站于2013年6月加入医保。

第五节　职工教育与培训

山东水文水资源局注重人才培养与引进,鼓励职工参加学历教育和岗位培训,参加上级组织的技能鉴定,职工的技术素质进一步提高。

一、人才引进与培养

1991—2015年,山东水文水资源局接收全日制硕士研究生学历(学位)12人、大学本科学历65人、大学专科学历27人、中专学历15人。山东水文水资源局鼓励在职职工参加学历教育,有计划地推荐职工报考黄河水利职业技术学院、河海大学、党校、电视大学等高等院校脱产学习或函授学习,职工的整体素质显著提高。1991—2015 年,在职职工参加专科及以上学历(学位)教育达 346 人次。

二、技能培训

1991—2015 年,山东水文水资源局采取多种形式对职工进行培训,培养了一大批优秀技能人才,提高了全体职工的技术技能。从 2013 年起,根据《水文局关于建立水文勘测职业技能竞赛常态化机制的通知》(黄水人〔2013〕35 号)的要求,山东水文水资源局每年在全局范围内广泛开展水文勘测技能竞赛活动。此项活动在学规练功、岗位竞赛的基础上,由各单位推荐、选拔 40 岁以下的技术骨干参加山东水文水资源局举办的技能竞赛强化培训班,培训采取理论学习和实际操作相结合的方式,培训结束后,对学员进行理论考试、内业操作、外业操作三个方面的技能竞赛,综合竞赛成绩,对获得前六名的学员授予“山东黄河水文勘测技术能手”称号,并推荐成绩优秀的学员参加黄委水文局两年 1 次的“黄河水文勘测技能竞赛”。

三、技能鉴定与评聘

1998 年之前,黄委系统没有开展职业技能鉴定,工人技术职务采取本等级、技师考核认定的方式,即在本岗位达到一定工作年限的职工,对其思想政治表现和生产工作成绩进行综合考核,在考核合格的基础上核发本等级证书、技师资格证书,取得相应资格证书即予以聘任,资格与聘任实行“即任即聘”的办法。

1998 年起,黄委统一进行职业技能鉴定,鉴定工种有水文勘测工、水文勘测船工、水工监测工 3 个特有工种,以及黄委委托地方进行的汽车驾驶、电工、锅炉工、厨师等通用工种。鉴定分为理论知识考试和实际操作考核两部分,共有 5 个等级,分别为初级工、中级工、高级工、技师和高级技师。初、中、高级工鉴定合格直接升级,技师和高级技师鉴定合格后,需经黄委或水利部评审委员会评定通过,取得相应资格证书视同于聘任,资格与聘任实行“评聘不分”的办法。

1999 年 4 月,黄委下发了《关于开展 1999 年度职业技能鉴定工作的通知》(黄人劳人〔1999〕27 号),对鉴定工种和等级、鉴定标准、申报条件、培训、鉴定办法等做了明确的规定。1999 年 8 月,黄委下发了《关于做好 1999 年度技师及高级技师评聘工作的通知》(黄人劳人〔1999〕73 号),对评聘的工种范围、申报条件、考评和聘任办法、实施步骤等作了明确规定。

2000 年起,对取得技师、高级技师资格的工勤技能人员,按照生产工作岗位的实际需要进行聘任,实行“评聘分离”的办法。

2013 年 8 月,依据《山东水文水资源局空岗聘任办法(试行)》,工勤技能人员取得相应资格后,根据岗位设置情况,通过竞聘上岗确定聘用人员,按照“退二进一”的办法实施。此后,按照黄委水文局年度鉴定和评聘要求,每年都要组织职工参加技能鉴定和评审,并按照聘任办法进行聘任。1998—2015 年山东水文水资源局职业技能鉴定获证人次见表 14-6。

表 14-6 1998—2015 年山东水文水资源局职业技能鉴定获证人次

年份	初级工	中级工	高级工	技师	高级技师	合计
1998			18			18
1999.02		24	8			32
1999.11	2	27	54			83
2000	1	2	3	5		11
2001	1			12		13
2002				10		10
2003				11		11
2004	2	1	27	4	4	38
2005	1	3	17	3		24
2006	8	1	1	5	2	17
2007	4			4	2	10
2008				11		11
2009	8	2	2	16	4	32
2010	5	1	3	3	2	14
2011	5	9	4	7		25
2012	3	2		1		6
2013	2	2		2	1	7
2014	5	7	2	2	7	23
2015	1	6	1	1	4	13
合计	48	87	140	97	26	398

注:1999 年黄委水文局进行了两次职业技能鉴定:1999 年 3 月 24 日以“黄水劳〔99〕7 号”公布,获得资格时间为 1999 年 2 月 2 日;2000 年 2 月 25 日以“黄水人〔2000〕10 号”公布,获得资格时间为 1999 年 11 月 30 日。

第六节　安全生产

1991—2015年，山东水文水资源局围绕中心工作，落实安全责任，细化安全措施，加强安全宣传教育，强化安全风险防控，为中心工作和经济发展提供了安全保障。

一、组织建设

山东水文水资源局注重安全生产组织建设，成立了安全生产委员会（以下简称“安委会”），主任由单位主要负责人担任，副主任由主管安全生产的局领导和局工会主席担任，成员由人事、财务、业务和综合管理部门主要负责人及专职安全员组成。安委会每两年调整一次，或根据人员变动及时调整。安委会成员分工明确，各负其责。

安委会办公室设在人事劳动科，科长任办公室主任。

安委会办公室负责协调、指导、督促、检查局属各单位、机关各部门的安全生产工作；制定安全生产管理制度和标准，建立安全生产台账，统计上报安全生产月、年报；负责向安委会提供劳动保护、生产安全、设备安全、交通安全、防火防爆安全、防滑防落水安全及其他安全信息资料；组织开展安全生产宣传、教育、培训和安全竞赛活动；开展定期或不定期的安全生产检查，对发现的安全隐患和不安全因素，监督有关单位或部门及时整改；负责全局各类安全事故的调查、处理和上报；监督检查工程建设中“三同时”制度执行情况，参加有关劳动安全卫生设施的设计审查和竣工验收。

局属各单位成立了安全生产领导小组，主要负责人任组长，重点岗位设置兼职安全员。

二、制度建设

1991—2015年，山东水文水资源局在认真贯彻执行国家颁布的法律法规和上级安全生产管理规章的同时，制定了一系列安全生产管理制度。主要有：《安全生产管理办法》《安全生产工作检查评比标准》《机动车辆交通安全管理办法》《测船安全管理办法》《大事故及其以上安全事故应急救援预案》《水上作业船舶大事故以上安全应急救援预案》等。

局属各单位建立健全了各项安全生产管理制度，如：交通车辆、测验船只、吊箱缆道、发电机组、贵重仪器、高空作业、洪水测验、冰上测验、夜间测验、涉水测验、海上测验等危险作业安全管理制度和操作规程及危险化学品、易燃易爆物品、仓库安全管理制度等。

三、管理措施

(一)安全生产责任制

按照"党政同责、一岗双责、齐抓共管、失职追责"的总要求,认真落实"一把手"负总责和班子成员分管业务范围内的安全生产管理职责,各职能部门按照"管行业必须管安全、管业务必须管安全、管生产经营必须管安全"的要求,充分发挥安全监督管理部门综合监管职能和业务部门专业监管职能,形成监管合力。严格落实安全生产主体责任。即落实单位主要负责人安全生产第一责任人责任,逐级签订安全生产目标责任书,把安全生产目标责任以岗位为基本单元层层分解,落实到每个环节、每个岗位和每位职工。严格实行黄河水文从业人员安全生产承诺制。根据职工岗位内容及职责,与每位职工签订安全生产承诺书,职工岗位变动,重新签订安全生产承诺书,新参加工作人员、新调入人员及时签订安全生产承诺书。

(二)安全生产培训

每年汛前,山东水文水资源局有针对性地开展安全生产培训,组织测洪预备队进行应急演练,各单位结合实际加强岗位练兵,提高职工安全操作技能,增强职工自我防范意识和保护能力。

(三)安全生产教育

组织职工学习国家安全生产法律法规和上级安全生产规章制度,强化安全意识。对新参加工作人员进行"基层水文局、生产单位、生产岗位"三级安全生产教育,合格后上岗。通过"三级"安全教育,使新参加工作人员熟悉黄河特性,了解水文工作环境,掌握安全生产操作规程。

(四)安全生产例会

安委会每年召开不少于4次安全生产会议,及时传达上级安全生产工作方针政策,总结安全生产工作开展情况和取得的成绩,解决安全生产工作中存在的问题,研究部署下一阶段安全生产工作。

(五)安全生产活动

安委会每年开展"交通安全百日竞赛"活动,其间,2002—2004年开展了50万公里行驶无事故驾驶员评选活动;1999—2015年,开展了"汛期水文测报安全竞赛”活动;2002—2015 年,开展了“安全生产月”活动。

工会 1994—2001 年每年开展“查隐患、保安全”活动,2002—2015 年每年开展“查隐患、保安全、人人争当安全职工活动”,年底进行考评、奖励。

(六)危险作业安全审核制度

贯彻执行《黄河水文一次性危险作业安全审核制度》。水文缆道钢塔除锈、上漆、主副索养护上油、河道统测、河势查勘等一次性危险作业,事前认真编制作业安全计划和应急预案,落实防范措施,指定安全责任人,明确现场安全专职人员,按要求上报安全生产主管部门进行安全审核。

(七)监督检查

安委会每年开展不少于 4 次现场检查,按照“全覆盖、零容忍、严追究、重实效”的原则,实行“谁检查、谁签字、谁负责”的安全生产检查责任制,严格执行“四不两直”即“不发通知、不打招呼、不听汇报、不用陪同和接待,直奔基层、直插现场”的检查方式,对事故易发的关键环节、部位和场所进行重点检查。按照“四不放过”原则对发生的各类安全事故进行调查、隐患整改和责任追究。

根据《黄委水文局安全生产检查规定》,各单位每月进行 1 次 C 级安全检查,每个季度进行 1 次 B 级安全检查,汛前准备阶段进行 1 次 A 级安全检查,在汛期大洪水过后根据洪水量级,进行 1 次 A 级或 B 级安全检查。建立健全了安全生产事故隐患排查治理台账,对事故隐患排查治理整改实行登记制度。认真执行水利安全信息(每月排查治理的隐患,发生的事故起数)上报制度。

(八)劳动防护

按期发放劳动防护用品,积极改善职工安全作业环境,提高职工健康水平。坚持每年定期为职工进行健康查体。

四、主要成绩

2000—2015 年,连续 14 年获得黄委水文局安全生产无事故奖励。

2001—2015 年,在黄委水文局开展的“交通安全百日竞赛”活动中 13 次获得通报奖励。

2002—2015 年,在黄委水文局开展的“汛期水文测报安全竞赛”活动中 13 次获得通报奖励。

被黄委评为 2011 年度安全生产工作先进集体和“十二五”期间安全生产先进集体。

第十五章　党的建设及工会

1991—2015年,山东水文水资源局在党的基层组织建设、党风廉政建设、精神文明建设、工会等方面取得长足发展。党的组织逐步健全,党员队伍不断壮大,党组织战斗堡垒作用和党员先锋模范作用得到充分发挥;党风廉政建设和反腐败工作进一步深化,预防和惩治腐败体系不断完善;精神文明建设逐步加强,文明创建取得丰硕成果,职工精神面貌焕然一新;工会组织充分发挥桥梁和纽带作用,切实维护职工的合法权益。

第一节　党的基层组织建设

山东水文水资源局党的基层组织建设,主要包括机关党建、基层单位党建、党的组织活动及共青团。

一、机关党建

(一)1991年以前机关党建

中华人民共和国成立后,山东黄河水文测区行政隶属关系多次变化,前身主要有洛口水文总站、前左河口水文实验站、郑州水文总站、位山水文总站等。1971年9月,山东黄河河务局将位山水文总站、前左河口水文实验站、河道观测队、测量队4个单位合并,成立山东河务局水文总站。

1971年前,由于受资料保存条件等的限制,党务工作已无从考证。

1971—2015年,无论行政隶属关系和名称如何变化,山东水文水资源局机关党务工作一直归山东黄河河务局直属机关党委领导,党的组织建设和组织生活步入正轨。

1973年山东河务局水文总站进行党支部改选,中共山东黄河河务局核心领导小组以〔73〕黄党字1号文批复。1975年1月,山东黄河河务局党组公布了调整后的水文总站党支部组成。

1975年12月,山东河务局水文总站划归黄委领导,更名为黄河水利委员会济南水文总站。1979年1月,山东黄河河务局党组印发了成立黄河水利委员会济南水文总站党支部的通知。1984年4月,济南水文总站党支部进行了改选,山东黄河河务局机关党委以〔84〕黄机党字第 10 号文批复。

1986 年 7 月,山东黄河河务局机关党委以〔86〕黄机党字第 21 号文批复,成立中共济南水文总站机关总支委员会,下设济南水文总站机关党支部和河道队党支部。1986 年 8 月,济南水文总站机关召开党员大会,选举产生首届中共济南水文总站机关总支委员会,山东黄河河务局机关党委以〔86〕黄机党字第 22 号文予以批复。1986 年底,济南水文总站机关党总支党员总数为 35 名。

1989 年 3 月,济南水文总站机关党总支进行了改选。1989—1991 年,济南水文总站机关党总支各年度党员人数均为 40 人。

(二)1991—2015 年机关党建

1991—2015 年,山东水文水资源局机关党的组织建设不断加强,党员队伍不断壮大,2015 年年底,机关党总支党员总数 105 人,有 9 个党支部。

1992 年 8 月,黄河水利委员会济南水文总站更名为"黄河水利委员会山东水文水资源局"。1994 年 7 月,机关党总支进行了改选,成立了中共黄河水利委员会山东水文水资源局总支委员会。

1991—2015 年山东水文水资源局党总支换届情况见表 15-1。

表 15-1　1991—2015 年山东水文水资源局党总支换届情况

时间	党总支名称	届别	党员人数	党支部数	批准机关及文号
1991. 12	济南水文总站党总支		40	2	山东黄河河务局直属机关党委〔1991〕黄机党字第 17 号文批复
1994. 07	山东水文水资源局党总支	一	48	6	山东黄河河务局直属机关党委〔1994〕黄机党字第 8 号文批复
1998. 04	山东水文水资源局党总支	二	51	6	山东黄河河务局直属机关党委〔1998〕黄机党字第 5 号文批复
2001. 04	山东水文水资源局党总支	三	61	6	山东黄河河务局直属机关党委(鲁黄机党发〔2001〕8 号)文批复
2004. 06	山东水文水资源局党总支	四	65	6	山东黄河河务局直属机关党委(鲁黄机党发〔2004〕9 号)文批复
2011. 07	山东水文水资源局党总支	五	91	6	山东黄河河务局直属机关党委(鲁黄机党发〔2011〕15 号)文批复
2015. 12	山东水文水资源局党总支	五(改选)	105	9	山东黄河河务局直属机关党委(鲁黄机党发〔2015〕30 号)文批复

2012年3月以前,山东水文水资源局机关日常党务工作由人事劳动科(原政工科)具体负责。2012年3月,成立山东水文水资源局精神文明建设办公室(机关党委办公室),具体负责机关日常党务工作。

二、基层单位党建

山东水文水资源局8个基层单位有7个基层党组织。高村、孙口、艾山、泺口、利津5个水文站和济南勘测局分别设立党支部,黄河口勘测局设立党总支,陈山口水文站与孙口水文站党员合并为一个党支部。

(一)高村水文站党支部

高村水文站党支部成立于1972年4月,首届党支部委员会与河务部门联合组成。1972—1976年隶属东明黄河河务局(原东明黄河修防段)党总支,1977—2015年隶属东明县县直机关党工委。

2015年年底有党员11人。

(二)孙口水文站党支部

孙口水文站党支部成立于1993年7月,首届党支部共3名党员。党支部成立至2015年隶属于梁山县县直机关党工委(原梁山县直属机关党委)。

2015年年底有党员15人。

(三)艾山水文站党支部

艾山水文站党支部成立于1950年7月。1994年4月以前,隶属东阿黄河河务局(原东阿黄河修防段)党总支,1994年5月至2015年隶属东阿县直属机关党工委。

2015年年底有党员11人。

(四)泺口水文站党支部

泺口水文站党支部成立时间较早,党建资料遗失,党支部成立时间及党支部有关情况无从查考。

泺口水文站党组织隶属关系,2015年11月以前隶属济南黄河河务局党委(原济南黄河修防处党总支),2015年12月隶属山东水文水资源局党总支。

2015年年底有党员13人。

(五)利津水文站党支部

利津水文站党支部成立于1982年。1982年成立党支部之前,党员组织关系在利津黄河修防段党支部,1982—2015年隶属利津县直机关党工委。

2015年年底有党员11人。

（六）济南勘测局党支部

济南勘测局前身为河道观测队，1986 年成立党支部，首届党支部共有党员 4 名，党支部成立至 2015 年隶属山东水文水资源局党总支。

2015 年年底有党员 12 人。

（七）黄河口勘测局党总支

黄河口勘测局原名为东营水文水资源勘测实验总队，1991 年 11 月 5 日由东营市直属机关党工委批准成立东营水文水资源勘测实验总队党总支，下设机关党支部、勘测党支部和离退休职工党支部。1994 年 12 月，东营水文水资源勘测实验总队更名为黄河口水文水资源勘测局后，东营水文水资源勘测实验总队党总支更名为黄河口水文水资源局党总支。1997 年 12 月，增设黄河 86 轮党支部，后改为龙口水文站党支部。

2015 年年底有党员 48 人。

三、党组织的重要活动

1991—2015 年，按照中央要求，在黄委水文局党组和山东黄河河务局党组的领导下，开展了一系列活动，主要有："讲学习、讲政治、讲正气"的"三讲"教育活动、保持共产党员先进性教育活动、学习实践科学发展观活动、"创先争优　争做齐鲁先锋"活动、党的群众路线教育实践活动、"三严三实"专题教育等。

（一）"讲学习、讲政治、讲正气"的"三讲"教育活动

按照中央部署，根据黄委水文局《关于在局属单位领导班子和领导干部中开展"三讲"教育的通知》（黄水党〔2000〕5 号）要求，2000 年 3 月，山东水文水资源局开展了"讲学习、讲政治、讲正气"的 "三讲"教育。

受黄委水文局党组和黄河流域水资源保护局党组派遣，"三讲"教育巡视组于 2000 年 3 月进驻山东水文水资源局，席锡纯为组长，赵乙奇、薛玉杰、王生雄为成员，任务是检查、指导、督促、把关。

2000 年 4 月底，"三讲"教育活动告一段落。

2000 年 11 月 20 日至 12 月 9 日，开展了"三讲"教育"回头看"，主要内容有学习提高、自查自看、通报反馈、接受检查四个阶段。

（二）保持共产党员先进性教育活动

2005 年 1 月 19 日至 6 月 12 日，山东水文水资源局机关全体党员开展了保持共产党员先进性教育活动，局机关 6 个党支部 67 名党员参加了教育活

动。主要措施有:领导抓,抓领导,层层落实责任制;抓学习,把提高全体党员的思想政治素质作为教育的中心工作;抓评议,把查找问题作为活动的关键措施。

(三)学习实践科学发展观活动

根据《中共中央关于在全党开展深入学习实践科学发展观活动的意见》(中发〔2008〕14号)、《中共山东黄河河务局党组关于第一批开展深入学习实践科学发展观活动的实施方案》(鲁黄党〔2008〕31号),按照黄委水文局党组和山东黄河河务局党组的部署,山东水文水资源局自2008年10月至2009年2月,在全局开展了学习实践科学发展观活动。

活动以局领导班子为重点,全体党员参加。活动分三个阶段:学习调研,分析检查,整改落实。

局属单位与局机关同步并在当地党委的指导下开展活动。

山东水文水资源局领导班子在学习讨论、调研、召开专题民主生活会的基础上,广泛征求党员、群众意见,经党员、群众代表评议,在5个单项和总体评价中,对领导班子的满意率均为100%。

(四)“创先争优　争做齐鲁先锋”活动

按照山东黄河河务局直属机关党委的安排,从2010年5月开始,山东水文水资源局在全体党员中开展了“创先争优　争做齐鲁先锋”活动。印发了《中共山东水文水资源局党组关于在局机关党组织和党员中深入开展“创先争优　争做齐鲁先锋”活动的实施意见》(黄鲁水党〔2010〕14号),主要内容为创建先锋基层党组织、争当齐鲁先锋共产党员。

(五)党的群众路线教育实践活动

根据黄委水文局党组和山东黄河河务局党组安排,2013年7月29日,山东水文水资源局召开专题会议,安排部署党的群众路线教育实践活动。8月9日,召开党的群众路线教育实践活动动员会,对全局开展党的群众路线教育实践活动进行动员。黄委水文局第三督导组到会指导。

12月3日,召开党的群众路线教育实践活动专题民主生活会通报会,通报了局领导班子的对照检查情况,征求了与会人员的意见。局领导班子及成员查找了在“四风”(形式主义、官僚主义、享乐主义和奢靡之风)方面存在的问题,分析了产生问题的原因,确定了努力方向和整改措施。

(六)“三严三实”专题教育

2015年,为认真贯彻落实全面从严治党要求,巩固和拓展党的群众路线教育实践活动成果，持续深入推进党的思想政治建设和作风建设，按照《中共中央办公厅印发〈关于在县处级以上领导干部中开展“三严三实”专题教育〉的通知》《中共黄委水文局党组印发关于在处级以上领导干部中开展“三严三实”专题教育的实施方案的通知》要求，山东水文水资源局对照“严以修身、严以用权、严以律己，谋事要实、创业要实、做人要实”的要求，在局机关、局属单位处级领导干部中开展了“三严三实”教育，查摆了党员领导干部“不严不实”问题。在本次教育中，山东水文水资源局主要完成了以下任务：一是主要负责同志讲“三严三实”专题党课，二是各级党组织开展了“三严三实”专题学习研讨，三是召开“三严三实”专题民主生活会和组织生活会，四是强化整改落实和立规执纪。

四、共青团

山东水文水资源局共青团组织在中共山东水文水资源局总支委员会和共青团山东黄河河务局直属机关委员会领导下工作，1999 年 4 月以前为团总支，1999 年 4 月至 2015 年为团支部。

第二节　党风廉政建设

1991—2015 年，山东水文水资源局狠抓党风廉政建设，落实党风廉政建设责任制，为山东黄河水文事业的发展营造了风清气正的工作氛围。

一、组织机构

（一）纪检组机构设置及职责

山东水文水资源局纪检组成立于 1987 年，主要职责是：监督、检查工作人员贯彻执行党的路线、方针、政策和决议情况，遵守国家法律、法规和执行上级决策情况，完成党风廉政建设任务。

（二）监察机构设置及职责

1989 年 9 月成立监察科，主要职责是：依照国家法律、政策及行政法规、纪律要求，履行监督、惩处、教育职能；对贯彻执行国家法律法规、政策、决议和命令的情况进行监督检查，对违法违纪行为进行调查并提出处理意见。受理对监督对象违法违纪行为的检举控告和被处分人员的申诉；完善廉政制度，实施专项执法监察，开展廉政教育。

1992 年 10 月，监察科、审计室合并为监察审计科，其职责扩展为审计机构的职责和监察机构的职责。2002 年机构改革保留了监察审计科,职责未变。

二、制度建设

为切实加强对党员干部的监督约束,使制度的监督约束力得到保障,确保党员领导干部廉洁从政,山东水文水资源局先后制定一系列党风廉政建设制度。1991—2015 年山东水文水资源局党风廉政建设制度(办法)见表 15-2。

表 15-2 1991—2015 年山东水文水资源局党风廉政建设制度(办法)

序号	发文时间	制度(办法)名称	发文字号
1	1996.08.15	山东水文水资源局案件办理程序和管理办法	黄鲁水党〔1996〕6 号
2	1999.07.06	山东水文水资源局党风廉政建设责任制具体实施办法	黄鲁水党〔1999〕7 号
3	2000.06.06	山东水文水资源局党组党风廉政建设责任制考核办法	黄鲁水党〔2000〕18 号
4	2003.06.25	山东水文水资源局科级干部廉政承诺制度(试行)	黄鲁水党〔2003〕21 号
5	2003.07.16	山东水文水资源局进一步加强党风廉政建设责任制工作的意见	黄鲁水党〔2003〕25 号
6	2005.10.27	山东水文水资源局惩治和预防腐败体系工作实施方案	黄鲁水纪检〔2005〕11 号
7	2005.11.21	山东水文水资源局领导班子及领导干部考核暂行办法	黄鲁水党〔2005〕27 号
8	2006.01.20	山东水文水资源局构建惩治和预防腐败体系实施意见	黄鲁水党〔2006〕1 号
9	2006.06.15	山东水文水资源局开展治理商业贿赂专项工作实施方案	黄鲁水监审〔2006〕6 号
10	2006.06.15	山东水文水资源局进一步健全完善反腐倡廉大宣教工作格局的意见	黄鲁水党〔2006〕17 号
11	2006.09.15	山东水文水资源局党风廉政建设宣传教育联席会议制度	黄鲁水纪〔2006〕9 号
12	2008.10.27	山东水文水资源局领导班子及领导干部年度考核办法	黄鲁水党〔2008〕16 号
13	2009.11.06	山东水文水资源局领导干部廉政谈话制度	黄鲁水纪检〔2009〕11 号
14	2011.06.27	山东水文水资源局廉政风险防控管理工作实施方案	黄鲁水党〔2011〕13 号
15	2013.06.21	山东水文水资源局贯彻落实中央改进工作作风密切联系群众八项规定实施意见	黄鲁水党〔2013〕15 号
16	2014.10.29	山东水文水资源局进一步落实党风廉政建设主体责任的实施意见	黄鲁水党〔2014〕21 号
17	2015.04.16	山东水文水资源局党风廉政建设主体责任清单(试行)	黄鲁水党〔2015〕6 号
18	2015.09.30	山东水文水资源局领导干部、专业技术人员参加评审咨询暂行规定	黄鲁水纪检〔2015〕6 号
19	2015.11.06	山东水文水资源局党风廉政建设监督责任清单	黄鲁水纪检〔2015〕7 号
20	2015.11.09	山东水文水资源局“三重一大”实施办法	黄鲁水党〔2015〕32 号

三、党风廉政建设与监督

（一）反腐倡廉教育

山东水文水资源局每年4月开展"党风廉政宣传教育月"活动，落实领导干部收入申报、收受礼品登记制度，并将范围扩大到科级干部。2009—2015年廉政宣传月主题见表15-3。

表15-3　2009—2015年廉政宣传月主题

年份	起止日期	活动主题
2009	04.01—04.30	以廉为荣、以贪为耻
2010	04.01—04.30	党性党风党纪教育
2011	04.01—04.30	以人为本、执政为民
2012	04.01—04.30	保持党的纯洁性
2013	04.01—04.30	清正、清明、清廉
2014	04.01—04.30	学条规、守纪律、转作风
2015	04.01—04.30	守纪律、讲规矩

注：自2009年起，确定廉政宣传月主题。

（二）落实党风廉政建设责任

山东水文水资源局认真落实党风廉政建设责任制：一是明晰责任清单：层层签订党风廉政建设责任书和承诺书，明确领导班子、单位（部门）负责人的责任；二是强化党风廉政建设责任制考核：制定完善的党风廉政建设考核制度，对局属单位和机关部门党风廉政建设责任制落实情况进行严格考核；三是坚持问题导向：针对党风廉政建设责任制检查考核发现的问题，列出清单，提出整改意见，限期整改；四是强化风险防控：按照廉政风险防控制度，制定风险防控措施，把风险防控责任分解到人，做到廉政风险防控无盲点、全覆盖。

（三）执行中央八项规定精神

山东水文水资源局严格贯彻执行中央八项规定精神和《党政机关厉行节约反对浪费条例》，认真查找领导班子和党员领导干部存在的"四风"问题。从改进调查研究、强化会议管理、精简文件简报、改进宣传报道、厉行勤俭节约、加强督促检查等方面入手，完善监管制度，强化制度执行。杜绝公款大吃大喝或安排与公务无关的宴请及用公款参与高消费等行为；不安排无明确公务目的的差旅活动和无实质内容的学习交流、考察调研活动;整治公车私用行为;严把领导干部办公用房面积标准,杜绝办公面积超标等问题;禁止超预算或无预算支出,不报销任何超范围、超标准及与公务无关的费用;严格执行公务接待标准,细化“三公”经费预算编制及执行,严格控制“三公”经费支出。

(四)主体责任和监督责任

山东水文水资源局落实党风廉政建设主体责任和监督责任,发挥纪检监察部门职能,保障各项工作顺利开展。

领导班子严格按照“集体领导、民主集中、个别酝酿、会议决定”的原则办事,凡涉及“三重一大”等重大事项,领导班子成员充分沟通,不搞“临时动议”,会上充分讨论,不搞“一言堂”,形成决议后,坚决贯彻执行。落实“谁主管,谁负责,一级抓一级,层层抓落实”的责任制要求。在选人用人方面,严格按照《党政领导干部选拔任用工作条例》,为新提拔干部出具廉政鉴定意见。在职称评聘、工资调整、人员调动、食堂管理等事关职工切身利益的决策和执行过程中全程监督。严格落实主要负责人“五个不直接分管”和纪检组长不分管财务、人事和工程项目的要求。

第三节　精神文明建设

山东水文水资源局十分重视精神文明创建,成立文明创建组织,开展文明创建活动,取得丰硕成果。

一、文明创建组织

1991—2015年,山东水文水资源局设立精神文明建设指导委员会,负责指导和协调全局的精神文明创建,制定并实施精神文明建设指导意见。

各基层单位成立精神文明建设领导小组,负责本单位的精神文明创建。

2012年3月,山东水文水资源局成立精神文明建设办公室(机关党委办公室),主要职责是:宣传贯彻党的路线、方针、政策和上级党组织的决议、指示;负责全局精神文明建设工作,承担局机关精神文明建设有关工作;负责机关党的建设日常工作和机关共青团组织的工作,指导局属单位党组织的思想、组织和作风建设,对党员和干部进行马克思主义理论、党的路线、方针、政策和党的基础知识教育;对职工进行职业道德、爱国主义教育,了解职工思想动态;负责组织局党组理论学习中心组(扩大)理论学习等。

2012年7月,按照《全国城市文明程度指数测评体系》《全国志愿服务工作测评体系》要求,成立山东水文水资源局志愿者服务支队。2013年7月,为更好地贯彻"学习雷锋、奉献他人、提升自己"的学雷锋志愿服务理念,局机关、济南勘测局、泺口水文站联合成立了山东水文水资源局学雷锋志愿服务队,直属济南市文明办管理,并在济南市学雷锋志愿服务总队的统一领导下开展活动。

二、开展的主要活动

(一)"树正气、强素质、担责任、讲奉献"职业道德教育

为提高职工的道德素质,弘扬黄河水文精神,培育职工昂扬向上的精神风貌和奋发有为的进取精神,提高职工的文明程度,2010年4月至12月,在职工中开展了"树正气、强素质、担责任、讲奉献"为主题的职业道德教育活动。

(二)"道德讲堂"建设

2012年7月,为深入贯彻《公民道德建设实施纲要》,山东水文水资源局决定在全局开展"道德讲堂"建设活动,旨在提升山东黄河水文职工思想道德修养和文明素质,加强社会公德、职业道德、家庭美德和个人品德"四德"建设,以"身边人讲身边事、身边人讲自己事、身边事教身边人"为教育形式,大力实施公民道德建设工程,为山东黄河水文测报提供精神动力。

"道德讲堂"建设经过几年的探索实践,形成了固定模式,即:山东水文水资源局精神文明建设指导委员会负责"道德讲堂"建设的组织领导和统筹协调,精神文明建设办公室负责具体工作的督察推进,各单位和各党支部制订具体的实施方案,推进本单位"道德讲堂"建设。山东水文水资源局将"道德讲堂"建设纳入文明单位创建和文明单位考核的主要内容。2015年下半年开始,局机关每季度举办1次,每年不少于4次。

(三)慈心一日捐活动

慈心一日捐活动是山东省慈善总会于2004年发起的募集慈善资金的一种有效形式。山东水文水资源局机关根据山东黄河河务局直属机关党委安排,每年举行1次捐款活动,活动坚持"依法组织,广泛发动,坚持自愿,鼓励奉献"的原则,倡导个人捐赠不低于一天的经济收入,机关全体职工(含离退休职工)自愿捐款,捐款上交山东黄河河务局直属机关党委。

三、文明创建成果

1991—2015 年,山东水文水资源局所属基层单位(除陈山口水文站外)均为地市级文明单位,局机关为省级文明单位,有 4 个单位获黄委文明单位称号,1 个单位获全国文明水文站称号。山东水文水资源局文明单位和先进集体名录见表 15-4。

表 15-4　山东水文水资源局文明单位和先进集体名录

序号	单位名称	获奖称号	授予单位	获奖时间
1	山东水文水资源局	文明单位	历城区委、区政府	2000
2	山东水文水资源局	文明单位	济南市委、市政府	2002
3	山东水文水资源局	文明单位标兵	济南市精神文明建设委员会	2004.03
4	山东水文水资源局	文明单位	山东省委、省政府	2004.04
5	山东水文水资源局	精神文明创建工作先进单位	黄委	2004.03
6	黄河口勘测局	文明单位	东营市委、市政府	2004
7	黄河口勘测局	文明单位	黄委水文局	2011.01
8	济南勘测局	文明单位	历城区委、区政府	2004.01
9	济南勘测局	文明单位	济南市委、市政府	2011.12
10	高村水文站	文明单位	菏泽市委、市政府	2005.12
11	高村水文站	文明建设示范窗口	黄委水文局	2005.12
12	高村水文站	文明单位	黄委水文局	2011.01
13	孙口水文站	文明建设示范窗口	黄委	2000.10
14	孙口水文站	文明单位	济宁市委、市政府	2003.04
15	孙口水文站	文明单位	黄委	2007.09
16	孙口水文站	全国文明水文站	水利部水文局、水利部精神文明建设指导委员会办公室	2005.03
17	孙口水文站	优秀水文站	黄委水文局	2006.02
18	艾山水文站	文明单位	东阿县文明委	1996
19	艾山水文站	文明单位	聊城市委、市政府	2006.12
20	艾山水文站	文明单位	黄委	2008.10
21	泺口水文站	文明示范窗口单位	黄委	2000.10
22	泺口水文站	文明单位	济南市委、市政府	2002

续表 15-4

序号	单位名称	获奖称号	授予单位	获奖时间
23	泺口水文站	文明单位	黄委	2007.09
24	泺口水文站	优秀水文站	黄委水文局	2006.02
25	利津水文站	文明单位	东营市委、市政府	2003.03
26	利津水文站	文明示范窗口单位	黄委	2003
27	利津水文站	文明单位	黄委	2007.09
28	利津水文站	精神文明创建工作先进单位	黄委水文局	2004.05
29	陈山口水文站	文明水文站	黄委水文局	2014.08
30	黄河口勘测局浅海勘测队	青年文明号	黄委	2010
31	局技术科	文明科室	黄委水文局	2003
32	局办公室	文明科室	黄委水文局	2003
33	局河口河道科	文明科室	黄委水文局	2005.12
34	局人事劳动科	精神文明创建工作先进单位	黄委水文局	2004.05
35	局人事劳动科	文明科室	黄委水文局	2005.12

注：山东水文水资源局及所属单位申报文明单位有两个渠道，一是按照属地管理原则，通过驻地区(县)、市上报评审；二是通过黄委水文局上报评审。

四、对口帮扶

为贯彻落实党的十八大精神，深入推进“乡村文明行动”，进一步推动统筹城乡发展，增强农村发展活力，促进城乡共同繁荣，充分发挥文明单位在精神文明建设中的示范带动作用，切实履行省级文明单位社会责任，按照济南市文明委“城乡牵手文明共建”协议要求，2013 年 5 月，山东水文水资源局与济南市商河县孙集乡周陈村结为帮扶对子。结为帮扶对子后，山东水文水资源局安排人员多次到周陈村调研了解，与村两委共同研究脱贫致富良策。每年都深入困难户、五保户、老党员家庭走访慰问，为他们送去慰问品。2015 年 6 月，为周陈村村委办公室配备了 2 套办公桌椅、2 台计算机、1 台多功能打印机和 2 台空调，并现场对村委办公人员进行了计算机培训。

第四节　工　会

山东水文水资源局工会充分发挥桥梁纽带作用，团结带领全体会员，紧密结合山东黄河水文实际,以服务水文测报整为中心,以加强“四有”职工队伍建设为重点,积极维护职工的合法权益,各项工作得到全面发展。

一、工会组织

1971 年 9 月,成立山东河务局水文总站,未设立专门的工会机构。1975 年 12 月,山东河务局水文总站划归黄委领导,更名为黄河水利委员会济南水文总站。1980 年,按照黄委批转黄河工会关于恢复黄河系统各级工会组织的报告通知,济南水文总站成立了黄河山东区工会济南水文总站工会工作委员会,由黄河工会山东区委员会管理。

1982 年起,各基层站(队)工会组织陆续建立。

高村、孙口、艾山、泺口、利津水文站于 1982 年分别召开会员大会,成立了工会委员会。

河口水文实验站 1982 年 11 月 17 日召开首届会员代表大会,成立了工会委员会。

陈山口水文站 1983 年 6 月 6 日成立工会委员会。

河道观测队 1986 年 6 月 5 日成立工会委员会。

1987 年 7 月 1 日,济南水文总站工会划归黄委水文局工会管理。

1988 年 10 月 7 日,济南水文总站成立“黄河工会济南水文总站委员会”,8 日,召开首届会员代表大会,选举产生工会委员会和经费审查委员会。10 月 10 日,启用黄河工会济南水文总站委员会印章(黄河工会济南水文总站委员会〔88〕黄水工字第 1 号)。

1992 年 8 月,济南水文总站更名为黄河水利委员会山东水文水资源局,工会同时更名为“黄河工会山东水文水资源局委员会”,并于 10 月 27 日启用“黄河工会山东水文水资源局委员会”印章(水文局工会黄水工〔1992〕19 号)。1993 年 2 月 10 日,启用“黄河工会山东水文水资源局委员会财务专用章”。

1995 年 11 月,山东水文水资源局划归山东黄河河务局领导。1996 年 9 月 2 日,黄河工会山东水文水资源局委员会划归黄河工会山东区委员会管理,工会名称不变。1996 年,黄河工会山东水文水资源局委员会下辖 9 个基层工会组织,其中,局机关 1 个,局属单位 8 个。

1998 年 3 月 28 日,山东黄河河务局《转发关于变更山东水文水资源局(山东水资源保护局)隶属关系的通知》(鲁黄人劳发〔1998〕25 号),山东水文水资源局划归黄委水文局和黄河流域水资源保护局共同管理，黄河工会山东水文水资源局委员会同时归属黄河工会水文局委员会管理，工会名称不变。

山东黄河水文测区工会组织建立后，1988 年前组织机构不很健全，1988 年成立黄河工会济南水文总站委员会后，工会组织逐步健全。山东黄河水文测区工会历任主席(负责人)见表 15-5。

表 15-5　山东黄河水文测区工会历任主席(负责人)

工会机构名称	职务	姓名	在任时间	说明
黄河山东区工会济南水文总站工会工作委员会	工会副主席	刘太庚	1980. 11—1983. 12	期间负责工会工作
黄河山东区工会济南水文总站工会工作委员会	工会主席	刘凤玉	1983. 11—1988. 05	
黄河工会济南水文总站委员会	工会主席	李福恒	1988. 10—1991. 08	副主席 徐法义 经审委主任 张祖英
黄河工会济南水文总站委员会	工会主席	张克洪	1991. 08—1992. 08	经审委主任　贾柱
黄河工会山东水文水资源局委员会	工会主席	张克洪	1992. 08—1994. 01	单位更名
黄河工会山东水文水资源局委员会	工会副主席	徐法义	1994. 04—1995. 10	负责工会日常工作
黄河工会山东水文水资源局委员会	工会主席	苏国良	1995. 10—2000. 05	
黄河工会山东水文水资源局委员会	工会主席	时连全	2000. 05— 2012. 02	
黄河工会山东水文水资源局委员会	工会主席	安连华	2012. 04—	
黄河工会山东水文水资源局委员会	工会副主席	董继东	2010. 03—2015. 10	
机关工会	主席	徐法义	1996. 09—2001. 02	
机关工会	主席	邱广华	2001. 02—2012. 03	
机关工会	主席	李宪景	2015. 10—	

二、职代会和工代会

1988年10月8日,济南水文总站召开首届工会会员代表大会(简称工代会),选举产生了黄河工会济南水文总站委员会和经费审查委员会。

1991年12月24—27日,召开了第一届职代会暨第二届工代会,会议代表38名。会议经过差额选举产生了工会委员会和经费审查委员会,推选了工会主席和工会经费审查委员会主任,审议通过了《济南水文总站职工代表大会条例(试行)》(〔92〕黄水济工字第2号)。此后,工代会与职代会合并召开,工代会代表与职代会代表身份合一。

1998年10月13—15日,召开了第二届职代会暨第三届工代会。

2005年9月6日印发《关于第二届职工代表换届改选的通知》(黄鲁水工〔2005〕7号),筹备职代会换届工作。2006年年度工作会议期间,职代会和工代会换届,召开了三届一次职代会、四届一次工代会。自此,职代会和工代会与年度工作会议一并召开。职代会和工代会每年召开1次,每届任期3年。

2010年年度工作会议期间,职代会和工代会换届,召开了四届一次职代会、五届一次工代会。2013年年度工作会议期间,职代会和工代会换届,召开了五届一次职代会、六届一次工代会。

三、女职工组织

山东水文水资源局女职工委员会为女职工在各自岗位上贡献聪明才智、维护女职工权益等方面发挥了重要作用。

(一)女职工委员会

根据《中国工会章程》,1991年10月17日成立了黄河工会济南水文总站委员会女职工委员会,设女职工主任、副主任各1人,委员5人(济南水文总站〔91〕黄水党5号)。

女职工委员会职责是:在黄河工会济南水文总站委员会领导下,维护女职工特殊利益和合法权益,组织女职工围绕治黄事业开展活动,其办事机构设在黄河工会济南水文总站委员会。黄河工会山东水文水资源局委员会历届女职工委员会见表15-6。

(二)女职工发挥的作用

山东水文水资源局女职工人数占职工总人数的30%左右,比较集中的岗位有财务管理、泥沙颗粒分析、水质监测、资料整编、信息宣传等,女职工在各自岗位上均取得优异成绩。

表 15-6　黄河工会山东水文水资源局委员会历届女职工委员会

女职工委员会名称	主任	副主任	委员	起止时间	说明
黄河工会济南水文总站工会委员会女职工委员会	蔡秀云	贾兴荣	吕　曼　韩慧卿 赵艳芳　付桂英 刘巧元	1991. 10— 1992. 08	
黄河工会山东水文水资源局委员会女职工委员会	蔡秀云	贾兴荣	吕　曼　韩慧卿 赵艳芳　付桂英 刘巧元	1992. 08— 1999. 01	单位更名
黄河工会山东水文水资源局委员会女职工委员会	梅兴莲		王燕珍 杨秀丽 赵艳芳 韩慧卿	1999. 01— 2001	改选
黄河工会山东水文水资源局委员会女职工委员会	梅兴莲		韩慧卿　王燕珍 杨秀丽　刘巧元 赵艳芳	2001— 2009. 12	1. 2001 年改选; 2. 2009 年 12 月梅兴莲退休
黄河工会山东水文水资源局委员会女职工委员会	韩慧卿		杨秀丽 刘巧元	2012. 05—	

女职工委员会组织女职工积极开展形式多样的活动,如女职工读书征文比赛、摄影比赛等,2012—2015 年,2 次获黄委水文局征文比赛组织奖,1 次获摄影比赛组织奖。

四、职工大病救助及困难帮扶

2007 年 7 月,黄河工会山东水文水资源局委员会按照黄委“多方筹资,救危济难,定额启动,适当救助”的原则,制定了《山东水文水资源局职工大病救助办法》(黄鲁水办〔2007〕28 号)。2007—2015 年,山东水文水资源局患有重大疾病的职工得到了及时救助。

2013 年 10 月,山东水文水资源局在职和退休职工参加了社会医疗保险。2015 年黄河工会山东水文水资源局委员会制定了适合职工参加医疗保险后的重大疾病救助办法。医疗保险与职工重大疾病救助办法一并实施后,大病职工医保报销比例约 80%,个人承担的部分享受了单位的大病救助政策。2015 年,在职职工全部参加了大病救助,退休职工参加率达 99%。

1991—2015 年,黄河工会山东水文水资源局委员会按照精准扶贫的要求,全面了解职工的生活情况,对困难职工进行了救助。

第十六章　人　物

1991—2015年,山东水文水资源局各级领导班子带领职工艰苦奋斗,勇于开拓,为黄河防洪、防凌、治理开发及沿黄工农业生产和经济发展做出了应有贡献,涌现了一大批先模人物,也有职工献出了宝贵生命。

第一节　人物传略

记述了山东水文水资源局1991—2015年担任过副处级及以上职务的3位已故人员传略。

杨志超　男,山东省烟台人,1936年2月生,中共党员。1956年2月在山东省水利厅参加工作,1959年5月调入山东黄河水文系统从事财务物资供应工作,历任山东水文水资源局(原济南水文总站)计划财务科副科长、科长,1994年9月任山东水文水资源局主任经济师,1995年10月任副处级调研员,1996年5月退休。2005年12月因病去世,享年70岁。

苏国良　男,山东省邹平县人,1955年1月生,中共党员,高级政工师。1977年7月在黄河口勘测局参加工作,1983年12月任泺口水文站站长,1988年3月任山东水文水资源局(原济南水文总站)办公室主任,1995年10月任山东水文水资源局工会主席,2000年5月任副局长。2009年9月因病去世,终年55岁。

刘凤玉　男,山东省济南市人,1936年12月生,中共党员。1953年3月参军,1978年10月转业到山东水文水资源局(原济南水文总站)任副主任,1983年11月任工会主席,1997年1月退休。2011年10月因病去世,享年75岁。

第二节　人物简介

本志书介绍了担任过山东水文水资源局(黄河流域水资源保护局山东局)主要负责人和因公殉职人员。

一、主要负责人

1991—2020年,有7人担任过山东水文水资源局(黄河流域水资源保护局山东局）主要负责人。

庞家珍　男，湖北省武汉市人，1934年7月出生，中共党员，教授级高级工程师，1954年9月参加工作。主要简历：

1954.09—1965.10　前左水文实验站工作；
1965.11—1971.09　前左水文实验站副站长；
1972—1973　山东河务局水文总站工作；
1973—1976.01　山东河务局水文总站副主任；
1976.01—1981.02　济南水文总站副主任（1978—1996年任山东水利学会常务理事及水文专业委员会副主任）；
1981.02—1992.08　济南水文总站主任、分党组书记（其间：1985年7月被山东省经济和社会发展战略研究委员会聘为该委员会专业顾问小组顾问；1990.11—1994.03兼任黄委水文局下游水政监察处主任）；
1992.09—1994.03　山东水文水资源局局长、分党组书记（其间：1992.08—1994.08兼任黄河河口海岸科学研究所所长；1993.11—1994.03兼任黄河山东水环境监测中心主任）；1995年11月退休。

赵树廷　男，吉林省舒兰县人，1938年3月出生，中共党员，高级工程师，1958年9月参加工作。主要简历：

1958.09—1959.04　黄委水文处工作；
1959.05—1964.01　位山水文总站工作；
1964.02—1980.05　艾山水文站副站长；
1980.05—1983.11　济南水文总站技术科副科长；
1983.12—1984.11　济南水文总站办公室主任；
1984.12—1990.04　济南水文总站副主任；
1990.04—1992.08　济南水文总站第一副主任、分党组副书记；
1992.09—1994.03　山东水文水资源局副局长、分党组副书记；
1994.03—2000.04　山东水文水资源局局长、分党组书记（其间：1994.03—1995.08兼任黄河山东水环境监测中心主任；1994.03—2000.05兼任黄委水文局下游水政监察处主任；1994.08—2000.07兼任黄河河口海岸科学研究所所长）；2000年4月退休。

程进豪　男,河南省兰考县人,1939 年 12 月出生,中共党员,教授级高级工程师,1961 年 11 月参加工作。主要简历:

1961.11—1965.01　前左水文实验站工作;
1965.01—1971.12　四号桩水文站副站长;
1971.12—1976.11　山东河务局水文总站工作;
1976.11—1981.01　济南水文总站副主任;
1981.02—1984.11　济南水文总站技术科科长;
1984.12—1992.08　济南水文总站副主任;
1992.09—1995.10　山东水文水资源局副局长、分党组成员;
1995.09—2000.04　黄河流域水资源保护局山东局局长、黄河山东水环境监测中心主任、分党组副书记;2000 年 7 月退休。

谷源泽　男,山东省威海市人,1960 年 7 月出生,中共党员,教授级高级工程师,1982 年 8 月参加工作。主要简历:

1982.08—1983.12　高村水文站工作;
1983.12—1987.02　孙口水文站副站长;
1987.02—1991.05　济南水文总站测验科副科长(期间:1989.10—1991.04 山东邹平县台子乡宋坊村扶贫);
1991.05—1992.08　济南水文总站副主任、分党组成员;
1992.09—1995.10　山东水文水资源局副局长、分党组成员;
1995.10—1997.03　黄河口水文水资源勘测局总工程师;
1997.03—2000.09　黄委水文局技术处处长;
2000.04—2004.02　山东水文水资源局局长、山东水资源保护局局长、党组书记(其间:2000.05—2000.06 兼任黄委水文局下游水政监察处主任;2000.07—2004.04 兼任黄河河口海岸科学研究所所长;2003.01—2004.04 兼任黄河山东水环境监测中心主任);
2003.12—2017.05　黄委水文局副局长、党组成员;
2017.05—2018.01　黄委水文局局长、党组成员;
2018.01—　黄委水文局局长、党组副书记。

高文永　男,山东省临朐县人,1962 年 7 月出生,中共党员,教授级高级

工程师,1983 年 8 月参加工作。主要简历:

1983.08—1985.01　河口水文实验站工作;

1985.01—1992.06　济南水文总站研究室工作;

1992.06—1995.10　山东水文水资源局研究室副主任;

1995.10—2000.04　山东水文水资源局局长助理;

2000.04—2002.11　山东水文水资源局总工程师(其间:2000.07—2002.11 兼任黄河河口海岸科学研究所副所长);

2002.11—2004.02　三门峡库区水文水资源局副局长、党委副书记;

2004.02—2004.03　山东水文水资源局副局长(主持工作);

2004.03—2015.05　山东水文水资源局局长、山东水资源保护局局长、党组书记(其间:2004.04—2015.07 兼任黄河山东水环境监测中心主任、黄河河口海岸科学研究所所长);

2015.05—　黄河水文水资源科学研究院院长。

姜东生　男,河南省开封市人,1968 年 6 月出生,中共党员,教授级高级工程师,1989 年 7 月参加工作。主要简历:

1989.07—1990.02　山东黄河河务局历城河务局工作;

1990.02—1991.03　济南水文总站泺口水文站工作;

1991.03—2000.12　山东水文水资源局水质监测中心工作;

2000.12—2002.12　水质监测中心副主任;

2002.12—2010.08　水质监测中心主任;

2010.04—2015.05　山东水文水资源局副局长、党组成员(其间:2011.05—2015.08 兼任黄河山东水环境监测中心副主任; 2012.12—2014.11 交流到淄博市河务局任副局长、党组成员);

2015.05—2020.12　山东水文水资源局局长、党组书记(其间:2015.08—2021.01 兼任黄河山东水环境监测中心主任);

2020.06—　黄委水文局副局长、党组成员。

姜明星　男　山东莱州人,1966 年 1 月出生,中共党员,教授级高级工程师,1987 年 8 月参加工作。主要简历:

1987.08—1988.08　济南水文总站河口实验站工作;

1988.08—1993.03　黄河口勘测大队工作;

1993.03—2000.12　山东水文水资源局研究室工作;

2000.12—2002.12　山东水文水资源局研究室副主任(副科级);

2002.12—2004.08　山东水文水资源局河口河道科科长;

2004.08—2010.04　山东水文水资源局技术科科长;

2010.04—2012.04　山东水文水资源局济南勘测局局长(副处级);

2012.04—2020.12　山东水文水资源局副局长、党组成员(其间:2015.06-2016.09 主持黄河水文勘察测绘局全面行政工作);

2020.12—　山东水文水资源局局长、党组书记(2021.01 兼任黄河山东水环境监测中心主任)。

二、因公殉职人员

1991—2015 年,山东水文水资源局有 5 人因公殉职。

马丽香　女,河南省杞县人,1968 年 9 月生,中共党员,1985 年 12 月参加工作。主要简历:

1985.12—1988.09　艾山水文站工作;

1988.09—1991.06　黄河职工大学脱产学习;

1991.06—1991.12　泺口水文站工作。

马丽香生前系泺口水文站技术干部,1991 年 12 月 4 日在外出办理公务途中发生交通事故,经抢救无效,因公殉职,终年 23 岁。

赵竹亭　男,山东省利津县人,1947 年 5 月生,中共党员,1965 年 12 月参加工作。主要简历:

1965.12—1971.09　解放军 4874 部队服役;

1971.09—1982.07　利津水文站工作;

1982.07—1985.08　河口水文实验站工作;

1985.08—2000.05　利津水文站工作。

赵竹亭生前系利津水文站水文勘测船工技师,2000 年 5 月 17 日在上班途中发生交通事故,经抢救无效,因公殉职,终年 53 岁。

朱德志　男,河北省卢龙县人,1979 年 9 月生,2002 年 2 月参加水文工作。主要简历:

2002.02—2002.08　黄河口水文水资源勘测局工作。

朱德志生前系黄河口水文水资源勘测局见习生,2002 年 8 月 23 日在水文外业测量工作中不幸溺水,因公殉职,终年 23 岁。

王振生　男，山东省垦利县人，1964 年 4 月生，中共党员，1980 年 12 月参加工作。主要简历：

1980. 12—1996. 04　河口水文实验站工作；

1996. 04—2006. 05　利津水文站工作。

王振生生前系利津水文站水文勘测船工高级工，2006 年 5 月 6 日在水文外业测验中突发心脏病，经抢救无效，因公殉职，终年 42 岁。

姜洪利　男，山东省梁山县人，1962 年 9 月生，1979 年 12 月参加工作。主要简历：

1979. 12—1985. 08　孙口水文站工作；

1985. 08—1987. 07　泺口水文站工作；

1987. 07—2007. 04　济南勘测局工作。

姜洪利生前系济南勘测局水文勘测船工技师、船长，2007 年 4 月 5 日 22 时，在值夜班途中遭遇车祸，经抢救无效，因公殉职，终年 45 岁。

第三节　人物名表

人物名表主要包括山东水文水资源局 1991—2015 年担任过副科级及以上职务的人员、主要技术人员和上级命名的各类技术人员、获得技能竞赛荣誉称号人员、2015 年底前获得黄委及以上单位表彰的劳动模范、先进生产者和受黄委及以上单位表彰的先进个人。

一、副科级及以上人员名录

1991—2015 年，山东水文水资源局经历了单位更名、机构调整、部门增设、部分基层单位升格等，领导班子、领导干部、机关部门、局直单位（企业）、局属单位负责人变动较大。1991—2015 年山东水文水资源局历任负责人名录见表 16-1，1991—2015 年山东水文水资源局机关部门历任负责人名录见表 16-2，1991—2015 年山东水文水资源局局直单位（企业）历任负责人名录见表 16-3，1991—2015 年黄河口勘测局历任负责人名录见表 16-4，1991—2015 年黄河口勘测局所属部门历任负责人名录见表 16-5，1991—2015 年济南勘测局历任负责人名录见表 16-6，1991—2015 年济南勘测局所属部门历任负责人名录见表 16-7，1991—2015 年山东黄河水文测区各水文站历任负责人名录见表 16-8。

表 16-1　1991—2015 年山东水文水资源局历任负责人名录

机构名称	职　务	姓　名	在任时间	说　明
济南水文总站	主任	庞家珍	1981.02—1992.08	
	副主任	李福恒	1978.10—1991.05	
		程进豪	1984.12—1992.08	
	第一副主任	赵树廷	1990.04—1992.08	黄水人〔1990〕29 号
	副主任	谷源泽	1991.05—1992.08	黄水人〔1991〕38 号
	总工	张广泉	1991.05—1992.08	黄水人〔1991〕38 号
	工会主席	李福恒(兼)	1988.10—1991.08	〔88〕黄水工字第 2 号
		张克洪	1991.08—1992.08	黄水党〔1991〕7 号
山东水文水资源局(水文局黄水人字〔1992〕65 号及 74 号文)	局长	庞家珍	1992.09—1994.03	黄水人字〔1992〕65 号及 74 号
		赵树廷	1994.03—2000.04	黄水人〔1994〕14 号
		谷源泽	2000.04—2004.02	黄水党〔2000〕14 号
		高文永	2004.03—2015.05	黄水党〔2004〕9 号
		姜东生	2015.05—	黄水党〔2015〕23 号
	五级职员	王效孔	2012.01—2012.09	黄水党〔2012〕6 号
		曹兆福	2012.11—2013.06	黄水党〔2012〕76 号
	副局长	赵树廷	1992.09—1994.03	黄水人字〔1992〕65 号及 74 号
		程进豪	1992.09—1995.10	黄水人字〔1992〕65 号及 74 号
		谷源泽	1992.09—1995.10	黄水人字〔1992〕65 号及 74 号
		游立潜	1993.05—1995.10	黄水人〔1993〕21 号
		王效孔	1994.03—2012.01	黄水人〔1994〕14 号
		时连全	1995.10—2000.05	黄水党〔1995〕49 号
		苏国良	2000.05—2009.09	黄水党〔2000〕20 号
		张永平	2002.11—2004.03	黄水党〔2002〕50 号
		刘浩泰	2002.11—2012.02	黄水党〔2002〕50 号
		高文永	2004.02—2004.02	黄水党〔2004〕4 号
		李世举	2004.03—2006.03	黄水党〔2004〕22 号
		李庆金	2006.03—	黄水党〔2006〕12 号
		姜东生	2010.04—2015.05［2012.12—2014.11 交流到淄博市河务局任副局长、党组成员(黄鲁党〔2012〕28 号)］	黄水党〔2010〕18 号
		姜明星	2012.04—［2015.06(黄水党〔2015〕67 号)—2016.09(黄水党〔2016〕58 号)主持黄河水文勘察测绘局工作］	黄水党〔2012〕49 号
		周建伟	2012.04—	黄水党〔2012〕50 号
	主任经济师	杨志超	1994.09—1995.10	黄水人〔1994〕56 号

续表 16-1

机构名称	职 务	姓 名	在任时间	说 明
山东水文水资源局（水文局黄水人字〔1992〕65号及74号文）	副处级调研员	张克洪	1994.01—1997.07	黄水党〔1994〕2号
		李福恒	1994.03—1996.11	黄水人〔1994〕14号
		游立潜	1995.10—1997.09	黄水党〔1995〕49号
		杨志超	1995.10—1996.04	黄水党〔1995〕49号
	纪检组长	王元春	1994.09—1995.09	鲁黄党发〔1994〕17号
		曹兆福	1995.10—2012.02	黄水党〔1995〕51号
		刘浩泰	2012.02—2015.07	黄水党〔2012〕33号
		岳成鲲	2015.07—	黄水党〔2015〕76号
	总工程师	张广泉	1992.09—1998.04	黄水人字〔1992〕65号及74号
		高文永	2000.04—2002.11	水党〔2000〕15号
		李庆金（兼）	2009.04—	黄水党〔2009〕29号
	工会主席	张克洪	1992.09—1994.01	黄水人字〔1992〕65号及74号
		苏国良	1995.10—2000.05	黄水党〔1995〕52号
		时连全	2000.05—2012.02	黄水党〔2000〕20号
		安连华	2012.04—	黄水党〔2012〕51号
	六级职员	董树桥	2012.11—	黄水党〔2012〕79号
	局长助理（正科级）	高文永	1995.10—2000.04	黄水党〔1995〕49号
	副总工（正科级）	阎永新	2002.12—	黄鲁水党〔2002〕18号
	工会副主席（正科级）	徐法义	1994.04—1995.10	黄鲁水工字〔1994〕1号
		董继东	2010.03—2015.10	黄鲁水党〔2010〕4号
黄河流域水资源保护局山东局（黄河山东水资源保护局）	局长	程进豪	1995.09—2000.04	黄护人劳〔1995〕22号
		谷源泽	2000.04—2004.02	黄水党〔2000〕14号
		高文永	2004.03—2015.05	黄水党〔2004〕9号
黄河山东水环境监测中心（黄水人〔1993〕110号，原“水利部城乡建设环境保护部黄河水资源保护办公室济南监测站”更名为黄河山东水环境监测中心）	主任	庞家珍	1993.11—1994.03	黄水人〔1993〕136号
		赵树廷	1994.03—1995.08	黄水人〔1994〕14号
		程进豪	1995.09—2000.04	黄护人劳〔1995〕22号
		谷源泽	2003.01—2004.04	黄水人〔2003〕4号
		高文永	2004.04—2015.07	黄水人〔2004〕30号
		姜东生	2015.08—	黄水党〔2015〕96号
	副主任	游立潜	1993.11—1995.10	黄水人〔1994〕136号
		张永平	2003.01—2004.03	黄水人〔2003〕4号
		李世举	2004.04—2006.03	黄鲁水人劳〔2004〕18号
		李庆金	2006.08—2011.05	黄水人〔2006〕72号
		姜东生	2011.05—2015.08	黄水人〔2011〕60号
		李庆金	2015.08—	黄水党〔2015〕96号
黄河水文局下游水政监察处（黄水人〔1990〕99号）	主任	庞家珍	1990.11—1994.03	
		赵树廷	1994.03—2000.05	黄水人〔1994〕14号
		谷源泽	2000.05—2000.06	黄水人〔2000〕32号
	副科级水政监察员	王传生	1992.10—1994.02	〔92〕黄水政字第48号
		任可银	1992.10—2002.12	〔92〕黄水政字第48号
	正科级水政监察员	王传生	1994.02—2002.12	黄鲁水政工字〔1994〕8号
水文水政监察大队（黄水人〔1999〕58号）	队长	王效孔	2000.06—2007.07	黄水人〔2000〕48号
黄河水利委员会山东水文水政监察支队（黄水人〔2007〕59号）	支队队长	王效孔	2007.07—2012.09	黄水人〔2007〕74号
		周建伟	2013.05—	黄水人〔2013〕41号
	副支队长	王学金	2007.08—	黄鲁水人劳〔2007〕45号

表 16-2 1991—2015 年山东水文水资源局机关部门历任负责人名录

部门名称	负责人			说 明
	职务	姓名	在任时间	
办公室	主任	苏国良	1988.03—1996.07	〔88〕黄水政字第 20 号
		安连华	1996.07—2013.03	黄鲁水党〔1996〕3 号
		陈纪涛	2013.03—2015.07	黄鲁水党〔2013〕6 号
		武广军	2015.07—	黄鲁水党〔2015〕13 号
	副主任	安连华	1994.12—1996.07	黄鲁水政工字〔1994〕54 号
		赵 凯	2001.02—2002.12	黄鲁水党〔2001〕3 号
	秘书	李作安	2009.08—	黄鲁水党〔2009〕22 号
政工科	科长	曹兆福	1987.01—1996.07	〔87〕黄水政工字 4 号
		邱广华(代)	1997.10—2001.02	黄鲁水政工字便〔1997〕23 号
		马登月	2001.02—2002.12	黄鲁水党〔2001〕3 号
	副科长	马登月	1990.06—1994.11	〔90〕黄水政字第 29 号
		贾兴荣	1996.07—1997.10	黄鲁水党〔1996〕3 号
人事劳动科(2002 年 12 月政工科更名为人事劳动科)	科长	马登月	2002.12—2015.07(2015 年 7 月以后为负责人)	黄鲁水党〔2012〕18 号
	副科长	王 森	2002.12—	黄鲁水党〔2002〕22 号
测验科	科长	赵树武	1990.08—1992.02	〔90〕黄水政字第 40 号
	副科长	谷源泽	1987.02—1991.05	〔87〕黄水政字第 6 号
技术科(1992 年 1 月测验科更名为技术科)	科长	王学金	1994.02—1996.04	黄鲁水政工字〔1994〕8 号
		阎永新	1997.01—2002.12	黄鲁水政工〔1997〕7 号
		李庆金	2002.12—2004.08	黄鲁水党〔2002〕25 号
		姜明星	2004.08—2010.10	黄鲁水党〔2004〕39 号
		周建伟	2010.10—2012.04	黄鲁水党〔2010〕22 号
		李福军	2013.04—	黄鲁水党〔2013〕9 号
	副科长	安连华	1992.06—1994.12	〔92〕黄水政字第 28 号
		阎永新	1994.12—1997.01	黄鲁水政工字〔1994〕54 号
		李庆金	2000.12—2002.12	黄鲁水党〔2000〕47 号
		张广海	2002.12—2011.03	黄鲁水党〔2002〕22 号
		李福军	2012.03—2013.04	黄鲁水党〔2012〕15 号
	主任工程师	张广海	2000.12—2002.12	黄鲁水党〔2000〕47 号
研究室	主任	张广泉	1986.01—1992.06	〔86〕黄水政字第 4 号
	副主任	高文永	1992.06—1995.10	〔92〕黄水政字第 28 号
		霍瑞敬	1997.01—1997.10	黄鲁水政工〔1997〕7 号
		姜明星	2000.12—2002.12	黄鲁水党〔2000〕47 号
		霍瑞敬	2000.12—2002.12	黄鲁水党〔2000〕47 号

续表 16-2

部门名称	负责人			说　明
	职务	姓名	在任时间	
河口河道科(研究室2002年12月更名为河口河道科)	科长	姜明星	2002.12—2004.08	黄鲁水党〔2002〕25号
		霍瑞敬	2005.02—	黄鲁水党〔2005〕3号
	副科长	霍瑞敬	2002.12—2005.02	黄鲁水党〔2002〕22号
		陈纪涛	2005.02—2010.08	黄鲁水党〔2005〕4号
		宋士强	2012.05—	黄鲁水党〔2012〕34号
计划财务科	科长	杨志超	1987.01—1993.02	〔87〕黄鲁水政工字4号
		时连全	1993.02—1994.06	黄鲁水政工字〔1993〕11号
		郭继旺	1994.06—2002.12	黄鲁水政工字〔1994〕20号
		董树桥	2002.12—2013.01	黄鲁水党〔2002〕18号
		武广军	2013.01—2015.07	黄鲁水党〔2013〕4号
	副科长	蔡秀云	1990.03—2001.01	〔90〕黄水政字第16号
		董树桥	2001.04—2002.12	黄鲁水党〔2001〕16号
		武广军	2006.03—2013.01	黄鲁水党〔2006〕4号
		闫　堃	2013.11—	黄鲁水党〔2013〕30号
监察科,1989年9月成立	科长	王元春	1989.09—1992.10	〔89〕黄水政字第37号
审计室	科级审计员	张祖英	1988.12—1991.09	〔88〕黄水政字第99号
	科级审计员	李维平	1991.10—1992.04	〔91〕黄水政字第43号
	审计员	李金萍	1992.04—2000.06	〔92〕黄水政字第18号
监察审计科(1992年10月监察科、审计室合并为监察审计科)	科长	王元春	1992.10—1994.11	〔92〕黄水政字第47号
		马登月	1994.11—2001.02	黄鲁水政工字〔1994〕47号
		赵　凯	2002.12—	黄鲁水党〔2002〕18号
	副科长	贾　柱	2001.02—2002.12	黄鲁水党〔2001〕3号
	副科级审计员	肖　莉	2000.12—2011.07	黄鲁水党〔2000〕47号
水政水资源科	科长	王学金	2002.12—	黄鲁水党〔2002〕18号
文明办(党办)(2012年3月成立,黄鲁水人劳〔2012〕16号)	主任	邱广华	2012.03—2015.07	黄鲁水党〔2012〕14号
		武广军(兼)	2015.07—	黄鲁水党〔2015〕21号
	副主任	马吉让	2012.03—	黄鲁水党〔2012〕14号
总站机关妇女委员会	主任	蔡秀云	1992.02—1992.08	1992年2月成立
局工会女职工委员会	主任	蔡秀云	1992.09—1999.01	
		梅兴莲	2001.02—2009.12	黄鲁水党〔2001〕5号
		韩慧卿	2012.05—	黄鲁水党〔2012〕33
机关工会	主席	徐法义	1996.09—2001.02	黄鲁水党〔1996〕7号
		邱广华	2001.02—2012.03	黄鲁水党〔2001〕3号
		李宪景	2015.10—	黄鲁水党〔2015〕30号

表 16-3 1991—2015 年山东水文水资源局局直单位(企业)历任负责人名录

局直单位名称	负责人			说 明
	职务	姓名	在任时间	
济南水质监测站	主任(正科级)	李景芝	1990.03—1994.01	黄政字〔79〕第128号 〔90〕黄水政字第16号
监测科	科长	李景芝	1994.01—2002.12	黄鲁水政工字〔1994〕4号
	副科长	姜东生	2000.12—2002.12	黄鲁水党〔2000〕47号
	主任工程师	马吉让	2000.12—2002.12	黄鲁水党〔2000〕47号
水质监测中心(2002年12月成立)	主任	姜东生	2002.12—2010.08	黄鲁水党〔2002〕25号
		陈纪涛	2010.08—2013.03	黄鲁水党〔2010〕19号
	副主任	马吉让	2002.12—2012.05	黄鲁水党〔2002〕22号
		时文博	2012.05—	黄鲁水党〔2012〕29号
		王 伟	2012.05—	黄鲁水党〔2012〕29号
泥沙分析室	主任	吕 曼	2002.12—2012.03	黄鲁水党〔2002〕26号
		扈仕娥	2012.05—	黄鲁水党〔2012〕31号
水文设施设备管护中心(2002年12月成立)	主任	李庆金(兼)	2002.12—2004.08	黄鲁水党〔2002〕28号
		姜明星(兼)	2004.08—2011.03	黄鲁水党〔2004〕39号
		张广海	2011.03—	黄鲁水党〔2011〕2号
	副主任	张广海(兼)	2002.12—2011.03	黄鲁水党〔2002〕28号
水情信息中心(2002年12月成立,2011年3月升格为正科级)	主任(副科级)	田中岳	2002.12—2004.08	黄鲁水党〔2002〕26号
		张 利	2006.09—2011.03	黄鲁水党〔2006〕27号
	主任(正科级)	岳成鲲	2011.08—2012.01	黄鲁水党〔2011〕19号
	副主任(副科级)	万 鹏	2011.08—	黄鲁水党〔2011〕17号
		李丽丽	2015.09—	黄鲁水党〔2015〕25号
机关服务中心(2002年12月成立)	主任	安连华(兼)	2002.12—2011.03	黄鲁水党〔2002〕28号
		郭立新	2011.03—2012.04	黄鲁水党〔2011〕4号
		庞 进	2012.08—	黄鲁水党〔2012〕37号
	副主任	庞 进	2002.12—2012.08	黄鲁水党〔2002〕26号
		韩慧卿	2005.02—2012.05	黄鲁水党〔2005〕4号
会计核算部(2002年12月成立)	主任	张建萍	2002.12—	黄鲁水党〔2002〕26号
离退休职工管理科(1992年6月成立)	科长	邱广华	1997.01—2001.02	黄鲁水政工〔1997〕7号
	副科长	邱广华	1992.06—1997.01	〔92〕黄水政字第28号
		王 森	2000.12—2002.12	黄鲁水党〔2000〕47号
		赵 凯	2000.12—2001.02	黄鲁水党〔2000〕47号
离退休职工活动室	主任	王森(兼)	2002.12—	黄鲁水党〔2002〕29号
综合经营办公室(1989年2月原生产经营科改为综合经营办公室)	副主任	贾 柱	1989.02—1996.04	〔89〕黄水政字第9号
综合经营处	主任	王学金	1996.04—2002.12	黄鲁水政工字〔1996〕20号
	副主任	贾 柱	1996.04—2001.02	黄鲁水政工字〔1996〕20号
山东舜源水文工程处(2000年10月成立)	主任	王效孔	2000.10—2004.01	
		李宪景	2004.01—2015.10	黄鲁水党〔2004〕7号
		董继东	2015.10—	黄鲁水党〔2015〕31号
	副主任	阎永新(兼)	2002.12—	黄鲁水党〔2002〕32号
		宋中华	2006.09—	黄鲁水党〔2006〕26号
	财务负责人	董树桥	2001.04—	黄鲁水党〔2001〕16号
	技术负责人	阎永新	2015.10—	黄鲁水人〔2015〕64号

表 16-4　1991—2015 年黄河口勘测局历任负责人名录

单位名称	单位名称使用时段	负责人			说　明
		职务	姓名	在任时间	
东营水文水资源勘测实验总队	1989.12—1994.12〔90〕黄水政字第 27 号（根据黄水人〔1990〕23 号及黄劳〔1989〕116 号文 1989 年 12 月河口水文实验站更名为黄委会东营水文水资源勘测实验总队，升格为副县团级）	总队长	张克洪	1990.05—1991.05	黄水人〔1990〕37 号
			王效孔	1991.05—1994.05	黄水人〔1991〕17 号
			时连全	1994.05—1994.12	黄水人〔1994〕28 号
		副总队长	刘浩泰	1990.11—1994.12	〔90〕黄水政字第 51 号
			耿化贵	1990.11—1992.01	〔90〕黄水政字第 51 号
			张建华	1992.01—1994.12	〔92〕黄水政字第 5 号
		工会主席	耿化贵	1992.01—1994.12	〔92〕黄水党字第 1 号
黄河口水文水资源勘测局	1994 年 12 月 22 日更名为黄河口水文水资源勘测局黄鲁水政工字〔1994〕第 57 号文	局长（副处级）	时连全	1994.12—1995.10	黄鲁水政工字〔1994〕57 号
			刘浩泰	1995.10—2001.04	黄水党〔1995〕53 号
			张建华	2001.04—2012.01	黄水党〔2001〕11 号
			岳成鲲	2012.04—2015.07	黄水党〔2012〕52 号
			王雪峰	2015.08—	黄水党〔2015〕92 号
		总工程师（副处级）	谷源泽	1995.10—1997.03	黄水党〔1995〕53 号 1997 年 3 月黄水党〔1997〕4 号文调水文局
		副局长、党总支书记（副处级）	张建华	1995.10—2001.04	黄水党〔1995〕54 号
		副局长（科级）	刘浩泰	1994.12—1995.10	黄鲁水政工字〔1994〕57 号
			张建华	1994.12—1995.10	黄鲁水政工字〔1994〕57 号
			王风卫	1996.07—2001.04	黄鲁水党〔1996〕4 号
			董春景	2001.04—2015.07	黄鲁水党〔2001〕14 号
			徐丛亮	2001.04—2001.06 2001.06—2003.03 交流到黄委水文局技术处	黄鲁水党〔2001〕14 号 〔2001〕黄水人干调字第 3 号
			王雪峰	2002.12—2015.09	黄鲁水党〔2002〕21 号
			岳成鲲	2012.01—2012.04	黄鲁水党〔2012〕1 号
			高振斌	2015.11—	黄鲁水党〔2015〕33 号
		工会主席	耿化贵	1994.12—1998.10	黄鲁水政工字〔1994〕57 号
		总工程师（科级）	徐丛亮	2000.10—2000.11	黄鲁水政工便〔2000〕049 号
				2000.12—2001.04	黄鲁水党〔2000〕48 号
				2003.04—	黄鲁水党〔2003〕12 号
		秘书（科级）	张　利	2013.03—	黄鲁水党〔2013〕7 号

表 16-5　1991—2015 年黄河口勘测局所属部门历任负责人名录

部门名称	负责人			说明
	职务	姓名	在任时间	
办公室	主任	王风卫	1990.11—1997.03	〔90〕黄水政字第 52 号
		董春景	1997.03—2001.03	〔97〕黄鲁水政工字第 12 号
		李荣华	2002.11—2004.01	黄鲁水党〔2002〕24 号
		岳成鲲	2004.01—2011.08	黄鲁水党〔2004〕1 号
		崔玉刚	2012.12—	黄鲁水党〔2012〕44 号
	副主任	张子生	1990.12—1993.04	〔90〕黄水政字第 52 号
		岳成鲲	2001.03—2003.12	黄河口勘测局请示,山东水文水资源局分管领导签批
		李永军	2001.04—	黄水勘政字〔2001〕10 号,黄鲁水政便〔2001〕28 号
		崔玉刚	2004.04—2012.11	黄鲁水党〔2004〕25 号
财务科	科长	董树桥	1996.10—2001.04	黄鲁水政工字〔1996〕52 号
		王雪峰	2001.03—2002.12	黄河口勘测局请示,山东水文水资源局分管领导签批
		何传光	2002.12—2006.03	黄鲁水党〔2002〕30 号
		高国勇	2006.03—	黄鲁水党〔2006〕3 号
	副科长	董树桥	1990.11—1996.09	〔90〕黄水政字第 52 号
		梅兴莲	1994.10—1997.01	黄水勘政字〔1994〕12 号
		高国勇	2001.04—2002.03	黄水勘政字〔2001〕10 号,黄鲁水政便〔2001〕28 号
		宋中华	2005.10—2006.09	黄鲁水党〔2005〕25 号任,黄鲁水党〔2006〕26 号免
		李丽丽	2006.11—2012.03	黄鲁水党〔2006〕31 号
河道勘测队	队长	李荣华	1995.03—2000.10	黄水勘政字〔1995〕4 号
		高振斌	2004.04—2015.11	黄鲁水党〔2004〕24 号
	副队长	李荣华	1990.11—1995.02	〔90〕黄水政字第 52 号
		陈俊卿	1992.06—1994.11	〔92〕黄水政字第 26 号
		宋中华	1997.02—2005.09	黄水勘政工字〔1997〕第 1 号
		何传光	2000.10—2002.11	黄水勘政便〔2000〕11 号
		高振斌	2002.12—2004.04	黄鲁水党〔2002〕27 号
		郝喜旺	2005.10—	黄鲁水党〔2005〕26 号
浅海勘测队	队长	董春景	1994.04—1997.03	〔94〕黄鲁水政字第 6 号
		高国勇	2002.12—2006.03	黄鲁水党〔2002〕30 号
		何传光	2006.04—	黄鲁水党〔2006〕3 号
	副队长	董春景	1990.11—1994.04	〔90〕黄水政字第 52 号
		丁孝泉	1992.06—1994.12	〔92〕黄水政字第 26 号,1994 年 12 月调出水文系统
		纪树俭	1997.02—1999.12	黄水勘政工字〔1997〕第 1 号
		徐丛亮	1997.02—2000.09	黄水勘政工字〔1997〕第 1 号
		高国勇	2002.03—2002.11	黄鲁水党〔2002〕8 号
		付作民	2002.12—	黄鲁水党〔2002〕31 号
研究室	主任	陈俊卿	2002.12—	黄鲁水党〔2002〕30 号
	副主任	陈俊卿	1994.12—2002.11	黄水勘政字〔1994〕第 14 号
		李丽丽	2012.04—2015.09	黄鲁水党〔2012〕27 号
政工科	科长	王雪峰	1995.03—2001.02	黄水勘政字〔1995〕4 号
		何传光	2001.03—2002.11	黄河口勘测局请示,山东水文水资源局分管领导签批
	副科长	王雪峰	1990.11—1995.02	〔90〕黄水政字第 52 号

表 16-6　1991—2015 年济南勘测局历任负责人名录

<table>
<tr><th rowspan="2">单位名称</th><th rowspan="2">单位名称使用时段</th><th colspan="3">负责人</th><th rowspan="2">说　明</th></tr>
<tr><th>职务</th><th>姓名</th><th>在任时间</th></tr>
<tr><td rowspan="8">黄河水利委员会济南水文总站河道观测队</td><td rowspan="8">1986.02—2002.12
1993 年 3 月更名为山东黄河济南勘察测绘队,黄鲁水政工字〔1993〕12 号</td><td rowspan="3">队长</td><td>时连全</td><td>1990.03—1993.02</td><td>〔90〕黄水政字第 16 号</td></tr>
<tr><td>马洪超</td><td>1997.01—1999.10</td><td>黄鲁水政工〔1997〕7 号</td></tr>
<tr><td>董继东</td><td>2001.02—2002.12</td><td>黄鲁水党〔2001〕3 号</td></tr>
<tr><td rowspan="5">副队长</td><td>郑庆元</td><td>1988.04—1992.01</td><td>〔88〕黄水政字第 24 号</td></tr>
<tr><td>时连全</td><td>1988.09—1990.03</td><td>〔88〕黄水政字第 71 号</td></tr>
<tr><td>马洪超</td><td>1992.01—1997.01</td><td>〔92〕黄水政字第 5 号</td></tr>
<tr><td>霍瑞敬</td><td>1993.02—1997.01</td><td>黄鲁水政工字〔1993〕11 号</td></tr>
<tr><td>杨凤栋</td><td>1997.01—2002.12</td><td>黄鲁水政工字〔1997〕7 号</td></tr>
<tr><td rowspan="3">济南勘测局(正科级)</td><td rowspan="3">2002.12—2009.02
2002 年 12 月济南勘察测绘队更名为济南勘测局,黄水人〔2002〕114 号</td><td>局长</td><td>董继东</td><td>2002.12—2010.03</td><td>黄鲁水党〔2002〕19 号</td></tr>
<tr><td>副局长</td><td>杨凤栋</td><td>2002.12—2011.03</td><td>黄鲁水党〔2002〕27 号</td></tr>
<tr><td>总工</td><td>董学刚</td><td>2005.08—2011.03</td><td>黄鲁水党〔2005〕22 号</td></tr>
<tr><td rowspan="6">济南勘测局(副处级)</td><td rowspan="6">2009.02 机构升格,黄水人〔2009〕15 号</td><td rowspan="3">局长</td><td>姜明星</td><td>2010.04—2012.04</td><td>黄水党〔2010〕19 号</td></tr>
<tr><td>郭立新</td><td>2013.01—2013.10</td><td>黄水党〔2013〕3 号</td></tr>
<tr><td>杨凤栋</td><td>2015.07—</td><td>黄水党〔2015〕77 号</td></tr>
<tr><td rowspan="2">副局长</td><td>杨凤栋</td><td>2011.03—2015.07</td><td>黄鲁水党〔2011〕3 号</td></tr>
<tr><td>郭立新</td><td>2012.04—2013.01</td><td>黄鲁水党〔2012〕28 号</td></tr>
<tr><td>总工</td><td>董学刚</td><td>2011.03—</td><td>黄鲁水党〔2011〕3 号</td></tr>
</table>

表 16-7　1991—2015 年济南勘测局所属部门历任负责人名录

<table>
<tr><th rowspan="2">部门名称</th><th colspan="3">负责人</th><th rowspan="2">说　明</th></tr>
<tr><th>职务</th><th>姓名</th><th>在任时间</th></tr>
<tr><td>技术科</td><td>副科长</td><td>刘巧元</td><td>2012.08—</td><td>黄鲁水党〔2012〕38 号</td></tr>
<tr><td>勘测一院</td><td>副院长</td><td>刘风学</td><td>2012.08—</td><td>黄鲁水党〔2012〕38 号</td></tr>
<tr><td>勘测二院</td><td>副院长</td><td>孙　芳</td><td>2012.08—</td><td>黄鲁水党〔2012〕38 号</td></tr>
<tr><td>办公室</td><td>副主任</td><td>陈学虞</td><td>2013.01—</td><td>黄鲁水党〔2013〕2 号</td></tr>
</table>

表 16-8　1991—2015 年山东黄河水文测区各水文站历任负责人名录

站名	负责人			说　明
	职务	姓名	在任时间	
高村	站长	王效孔	1983. 12—1991. 05	〔83〕黄党字第 47 号
		董继东	1994. 04—2001. 02	黄鲁水政工字〔1994〕15 号
		刘　谦	2002. 12—	黄鲁水党〔2002〕23 号
	副站长	董继东	1987. 02—1994. 04	〔87〕黄水政字第 6 号
		冷合选	1992. 06—1996. 04	〔92〕黄水政字第 26 号
		刘　谦	1997. 01—2002. 12	黄鲁水政工〔1997〕7 号
		尚俊生	2002. 12—2010. 10	黄鲁水党〔2002〕31 号
		孟宪静	2010. 10—	黄鲁水党〔2010〕24 号
		张　雨	2013. 04—	黄鲁水党〔2013〕10 号
孙口	站长	郭继旺	1988. 11—1994. 06	〔88〕黄水政字第 90 号
		李宪景	1997. 01—2004. 01	黄鲁水政工〔1997〕7 号
		周建伟	2006. 03—2010. 10	黄鲁水党〔2006〕5 号
		尚俊生	2010. 10—	黄鲁水党〔2010〕23 号
	副站长	李宪景	1987. 02—1997. 01	〔87〕黄水政字第 6 号
		刘以泉	1997. 01—2002. 12	黄鲁水政工〔1997〕7 号
		周建伟	2002. 12—2006. 03	黄鲁水党〔2002〕31 号
		刘以泉	2004. 03—	黄鲁水党〔2004〕14 号
		张建国	2013. 04—2014. 02	黄鲁水党〔2013〕10 号
艾山	站长	王长均	1992. 06—1993. 10	〔92〕黄水政字第 28 号
		郭立新	2002. 12—2011. 03	黄鲁水党〔2002〕23 号
		张　利	2011. 08—2013. 02	黄鲁水党〔2011〕16 号
	副站长	安连华	1983. 12—1992. 06	黄党字〔1983〕47 号
		邱广华	1990. 02—1992. 06	〔90〕黄水政字第 14 号
		阎永新	1992. 06—1994. 12	〔92〕黄水政字第 28 号
		郭立新	1994. 04—2002. 12	黄鲁水政工字〔1994〕15 号
		李作安	2005. 06—2009. 08	黄鲁水党〔2005〕18 号
		李福军	2009. 08—2012. 05	黄鲁水党〔2009〕23 号
		张　利	2011. 03—2011. 08	黄鲁水党〔2011〕5 号
		汝少华	2012. 05—2013. 11	黄鲁水党〔2012〕30 号
		王明虎	2013. 04—	黄鲁水党〔2013〕10 号
		厉明排	2014. 02—	黄鲁水党〔2014〕4 号

续表 16-8

站名	负责人			说　明
	职务	姓名	在任时间	
泺口	站长	李庆银	2002.12—	黄鲁水党〔2002〕23 号
	副站长	王学金	1990.06—1994.02	〔90〕黄水政字第 29 号
		付桂英	1992.06—2002.12	〔92〕黄水政字第 26 号
		李庆银	1994.08—2002.12	黄鲁水政工字〔1994〕32 号
		杨秀丽	2005.06—	黄鲁水党〔2005〕19 号
利津	站长	张建华	1990.03—1992.01	〔90〕黄水政字第 16 号
		曹顺福	1992.01—1992.12	〔92〕黄水政字第 5 号
		李荣华	2000.10—2002.12	黄鲁水党〔2000〕47 号
		岳成鲲	2002.12—2004.01	黄鲁水党〔2002〕23 号
		李荣华	2004.01—	黄鲁水党〔2004〕1 号
	副站长	何传光	1990.03—2002.12	〔90〕黄水政字第 16 号
		曹顺福	1990.12—1992.01	〔90〕黄水政字第 57 号
		高振斌	1994.08—2002.12	黄鲁水政工字〔1994〕32 号
		张　利	2002.12—2006.09	黄鲁水党〔2002〕31 号
		宋振苏	2006.03—	黄鲁水党〔2006〕7 号
陈山口	站长	马洪超	1989.01—1992.01	〔89〕黄水政字第 11 号
		张世杰	1992.01—2002.12	〔92〕黄水政字第 5 号
		刘以泉	2002.12—2004.03	黄鲁水党〔2002〕19 号
		厉明排	2004.03—2014.02	黄鲁水党〔2004〕15 号
		张建国	2014.02—	黄鲁水党〔2014〕5 号
	副站长	王庆斌	2000.12—2002.11	黄鲁水党〔2000〕46 号

二、主要技术人员名录

山东水文水资源局(济南水文总站)成立至 2015 年,有 85 人获得副高级职称(含高级工程师、高级政工师、高级会计师)任职资格,13 人获得教授级高级工程师任职资格。2015 年年底,在职职工中教授级高级工程师 7 人,副高级职称 52 人,中级职称 44 人。本志书记述了 2015 年年底以前获得教授级高级工程师任职资格和副高级职称任职资格的人员,2015 年年底前山东水文水资源局副高级及以上职称人员名录见表 16-9。

表 16-9　2015 年年底前山东水文水资源局副高级及以上职称人员名录

序号	姓　名	技术职称名称	资格获得时间	聘任时间	说　明
1	庞家珍	高级工程师	1987.12		1995.11 退休
		教授级高级工程师	1989.02		
2	游立潜	高级工程师	1987.12		1997.09 退休
3	司书亨	高级工程师	1987.12		1997.03 退休
4	张广泉	高级工程师	1987.12		1998.04 退休
		教授级高级工程师	1994.06		
5	董占元	高级工程师	1989.03		1983.11 离休
6	王　然	高级工程师	1989.03		1985.12 离休
7	张　枫	高级工程师	1990.04		1989.01 离休
8	程进豪	高级工程师	1992.08		2000.07 退休
		教授级高级工程师	2000.06		
9	宋显庭	高级工程师	1992.08		1997.05 退休
10	项兆法	高级工程师	1993.06		1993.01 退休
11	赵树廷	高级工程师	1994.06		2000.04 退休
12	王维美	高级工程师	1994.06		2000.10 退休
13	苏启东	高级工程师	1994.06		2000.10 退休
14	项金城	高级工程师	1994.06		1996.04 退休
15	谷源泽	高级工程师	1997.01	1997.03	2004.02 调黄委水文局
		教授级高级工程师	2003.04	2003.06	
16	高文永	高级工程师	1997.01	1997.07	2015.05 调黄委水文局
		教授级高级工程师	2007.06	2007.08	
17	姜明星	高级工程师	2000.02	2000.07	
		教授级高级工程师	2008.06	2008.09	
18	李庆金	高级工程师	2002.01	2002.05	
		教授级高级工程师	2013.07	2013.09	
19	阎永新	高级工程师	2003.01	2003.05	
		教授级高级工程师	2012.06	2012.10	
20	苏国良	高级政工师	2003.04	2003.07	2009.09 病逝
21	徐丛亮	高级工程师	2004.02	2004.09	
		教授级高级工程师	2014.07	2014.10	
22	牛明颖	高级工程师	2004.02	2006.01	2014.01 退休
23	王　静	高级工程师	2004.02	2006.01	

续表 16-9

序号	姓 名	技术职称名称	资格获得时间	聘任时间	说 明
24	马登月	高级政工师	2004.04	2006.01	
25	吕 曼	高级工程师	2005.03	2006.01	2013.08 退休
26	王学金	高级工程师	2005.03	2006.01	
		教授级高级工程师	2015.06	2015.09	
27	姜东生	高级工程师	2005.03	2006.01	
28	范文华	高级工程师	2005.03	2006.01	
29	马吉让	高级工程师	2005.03	2006.01	
30	何传光	高级工程师	2005.03	2006.01	
31	王 华	高级工程师	2005.03	2006.01	2012.05 退休
32	张建华	高级工程师	2005.03	2006.01	2012.03 退休
		教授级高级工程师	2011.06	2011.09	
33	刘存功	高级工程师	2005.03	2006.01	
34	王 静	高级工程师	2005.03	2006.01	
		教授级高级工程师	2012.06	2012.10	
35	张建萍	高级会计师	2005.05	2006.01	
36	韩慧卿	高级工程师	2006.04	2006.07	
37	安连华	高级工程师	2006.04	2006.07	
38	张广海	高级工程师	2006.04	2006.07	
		教授级高级工程师	2014.07	2014.10	
39	杨凤栋	高级工程师	2006.04	2006.07	
40	郑庆元	高级工程师	2006.04	2006.07	
41	崔传杰	高级工程师	2006.04	2006.07	
42	陈俊卿	高级工程师	2006.04	2006.07	
43	曹兆福	高级政工师	2006.06	2006.09	2013.06 退休
44	时连全	高级政工师	2006.06	2006.09	2014.03 退休
45	霍瑞敬	高级工程师	2007.04	2007.07	
46	程晓明	高级工程师	2007.04	2007.07	
47	刘以泉	高级工程师	2007.04	2007.07	
48	张建明	高级政工师	2007.06	2007.09	
49	游文贤	高级会计师	2007.06	2007.09	
50	董继东	高级工程师	2008.04	2008.07	
51	李宪景	高级工程师	2008.04	2008.07	
52	扈仕娥	高级工程师	2008.04	2008.04	
53	李庆银	高级工程师	2009.05	2009.07	

续表 16-9

序号	姓 名	技术职称名称	资格获得时间	聘任时间	说 明
54	刘巧元	高级工程师	2009.05	2009.07	
55	周建伟	高级工程师	2010.05	2010.07	
56	刘延美	高级工程师	2010.05	2010.07	
57	贾兴荣	高级政工师	2010.07	2010.09	2012.01 退休
58	付作民	高级工程师	2011.04	2011.06	
59	刘浩泰	高级工程师	2011.04	2011.06	
60	陈纪涛	高级工程师	2011.04	2011.06	2015.07 调黄委水文局
61	郝喜旺	高级工程师	2011.04	2011.06	
62	岳成鲲	高级工程师	2011.04	2011.06	
63	刘 谦	高级工程师	2011.04	2011.06	
64	董学刚	高级工程师	2011.04	2011.06	
65	王 森	高级政工师	2011.06	2011.09	
66	赵艳军	高级工程师	2012.04	2012.05	
67	高振斌	高级工程师	2012.04	2012.10	
68	李荣华	高级工程师	2012.04	2012.10	
69	刘风学	高级工程师	2013.05	2013.09	
70	宋振苏	高级工程师	2013.05	2013.09	
71	万 鹏	高级工程师	2013.05	2013.09	
72	耿 蕊	高级工程师	2013.05	2013.09	
73	孟宪静	高级工程师	2013.05	2013.09	
74	郭立新	高级工程师	2013.05		未聘
75	李 岩	高级政工师	2013.07	2013.09	
76	王雪峰	高级政工师	2013.07	2013.09	
77	宋中华	高级工程师	2014.04	2014.10	
78	刘新民	高级工程师	2014.04	2014.10	
79	刘宝贵	高级工程师	2014.04	2014.10	
80	张 利	高级工程师	2015.04	2015.09	
81	董学阳	高级工程师	2015.04	2015.09	
82	杨秀丽	高级工程师	2015.04	2015.09	
83	时文博	高级工程师	2015.04	2015.09	
84	董春景	高级工程师	2015.04	2015.09	
85	崔玉刚	高级工程师	2015.04	2015.09	

三、上级命名的各类技术人员

2013—2015 年,黄委水文局命名了各类技术人员,并进行了聘任。2013—2015 年获黄委水文局命名的各类技术人员名录见表 16-10。

表 16-10　2013—2015 年获黄委水文局命名的各类技术人员名录

姓　名	名称	批准时间	任期	说　　明
孟宪静	水文局首席技能专家	2013.11.26	3 年	黄鲁水人劳〔2014〕4 号公布
徐长征	水文勘测船舶技能专家	2013.11.26	3 年	黄鲁水人劳〔2014〕4 号公布
张　雨	水文勘测技能标兵	2014.01.14	3 年	黄鲁水人劳〔2014〕28 号公布
厉明排	水文勘测技能标兵	2014.01.14	3 年	黄鲁水人劳〔2014〕28 号公布
高振斌	水文勘测技能标兵	2014.01.14	3 年	黄鲁水人劳〔2014〕28 号公布
杨凤栋	水文勘测技能标兵	2014.01.14	3 年	黄鲁水人劳〔2014〕28 号公布
孙玉琦	水文勘测船工技能标兵	2014.01.14	3 年	黄鲁水人劳〔2014〕28 号公布
张广海	水文局首席工程师	2014.04.30	4 年	黄鲁水人劳〔2014〕34 号公布
霍瑞敬	水文局首席工程师	2014.04.30	4 年	黄鲁水人劳〔2014〕34 号公布
万　鹏	水文局首席工程师	2014.04.30	4 年	黄鲁水人劳〔2014〕34 号公布
张　雨	水文勘测技能专家	2014.10.30	2 年	黄鲁水人劳〔2014〕73 号公布
徐丛亮	水文局学科带头人	2015.08.28	4 年	黄水人〔2015〕81 号公布

四、获得技能竞赛荣誉称号人员

1992 年,山东水文水资源局选派 11 名职工参加“山东省第三届工人技术大赛”,取得优异成绩,其中郭立新、何传光取得青年组第二名和第四名,阎永新、刘永生、李强柱取得中年组第二名、第三名和第五名,以上 5 人获得“山东省技术能手”称号;郭立新、何传光、阎永新、刘永生、李强柱、马守国、庞进、高振斌 8 人获得“高级工技术等级”证书。

1997 年 5 月,山东水文水资源局 10 名选手参加了黄委水文局组织的“全河水文勘测工比武”,高振斌获得黄委水文局“一九九七年度水文勘测工技术能手”称号;高振斌、邱新华、尚俊生、孙楷正获得黄委水文局“优秀工人”称号。

1997 年 10 月,经黄委水文局竞赛选拔,山东水文水资源局 6 名选手参加黄委组织的“水文勘测工技术比武”,尚俊生、邱新华分获第四名和第五名,并荣获黄委“全河技术能手”称号。

2011 年,山东水文水资源局选派选手参加黄委组织的“黄委技能竞赛”,李福军、孟宪静、张雨、刘敏分获竞赛第一名、第四名、第五名和第九名,以上 4 人荣获“黄委技术能手”称号;同时,山东水文水资源局参赛队荣获团体二等奖。

2012 年,山东水文水资源局李福军代表黄委参加“第五届全国水文勘测技能竞赛”,获得竞赛第十一名,荣获“全国水利技术能手”称号。

1991—2015 年获黄委及以上单位技能竞赛荣誉称号人员名录见表 16-11。

表 16-11　1991—2015 年获黄委及以上单位技能竞赛荣誉称号人员名录

序号	姓名	性别	竞赛名称	竞赛时间	获得名次	获奖名称
1	郭立新	男	山东省第三届工人技术大赛	1992	青年组第二名	山东省技术能手
2	何传光	男	山东省第三届工人技术大赛	1992	青年组第四名	山东省技术能手
3	阎永新	男	山东省第三届工人技术大赛	1992	中年组第二名	山东省技术能手
4	刘永生	男	山东省第三届工人技术大赛	1992	中年组第三名	山东省技术能手
5	李强柱	男	山东省第三届工人技术大赛	1992	中年组第五名	山东省技术能手
6	尚俊生	男	黄委水文勘测技术比武	1997	第四名	全河技术能手
7	邱新华	男	黄委水文勘测技术比武	1997	第五名	全河技术能手
8	李福军	男	黄委技能竞赛	2011	第一名	黄委技术能手
9	孟宪静	男	黄委技能竞赛	2011	第四名	黄委技术能手
10	张 雨	男	黄委技能竞赛	2011	第五名	黄委技术能手
11	刘 敏	女	黄委技能竞赛	2011	第九名	黄委技术能手
12	李福军	男	第五届全国水文勘测技能竞赛	2012	第十一名	全国水利技术能手

五、先模人物

人民治黄以来特别是中华人民共和国成立后,几代山东黄河水文职工呕心沥血,艰苦奋斗,涌现出一大批劳动模范和先进个人,他们是山东黄河水文职工的优秀代表。本志书记述了山东水文水资源局 2015 年底前获得黄委及以上单位表彰的劳动模范、先进生产者和受黄委及以上单位表彰的先进个人。获得黄委及以上单位表彰的劳动模范、先进生产者名录见表 16-12,黄委及以上单位表彰的先进个人名录见表 16-13。

表 16-12 获得黄委及以上单位表彰的劳动模范、先进生产者名录

姓名	性别	单位	授予时间	荣誉称号	说明
王嘉美	男	前左水文站	1951	劳动模范	山东省军区劳模代表会议
		前左河口水文实验站	1964.01	先进工作者	黄河第三届先进集体、先进生产者代表会议
张玉琛	男	高村水文站	1955.12	劳动模范	黄河首届职工劳动模范代表会议
			1956.11	先进生产者	黄河首届先进生产者会议暨黄河工会二届会员代表会议
			1964.01	先进工作者	黄河第三届先进集体、先进生产者代表会议
			1979.04	先进生产者	黄委会1978年度先进单位、先进个人表彰会议
卢宗功	男	前左河口水文实验站	1956	先进工作者	全国农业水利系统先进生产者会议
			1955.12	劳动模范	黄河首届职工劳动模范代表会议
王克祥	男	山东河务局测量队	1955.12	劳动模范	黄河首届职工劳动模范代表会议
			1956	先进生产者	山东省第一届先进生产者代表会
孙成业	男	利津水文站	1956	先进生产者	山东省第一届先进生产者代表会
汝永庚	男	艾山水文站	1958	先进生产者	山东省第二届先进生产者代表会
扈印华	男	利津水文站	1958	先进生产者	山东省第二届先进生产者代表会
闫秀峰	男	泺口水文站	1956.11	先进生产者	黄河首届先进生产者会议暨黄河工会二届会员代表会议
			1960.01	先进生产者	黄河第二届先进集体、先进生产者代表会议
刘春香	女	位山库区水文实验总站	1960.01	先进生产者	黄河第二届先进集体、先进生产者代表会议
李执奎	男	前左河口水文实验站	1960.01	先进生产者	黄河第二届先进集体、先进生产者代表会议
单书章	男	前左河口水文实验站	1960.01	先进生产者	黄河第二届先进集体、先进生产者代表会议
刘怀孟	男	位山库区水文实验总站	1960.01	先进生产者	黄河第二届先进集体、先进生产者代表会议
阮孝忠	男	前左河口水文实验站	1960.01	先进生产者	黄河第二届先进集体、先进生产者代表会议
			1979.04	先进生产者	黄委会1978年度先进单位、先进个人表彰会议
赵树廷	男	位山库区水文实验总站	1964.01	先进工作者	黄河第三届先进集体、先进生产者代表会议

续表 16-12

姓名	性别	单位	授予时间	荣誉称号	说明
崔维勤	男	郑州水文总站八里胡同水文站	1964.01	先进工作者	黄河第三届先进集体、先进生产者代表会议
杨玉祥	男	一号坝水文站	1979.04	先进生产者	黄委会1978年度先进单位、先进个人表彰会议
郭庭贤	男	高村水文站	1977	先进生产者	水利电力部在长沙召开表彰会
左长法	男	济南水文总站	1979.04	先进生产者	黄委会1978年度先进单位、先进个人表彰会议
			1980.01	先进工作者	黄委会治黄总结表模大会
张清国	男	济南水文总站	1979.04	先进生产者	黄委会1978年度先进单位、先进个人表彰会议
王传生	男	泺口水文站	1980.01	先进工作者	黄委会治黄总结表模大会
邱韵武	男	艾山水文站	1980.01	先进工作者	黄委会治黄总结表模大会
阎洪才	男	河口水文实验站	1982.02	先进生产者	黄委会治黄总结表模大会
朱素菊	女	河口水文实验站	1982.02	先进生产者	黄委会治黄总结表模大会
苏国良	男	河口水文实验站	1983.01	先进生产者	黄委会治黄总结表模大会
尚志忠	男	高村水文站	1983.01	先进生产者	黄委会治黄总结表模大会
代忠海	男	孙口水文站	1983.01	先进生产者	黄委会治黄总结表模大会
马文圣	男	济南水文总站	1983.01	先进生产者	黄委会治黄总结表模大会
张克洪	男	孙口水文站	1982.02	先进工作者	黄委会治黄总结表模大会
			1983.01	劳动模范	黄委会治黄总结表模大会
王效孔	男	高村水文站	1986.10	劳动模范	黄委会纪念人民治黄四十周年暨治黄表模大会
梅荣华	男	高村水文站	1989.05	劳动模范	水利部授予
张永山	男	孙口水文站	1990.03	劳动模范	黄委会治黄先进集体、劳动模范表彰大会
郭继旺	男	孙口水文站	1994.01	劳动模范	黄委会治黄先进集体、劳动模范表彰大会
蒋公社	男	黄河口勘测局	1996.10	劳动模范	纪念人民治黄50周年暨治黄表模大会
李永军	男	黄河口勘测局	2000.12	劳动模范	黄委会治黄劳模先进集体表彰大会
边春华	男	黄河口勘测局	2002.01	先进工作者	水利部、人事部
高振斌	男	黄河口勘测局	2005.04	劳动模范	黄委会治黄劳模先进集体表彰大会
郭立新	男	艾山水文站	2009	劳动模范	黄委会治黄劳模先进集体表彰大会
杨凤栋	男	济南勘测局	2013.11	劳动模范	黄委会治黄劳模先进集体表彰大会

表 16-13　黄委及以上单位表彰的先进个人名录

姓名	性别	单位	授予时间	荣誉称号	说　明
梅永发	男	孙口水文站	1970	全国水文系统先进生产者	水利部授予
杨信元	男	艾山水文站	1970	全国水文系统先进生产者	水利部授予
王长春	男	前左河口水文实验站	1970	先进工作者	黄委会积极分子代表会议
杨玉祥	男	一号坝水文站	1977	一心为革命的水文战士	黄委会“双学”先进代表会议
		河口水文实验站	1982	全国水文系统先进生产者	水利部授予
冯冠豪	男	高村水文站	1977	先进生产者	黄委会“双学”先进代表会议
李存策	男	孙口水文站	1977	先进生产者	黄委会“双学”先进代表会议
弭明海	男	前左河口水文实验站	1977	先进生产者	黄委会“双学”先进代表会议
刘振香	女	利津水文站	1977	先进生产者	黄委会“双学”先进代表会议
游立潜	男	济南水文总站	1977	先进生产者	黄委会“双学”先进代表会议
张克洪	男	孙口水文站	1983.04	全国水文系统先进个人	水利部授予
高文永	男	济南水文总站	1987—1988	新长征突击手	共青团山东省人民政府机关委员会
		山东水文水资源局	2001	黄河调水先进个人	水利部授予
李维平	女	济南水文总站	1989	全国水利系统优秀财务工作者	水利部授予
张建华	男	东营水文水资源勘测实验总队	1989.05	综合经营工作先进个人	黄河水利委员会授予
张广海	男	济南水文总站	1990.10	全国水文系统先进个人	水利部授予
		山东水文水资源局	1996.05	黄委十大杰出青年	黄河水利委员会授予,关于命名表彰第二届“黄委会十大杰出青年的决定”(黄人劳〔1996〕34号)
			2002.01	汶河、东平湖抗洪先进个人	证书。山东省黄河防汛办公室
			2004.10	先进个人	关于表彰黄河水文测报水平升级工作先进集体和先进个人的决定(黄国科〔2004〕10号)
			2012.07	优秀共产党员	中共水利部黄河水利委员会党组
付桂英	女	泺口水文站	1995.03	三八红旗手	证书。黄委会　黄河工会

续表 16-13

姓名	性别	单位	授予时间	荣誉称号	说　明
董继东	男	高村水文站	1996.10	全省抗洪抢险先进个人（一等功）	中共山东省委、山东省人民政府关于表彰1996年全省抗洪抢险先进集体和先进个人的通报(鲁普发〔1996〕50号)
王明刚	男	孙口水文站	1996.10	全省抗洪抢险先进个人（二等功）	中共山东省委、山东省人民政府关于表彰1996年全省抗洪抢险先进集体和先进个人的通报(鲁普发〔1996〕50号)
高文永	男	山东水文水资源局	1998.03	先进个人	山东省人民政府防汛抗旱指挥部黄河防汛办公室文件,"关于表彰1997年度山东黄河防汛管理先进集体和先进个人的通报"(鲁黄防办发〔1998〕3号)
高振斌	男	黄河口水文水资源勘测局	2000.02	先进个人	山东省人民政府防汛抗旱指挥部黄河防汛办公室文件,"关于表彰1999年度黄河防汛管理先进集体和先进个人的通知"(鲁黄防办发〔2000〕1号)
王传生	男	山东水文水资源局	2000.12	先进个人	关于表彰"三五"普法先进单位和先进个人的决定(黄水政〔2000〕29号)
刘浩泰	男	黄河口勘测局	2000.03	重视离退休工作的领导干部	黄委证书
赵艳芳	女	黄河口勘测局	2000.03	离退休先进工作者	黄委证书
谷源泽	男	山东水文水资源局	2001	先进个人	黄委关于表彰黄河水量调度先进集体和先进个人的决定(黄水调〔2001〕11号)
			2002	抗洪救灾先进个人(三等功)	山东省人民政府授予
			2003	先进个人	2002—2003年度黄河防凌工作暨先进表彰会议
			2003	优秀共产党员	中共山东省直机关工委
刘以泉	男	孙口水文站	2000	先进个人	山东省人民政府防汛抗旱指挥部黄河防汛办公室(证书)
郭立新	男	艾山水文站	2000	先进个人	山东省人民政府防汛抗旱指挥部黄河防汛办公室(证书)
李庆金	男	山东水文水资源局	2001.01	先进个人	山东省人民政府防汛抗旱指挥部黄河防汛办公室(证书)
曹兆福	男	山东水文水资源局	2001.02	先进工作者	98年以来黄委纪检监察先进单位和个人表彰　(黄委印章,证书)
肖　莉	女	山东水文水资源局	2001	先进个人	黄委中央预算单位清产核资先进个人(证书)

续表 16-13

姓名	性别	单位	授予时间	荣誉称号	说　明
王　静	女	山东水文水资源局技术科	2002.01	防御汶河、东平湖洪水先进个人	山东省黄河防汛办公室
高文永	男	山东水文水资源局	2002.01	防御汶河、东平湖洪水先进个人	山东省黄河防汛办公室
周建伟	男	孙口水文站	2002.11	先进个人	黄河首次调水调沙试验表彰会
			2003.12	抗洪救灾先进个人(三等功)	中共山东省委 山东省人民政府关于表彰 2003 年黄河抗洪救灾先进集体和先进个人的通报(鲁委〔2003〕304 号)
刘　谦	男	高村水文站	2002.11	先进个人	黄河首次调水调沙试验表彰会
邱新华	男	艾山水文站	2002.11	先进个人	黄河首次调水调沙试验表彰会
李元柱	男	泺口水文站	2002.11	先进个人	黄河首次调水调沙试验表彰会
董继东	男	济南勘测局	2002.11	先进个人	黄河首次调水调沙试验表彰会
高振斌	男	黄河口勘测局	2002.11	先进个人	黄河首次调水调沙试验表彰会
张建华	男	黄河口勘测局	2002.11	先进个人	黄河首次调水调沙试验表彰会
李庆金	男	山东水文水资源局	2002.11	先进个人	黄河首次调水调沙试验表彰会
姜明星	男	山东水文水资源局	2002.11	先进个人	黄河首次调水调沙试验表彰会
王效孔	男	山东水文水资源局	2002.11	先进个人	黄河首次调水调沙试验表彰会
曹兆福	男	山东水文水资源局	2002	先进个人	证书。黄委会纪检监察工作
刘　谦	男	高村水文站	2003	先进个人	黄河水利委员会 2003 年黄河水量调度工作会议
李庆金	男	山东水文水资源局	2003.12	先进个人	关于表彰 2003 年黄河抗洪抢险先进单位(集体)和先进个人的决定(黄汛〔2003〕11 号)
魏玉科	男	高村水文站	2003.12	先进个人	关于表彰 2003 年黄河抗洪抢险先进单位(集体)和先进个人的决定(黄汛〔2003〕11 号)
高振华	男	黄河口勘测局	2003	“交通安全百日竞赛 50 万公里无事故”驾驶员	黄委颁发证书
韩继刚	男	山东水文水资源局	2003	“交通安全百日竞赛 50 万公里无事故”驾驶员	黄委颁发证书
时连全	男	山东水文水资源局	2004.04	先进工会工作者	证书,中国农林水利工会黄河委员会
王学金	男	山东水文水资源局	2004.02	先进个人	黄委。关于表彰水政工作先进集体和先进个人的决定(黄水政〔2004〕5 号)

续表 16-13

姓名	性别	单位	授予时间	荣誉称号	说　明
高文永	男	山东水文水资源局	2004.07	先进个人	关于表彰黄河第三次调水调沙试验先进单位、先进集体和先进个人的通知(黄汛〔2004〕20号)
董继东	男	济南勘测局	2004.07	先进个人	关于表彰黄河第三次调水调沙试验先进单位、先进集体和先进个人的通知(黄汛〔2004〕20号)
郭立新	男	艾山水文站	2004.07	先进个人	关于表彰黄河第三次调水调沙试验先进单位、先进集体和先进个人的通知(黄汛〔2004〕20号)
阎永新	男	山东水文水资源局	2004.07	先进个人	关于表彰黄河第三次调水调沙试验先进单位、先进集体和先进个人的通知(黄汛〔2004〕20号)
董春景	男	黄河口勘测局	2004.07	先进个人	关于表彰黄河第三次调水调沙试验先进单位、先进集体和先进个人的通知(黄汛〔2004〕20号)
谷源泽	男	山东水文水资源局	2004.10	先进个人	关于表彰黄河水文测报水平升级工作先进集体和先进个人的决定(黄国科〔2004〕10号)
李庆金	男	山东水文水资源局	2004.10	先进个人	关于表彰黄河水文测报水平升级工作先进集体和先进个人的决定(黄国科〔2004〕10号)
阎永新	男	山东水文水资源局	2004.10	先进个人	关于表彰黄河水文测报水平升级工作先进集体和先进个人的决定(黄国科〔2004〕10号)
董树桥	男	山东水文水资源局	2004.10	先进个人	关于表彰2001—2004年度财务先进集体和先进个人的决定(黄财〔2004〕88号)
田中岳	男	山东水文水资源局	2004.10	先进个人	关于表彰黄河水文测报水平升级工作先进集体和先进个人的决定(黄国科〔2004〕10号)

续表 16-13

姓名	性别	单位	授予时间	荣誉称号	说 明
刘浩泰	男	山东水文水资源局	2004.12	先进个人	关于表彰“数字黄河”工程建设和管理先进单位、先进集体和先进个人的通知(黄总办〔2004〕20号)
曹兆福	男	山东水文水资源局	2005	先进个人	证书。黄委纪检监察工作。黄人劳〔2006〕57号)
王效孔	男	山东水文水资源局	2005	先进个人	证书。黄委安全生产(黄人劳〔2006〕35号)
苏国良	男	山东水文水资源局	2005.08	先进个人	黄河水利委员会关于表彰职工教育培训先进集体和先进个人的决定(黄人劳〔2005〕41号)
安连华	男	山东水文水资源局	2005.09	先进个人	黄委文件。关于表彰办公室系统先进集体和先进个人的决定(黄人劳〔2005〕51号)
王效孔	男	山东水文水资源局	2005	先进个人	黄委文件。关于表彰黄委“四五”普法先进集体和先进个人的决定(黄人劳〔2005〕69号)
王 森	男	山东水文水资源局	2005.11	先进个人	黄委文件。关于表彰黄委离退休工作先进集体和先进个人的通知(黄人劳〔2005〕62号)
庞家珍	男	山东水文水资源局	2005.11	黄委发挥作用先进个人	黄委文件。关于表彰黄委离退休工作先进集体和先进个人的通知(黄人劳〔2005〕62号)
张广泉	男	山东水文水资源局	2005.11	黄委发挥作用先进个人	黄委文件。关于表彰黄委离退休工作先进集体和先进个人的通知(黄人劳〔2005〕62号)
李庆银	男	泺口水文站	2005.12	先进个人	黄委文件。关于对“十五”期间黄河防汛工作先进集体和先进个人进行表彰的决定(黄人劳〔2005〕73号)
刘巧元	女	济南勘测局	2006.02	先进女职工工作者	黄河工会文件。关于表彰全河先进女职工、先进女职工工作者和先进集体的决定(黄工〔2006〕6号)

续表 16-13

姓名	性别	单位	授予时间	荣誉称号	说　明
李庆金	男	山东水文水资源局	2008.07	先进个人	黄委嘉奖令。关于对参加黄河第八次调水调沙有关集体和个人的嘉奖令(嘉奖令〔2008〕5号)
姜明星	男	山东水文水资源局	2008.07	先进个人	黄委嘉奖令。关于对参加黄河第八次调水调沙有关集体和个人的嘉奖令(嘉奖令〔2008〕5号)
孟宪静	男	高村水文站	2008.07	先进个人	黄委嘉奖令。关于对参加黄河第八次调水调沙有关集体和个人的嘉奖令(嘉奖令〔2008〕5号)
李元柱	男	泺口水文站	2008.07	先进个人	黄委嘉奖令。关于对参加黄河第八次调水调沙有关集体和个人的嘉奖令(嘉奖令〔2008〕5号)
张建民	男	利津水文站	2008.07	先进个人	黄委嘉奖令。关于对参加黄河第八次调水调沙有关集体和个人的嘉奖令(嘉奖令〔2008〕5号)
张兆云	男	艾山水文站	2008.07	先进个人	黄委嘉奖令。关于对参加黄河第八次调水调沙有关集体和个人的嘉奖令(嘉奖令〔2008〕5号)
马为民	男	济南勘测局	2008.07	先进个人	黄委嘉奖令。关于对参加黄河第八次调水调沙有关集体和个人的嘉奖令(嘉奖令〔2008〕5号)
王明刚	男	孙口水文站	2008.07	先进个人	黄委嘉奖令。关于对参加黄河第八次调水调沙有关集体和个人的嘉奖令(嘉奖令〔2008〕5号)
厉明排	男	陈山口水文站	2008	先进个人	关于对在清除影响水文测验违章广告牌和片林工作中表现突出的有关单位和个人的嘉奖令(嘉奖令〔2008〕4号)
王学金	男	山东水文水资源局	2008	先进个人	关于对在清除影响水文测验违章广告牌和片林工作中表现突出的有关单位和个人的嘉奖令(嘉奖令〔2008〕4号)
王效孔	男	山东水文水资源局	2008	先进个人	关于对在清除影响水文测验违章广告牌和片林工作中表现突出的有关单位和个人的嘉奖令(嘉奖令〔2008〕4号)
李庆银	男	泺口水文站	2008	先进个人	关于对在清除影响水文测验违章广告牌和片林工作中表现突出的有关单位和个人的嘉奖令(嘉奖令〔2008〕4号)

续表 16-13

姓名	性别	单位	授予时间	荣誉称号	说　明
李荣华	男	利津水文站	2008	先进个人	关于对在清除影响水文测验违章广告牌和片林工作中表现突出的有关单位和个人的嘉奖令(嘉奖令〔2008〕4号)
周建伟	男	孙口水文站	2008	先进个人	关于对在清除影响水文测验违章广告牌和片林工作中表现突出的有关单位和个人的嘉奖令(嘉奖令〔2008〕4号)
郭立新	男	艾山水文站	2008	先进个人	关于对在清除影响水文测验违章广告牌和片林工作中表现突出的有关单位和个人的嘉奖令(嘉奖令〔2008〕4号)
尚俊生	男	高村水文站	2008	先进个人	黄委文件。关于表彰黄委抗震救灾先进集体和先进个人的决定(黄人劳〔2008〕38号)
阎永新	男	山东水文水资源局	2008	先进个人	黄委创新工作表彰(黄人劳〔2008〕41号)
周建伟	男	山东水文水资源局	2009	先进个人	黄河流域抗旱工作(黄水人〔2009〕45号)
徐长征	男	孙口水文站	2009.07	全国水利技术能手	水利部文件。水人事〔2009〕363号
尤毓麟	女	山东水文水资源局	2009.09	优秀人员	水利部文件。关于表彰长期奉献水利优秀人员的决定(水人事〔2009〕467号)
王　然	男	山东水文水资源局	2009.09	优秀人员	水利部文件。关于表彰长期奉献水利优秀人员的决定(水人事〔2009〕467号)
王开瑞	男	山东水文水资源局	2009.09	优秀人员	水利部文件。关于表彰长期奉献水利优秀人员的决定(水人事〔2009〕467号)
王兆良	男	利津水文站	2009.09	优秀人员	水利部文件。关于表彰长期奉献水利优秀人员的决定(水人事〔2009〕467号)
刘庆珠	男	山东水文水资源局	2009.09	优秀人员	水利部文件。关于表彰长期奉献水利优秀人员的决定(水人事〔2009〕467号)
孙　强	男	山东水文水资源局	2009.09	优秀人员	水利部文件。关于表彰长期奉献水利优秀人员的决定(水人事〔2009〕467号)

续表 16-13

姓名	性别	单位	授予时间	荣誉称号	说明
余升明	女	山东水文水资源局	2009.09	优秀人员	水利部文件。关于表彰长期奉献水利优秀人员的决定(水人事〔2009〕467号)
吴子明	男	山东水文水资源局	2009.09	优秀人员	水利部文件。关于表彰长期奉献水利优秀人员的决定(水人事〔2009〕467号)
杨传忠	男	山东水文水资源局	2009.09	优秀人员	水利部文件。关于表彰长期奉献水利优秀人员的决定(水人事〔2009〕467号)
苏本生	男	陈山口水文站	2009.09	优秀人员	水利部文件。关于表彰长期奉献水利优秀人员的决定(水人事〔2009〕467号)
单书章	男	泺口水文站	2009.09	优秀人员	水利部文件。关于表彰长期奉献水利优秀人员的决定(水人事〔2009〕467号)
赵振西	男	艾山水文站	2009.09	优秀人员	水利部文件。关于表彰长期奉献水利优秀人员的决定(水人事〔2009〕467号)
李庆金	男	山东水文水资源局	2010	先进个人	黄委人劳局文件。关于对黄河抗洪抢险先进集体和先进个人的通报(黄人劳劳〔2010〕35号)
王效孔	男	山东水文水资源局	2010	先进个人	证书。黄委人劳局文件。关于对黄委“五五”普法先进单位、先进集体和先进个人的通报(黄人劳劳〔2010〕34号)
董树桥	男	山东水文水资源局	2010	先进个人	黄委人劳局文件。关于对黄委2009—2010年全河财务工作先进集体和先进个人的通报(黄人劳劳〔2010〕32号)
王效孔	男	山东水文水资源局	2011	先进个人	黄委人劳局文件。关于对黄委水政工作先进集体和先进个人的通报(黄人劳机〔2011〕17号)
李福军	男	山东水文水资源局	2011	青年岗位能手	黄河水利委员会2011年度青年岗位能手(黄青联〔2011〕7号)
高文永	男	山东水文水资源局	2011.06	优秀共产党员	黄委党组文件。关于表彰黄委先进基层党组织、优秀共产党员和优秀党务工作者的决定(黄党〔2011〕33号)

续表 16-13

姓名	性别	单位	授予时间	荣誉称号	说　明
曹兆福	男	山东水文水资源局	2011.06	优秀党务工作者	黄委党组文件。关于表彰黄委先进基层党组织、优秀共产党员和优秀党务工作者的决定(黄党〔2011〕33号)
武广军	男	山东水文水资源局	2012	优秀选手	关于表彰黄委2012年(首届)财会业务知识技能竞赛优秀选手和优秀组织单位(部门)的决定(黄人劳〔2012〕356号)
闫　堃	男	山东水文水资源局	2012	优秀选手	关于表彰黄委2012年(首届)财会业务知识技能竞赛优秀选手和优秀组织单位(部门)的决定(黄人劳〔2012〕356号)
郭金鹏	男	山东水文水资源局	2012	优秀选手	关于表彰黄委2012年(首届)财会业务知识技能竞赛优秀选手和优秀组织单位(部门)的决定(黄人劳〔2012〕356号)
赵　宁	男	利津水文站	2012	优秀选手	关于表彰黄委2012年(首届)财会业务知识技能竞赛优秀选手和优秀组织单位(部门)的决定(黄人劳〔2012〕356号)
代永磊	男	山东水文水资源局	2012.11	先进个人	黄委关于对2012年全河车辆交通安全竞赛活动先进个人进行表彰的通报(黄水安监〔2012〕28号)
李　岩	男	山东水文水资源局	2013.01	先进个人	黄委人劳局文件。关于对黄委人力资源信息系统建设先进个人的通报(黄水人〔2012〕171号)
张　雨	男	高村水文站	2013.01	先进个人	黄委关于对2012年黄河防汛抗洪工作有关集体和个人嘉奖(嘉奖令〔2013〕2号)
闫　堃	男	山东水文水资源局	2013—2014	青年岗位能手	黄河青年联合会关于命名表彰2013—2014年度青年文明号和青年岗位能手的决定(黄青联〔2015〕7号)
闫　堃	男	山东水文水资源局	2015	优秀选手	关于表彰黄委第二届(2015年)财会业务知识技能竞赛优秀选手和优秀组织单位(部门)的决定(人劳〔2015〕212号)

第十七章　大事记

(1991—2015 年)

大事记是《山东黄河水文志》(1991—2015)的重要组成部分。大事记编写坚持存真求实的原则,准确记述山东黄河水文 1991—2015 年 25 年间发生的大事、要事。大事记采用编年体记述方法,按事件发生的先后顺序,一事一记,有简明标题,以利阅读。日期准确的,记至当日。对持续(间隔)时间较短的事件,从事件开始记述至时间终了。日期不详的,记至当月。对持续时间较长且年内完成的任务,日期记至 12 月。凡收录的大事,原则上记述其发生的时间、地点、事件梗概及结果,力求其准确完整。人事任免、表彰和重大事件原则上有文件支撑。主要收录范围:全局性会议;重要测验设施和主要测验方法的变化;机构设置、调整、变更;站网调整;副处级及以上职务任免;副处级及以上干部离退休;教授级高级工程师评聘;上级领导考察、检查、调研、慰问;单位获厅局级及以上表彰;黄委及以上授予的劳动模范;黄河下游断流;重大事故;其他大事、要事等。

1991 年

召开年度工作会议

3 月 5—7 日　1991 年山东黄河水文水资源保护工作会议在济南召开。总站领导、站(队)长、工会主席及机关科(室)负责人参加了会议。山东黄河河务局焦益龄副总工程师到会并讲话,山东人民广播电台新闻中心记者到会采访。会议传达了黄委水文局和山东黄河河务局 1991 年工作会议精神,总结了山东黄河水文测区 1990 年工作,安排了 1991 年任务,表彰了先进,签订了承包任务书和目标责任书。

利津水文站吊船吊箱双用过河缆道主体设计工程批复

3 月 23 日　黄委水文局黄水技〔1991〕6 号文批复,同意在利津水文站架设吊船吊箱双用过河缆道,设计水位为 17.0 米(大沽高程),暂不建设副缆系统。

获“1990年度控购决算编报先进单位”称号

5月21日　山东省控制社会集团购买力领导小组办公室鲁控办字〔1991〕21号文通知，济南水文总站被评为“1990年度控购决算编报先进单位”。

王效孔等职务任免

6月14日　黄委水文局黄水人〔1991〕17号文通知，王效孔任黄河水利委员会东营水文水资源实验总队总队长（副处级）。免去张克洪黄河水利委员会东营水文水资源实验总队总队长（副处级）职务。

谷源泽等职务任免

6月14日　黄委水文局黄水人〔1991〕38号文通知，谷源泽任黄委济南水文总站副主任；张广泉任黄委济南水文总站总工程师；免去李福恒的黄委济南水文总站副主任职务。

赵树廷等职务任免

7月2日　山东黄河河务局党组黄党发〔1991〕11号文通知，赵树廷任中共黄委济南水文总站分党组副书记；谷源泽任中共黄委济南水文总站分党组成员；免去李福恒中共黄委济南水文总站分党组副书记，保留其分党组成员职务。

三处基建工程竣工

7月12—19日　济南水文总站对艾山生活基地、河道队住宅楼、利津过河缆道第一期工程三处基建工程进行了验收。

张克洪等职务任免

8月7日　黄委水文局黄水党〔1991〕7号文通知，张克洪任济南水文总站工会委员会主席（副处级）；免去李福恒济南水文总站工会委员会主席职务。

历年水文特征值统计资料质量为全河第一

8月19日　黄委水文局黄水技〔1991〕27号文通报，在黄河流域主要测站 1971—1985 年水文特征值统计工作评比中,济南水文总站质量为全河第一。

获“1990 年度会计工作达标单位”称号

9 月 27 日　黄委水文局黄水财〔1991〕39 号文通知,济南水文总站实现首批会计达标,被评为“1990 年度会计工作达标单位”,颁发达标证书。

成立女职工委员会

10 月 17 日　济南水文总站〔91〕黄水党 5 号文通知,成立黄河工会济南水文总站委员会女职工委员会,设女职工主任、副主任各 1 人,委员 5 人。其职责是:在黄河工会济南水文总站委员会领导下,维护女职工特殊利益和合法权益,组织女职工围绕治黄事业开展活动。其办事机构设在黄河工会济南水文总站委员会。

MILOS200 自动气象站在利津建成

10 月 31 日　为探索黄河冰凌规律,引进芬兰 MILOS200 自动气象站在利津水文站安装试用。该气象站集温度、湿度、降水、太阳辐射、风向、风速等观测项目于一体,用计算机进行自动接收、记录,是同时期我国较为先进、自动化程度较高的气象观测设备。

济南水质监测站获黄河系统整编质量第一名

10 月　黄委水文局黄水监〔1991〕14 号文通报,在黄委水文局组织的 1990 年度黄河流域水质监测资料会审工作中,济南水质监测站在全河 7 个监测站中获整编质量第一名。

《山东黄河水文志》编纂评审

11 月 18—20 日　《山东黄河水文志》(1855—1990)评审会在济南召开。水利部水文司“中国水文志工作领导小组”黄伟纶,黄委总编室主任袁仲翔,黄委原副主任刘连铭,山东黄河河务局局长葛应轩,黄委水文局副局长孔祥春,山东黄河河务局原局长田浮萍、齐兆庆,原副局长张学信、张汝淮,原总工包锡城,黄委水文局原副局长张绥、原工会主席辛志杰、原总工陈赞廷等 40 余人参加了会议。

召开首届思想政治工作会议

11 月 29—30 日　济南水文总站首届思想政治工作会议在济南召开。会议由赵树廷主持,机关部门、站队主要负责人及入选论文作者出席会议。会议主要任务:根据山东黄河水文工作特点,研究、探讨新时期如何做好思想政治工作的新方法、新途径,进一步加强思想政治工作。

张万湖慰问东营水文水资源勘测实验总队

12 月 24 日　东营市副市长张万湖到东营水文水资源勘测实验总队慰问职工,勉励职工为黄河治理、胜利油田建设和黄河三角洲开发继续做出贡献。

召开第一届职工代表大会

12 月 24—27 日　济南水文总站第一届职代会及第二届工代会召开。共有代表 38 人,占职工总数的 11.3%。会议经过差额选举产生工会委员会和经费审查委员会,推选了工会主席和工会经费审查委员会主任,通过了《济南水文总站职工代表大会条例(试行)》。

成立机关妇女委员会

12 月 28 日　中共山东黄河河务局直属机关委员会黄机党〔1991〕24 号文通知,成立济南水文总站机关妇女委员会。蔡秀云为妇委会主任,贾兴荣为副主任,韩慧卿、吕嫚负责宣传教育工作,贾兴荣、刘巧媛负责妇女维权和妇幼保健工作。

断流情况

12 月　利津水文站全年断流 2 次,累计断流 17 天。

1992 年

济南水文总站测验科更名

1 月 15 日　济南水文总站黄水政字〔1992〕4 号文通知,济南水文总站测验科更名为济南水文总站技术科。

洛口水文站订正为泺口水文站

1月21日　黄委水文局黄水技〔1992〕2号文通知,洛口水文站站名订正为泺口水文站。

济南水质监测站获“全优分析室”称号

1月27日　水利部水文司水文质〔1992〕4号文通知,济南水质监测站被评为“全优分析室”。

离退休职工管理科成立

6月30日　济南水文总站黄水政〔1992〕27号文通知,成立济南水文总站离退休职工管理科。

“黄测一号”船沉船

7月31日　河道观测队“黄测一号”船在为铁道部大桥局工程四处京九铁路孙口黄河大桥施工提供有偿服务中,由于操作失误,导致船舱进水沉没,无人员伤亡。

成立黄河河口海岸科学研究所

8月7日　黄委水文局黄水人〔1992〕64号文批准,成立黄河河口海岸科学研究所。研究所以东营水文水资源勘测实验总队为依托,下设河流研究室和浅海研究室,分别与东营水文水资源勘测实验总队的河道勘测队、浅海勘测队合署办公。

济南水文总站更名

8月7日　黄委水文局黄水人〔1992〕65号及74号文通知,黄河水利委员会济南水文总站更名为黄河水利委员会山东水文水资源局,原总站在岗的正副主任更改为山东水文水资源局正副局长,总站总工程师更改为山东水文水资源局总工程师。

利津水文站大钢板船翻船

8月18日　22时30分左右,利津水文站大钢板船因脱缆后滑入主流,酿成翻船事故,当夜将事故船只拖回,无人员伤亡。

黄河入海口遭受强风暴潮袭击

8月31日—9月2日　受16号强热带风暴及天文大潮的影响，黄河入海口遭受了历史罕见的强风暴潮袭击，东营水文水资源勘测实验总队正在黄河口附近海区测验的11只船、30余名职工经过顽强拼搏，确保了测验资料、国家财产和人身安全。

监察科、审计室合并

10月27日　山东水文水资源局黄水政字〔1992〕46号文通知，监察科、审计室合并为监察审计科。

《山东黄河水文志》(1855—1990)获批印刷

12月2日　黄委水文局黄水志便〔1992〕5号文通知，批准《山东黄河水文志》(1855—1990)印刷。

在山东省第三届工人技术大赛中获优异成绩

12月23日　山东省第三届工人技术大赛组织委员会《关于表彰山东省第三届工人技术大赛先进单位和优胜选手的决定》(〔92〕鲁技赛字第17号)，山东水文水资源局郭立新、何传光分别获青年组第二名和第四名优胜选手称号，阎永新、刘永生、李强柱分别获中年组第二名、第三名、第五名优胜选手称号。郭立新、阎永新、刘永生、何传光、李强柱获“山东省技术能手”称号。郭立新、阎永新、刘永生、何传光、李强柱、马守国、庞进、高振斌获高级工技术等级证书。

断流情况

12月　利津水文站6月全月断流，7月断流26天，全年断流5次，累计断流82天；泺口水文站全年断流3次，累计断流36天。

1993年

河道观测队更名

3月9日　山东水文水资源局黄鲁水政工字〔1993〕12号文通知，济南水文总站河道观测队更名为山东黄河济南勘察测绘队，机构建制不变。

获计算机达标评比集体三等奖

4月5日　黄委水文局黄水电算〔1993〕2号文通知，在水利部人劳司、水文司组织的“全国计算机整编、存贮、检索水文资料达标评比活动”中，山东水文水资源局荣获集体三等奖。

游立潜任职

5月6日　黄委水文局黄水人〔1993〕21号文通知，游立潜任黄委山东水文水资源局副局长。中共山东黄河河务局党组黄党发〔1993〕9号文通知，游立潜为中共黄委山东水文水资源局分党组成员。

邢庙水位站改为汛期水位站

5月20日　山东水文水资源局黄鲁水技〔1993〕7号文通知，根据黄委水文局黄水技〔1993〕9号文批复，自1993年6月1日起，邢庙水位站由常年观测水位站改为汛期水位站，当高村水文站流量达到3000立方米每秒时开始观测水位，观测资料参加整编并存档。

山东水文水资源局进行工资制度改革

10月　按照黄委黄人劳〔1994〕75号文通知，山东水文水资源局按差额拨款单位类型进行了工资制度改革，自1993年10月执行。

济南监测站更名

11月　黄委水文局黄水人〔1993〕110号文通知，水利部城乡建设环境保护部黄河水资源保护办公室济南监测站更名为黄河山东水环境监测中心，挂靠山东水文水资源局，是具有相对独立运行机制的非独立法人资格的公益性事业单位，隶属于黄委水文局(黄河流域水资源保护局)，业务归口管理部门为水利部。监测中心下设监测科。

庞家珍、游立潜任职

11月　黄委水文局黄水人〔1993〕136号文通知，庞家珍任黄河山东水环境监测中心主任，游立潜任黄河山东水环境监测中心副主任。

断流情况

12月　利津水文站全年断流6次，累计断流61天；泺口水文站全年断流1次,断流3天。

1994年

庞家珍享受政府特殊津贴

1月3日　中华人民共和国国务院政府特殊津贴第(93)332270号证书,表彰庞家珍为发展国家工程技术事业做出的贡献,特决定从1993年1月起发给政府特殊津贴并颁发证书。根据人力资源和社会保障部、财政部《关于调整政府特殊津贴标准的通知》(人社部发〔2008〕88号),从2009年1月1日起,按月发放的政府特殊津贴标准由每人每月100元调整为每人每月600元。

黄河山东水环境监测中心通过国家级计量认证

1月12—13日　黄河山东水环境监测中心通过国家技术监督局水利评审组的评审,获得国家级计量认证许可,通过认证的监测项目包括水(地面水、地下水、饮用水及水源水和工业废水)和土壤两大类共44项监测参数。

张克洪职务任免

1月14日　黄委水文局黄水党〔1994〕2号文通知,张克洪因身体原因,免去其山东水文水资源局工会主席职务,任调研员(副处级)。

郭继旺获"黄委治黄劳动模范"称号

1月　在黄委治黄先进集体、劳动模范表彰大会上,孙口水文站郭继旺被评为"黄委治黄劳动模范"。

庞家珍不再担任黄委山东水文水资源局局长等职务

3月7日　黄委水文局黄水党〔1994〕3号文通知,庞家珍不再担任以下职务:黄委山东水文水资源局局长;黄委水文局下游水政监察处主任监察员;黄河山东水环境监测中心主任。保留其黄河河口海岸科学研究所所长职务(处级待遇不变)。

赵树廷等职务任免

3月7日　黄委水文局黄水人〔1994〕14号文通知,赵树廷任黄委山东水文水资源局局长、黄河山东水环境监测中心主任、黄委水文局下游水政监察处主任监察员。王效孔任山东水文水资源局副局长、李福恒任山东水文水资源局调研员(副处级)。免去赵树廷黄委山东水文水资源局副局长职务。

张广泉被确认为教授级高级工程师

6月17日　水利部水人劳〔1994〕342号文通知,确认张广泉为享受教授、研究员同等有关待遇的高级工程师。

时连全等职务任免

6月　黄委水文局黄水人〔1994〕28号文通知,时连全任东营水文水资源勘测实验总队总队长(副处级);免去王效孔东营水文水资源勘测实验总队总队长职务。

“黄测十号”船沉船

7月14日　高村水文站于7月14日上午施测沙峰峰顶输沙率时,由于不可抗拒的自然原因, 11时15分发生“黄测十号”船沉船事故,无人员伤亡。

杨志超任职

8月31日　黄委水文局黄水人〔1994〕56号文通知,杨志超任山东水文水资源局主任经济师(副处级)。

赵树廷等职务任免

8月31日　黄委水文局黄水人〔1994〕69号文通知,赵树廷任黄河河口海岸科学研究所所长;时连全任黄河河口海岸科学研究所常务副所长;免去庞家珍黄河河口海岸科学研究所所长职务;免去王效孔黄河河口海岸科学研究所常务副所长职务。

王元春任职

9月　中共山东黄河河务局党组鲁黄党发〔1994〕17号文通知,王元春任中共黄委山东水文水资源局分党组纪检组组长(副处级)。

黄委东营水文水资源勘测实验总队更名

12月22日　山东水文水资源局黄鲁水政工字〔1994〕57号文通知,黄委东营水文水资源勘测实验总队更名为黄河口水文水资源勘测局，其隶属关系、机构设置及级别不变；原总队长、副总队长同时改称局长、副局长。

断流情况

12月 利津水文站全年断流3次，累计断流74天；泺口水文站全年断流2次，累计断流31天。

1995年

《山东黄河水文志》出版

3月 《山东黄河水文志》（1855—1990）2月出版，3月在济南召开了发布座谈会。

孙口水文站被定为独立核算单位

5月 孙口水文站独立核算试点工作验收合格，被定为独立核算单位。

黄河山东水资源保护局成立

5月 黄河流域水资源保护局黄水护〔1995〕41号文通知，黄河流域水资源保护局下设黄河山东水资源保护局，印模为“水利部、城乡建设环境保护部黄河流域水资源保护局山东局”。本着印名一致的原则，以印章名为准，称为“黄河流域水资源保护局山东局（简称黄河山东水资源保护局）”。

十八公里水位站撤站

8月17日 黄委水文局黄水技〔1995〕33号文批复，十八公里水位站1995年9月1日撤站。

王元春退休

9月20日 黄委水文局黄水人〔1995〕62号文通知，王元春1995年10月1日退休。

程进豪职务任免

9月29日 黄河流域水资源保护局黄护人劳〔1995〕22号文通知，程进豪任山东水资源保护局局长、黄河山东水环境监测中心主任。10月5日，黄委水文局黄水党〔1995〕25 号文通知,免去程进豪黄委山东水文水资源局副局长职务。

庞家珍退休

10 月 12 日　黄委水文局黄水人〔1995〕77 号文通知,经黄委黄人劳〔1995〕94 号文批准,庞家珍 1995 年 11 月 1 日退休。

时连全等职务任免

10 月 18 日　黄委水文局黄水党〔1995〕49 号文通知,时连全任黄委山东水文水资源局副局长;高文永任黄委山东水文水资源局局长助理(科级);游立潜、杨志超任黄委山东水文水资源局调研员(原待遇不变)。免去谷源泽、游立潜黄委山东水文水资源局副局长职务;免去杨志超黄委山东水文水资源局主任经济师职务。

曹兆福任职

10 月 18 日　黄委水文局黄水党〔1995〕51 号文通知,曹兆福任中共黄委山东水文水资源局分党组纪检组组长(副处级)。

苏国良任职

10 月 18 日　黄委水文局黄水党〔1995〕52 号文通知,苏国良任黄委山东水文水资源局工会主席。

刘浩泰等职务任免

10 月 18 日　黄委水文局黄水党〔1995〕53 号文通知,刘浩泰任黄委黄河口水文水资源勘测局局长,谷源泽任黄委黄河口水文水资源勘测局总工程师(副处级)。免去时连全黄委东营水文水资源勘测实验总队总队长职务。

张建华享受副处级待遇

10 月 18 日　黄委水文局黄水党〔1995〕54 号文通知,张建华任黄河口水文水资源勘测局副局长、党总支书记(副处级)。

山东水文水资源局与山东水资源保护局合署办公并划归山东黄河河务局领导

11 月 15 日　黄委黄人劳〔1995〕117 号文通知,黄委水文局和黄河流域水资源保护局采用“上分下不分”的管理体制，其所属的水文水资源勘测局与水资源保护局合署办公，山东水文水资源局（山东水资源保护局）划归山东黄河河务局领导，业务仍受水文局和水资源保护局领导，两局局级领导任免和机构调整要事先征求水文局和水资源保护局意见。

断流情况

12月　利津水文站全年断流3次，累计断流122天；泺口水文站全年断流2次，累计断流77天；艾山水文站全年断流2次，累计断流62天；孙口水文站全年断流2次，累计断流50天；高村水文站全年断流2次，累计断流11天。

1996年

召开年度工作会议

3月21日　山东水文水资源局召开年度工作会议，会议确定了工作思路，即：坚持以洪水测报为中心，以发展行业经济和安全生产为重点，以思想政治建设为保证，紧紧围绕实施治黄、致富、育人三项工程，开创山东水文水资源保护工作新局面。

成立综合经营处

4月19日　山东水文水资源局黄鲁水政工字〔1996〕19号文通知，成立综合经营处，原综合经营办公室撤销。

杨志超退休

4月29日　山东黄河河务局鲁黄人劳〔1996〕31号文通知，杨志超1996年5月1日退休。

张广海获“黄委十大杰出青年”称号

5月　黄委黄人劳〔1996〕34号文通知，授予张广海“第二届黄委十大杰出青年”称号。

“96·8”洪水

8月　黄河下游发生了一次较大洪水（简称“96·8”洪水）。这次洪水主要来源于三门峡以上山陕区间暴雨径流和三门峡至花园口区间暴雨径流。“96・8”洪水主要特点为水位高、洪峰传播时间长、漫滩严重。

泺口水文站获“防御黄河‘96・8’洪水先进集体”称号

10月15日　山东黄河河务局鲁黄防发〔1996〕12号文通知,泺口水文站获“防御黄河‘96・8’洪水先进集体”称号。

高村、孙口水文站及董继东、王明刚获山东省委、省政府表彰

10月16日　中共山东省委、山东省人民政府鲁普发〔1996〕50号文表彰:高村水文站、孙口水文站为“1996年全省抗洪抢险先进集体”,高村水文站董继东为“1996年全省抗洪抢险先进个人”(一等奖),孙口水文站王明刚为“1996年全省抗洪抢险先进个人”(二等奖)。

蒋公社获“黄委劳模”称号

10月　在黄委纪念人民治黄50周年暨治黄表彰大会上,黄委、黄河工会黄会〔1996〕27号文决定,西河口水位站观测员蒋公社被黄委授予“劳动模范”称号。

李福恒退休

11月27日　山东黄河河务局鲁黄人劳发〔1996〕75号文通知,李福恒1996年12月1日退休。

刘凤玉退休

12月30日　山东黄河河务局鲁黄人劳发〔1996〕85号文通知,刘凤玉1997年1月1日退休。

断流情况

12月　利津水文站全年断流7次,累计断流135天;泺口水文站全年断流4次,累计断流71天;艾山水文站全年断流2次,累计断流25天;孙口水文站全年断流1次,断流13天;高村水文站全年断流1次,断流6天。

1997 年

科级水文站、队设置股级管理部门

1 月 29 日　山东水文水资源局黄鲁水政工〔1997〕9 号文通知，为进一步加强各水文站、队的管理，经研究，科级水文站队设置股级技术科和办公室。

张克洪退休

6 月 26 日　山东黄河河务局鲁黄人劳发〔1997〕41 号文通知，张克洪 1997 年 7 月 1 日退休。

高振斌获“一九九七年度水文勘测工种技术能手”、4 人获“优秀工人”称号

7 月　黄委水文局黄水人〔1997〕50 文号通知，授予高振斌“一九九七年度水文勘测工种技术能手”称号，授予高振斌、邱新华、尚俊生、孙楷正“优秀工人”称号。

游立潜退休

8 月 27 日　山东黄河河务局鲁黄人劳发〔1997〕56 号文通知，游立潜 1997 年 9 月 1 日退休。

尚俊生、邱新华获“全河技术能手”称号

11 月　黄委人劳局黄人劳〔1997〕63 号文通知，尚俊生、邱新华在黄委水文勘测工技术比武中分获第四名和第五名，荣获“全河技术能手”称号，破格晋升为工人技师。高振斌获比武第十名。

山东水文水资源局取得行政处罚主体资格

12 月　山东省人民政府令第 84 号《山东省人民政府关于公布省级行政处罚主体（组织）的决定》，山东水文水资源局取得行政处罚主体资格。

山东黄河断流创历史记录

12 月　利津水文站全年断流 11 次，累计断流 226 天；泺口水文站全年断流 7 次，累计断流 132 天；艾山水文站全年断流 4 次，累计断流 75 天；孙口水文站全年断流 3 次，累计断流 67 天；高村水文站全年断流 1 次，断流 25

天,创山东黄河年断流天数历史记录。

1998 年

山东水文水资源局隶属关系变更

2 月 16 日　黄委黄人劳〔1998〕9 号文通知,山东水文水资源局(黄河流域水资源保护局山东局)划归黄委水文局和黄河流域水资源保护局共同管理。

召开年度工作会议

3 月 14 日　山东水文水资源局召开年度工作会议,确定今后一个时期改革发展思路,即:遵循黄委“五个一”总体发展思路,以十五大精神和邓小平理论为指针,坚持“壮大水文经济,发展水文事业”的战略,突出水文测报算这个中心,以水文设施设备专项投资建设为契机,提高测报能力和测报质量,抓住机遇,大力发展水文经济,深化改革,转变机制,继续加强领导班子和职工队伍建设,推动山东黄河水文水资源保护事业不断发展。

隶属关系变更后明确党务工作领导机构

3 月 18 日　山东黄河河务局鲁黄人劳发〔1998〕25 号文通知,山东水文水资源局(黄河流域水资源保护局山东局)划归黄委水文局和黄河流域水资源保护局共同管理后,党务工作由山东黄河河务局直属机关党委指导和管理。

张广泉退休

3 月 25 日　山东黄河河务局鲁黄人劳发〔1998〕21 号文通知,张广泉 1998 年 4 月退休。

高振斌等获“山东黄河技术能手”称号

6 月 12 日　山东黄河河务局鲁黄人劳发〔1998〕1 号文通知,高振斌、孙楷正、汝少华、李树斌获得“山东黄河技术能手”称号,破格晋升为高级工。

断流情况

12 月　利津水文站全年断流 14 次,累计断流 142 天;泺口水文站全年断流 6 次,累计断流 42 天;艾山水文站全年断流 2 次,累计断流 15 天;孙口水文站全年断流 2 次,累计断流 10 天;高村水文站未出现断流情况。

1999 年

黄河山东段发生严重水污染事故

1 月下旬　黄河潼关以下河段发生严重污染,污染一直持续到 2 月底。山东黄河干流河道全部受到污染,氨氮、石油、高锰酸盐指数超Ⅴ类标准,沿黄引水闸全部关闭,给济南、德州、滨州、淄博等 11 个县市带来用水压力,并造成一定危害。

高村等 4 水文站进行会计制度改革

1 月　山东水文水资源局于 1999 年 1 月在原有黄河口勘测局、济南勘测局、孙口水文站内部核算单位的基础上,将高村、艾山、泺口、利津水文站 4 个报销单位改为所属内部核算单位。

黄河山东水环境监测中心通过计量认证复查评审

1 月　黄河山东水环境监测中心通过计量认证复查评审。通过计量认证的类别为水(地面水、地下水、饮用水及水源水和工业废水)和土壤两大类 62 项监测参数(包括水文项目中的水位、流量和含沙量)。

黄河水量统一调度

3 月 1 日　黄河水量实行统一调度管理,山东水文水资源局承担了调度期间黄河山东段的水文测报。

山东水文水政监察大队成立

12 月　黄委水文局黄水人〔1999〕58 号文通知,成立黄河水利委员会水文局直属山东水文水政监察大队。

断流情况

12 月　黄河水资源统一调度发挥了重要作用,山东黄河断流天数明显减少,利津水文站全年断流 3 次,累计断流 41 天;泺口水文站全年断流 4 次,累计断流 16 天;艾山及以上测站未出现断流情况。

2000 年

赵树廷退休

4 月 24 日　黄委水文局黄水人〔2000〕24 号文通知,赵树廷已达退休年龄,免去其山东水文水资源局局长职务,于 2000 年 6 月退休。

谷源泽任职

4 月 26 日　中共黄委水文局党组、中共黄河流域水资源保护局党组黄水党〔2000〕14 号文通知,谷源泽任山东水文水资源局、山东水资源保护局局长。

高文永职务任免

4 月 26 日　黄委水文局黄水党〔2000〕15 号文通知,高文永任山东水文水资源局总工程师,免去其山东水文水资源局局长助理职务。

程进豪免职

4 月 26 日　黄河流域水资源保护局黄护党〔2000〕5 号文通知,程进豪已到国家规定的退休年龄,不再担任黄河山东水资源保护局局长和黄河山东水环境监测中心主任职务。

全面完成汛前准备

4 月　自 2 月开始,山东黄河水文测区全面开展了汛前准备,落实了防汛责任,健全了防汛组织。经黄委水文局检查评比,山东水文水资源局取得了 97.8 分的好成绩,位列全河第一。

苏国良、时连全职务任免

5 月 8 日　黄委水文局黄水党〔2000〕20 号文通知,苏国良任山东水文水资源局副局长;时连全任山东水文水资源局工会主席。免去苏国良山东水文水资源局工会主席职务;免去时连全山东水文水资源局副局长职务。

谷源泽等职务任免

5 月 9 日　黄委水文局黄水人〔2000〕32 号文通知,谷源泽任黄委水文局下游水政监察处主任、主任水政监察员,免去赵树廷黄委水文局下游水政监察处主任、水政监察员职务。

中共黄委山东水文水资源局党组成立

5月18日　黄委水文局黄水党〔2000〕31号文通知，成立中共黄委山东水文水资源局党组，谷源泽任党组书记，王效孔、苏国良、曹兆福、高文永任党组成员。

程进豪被确认为教授级高级工程师

6月9日　黄委水文局黄水人〔2000〕61号文转发黄委黄人劳〔2000〕44号文通知，经水利部工程系列高级专业技术职务评审委员会2000年6月9日评审通过，批准程进豪为享受教授、研究员同等有关待遇的高级工程师。

王效孔任职

6月30日　黄委水文局黄水人〔2000〕48号文通知，王效孔任黄委水文局直属山东水政监察大队队长(兼)。

谷源泽等职务任免

7月10日　黄委水文局黄水人〔2000〕53号文通知，谷源泽任黄河河口海岸科学研究所所长；高文永任黄河河口海岸科学研究所副所长；刘浩泰任黄河河口海岸科学研究所副所长。免去赵树廷黄河河口海岸科学研究所所长职务；免去张广泉黄河河口海岸科学研究所副所长职务；免去时连全黄河河口海岸科学研究所副所长职务。

程进豪退休

7月20日　黄委水文局黄水人〔2000〕51号文通知，程进豪2000年7月退休。

完成2000年黄河三角洲滨海区水下地形测绘

10月　7—10月，为了更好地了解小浪底水利枢纽运用前黄河三角洲滨海区水下地形情况，山东水文水资源局承担了“2000年黄河三角洲滨海区水下地形测绘”任务。该项目共施测三等水准270千米，设置潮位站18处，施测滨海区水深断面130个，测线总长度12000千米，测量海域面积14000平方千米,高潮岸线施测距离超过400千米。创下了海上测量连续48小时不间断的记录,并成功运用信标机、GPS、全站仪、数字测深仪等高新技术和先进仪器进行联合作业。

李永军获“黄委治黄劳模”称号

12月　在黄委治黄劳模先进集体表彰大会上,黄河口勘测局李永军获“黄委治黄劳模”称号。

孙口水文站、泺口水文站被命名为黄委首批“文明建设示范窗口”单位

12月4日　黄委黄文明〔2000〕4号文命名,孙口水文站、泺口水文站为黄委首批“文明建设示范窗口”单位。

孙口水文站获黄委“治黄先进集体”称号

12月29日　黄委黄办〔2000〕42号文决定,孙口水文站获“治黄先进集体”称号。

2001年

廖义伟看望孙口水文站职工

1月6日　黄委副主任廖义伟看望慰问孙口水文站职工,对该站调水和引黄济津等工作给予肯定,同时强调要确保凌汛测报安全。

李良年慰问一线职工

1月16—18日　黄委水文局总工程师李良年到山东黄河水文测区各水文站看望慰问一线职工。

袁崇仁慰问山东水文水资源局职工

1月17日　山东黄河河务局副局长袁崇仁看望慰问了山东水文水资源局在职和离退休职工。

召开年度工作会议

2月9—11日　2001年山东黄河水文水资源保护工作会议在济南召开。

会议确立的指导思想是:以邓小平理论和“三个代表”重要思想为指导,以“三个服务”为中心,以思想政治工作为保障,拓宽业务范围,强化质量管理,壮大经济实力,进一步深化改革,努力开创山东黄河水文水资源保护工作新局面。在此次会议中,首次使用多媒体进行汇报,取得良好效果。

利津水文站获“全国先进报汛站”称号

3月26日　国家防汛抗旱总指挥部办公室、水利部水文局办综〔2001〕15号决定,授予利津水文站“全国先进报汛站”称号。

孙口水文站举行“精神文明建设示范窗口”揭牌仪式

4月7日　黄委“精神文明建设示范窗口”单位揭牌仪式在孙口水文站举行,黄委水文局、东平湖管理局和黄委水文局各基层水文水资源局的领导参加揭牌仪式并参观了孙口水文站站容站貌、测船管理和站办布鞋厂。

张建华任职

4月11日　黄委水文局黄水党〔2001〕21号文通知,聘任张建华为黄河口水文水资源勘测局局长。

全面完成汛前准备

5月　全面完成2001年汛前准备,经黄委水文局检查评比,获得98.2分,取得了全河总分第一的好成绩。

石春先检查汛前准备工作

6月19日　黄委副主任石春先到泺口水文站检查指导汛前准备工作,谷源泽汇报了山东水文水资源局所属各单位的概况和汛前准备开展情况。

李国英等考察利津水文站

7月20日　黄委主任李国英、副主任徐乘、主任助理郭国顺等在山东黄河河务局及东营市领导的陪同下,考察了利津水文站。

广利河口潮位站代替小清河口潮位站

7月23日　山东水文水资源局黄鲁水研〔2001〕11号文批复,2001年滨海区固定断面测量中,广利河口潮位站代替小清河口潮位站。

人事档案目标管理通过达标验收

11 月 16 日　水利部干部人事档案检查验收小组检查山东水文水资源局干部人事档案目标管理。检查组认为,山东水文水资源局人事管理工作达到了中组部干部人事档案工作目标管理考评“二级”标准。

台湾水利界专家考察泺口水文站

12 月 23 日　台湾水利界专家参观了泺口水文站水情室、泥沙室、测验断面等,对环境建设、设施建设给予了高度评价。

被评为 2000 年度预算类财务决算先进单位

12 月　黄委水文局〔2001〕27 号文通知,山东水文水资源局在 2000 年度预算类财务决算中被评为先进单位。

三基层单位解决职工住房问题

12 月　泺口水文站完成 18 套职工住宅购置,利津水文站生活基地完成 20 套职工住宅建设,黄河口勘测局东城基地 66 套住宅建设任务顺利实施了招标投标和施工合同签订。

测绘资质升级

12 月　山东水文水资源局测绘资质由丙级升为乙级。

2002 年

边春华获“全国水利系统先进工作者”称号

1 月 10 日　人事部、水利部人发〔2002〕5 号文授予黄河口勘测局职工边春华“全国水利系统先进工作者”称号。

获黄委水文局 2001 年度目标管理综合奖励一等奖

1 月 17 日　黄委水文局黄水办〔2002〕1 号文通知,山东水文水资源局获黄委水文局 2001 年度目标管理综合奖励一等奖。

山东水文水资源局、陈山口水文站获“防御汶河、东平湖洪水先进单位”称号

1月21日　山东省人民政府防汛抗旱指挥部黄河防汛办公室鲁黄防办发〔2002〕2号文通知，山东水文水资源局、陈山口水文站获“防御汶河、东平湖洪水先进单位”称号。

刘栓明慰问山东水文水资源局职工

1月　山东黄河河务局副局长刘栓明在春节前夕看望慰问山东水文水资源局职工，并与局领导班子进行座谈。

召开年度工作会议

2月21—22日　山东水文水资源局2002年度工作会议在济南召开。会议全面总结了2001年工作，表彰了先进，对2002年的工作任务做了具体安排和部署。山东黄河河务局防办主任姚玉德到会并讲话。2002年的工作思路是：以邓小平理论和“三个代表”重要思想为指导，认真贯彻落实党的十五届六中全会精神，大力转变干部作风，以“三个服务”为中心，以重点工程建设、发展经济和水文测报水平升级为重点，拓宽业务范围，强化管理效益，以思想政治工作为保障，稳步推进改革，加快水文现代化建设，实现山东黄河水文工作新的跨越。

召开二届二次职工代表大会

2月21日　山东水文水资源局第二届二次职工代表大会在济南召开。参加会议的代表共34人。会前共征集提案6部分28条，局领导及有关部门负责人对提案一一做了解答。

高村水文站低水电动吊箱测流缆道建设项目获批

2月　黄委批复，山东黄河水文测区第一处低水专用电动吊箱测流缆道在高村水文站开建。

水利部巡视员查勘国那里水位站

3月7日　水利部“黄河下游防洪工程‘十五’可行性研究报告”审查会查勘小组巡视员（原司长）张林祥一行7人，在黄委副主任石春先、总工程师

胡一三及黄委规计局、山东黄河河务局、黄委水文局等单位负责人的陪同下,查勘国那里水位站,对水位站的工作条件和职工生活表示关切。

日本专家考察山东黄河水文工作

3月13—15日　由松冈延浩博士带领的日本生态科学专家考察团一行5人在中科院地理研究所于贵瑞博士及黄委水文局赵元春高工的陪同下,先后考察了利津水文站、丁字路口临时水文站和泺口水文站。

获“全国水利系统水文先进集体”称号

3月18日　水利部水人教〔2002〕87号文决定,山东水文水资源局获“全国水利系统水文先进集体”称号。

河道测验普通水准测量资料实现无纸化处理

3月　山东水文水资源局河道测验普通水准测量及大断面测量记载与计算全面实现无纸化处理。

推广直读式流速计数器

3月　山东水文水资源局在山东黄河水文测区推广使用自行研制的XXL-1型直读式流速计数器,淘汰了沿用多年的电铃、秒表。

山东水文水资源局具备财会电算及手工甩账资格

3月　黄委黄财事〔2002〕3号文通知,确认山东水文水资源局具备财会电算及手工甩账资格,自2002年1月1日起手工甩账,采用计算机进行会计核算。

牛玉国等调研山东黄河水文测区工作

4月25—26日　黄委水文局局长牛玉国、副局长王健在山东水文水资源局局长谷源泽的陪同下,对高村、孙口水文站进行调研。

完成黄河山东水环境信息中心建设

4月30日　完成了黄河山东水环境信息中心建设,对信息系统房间进行了修缮,出台了《水环境信息中心管理制度》。

张建云等检查汛前准备

6月2—3日　水利部水文局副局长张建云、处长倪伟新在黄委水文局总工程师李良年的陪同下，检查山东水文水资源局汛前准备，并到各水文站实地考察。

廖义伟检查汛前准备

6月17日　黄委副主任廖义伟在黄委水文局副局长张红月的陪同下到高村水文站检查汛前准备。廖义伟对高村水文站的汛前准备工作表示满意，强调要树立测报大洪水的意识，对洪水测报决不可掉以轻心。

召开调水调沙及防汛动员会

6月24日　山东水文水资源局召开调水调沙及防汛动员会，要求全体职工充分认识调水调沙及防汛工作的重要意义，全力做好水文测报。

首次调水调沙

7月4日　小浪底水库开闸放水拉开调水调沙序幕，至15日9时，下泄流量800立方米每秒，历时11天。其间山东黄河水文测区实测流量162次、输沙率48次、单样含沙量419次。高村水文站最高水位63.76米，相应流量2960立方米每秒；利津水文站最高水位13.80米，相应流量2500立方米每秒。

孙口水文站黄测A109船首次启用

7月6日　孙口水文站黄测A109船执行调水调沙测验任务，这是该船2000年建造投产以来第一次启用。

牛玉国督导调水调沙测报

7月6—12日　黄委水文局局长牛玉国到山东黄河水文测区5个干流水文站督导调水调沙测报，并看望慰问测报一线的水文职工。

陈延明考察泺口水文站

7月7日　山东省副省长陈延明在山东黄河河务局局长袁崇仁等的陪同下，到泺口水文站考察，向战斗在一线的水文职工表示慰问。

李国英考察山东黄河水文测区

7月20—21日　黄委主任李国英在山东省副省长陈延明、山东黄河河务局局长袁崇仁、副局长郝金之等的陪同下,先后察看了黄河河口、调研了孙口、高村水文站的测报工作,并深入到测船和测验断面,了解测报情况,看望慰问水文测报一线职工。

变频电动吊箱投产使用

7月31日　变频电动吊箱在高村、艾山水文站电动吊箱水文缆道中投入使用。

黄河口勘测局职工乔迁新居

8月　黄河口勘测局在东城区新建三栋66套职工住宅楼,职工陆续乔迁新居。

高村水文站建成低水测验专用吊箱缆道

10月31日　山东黄河水文测区第一座低水测验专用吊箱缆道在高村水文站建成投产。

完成吃水工程建设

10月31日　山东黄河水文测区17个单位的吃水工程建设项目全部实现了自动供水。

王效孔等职务任免

11月12日　黄委水文局黄水党〔2002〕50号文通知,聘任王效孔、张永平、苏国良、刘浩泰为山东水文水资源局副局长。同时免去或解聘以上同志的原任行政职务。

张永平等职务任免

11月12日　黄委水文局黄水党〔2002〕51号文通知,张永平、刘浩泰任中共黄委山东水文水资源局党组成员。免去高文永的中共黄委山东水文水资源局党组成员职务。

牛玉国检查指导山东黄河水文测区

11 月 13—14 日　黄委水文局局长牛玉国在谷源泽的陪同下到孙口、高村水文站检查指导。

山东水文水资源局机构改革

11 月 20 日　根据黄委水文局黄水人〔2002〕114 号文批复,山东水文水资源局机构设置为:1. 机关机构(均为正科级):办公室、技术科、计划财务科、人事劳动科、水政水资源科、河口河道科、监察审计科、工会; 2. 局直事业单位:水质监测中心(正科级)、水文设施设备管护中心(正科级)、泥沙分析室(副科级,归口技术科)、水情信息中心(副科级,归口技术科)、机关服务中心(正科级)、会计核算部(副科级,归口计划财务科)、离退休职工活动室(副科级,归口人事劳动科);3. 局属事业单位:黄河口水文水资源勘测局(副处级)、济南勘测局(正科级)、高村水文站(正科级)、孙口水文站(正科级)、艾山水文站(正科级)、泺口水文站(正科级)、利津水文站(正科级)、陈山口水文站(副科级);4. 局属企业单位:山东舜源水文工程处。

完成枯水调度模型研究原型观测

11 月 30 日—12 月 11 日　为做到"精细调度"黄河水量,黄委决定,开展冬季枯水径流演进模型研究。山东水文水资源局承担测报工作的有干流 5 个基本水文站及苏泗庄、杨集、韩刘、梯子坝、张肖堂水位站。11 月 30 日至 12 月 11 日,山东黄河水文测区共观测水位 1041 次,施测流量 211 次。

获"首次调水调沙先进集体"称号

11 月　山东水文水资源局被黄委授予"首次调水调沙先进集体"称号。

济南勘察测绘队更名

12 月 26 日　山东水文水资源局黄鲁水政工〔2002〕67 号文通知,济南勘察测绘队更名为济南勘测局。

获"2001 年度会计报表优胜单位"称号

12 月　黄委水文局黄水财〔2002〕36 号文通知,山东水文水资源局获"2001 年度会计报表优胜单位"称号。

2003 年

李良年慰问山东黄河水文测区职工

1 月 10—13 日　黄委水文局总工程师李良年在山东水文水资源局局长谷源泽的陪同下,看望慰问了山东黄河水文测区的一线职工和离退休困难职工及遗属,并检查了安全生产工作。

谷源泽等任职

1 月 15 日　黄委水文局黄水人〔2003〕4 号文通知,谷源泽兼任黄河山东水环境监测中心主任;张永平兼任黄河山东水环境监测中心副主任。

实现局域网和 INTERNET 的链接

1 月 25 日　山东水文水资源局实现了局域网、国际互联网信息资源的共享。组建或改造了高村、泺口、利津水文站、黄河口勘测局及局机关计算机局域网络;高村、利津水文站借助黄河下游远程图像监控系统通信线路,实现了站内各计算机的宽带接入;局机关与泺口水文站和济南勘测局之间架设了无线网桥,使单位之间能够很方便地利用黄河水情会商系统进行水情查询、分析和信息传输。建设完成了局网站平台。完成了网络版“测站管理信息系统”的安装,实现了泺口水文站测站信息资料的远程查询;同时实现了局属单位对局水情信息中心服务器的远程登录访问。

袁崇仁等看望慰问山东黄河水文职工

1 月 28 日　山东黄河河务局局长袁崇仁、副局长郝金之看望慰问山东水文水资源局职工。

召开年度工作会议

2 月 12—13 日　山东黄河水文工作会议暨局二届三次职代会在济南召开。局属单位、机关部门负责人、工会主席、职工代表、离退休老领导参加了会议。山东黄河河务局副局长郝金之、防办主任姚玉德到会并讲话。

改造机关办公楼

2 月　自 2002 年 10 月开始,历时 4 个月,山东水文水资源局对局机关办公楼进行了全面改造,投资80余万元,改造后,机关办公环境有了很大改善。

牛玉国检查山东黄河水文测区工作

3月4日 黄委水文局局长牛玉国在山东水文水资源局局长谷源泽的陪同下,对山东水文水资源局机关和泺口水文站进行了检查,重点检查了机关办公楼的改造和水质监测中心实验室,对改造后的办公楼十分满意。

利津水文站获"东营市市级文明单位"称号

3月4日 利津水文站获"东营市市级文明单位"称号。

夏明海检查山东水文水资源局工作

3月20日 黄委财务局局长夏明海在山东水文水资源局局长谷源泽的陪同下,对山东水文水资源局财务工作进行了检查,并就有关财务工作进行了调研。

谷源泽获教授级高级工程师任职资格

4月11日 水利部水人教〔2003〕162号文件批准,谷源泽具备享受教授、研究员同等有关待遇的高级工程师任职资格。

《2000年黄河三角洲滨海区水下地形测绘》项目通过黄委验收

4月18日 黄委在郑州组织召开了《2000年黄河三角洲滨海区水下地形测绘》成果验收会,项目顺利通过验收。

孙口水文站获"济宁市市级文明单位"称号

4月30日 孙口水文站获"济宁市市级文明单位"称号。

高村水文站获"全国先进报汛站"称号

4月 高村水文站获国家防总办公室、水利部水文局"全国先进报汛站"称号。

廖义伟考察高村水文站

5月21日 黄委副主任廖义伟在黄委水文局副局长王健、测验处处长袁东良、山东水文水资源局局长谷源泽的陪同下,到高村水文站检查汛前准备,并当场安排解决高村水文站黄河内部宽带网问题。

全面贯彻《黄河水量调度突发事件应急处置规定》

6月　黄委为快速有效应对黄河水量调度突发事件,维护黄河水量调度秩序,确保黄河不断流,制定了《黄河水量调度突发事件应急处置规定》,黄委水文局制定了《黄河水量调度突发事件应急处置规定实施办法》,明确山东黄河水文测区高村、孙口、泺口、利津水文站的预警流量分别为120立方米每秒、100立方米每秒、80立方米每秒和30立方米每秒,山东水文水资源局做了具体部署,要求各水文站站长为本站突发事件报告责任人,当本站流量小于(或等于)预警流量时要在拍报相应水情的同时,于10分钟内将有关情况报告局水情信息中心,并同时通知相邻的上下游水文站采取加测加报措施,各水文站在断面流量接近预警流量(大于预警流量5立方米每秒)时,及时与当地河务局联系沟通。

李良年等到山东黄河水文测区慰问

9月13—14日　黄委水文局总工程师李良年、测验处副处长田水利在山东水文水资源局局长谷源泽的陪同下,先后到泺口、艾山、陈山口、孙口、高村水文站检查指导小浪底水库防洪预泄运用下的水文测报,代表黄委水文局慰问战斗在一线的水文职工。

司毅铭检查引黄济津水质监测

9月25日　黄河流域水资源保护局副局长司毅铭带领财务处处长李韶旭、流域监测管理中心总工程师张曙光到山东黄河水文测区检查指导引黄济津水质监测。

王健等慰问高村水文站职工

10月23日　黄委水文局副局长王健、局工会副主席孙振庭在山东水文水资源局局长谷源泽的陪同下,到高村水文站看望和慰问了奋战在洪水测报一线的水文职工,并到老君堂滩地退水口测验断面进行了实地查勘。

孙口水文站测验断面清障

10月26日　由梁山县领导部署、梁山县公安局副局长刘仁安挂帅的清障队伍,对孙口水文站测验断面实施清障。孙口水文站基本测验断面基线标志至基本测验断面1000米范围内的2000多棵树木全部清除,困扰孙口水文站多年的测验断面清障问题得到顺利解决。

董保华指导山东黄河水文测区工作

10月28—30日　黄河流域水资源保护局局长董保华在山东水文水资源局局长谷源泽的陪同下,考察了黄河三角洲湿地及黄河入海口,并对利津水文站和黄河山东水环境监测中心进行了检查指导。

高村水文站圆满完成滩区退水口测验任务

10月29日　9月中旬,黄河在河南省兰考县境内的生产堤溃口,洪水以600立方米每秒的流量顺滩而下,使山东省东明县黄河南部滩区全部进水。为了减少滩区灾情,降低洪水偎堤行洪的险情,自10月3日起,有关单位多次组织对老君堂上游生产堤进行爆破,共计炸开泄水口700余米。高村水文站自10月6日承担起退水口门水文测验任务,该站投入精兵强将,克服测验和生活上的种种困难,实测口门流量19次。

获"2003年度优秀通联站"称号

10月30日　黄河报社黄报〔2003〕9号文通知,山东水文水资源局获黄河报社"2003年度优秀通联站"称号。

获"黄河水量调度先进集体"称号

10月　山东水文水资源局被黄委授予"黄河水量调度先进集体"称号。

汛期洪水测报

11月　8月下旬以来,黄河流域出现了历史上罕见的"华西秋雨",黄河中游多次发生洪水,9月6日至10月底,小浪底水库进行了防洪预泄和防洪运用,花园口以下河道出现了长时间流量在2000立方米每秒以上的连续洪水过程。黄河在兰考县境内的生产堤溃口,造成兰考北滩至东明南部滩区大量积水。为掌握滩区退水流量,高村水文站在本站测验任务十分繁重且退水口不具备测验条件的情况下,紧急调配人力、船舶和仪器,对多个退水口门实施流量监测,受到黄委水文局的通令嘉奖。

利津水文站获黄委“文明建设示范窗口”单位称号

12 月 31 日　黄委黄文明〔2003〕4 号文通知,利津水文站获黄委第二批“文明建设示范窗口”单位称号。

陈山口水文站吊箱缆道主索地锚迁移

12 月　陈山口水文站东闸吊箱缆道右岸主索地锚因“济平干渠”施工,右迁 29 米,同时调整了主索垂度。

东平湖水库泄洪运用

12 月　9 月 8 日 12 时至 9 月 27 日 16 时东平湖水库提闸泄水,同时进行水文观测;10 月 7 日 9 时至 12 月 9 日 8 时再次提闸泄水。

开展枯水调度模型研究原型观测

12 月　山东水文水资源局于 2003 年 2 月 21 日 0 时至 3 月 20 日 24 时、4 月 15 日 0 时至 4 月 30 日 24 时分别进行了两次春季枯水调度模型研究原型观测; 6 月 10 日 0 时至 7 月 5 日 24 时进行了夏季枯水调度模型研究原型观测。上述工作为黄河低水调度、实现黄河不断流的目标提供了可靠的水文数据。

开展非典型肺炎防治工作

12 月　自年初开始,山东水文水资源局开展了非典型肺炎的防治工作。成立了防治工作领导小组,向局属各单位、机关各部门发出紧急通知,发动全体职工,结合本单位实际开展“非典”的预防。局机关成立了“非典”预防队,每天对局机关办公楼和宿舍楼进行喷药消毒,机关传达室对外来人员进行严格控制并认真登记,向全体职工发放药品。基层各单位也进行喷药消毒。全局实行“非典”报告制度。经过全局职工的共同努力,未发现 “非典”病例或疑似病例。

艾山、利津水文站完成生产用房改造建设

12 月　艾山水文站完成了站院土地征用及规划、新站房房台淤垫、生产用房建设等。利津水文站完成了新建生产用房和旧站房改造、站院附属工程建设任务。

2004 年

完成引黄济津加测加报

1 月 6 日 2003 年 9 月 12 日至 2004 年 1 月 6 日，山东水文水资源局完成了 2003—2004 年度引黄济津加测加报，监测断面为高村、孙口、位山闸。

谷源泽免职

2 月 2 日　黄委水文局黄水党〔2004〕3 号文通知，免去谷源泽中共黄委山东水文水资源局党组成员、书记职务；免去其山东水文水资源局、山东水资源保护局局长职务。

高文永职务任免

2 月 2 日　黄委水文局黄水党〔2004〕4 号文通知，高文永任中共黄委山东水文水资源局党组成员，同时聘任为山东水文水资源局副局长（主持工作）。解聘其三门峡库区水文水资源局副局长职务。

召开年度工作会议

2 月 23—24 日　2004 年山东黄河水文工作会议暨局二届四次职代会在济南召开。局属单位、机关部门负责人、工会主席和职工代表参加了会议，离退休老领导和机关在职职工列席了会议。山东黄河河务局防汛办公室主任姚玉德到会并讲话。

山东黄河水文发展思路

2 月 24 日　山东水文水资源局党组调整发展思路，确立了“4461”山东黄河水文发展思路，其具体内容是：构建“四大测验体系”，完成“四大测报任务”，落实“六项保障措施”，实现“一个终极目标”。四大测验体系：即建立完善山东黄河水文测区基本水文测报体系、黄河下游河道测验体系、山东黄河水文测区水环境监测体系、黄河河口滨海区测验体系。四大测报任务：1. 山东黄河水文测区基本水文测报；2. 黄河下游河道测验；3. 山东黄河水文测区水环境监测；4. 黄河河口滨海区测验。六项保障措施：1. 加快水文测报水平升级步伐，努力实现水文测报现代化；2. 加强管理工作，进一步提高管理水平；3. 加强领导班子建设，培养合格的职工队伍；4. 加强党风廉政建设，深入开展反腐败斗争;5. 加强精神文明建设,为维持黄河健康生命提供精神动力;6. 强化安全措施,努力实现全测区安全生产。一个终极目标:即为维持黄河健康生命、流域水资源可持续利用和经济社会可持续发展提供可靠支撑。

高文永职务任免

3月1日　黄委水文局黄水党〔2004〕9号文通知,高文永任中共黄委山东水文水资源局党组书记,山东水文水资源局局长、山东水资源保护局局长。同时解聘其山东水文水资源局副局长职务。

获“文明标兵单位”称号

3月9日　济南市精神文明建设委员会济文明〔2004〕4号文表彰2003年度精神文明建设先进单位的决定,山东水文水资源局获“文明标兵单位”称号。

张永平职务任免

3月15日　黄委水文局黄水党〔2004〕16号文通知,聘任张永平为测验处副处长,解聘其山东水文水资源局副局长职务,免去其中共黄委山东水文水资源局党组成员职务。

李世举任职

3月24日　黄委水文局黄水党〔2004〕22号文通知,李世举任中共黄委山东水文水资源局党组成员,同时聘任为山东水文水资源局副局长。

获“精神文明创建工作先进集体”称号

3月31日　黄河水利委员会黄文明〔2004〕4号文决定,山东水文水资源局获黄委“精神文明创建工作先进集体”称号。

高文永等职务任免

4月5日　黄委水文局黄水党〔2004〕30号文通知,高文永兼任黄河山东水环境监测中心主任、黄河河口海岸科学研究所所长。免去谷源泽黄河山东水环境监测中心主任、黄河河口海岸科学研究所所长职务。

贺树明调研山东水文水资源局工作

4月20日　黄委监察局局长贺树明在黄委水文局监察处处长任志远陪

同下,到山东水文水资源局调研党风廉政建设和反腐败工作。

安新代到山东黄河水文测区检查指导工作

4月30日—5月1日　黄委水资源管理与调度局局长安新代在山东黄河河务局局长助理王银山陪同下,到利津水文站、黄河口勘测局检查指导水文测报。

《山东黄河志(水文部分)资料长编》编纂完成

4月　《山东黄河志(水文部分)资料长编》编纂完成。本次编纂时间跨度是1985—2002年,对山东黄河水文自1985年以来所发生的变化、取得的成绩、测验技术等方面进行了客观记述,为认识和了解这段历史提供了宝贵的历史资料。

获"山东省省级文明单位"称号

4月　山东省精神文明建设委员会鲁文明〔2004〕8号文命名表彰2003年度省级文明单位的决定,山东水文水资源局荣获"山东省省级文明单位"称号,并由山东省委、省人民政府颁发牌匾。

黄河山东水环境监测中心通过计量认证复查评审

6月8—10日　黄河山东水环境监测中心通过国家计量认证水利评审组复查评审,并获得《中华人民共和国计量认证合格证书》。通过认证的类别为水(地面水、地下水、饮用水及水源水和工业废水)和土壤两大类共55项监测参数。

省级文明单位挂牌

6月16日　山东水文水资源局省级文明单位挂牌仪式在局机关举行。仪式由山东水文水资源局副局长王效孔主持,济南市文明委副主任任卫涛宣读了山东省精神文明建设委员会关于2003年度精神文明单位表彰决定,济南市文明委副主任张风泽、黄委水文局文明办副主任朱峡为省级文明单位挂牌揭彩,张风泽、朱峡、山东水文水资源局局长高文永分别讲话。机关全体职工参加了挂牌仪式。

牛玉国带队检查山东黄河水文测区调水调沙测报

6月24—28日　黄委水文局局长牛玉国带领监察处处长任志远、科技处处长张留柱等在高文永局长的陪同下,到山东黄河水文测区慰问正在进行调水调沙测报的水文职工,检查了黄河第三次调水调沙水文测报。

泥沙分析室引进国际先进仪器

6月　2004年泥沙分析室引进了“MS2000MU型激光粒度分析仪”,该仪器是国际最先进的颗粒分析仪器之一。

获“第三次调水调沙先进单位”称号

7月29日　黄委黄汛〔2004〕20号文通知,山东水文水资源局获黄委“第三次调水调沙先进单位”称号。

董保华带队检查指导黄河山东水环境监测中心工作

7月30—31日　黄河流域水资源保护局局长董保华在处长李韶旭、副主任曾永的陪同下,到黄河山东水环境监测中心检查指导工作,深入到实验室检查仪器设备,看望基层职工。

获“黄河水文测报水平升级工作先进集体”称号

10月10日　黄委黄国科〔2004〕10号文通知,山东水文水资源局获“黄河水文测报水平升级工作先进集体”称号。

山东黄河河道完成GPS控制网测量

10月　为配合断面加密后的测量工作,山东黄河水文测区在每个加密断面的起终点均设GPS基点,首次实现山东黄河河道全部使用GPS控制网测量。

获“2003年度水利事业费报表一等奖”

12月17日　黄委水文局黄水财〔2004〕26号文通知,山东水文水资源局获“2003年度水利事业费报表一等奖”。

2005年

张红月慰问山东黄河水文测区职工

1月18—19日　黄委水文局副局长张红月看望慰问了山东黄河水文测

区一线职工和困难职工及遗属。

机关召开“保持共产党员先进性教育”动员大会

1月20日　山东水文水资源局机关召开“保持共产党员先进性教育”动员大会，党组成员、机关总支全体党员共60多人参加了会议。

郝金之带队看望山东黄河水文职工

2月5日　山东黄河河务局副局长郝金之带领防汛办公室主任姚玉德、水调处处长赵海棠到山东水文水资源局机关看望慰问职工。

孙口水文站获“全国文明水文站”称号

3月24日　水利部水文局、水利部精神文明建设指导委员会办公室水文综〔2005〕59号文决定，授予孙口水文站“全国文明水文站”荣誉称号。

孙口水文站获“全国先进报汛站”称号

4月8日　国家防总、水利部水文局办综〔2005〕9号文决定，授予孙口水文站“全国先进报汛站”称号。

召开领导班子专题民主生活会

4月18日　按照先进性教育活动分析评议阶段的安排和部署，山东水文水资源局组织召开了领导班子专题民主生活会，会议由局党组书记、局长高文永主持。山东黄河河务局党组成员、副局长郝金之到会指导。

高振斌获“黄委劳动模范”称号

4月　在黄委治黄劳模、先进集体表彰大会上，黄河口勘测局高振斌获“黄委劳动模范”称号。

廖义伟到艾山水文站考察

6月22日　黄委副主任廖义伟在山东黄河河务局局长袁崇仁的陪同下，考察了艾山水文站工作，在听取了艾山水文站的基本情况介绍和汇报后，对艾山水文站供电线路改造及滩地清障等问题做了具体部署。

李国英考察山东黄河扰沙工作

6月30日—7月2日　黄委主任李国英考察了高村、孙口、泺口、利津水文站和孙口河段扰沙工作,看望慰问了坚守在测报一线和扰沙现场的职工,并乘坐黄河口勘测局的测量船查勘了黄河口。

召开保持共产党员先进性教育活动总结大会

7月8日　山东水文水资源局机关召开保持共产党员先进性教育活动总结大会。局党组书记、局长高文永作了总结报告,局机关、济南勘测局60多名在职、离退休党员参加了会议。

司毅铭检查山东黄河水文测区工作

9月13日　黄河流域水资源保护局副局长司毅铭在山东水文水资源局局长高文永的陪同下,对山东黄河水资源保护工作进行了全面检查。

连煜带队检查山东黄河水文测区水质监测工作

11月1日　黄河流域水资源保护局副局长连煜带领规划科技处副处长宋世霞、科研所总工程师黄锦辉到山东黄河水文测区检查指导工作。连煜一行查看了监测中心实验室建设情况,听取了汇报,就黄河三角洲湿地生态保护和湿地水环境监测等问题进行了座谈。

牛玉国调研山东黄河水文测区工作

11月17—19日　黄委水文局局长牛玉国到高村、孙口、陈山口、泺口水文站及局机关进行工作调研,与局领导班子和局机关离退休老同志进行了座谈。

黄委水文局表彰第二批文明建设示范窗口和文明科室

12月26日　黄委水文局黄水文明〔2005〕9号文通知,高村水文站获黄委水文局第二批文明建设示范窗口单位称号。人事劳动科、河口河道科获黄委水文局第二批文明处(科)室称号。

获"山东省测绘行业2005年度先进单位"称号

12月26日　山东省测绘行业协会《关于表彰山东省测绘行业先进单位、先进个人的通报》(鲁测协会〔2005〕11号),山东水文水资源局被评为"山东省测绘行业2005年度先进单位"。

2006 年

郝金之、连煜检查指导泺口水文站工作

1 月 11 日　山东黄河河务局副局长郝金之、黄河流域水资源保护局副局长连煜在山东水文水资源局副局长王效孔的陪同下，到泺口水文站检查指导。郝金之、连煜在详细了解了泺口河段水情、冰情和水质情况后，到临时设置的水质分析实验室看望了正在工作的职工，了解了仪器设备情况和水质分析情况，对基层职工表示慰问。

张松带队慰问山东黄河水文测区职工

1 月 14 日　黄委水文局副局长张松、人劳处处长谢红、办公室副主任李波涛、监察处副处长张智胜看望慰问了山东黄河水文测区的一线职工和离退休职工。

孙口、泺口水文站被评为"'十五'期间优秀水文站"

2 月 8 日　黄委水文局黄水人〔2006〕8 号文决定，孙口、泺口水文站为"'十五'期间优秀水文站。"

河道断面水毁设施修复项目通过黄委验收

2 月 22—24 日　黄委防汛办公室、黄委财务局、黄委水文局组成验收组对山东水文水资源局 2003 年河道断面水毁设施修复项目进行了验收。

人事劳动科、黄河口勘测局获"离退休工作先进集体"称号

3 月 15 日　黄委水文局黄水人〔2006〕26 号文通知，山东水文水资源局人事劳动科、黄河口勘测局获黄委水文局"离退休工作先进集体"称号。

王效孔等职务续聘

3 月 30 日　黄委水文局黄水党〔2006〕10 号文通知，续聘：王效孔、苏国良、刘浩泰为山东水文水资源局副局长；张建华为黄河口水文水资源勘测局局长。

李庆金等职务任免

3 月 30 日　黄委水文局黄水党〔2006〕12 号文通知，李庆金任中共黄委

山东水文水资源局党组成员、同时聘任为山东水文水资源局副局长。解聘李世举的山东水文水资源局副局长职务,同时免去其中共黄委山东水文水资源局党组成员职务。

采用新《水情信息编码标准》进行水情拍报

4月18日　根据黄委水文局《关于做好实施〈水情信息编码标准〉工作的通知》(黄水信息〔2006〕3号)要求,山东水文水资源局自2006年4月20日起采用新编码标准向黄委水文水资源信息中心报送各类水情信息,2006年5月1日起正式实施“编码标准”。测站编码采用新8位码,只向山东水文水资源局拍报。

任建华带队检查黄河山东水环境监测中心工作

5月24日　黄河流域水资源保护局副局长任建华、办公室副主任张清、监督管理处副处长郝云和流域监测中心书记李玉红,在山东水文水资源局局长高文永的陪同下,到黄河山东水环境监测中心察看水样分析室和仪器设备配备情况,并与黄河山东水环境监测中心职工进行了座谈。

汪恕诚考察泺口水文站

6月5日　水利部部长汪恕诚在山东省政府副省长贾万志、黄委主任李国英、副主任廖义伟、黄委水文局局长牛玉国、山东黄河河务局局长袁崇仁等陪同下,到泺口水文站考察工作,并与泺口水文站职工合影留念。

董保华检查指导山东黄河水文测区工作

6月30日—7月3日　黄河流域水资源保护局局长董保华在山东水文水资源局局长高文永的陪同下,考察了黄河河口及黄河三角洲湿地,并与山东水文水资源局领导班子进行了座谈。

牛玉国检查山东水文水资源局工作

8月6日　黄委水文局局长牛玉国到山东水文水资源局检查指导工作,要求做好主汛期防汛测报工作。

王健带队调研山东水文水资源局经济工作

8月30日—9月1日　黄委水文局副局长王健带队到黄河86轮、泺口水文站和济南勘测局进行经济工作调研,并与局领导班子进行了座谈。

东平湖水库停止向黄河泄流

9月26日　陈山口闸门关闭,东平湖水库停止向黄河泄流。2月14日起,东平湖水库分三次向黄河泄流,累计泄流时间114天。陈山口水文站在泄流期间共观测水位1089次,实测流量36次,实测最大流量101立方米每秒,为合理调度东平湖及黄河水量提供了翔实准确的水文数据。

司毅铭带队指导基建工作

9月28日　黄河流域水资源保护局副局长司毅铭带队对黄河山东水环境监测中心"十五"期间基本建设进行验收,并对基本建设管理工作进行了指导。

小浪底异重流排沙测报

10月　2006年,小浪底水库共进行了三次塑造异重流排沙试验,第一次在山东黄河水文测区运行时间为8月3日至13日,第二次为9月2日至13日,第三次水沙量进入山东黄河水文测区均较小。

获"全河宣传工作先进集体"称号

11月10日　黄委黄人劳〔2006〕46号文通知,山东水文水资源局获黄委"全河宣传工作先进集体"称号。

谷源泽检查引黄济淀水文测报工作

11月29—30日　黄委水文局副局长谷源泽检查山东黄河水文测区引黄济淀水文测报工作。

获"纪检监察工作先进集体"称号

12月6日　黄委水文局黄水人〔2006〕106号文通知,中共黄委山东水文水资源局纪检组获黄委水文局"纪检监察工作先进集体"称号。

获"2006年党风廉政建设优秀论文组织奖"

12月8日　黄委水文局黄水监察〔2006〕9号文通知,山东水文水资源局获黄委水文局“2006年党风廉政建设优秀论文组织奖”。

获“劳动工资工作先进集体”称号

12月18日　黄委水文局黄水人〔2006〕112号文通知,山东水文水资源局获黄委水文局“劳动工资工作先进集体”称号。

2007年

获“1·5”洛河油污染事件应急处置表彰

1月23日　黄河流域水资源保护局黄护办〔2007〕2号文通知,在2006年1月5日洛河油污染事件应急处置中,山东水文水资源局反应迅速、配合密切、处置得当,予以表彰。

谢会贵先进事迹报告

1月25日　黄委劳动模范谢会贵事迹报告团在山东水文水资源局机关做报告。局机关、济南勘测局、泺口水文站100多人聆听了事迹报告。

召开年度工作会议

2月5日　山东水文水资源局年度工作会议在济南召开,会议确定了2007年山东黄河水文工作总体思路:以科学发展观为指导,贯彻落实中央领导批示精神、水利部党组治水新思路和黄委党组治河新理念,围绕“十一五”末基本实现黄河水文现代化的发展目标,按照“构建大水文”理念,继续构建山东黄河水文测区四大测报系统、完成山东黄河水文测区四大测报任务、强化六项保障措施,扩大山东黄河水文服务领域,加大水文经济工作力度,提高职工生活水平,助推山东黄河水文更加全面、和谐发展,适应不断发展的社会经济需求和水利工作的中心任务,实现“维持黄河健康生命”的目标。山东黄河河务局防办主任孙惠杰到会讲话。

张松等慰问山东黄河水文测区职工

2月8日　黄委水文局副局长张松、总工程师赵卫民在山东水文水资源局副局长王效孔的陪同下,到山东黄河水文测区进行了慰问。

谷源泽检查龙口水文站

4月4日 黄委水文局副局长谷源泽抵达山东龙口,对龙口水文站和停泊在龙口港的黄河86轮进行了全面检查。

梁家志带队检查山东黄河水文测区防汛工作

5月20—21日 由水利部水文局副局长梁家志带队组成的防汛检查组,在黄委水文局副局长谷源泽、山东水文水资源局局长高文永的陪同下,到孙口、泺口水文站检查防汛工作。

水文水政监察大队升格

5月30日 黄委黄人劳〔2007〕31号文批复,山东水文水政监察大队升格为山东水文水政监察支队,黄河口勘测局和济南勘测局设立水文水政监察大队。支队、大队领导职数按一正一副配备,支队队长、大队长由所在单位分管水政工作的领导兼任,副支队队长、副大队长由所在单位水政(水资源)部门负责人兼任,职级不变。

国家防总检查泺口水文站防汛工作

5月31日 国家防总检查组在黄委主任李国英、山东省常务副省长王仁元、省政府副秘书长韩金峰、省发改委主任费云良、济南军区作战部副部长阚辉、山东黄河河务局局长袁崇仁、黄委水文局副局长谷源泽等陪同下,对泺口水文站的防汛准备进行了全面检查。

学习宣传贯彻《水文条例》

5月 国务院总理温家宝签署第496号国务院令,发布了《中华人民共和国水文条例》,并于2007年6月1日起施行。为切实做好《水文条例》的学习宣传贯彻,山东水文水资源局做出部署,要求全面学习宣传贯彻《水文条例》。

高文永获教授级高级工程师任职资格

6月11日 水利部水人教〔2007〕217号文批准,高文永具备享受教授、研究员同等有关待遇的高级工程师任职资格。

李国英考察高村、孙口、艾山水文站

6月21—22日　黄委主任李国英带领有关部门负责人,在黄委水文局局长杨含峡、副局长谷源泽、山东黄河河务局局长袁崇仁的陪同下,考察了高村、孙口、艾山水文站,对奋战在调水调沙测报一线的水文职工表示慰问。

赵文朝考察泺口水文站调水调沙水文测报工作

6月30日　济南市副市长赵文朝在济南黄河河务局局长李传顺的陪同下,到泺口水文站考察调水调沙水文测报工作。

杨含峡检查指导山东黄河水文测区工作

7月4—6日　黄委水文局局长杨含峡在山东水文水资源局局长高文永的陪同下,到黄河口勘测局、西河口、一号坝水位站、利津、泺口水文站、济南勘测局及局机关进行了检查,并与局领导班子进行了座谈。

董保华等考察黄河三角洲

7月4—5日　黄河流域水资源保护局局长董保华、办公室副主任张清在山东水文水资源局局长高文永、黄河口勘测局局长张建华的陪同下,对黄河口及黄河三角洲滨海区进行了考察。

济南降特大暴雨

7月18日　济南及周边地区遭受特大暴雨袭击。本次降水过程历时短、雨量大,3小时降水量180毫米,是有气象记录以来的历史最大值。局防汛物资仓库全部进水,库内积水达30厘米,部分库存物资遭到水淹;泺口水文站靠船码头被暴雨冲毁;济南勘测局院内一片汪洋,积水达半米深,一楼办公室及职工住户家中和储藏室进水。

王健等检查山东黄河水文测区主汛期安全生产工作

8月7—9日　黄委水文局副局长王健、人事劳动教育处处长谢红在山东水文水资源局副局长王效孔陪同下,对山东水文水资源局主汛期安全生产工作进行了全面检查。

确认孙口、泺口、利津水文站为黄委文明单位

9月10日　黄委黄文明〔2007〕7号文通知,黄委以前评选的“文明建设

示范窗口”单位更名为“黄委文明单位”,黄委文明办对前两届“文明建设示范窗口”单位组织了复查,确认孙口、泺口、利津水文站为黄委文明单位。

黄委水文局完成对高文永局长任期经济责任审计

9月13—26日　黄委水文局审计组完成对山东水文水资源局局长高文永的任期经济责任审计。

台湾水利考察团进行工作访问

10月22日　台湾水利考察团一行18人在黄委国科局郑发路的陪同下,到山东水文水资源局进行工作访问和考察。考察团对黄河河口改道情况、流路现状、黄河悬河的形成及影响、数字黄河、模型黄河、原型黄河等问题进行了了解,双方还就水文测报方法、河道整治与管理等问题进行了交流探讨。

获“黄河报(网)2007年度优秀通联站”称号

11月5日　黄委新闻宣传出版中心黄宣出〔2007〕41号文通知,山东水文水资源局获“黄河报(网)2007年度优秀通联站”称号。

西河口水位站启用新观测断面

11月20日　黄委水文局《关于西河口水位站启用新观测断面的批复》(黄水测〔2007〕50号),启用西河口(三)观测断面。

谷源泽带队检查黄河三角洲滨海区水下地形测绘项目

11月23日　黄委水文局副局长谷源泽带领技术和财务有关部门负责人对2007年黄河三角洲滨海区水下地形测绘项目进行了检查。

获“2007年汛期水文测报安全竞赛无事故单位”称号

12月10日　黄委水文局黄水人〔2007〕111号文通知,山东水文水资源局获黄委水文局“2007年汛期水文测报安全竞赛无事故单位”称号。

全面完成黄河三角洲滨海区测验

12月　黄河三角洲滨海区14000平方千米水下地形测绘,高潮线测量首次采用GPS RTK模式施测,大大提高了测验的科技含量和测验精度。首次采用SV-300海图编绘软件自主编绘黄河三角洲水深图。

2008年

杨含峡慰问山东黄河水文测区职工

1月25—26日　黄委水文局局长杨含峡看望慰问山东黄河水文测区一线职工和离退休职工。

张红月等检查山东黄河水文测区基本建设工作

4月27—28日　黄委水文局副局长张红月、规划计划处处长张成检查山东黄河水文测区基本建设工作。

姜明星获教授级高级工程师任职资格

6月1日　水利部水人教〔2008〕311号文批准,姜明星具备享受教授、研究员同等有关待遇的高级工程师任职资格。

召开防汛测报动员会

6月13日　山东水文水资源局召开防汛及调水调沙测报动员会,全面部署以洪水测报、调水调沙测报及扰沙为主要任务的下半年工作。

李国英等指导山东黄河水文测区扰沙工作

6月24日　黄委主任李国英、副主任徐乘、黄委有关部门负责人及专家到山东黄河水文测区扰沙现场指导工作。

郝庆凡慰问山东黄河水文测区一线职工

6月26—27日　黄委水文局工会主席郝庆凡慰问山东黄河水文测区一线职工,并赠送慰问品。

刘晓燕、董保华检查山东黄河水资源保护工作

6月27日　黄委副总工程师刘晓燕、水资源保护局局长董保华、副局长连煜对山东黄河重点排污口——济南市平阴县翟庄闸进行现场查看,并了解黄河下游渔业基本状况。

黄河86轮顺利通过海上船舶检验

7月10—11日　黄河86轮通过山东省济南船舶检验局潍坊分局年度检验,可以进行黄河口附近海区水下地形测验、水文要素测验、流场调查等工作。

山东水文水资源局、孙口水文站获通令嘉奖

7月23日　黄委嘉奖令〔2008〕5号,对在黄河第八次调水调沙工作中做出突出贡献的山东水文水资源局、孙口水文站予以通令嘉奖。

王建中等检查水文测验断面保护标识牌建设工作

9月3日　黄委水政局局长王建中、办公室主任沈平伟、黄委水文局水政处处长姜玉钧检查山东黄河水文测区测验断面保护标识牌建设工作。

艾山水文站获“文明单位”称号

10月8日　黄委黄文明〔2008〕7号文决定,授予艾山水文站“黄河水利委员会文明单位”荣誉称号。

王健带队对山东水文水资源局进行安全检查和基建督察

10月15—18日　黄委水文局副局长王健带领人事劳动教育处处长谢红、财务处处长田水利,在山东水文水资源局局长高文永的陪同下,对山东黄河水文测区的安全生产、基本建设等项工作进行检查和督察。

徐乘带队调研山东黄河水文测区工作

10月30日　黄委副主任徐乘带领黄委财务局、建管局、规计局、审计局等有关部门负责人,在黄委水文局副局长谷源泽的陪同下,到山东水文水资源局及泺口水文站调研。

获“黄河报(网)2008年度优秀通联站”称号

11月7日　黄委新闻宣传出版中心黄宣出〔2008〕45号文通知,山东水文水资源局获“黄河报(网)2008年度优秀通联站”称号。

召开领导班子专题民主生活会

12月17日　根据中共山东黄河河务局党组、黄委水文局党组的统一部

署,山东水文水资源局召开了以“学习实践科学发展观”为主题的领导班子专题民主生活会。会议由党组书记、局长高文永主持,局领导班子全体成员参加了会议。水文局副局长王健、人事劳动教育处处长谢红,山东黄河河务局直属机关党委副书记郭兴平、人事劳动处副处级调研员吴东莅临会议进行了指导。

积极参与汶川地震抗震救灾

12 月　在“5·12”汶川地震救援中,山东水文水资源局职工积极捐款捐物,党员缴纳特殊党费 58700 元。尚俊生参加了黄委组织的赴汶川地震灾区抗震救援工作,事迹突出,受到黄委表彰。

2009 年

杨含峡慰问山东黄河水文测区职工

1 月 20 日　黄委水文局局长杨含峡看望慰问了山东黄河水文测区一线职工和离退休职工。

山东水文水资源局领导与一线职工共度春节

1 月 26 日　农历正月初一,山东水文水资源局局长高文永带领班子全体成员,一早来到局机关水情值班室和泺口水文站,看望慰问春节期间坚守工作岗位的值班人员。

获“2008 年度目标管理先进集体一等奖”

2 月 16 日　黄委水文局黄水办〔2009〕3 号文通知,山东水文水资源局获黄委水文局“2008 年度目标管理先进集体一等奖”。

济南勘测局升格

2 月 23 日　黄委水文局黄水人〔2009〕15 号文通知,明确济南勘测局机构规格为副处级;主要负责黄河高村至滨州河段河道断面测验、河道断面资料整编和河道冲淤演变分析研究等。内部设置办公室、技术科(均为正科级),可根据工作需要下设生产单位;局行政领导按一正两副配备,局机关科(室)领导职数原则上按一正一副配备。

召开年度工作会议

2月24—25日　山东水文水资源局2009年度工作会议在济南召开。会议总结了2008年工作,安排部署了2009年任务,表彰了先进,签订了目标责任书和安全生产目标责任书。山东黄河河务局防办副主任刘洪才到会指导。会议确定了山东黄河水文工作的基本思路,即:明确一个方向,突出四项重点、构建六大保障体系,争取三个转变,实现一个目标。明确一个方向。就是黄河水文事业的发展要与黄河治理开发与管理事业紧密结合,适应流域经济社会发展的大方向。突出四项重点。即把水文测验、水质监测、河道测验和黄河口附近海区观测研究作为年度四项重点工作,强化质量管理,确保各项测验及时、准确。构建六大保障体系。即构建结构完善的计划规划体系;构建创新实用的水文科研创新体系;构建开拓进取的职工队伍体系;构建周密严谨的安全管理体系;构建可靠有效的经济保障体系;构建科学高效的水文信息综合服务体系。争取三个转变。即从为传统的防汛服务向为防汛抗旱、水资源管理、生态环境保护、水利工程建设、经济社会发展等提供全方位服务转变;从侧重水量、水质监测向水量、水质、泥沙等监测并重转变;从传统水文测报向现代化高科技水文测报转变。实现一个目标。实现为黄河治理开发与管理提供坚实基础支撑和优质信息服务的目标。

获“2008年度计划生育和平安建设先进单位”称号

3月9日　济南市历城区洪家楼街道济历城洪发〔2009〕6号文通知,山东水文水资源局获中共济南市历城区洪家楼街道工作委员会、济南市历城区人民政府洪家楼街道办事处“2008年度计划生育和平安建设先进单位”称号。

召开党风廉政建设专题会议

3月11日　山东水文水资源局党组召开党风廉政建设工作专题会议,研究部署2009年党风廉政建设和反腐败工作。

司毅铭带队检查水质监测工作

4月21日　黄河流域水资源保护局副局长司毅铭带领副总工程师张曙光及计财处、流域监测中心负责人,检查指导黄河山东水环境监测中心工作。

获“2007—2008 年度黄河水文经济工作优秀单位”称号

4 月 21 日　黄委水文局黄水人〔2009〕39 号文通知,山东水文水资源局获黄委水文局“2007—2008 年度黄河水文经济工作优秀单位”称号。

李庆金任职

4 月　黄委水文局黄水党〔2009〕29 号文通知,李庆金任山东水文水资源局总工程师(兼),享受副处级待遇。

盛明富等检查山东黄河水文测区工作

5 月 12—14 日　全国农林水利工会主席盛明富、农林水利工会水利工作部部长王林林在黄河工会主席郭国顺、黄河工会副主席白洋、黄委水文局副局长张松、工会主席郝庆凡和山东水文水资源局局长高文永陪同下,到陈山口、利津、泺口水文站检查指导,并考察了黄河入海流路。

获“2007—2008 年度局直机关先进基层党组织”称号

7 月 1 日　山东黄河河务局鲁黄机党〔2009〕13 号文通知,山东水文水资源局机关党总支获山东黄河河务局直属机关党委“2007—2008 年度局直机关先进基层党组织”称号。

李国英考察山东黄河水文测区工作

7 月 7—8 日　黄委主任李国英率 2009 年委务会议全体代表,到孙口、利津水文站进行了考察。

完成调水调沙河道原型观测任务

7 月 13 日　根据黄委安排,于调水调沙后期流量落至 800 立方米每秒时,对高村至艾山 182 千米河段 14 个选定断面进行了大断面及河床质测验,7 月 13 日,外业测验圆满完成。

新建浅滩测验船黄测 A110 船抵达黄河口试航

7 月 27—29 日　黄河口新建浅滩测验船——黄测 A110 船,经过几天连续航行,从建设场地扬州到达东营广利港码头。29 日,东营市海事局、海洋与渔业局、交通局、边防局及黄河口勘测局等相关单位技术人员登上测船,进行了试航。

杨含峡带队检查山东黄河水文测区在建工地

8月12日　黄委水文局局长杨含峡带领财务处副处长朱禹渠在山东水文水资源局局长高文永陪同下，到泺口水文站和济南勘测局在建工地进行了检查。

李新民检查指导山东水文水资源局工作

9月1日　山东黄河河务局党组书记李新民到山东水文水资源局检查指导工作，并与局领导班子进行了座谈。

黄河山东水环境监测中心通过计量认证复查评审

9月1—3日　国家计量认证水利评审组会同山东省质量技术监督局对黄河山东水环境监测中心进行了复查评审。经全面考核，申请认证的水、底质与土壤两大类62项参数具备按国家和行业方法标准向社会提供公正数据的能力，通过复查评审。

谷源泽等检查山东黄河水文测区引黄济津济淀水文测报工作

10月19—21日　黄委水文局副局长谷源泽、测验处处长王怀柏在山东水文水资源局局长高文永陪同下，检查了山东黄河水文测区引黄济津、济淀水文测报工作，并到济南勘测局在建工地进行了检查。

吴大成获黄委“黄河寿星”称号

10月21日　黄委黄离退〔2009〕1号文授予退休职工吴大成“黄河寿星”称号。

谷源泽调研黄河口

11月20日　黄委水文局副局长谷源泽到黄河口勘测局及所属西河口水位站进行考察，并就新形势下黄河河口观测进行调研和座谈。

获“济南市劳动工资统计工作先进集体”称号

12月17日　山东水文水资源局获“济南市劳动工资统计工作先进集

体”称号。

郭立新获“黄委劳动模范”称号

12月　在黄委治黄劳模、先进集体表彰大会上,艾山水文站郭立新获“黄委劳动模范”称号。

2010年

召开2010年安全生产工作会议

1月5日　山东水文水资源局安委会召开2010年安全生产工作会议,制定了安全生产规划。

杨含峡慰问山东水文水资源局职工

2月7—8日　黄委水文局局长杨含峡到山东水文水资源局进行了慰问。

计算机信息网络升级

3月18日　山东水文水资源局计算机网络进行了更新与调试。对局机关网络设备进行全面升级,实现了8个基层单位的VPN路由互通。

姜东生任职

4月29日　黄委水文局黄水党〔2010〕18号文通知,姜东生任中共黄委山东水文水资源局党组成员,聘任姜东生为山东水文水资源局副局长,聘期内享受副处级待遇。

姜明星任职

4月29日　黄委水文局黄水党〔2010〕19号文通知,聘任姜明星为济南勘测局局长,聘期内享受副处级待遇。

黄河口勘测局浅海勘测队获“青年文明号”称号

4月　黄委黄青联〔2010〕7号文通知,黄河口勘测局浅海勘测队被命名为“青年文明号”。

黄委水文局所属单位到山东黄河水文测区考察交流

5月13—15日　黄委水文局局长杨含峡带领上游、宁蒙、中游、三门峡、河南水文水资源局局长，到山东黄河水文测区进行了指导和考察交流。

李春安调研山东水文水资源局廉政工作

6月1日　黄委纪检组组长李春安对山东水文水资源局进行了反腐倡廉建设调研。

谷源泽带队检查调水调沙及刁口河生态补水水文测报准备工作

6月9—11日　黄委水文局副局长谷源泽带领测验处有关人员，到山东黄河水文测区检查调水调沙水文测报准备工作，并到刁口河流路现场检查了水文测验准备情况。

李国英考察高村、孙口水文站

7月7—8日　黄委主任李国英率领黄委机关有关部门负责人到高村、孙口水文站进行了考察。

济南勘测局办公新址启用

7月27日　济南勘测局在黄河大堤办公新址举行了新址启用仪式。

山东水文水资源局进馆档案通过黄委验收

7月　根据黄委档案馆的统一部署，山东水文水资源局积极开展了档案进馆工作。本次进馆档案的范围是：1966—1985年的文书档案、各种原始档案和会计档案。

国家发改委调研山东黄河水文测区工程建设项目

8月26—28日　国家发改委国家投资项目评审中心和水利部水文局专家组，在黄委水文局副局长马永来、规计处处长张成陪同下，对山东黄河水文测区工程项目建设进行了调研。

谢红带队检查山东水文水资源局党风廉政建设工作

9月1日　黄委水文局纪检组组长谢红带领监察处、财务处等部门人员到山东水文水资源局就党风廉政建设责任制执行情况及财务预算管理办法执行情况进行了检查。

郝庆凡调研山东黄河水文测区工作

9月1—3日　黄委水文局工会主席郝庆凡对山东水文水资源局党的建设、精神文明建设和职工小家建设进行了调研。

赵耀带队对山东水文水资源局进行延伸巡视

10月13—16日　黄委巡视组组长赵耀一行5人到山东水文水资源局进行了为期3天的延伸巡视。

张红月调研山东黄河水文测区工作

10月15—19日　黄委水文局副局长张红月到山东水文水资源局机关、泺口水文站、利津水文站、孙口水文站、黄河口勘测局和正在进行黄河口附近海区测验的测船上进行了工作调研。

张松等检查山东黄河水文测区水政工作

10月26—28日　黄委水文局副局长张松、水政处处长姜玉钧到山东水文水资源局检查水政工作。

获"优秀通联站"称号

11月15日　黄委新闻宣传出版中心黄宣出〔2010〕44号文通知,山东水文水资源局获"优秀通联站"称号。

谷源泽带队对山东黄河水文测区建设项目进行竣工验收

12月4—6日　由黄委水文局副局长谷源泽带队的工程验收组,对山东黄河水文测区工程建设项目进行了竣工验收。

水政水资源科获"'五五'普法先进集体"称号

12月11日　黄委黄人劳劳〔2010〕34号文通报,山东水文水资源局水政水资源科获"'五五'普法先进集体"称号。

山东水文水资源局获通令嘉奖

12月　黄委水文局黄水人〔2010〕142号文《关于嘉奖在黄河三角洲生

态补水及刁口河流路恢复过水试验中做出突出贡献单位的决定》,通令嘉奖了山东水文水资源局。

完成历年水文年鉴数据补录

12月　按照黄委水文局要求完成了历年水文年鉴数据补录,统计资料年限从1919—1990年,共71年、94个站次,包括现有水文站、水位站、汛期站、临时站、撤销站,资料内容包括水位、流量、泥沙、颗粒分析、降水、蒸发等。

2011年

黄河口勘测局获"文明单位"称号

1月5日　黄委水文局黄水文明〔2011〕1号文通知,黄河口勘测局获黄委水文局第三批"文明单位"称号。

张凤泽带队对山东水文水资源局进行文明单位年度考评

1月5日　济南市文明委副主任张凤泽一行4人,代表山东省精神文明建设委员会,到山东水文水资源局进行了2010年度省级文明单位考评。

杨含峡慰问山东黄河水文测区职工

1月15日　黄委水文局局长杨含峡到济南勘测局和泺口水文站看望慰问基层一线职工,并到离退休老同志家中走访慰问。

获"监测管理工作先进集体"称号

1月18日　黄河流域水资源保护局黄护人劳〔2011〕2号文决定,对在监测管理工作中取得突出成绩的山东黄河水资源保护局予以表彰。

徐乘慰问山东水文水资源局困难职工

1月26日　黄委副主任徐乘,山东黄河河务局书记李新民、副局长王昌慈在山东水文水资源局局长高文永陪同下,看望慰问了因生病给家庭造成一定困难的退休职工刘凤玉和任可银。

学习贯彻中央一号文件精神

2月15日　山东水文水资源局党组召集局机关科级及以上干部集中学

习了2011年中共中央一号文件——《中共中央 国务院关于加快水利改革发展的决定》。

谷源泽检查山东黄河水文测区抗旱测报工作

2月22—25日 黄委水文局副局长谷源泽对山东黄河水文测区的抗旱测报工作进行了检查。

获“安全生产先进集体”称号

2月23日 黄委黄人劳机〔2011〕5号文通知,山东水文水资源局获黄委“安全生产先进集体”称号。

水情信息中心升格

3月14日 黄委水文局黄水人〔2011〕37号文通知,山东水文水资源局水情信息中心由副科级升为正科级,领导职数按一正一副配备。

离退休职工活动室获“离退休工作先进集体”称号

3月14日 黄委水文局黄水人〔2011〕41号文通知,山东水文水资源局离退休职工活动室获黄委水文局“离退休工作先进集体”称号。

召开党风廉政建设和反腐败工作专题会议

3月28日 山东水文水资源局党组召开了党风廉政建设工作专题会议,研究部署了2011年党风廉政建设和反腐败工作。

获“人口和计划生育工作先进属地单位”称号

3月 中共济南市历城区委洪家楼街道工作委员会、济南市历城区人民政府洪家楼街道办事处《关于表彰2010年度人口和计划生育责任目标执行情况先进单位和先进个人的决定》,山东水文水资源局被评为“人口和计划生育工作先进属地单位”。

完成2010—2011年度引黄济津应急调水水质监测任务

4月11日 2010—2011年度引黄济津潘庄线路应急调水,2010年10月22日开始,2011年4月11日8时结束,历时172天。黄河山东水环境监测中心在高村、艾山、潘庄闸三个断面每10天监测1次,累计采样48断面次。

李群检查利津水质自动监测站建设

5月12日　黄河流域水资源保护局副局长李群检查利津水质自动监测站建设工作。

姜东生等职务任免

5月16日　黄委水文局黄水人〔2011〕60号文通知，姜东生兼任黄河山东水环境监测中心副主任，解聘李庆金的黄河山东水环境监测中心副主任职务。

张建华获教授级高级工程师任职资格

6月14日　水利部水人教〔2011〕303号文件批准，张建华具备享受教授、研究员同等有关待遇的高级工程师任职资格。

获“黄河水文经济工作优秀单位”称号

6月20日　黄委水文局黄水人〔2011〕83号文通知，山东水文水资源局获“2009—2010年度黄河水文经济工作优秀单位”称号。

获“‘五五’普法工作先进单位”称号

6月20日　黄委水文局黄水人〔2011〕85号文通报，山东水文水资源局获“‘五五’普法先进单位”称号，水政水资源科获“‘五五’普法先进集体”称号。

机关党总支获“2009-2010年度先进基层党组织”称号

7月4日　山东黄河河务局鲁黄机党〔2011〕14号文通知，中共山东水文水资源局机关总支委员会获“2009—2010年度先进基层党组织”称号。

机关党总支获“优秀基层党组织”称号

7月15日　黄委水文局黄水党〔2011〕28号文通知，中共山东水文水资源局机关总支委员会获黄委水文局“优秀基层党组织”称号。

获“宣传工作先进集体”称号

7月29日　黄委水文局黄水人〔2011〕100号文转发黄委人劳局《关于

对黄委宣传工作先进集体和先进个人的通报》(黄人劳机〔2011〕19号),山东水文水资源局获黄委“宣传工作先进集体”称号。

获“水政工作先进单位”称号

8月4日　黄委水文局黄水人〔2011〕101号文通报,山东水文水资源局获黄委水文局“水政工作先进单位”称号,水政水资源科获黄委水文局“水政工作先进集体”称号。

张红月带队检查山东黄河水文测区安全生产工作

8月17—20日　黄委水文局副局长张红月带队对山东黄河水文测区汛期水文安全生产工作进行了全面检查。

组织党员领导干部到山东省监狱进行警示教育

9月8日　山东水文水资源局组织机关和基层单位领导干部到山东省省直机关警示教育基地——山东省监狱,进行了反腐倡廉警示教育。

获“黄河报(网)2011年度优秀通联站”称号

11月3日　黄委新闻宣传出版中心黄宣出〔2011〕46号文通知,山东水文水资源局获“黄河报(网)2011年度优秀通联站”称号。

高村水文站、局机关服务中心获“黄河水文安全生产工作先进集体”称号

11月7日　黄委水文局黄水人〔2011〕139号文通报,高村水文站、局机关服务中心获“黄河水文安全生产工作先进集体”称号。

济南勘测局增设勘测一院、勘测二院

11月9日　黄委水文局黄水人〔2011〕141号文通知,济南勘测局设立勘测一院(室)、勘测二院(室)2个正科级生产机构,领导职数按一正一副配备。

孙山城带队检查山东水文水资源局离退休职工管理工作

11月14日　黄委离退局局长孙山城一行9人对山东水文水资源局离退休职工管理工作进行了检查指导。

谢红等检查指导文明科室创建工作

11月21—24日　黄委水文局纪检组组长谢红、文明办副主任朱峡到山东水文水资源局检查指导文明科室创建工作。

吴大成获黄委“长寿明星”称号

12月　在2011年度黄委开展的黄委长寿明星评选活动中，黄河口勘测局退休职工吴大成（93岁）获黄委“长寿明星”称号，并获特制玉器“黄委长寿明星”奖杯。

2012年

谢红等慰问山东水文水资源局职工

1月10日　黄委水文局纪检组组长谢红、监察处处长李波涛、文明办主任王宝华到山东水文水资源局慰问。

李福军等4人获“技术能手”荣誉称号

1月13日　黄委水文局黄水人〔2012〕2号文转发黄委黄人劳〔2011〕89号文，李福军、孟宪静、张雨、刘敏4人获得黄委“技术能手”荣誉称号。

获“水文勘测技能竞赛团体二等奖”

1月13日　黄委水文局黄水人〔2012〕2号文转发黄委黄人劳〔2011〕89号文，山东水文水资源局获得黄委“水文勘测技能竞赛团体二等奖”荣誉称号。

张建华职务解聘

1月13日　黄委水文局黄水党〔2012〕2号文通知，鉴于张建华距退休不满一个聘期（3年），不再续聘其黄河口水文水资源勘测局局长职务，原副处级待遇不变。

徐乘慰问山东水文水资源局困难职工

1月14日　黄委副主任徐乘在山东黄河河务局局长周月鲁、黄委水文局副局长谷源泽以及山东水文水资源局领导班子的陪同下，看望慰问了因常年生病给家庭造成一定困难的退休职工赵树武和任可银。

王效孔职务任免

1月19日　黄委水文局黄水党〔2012〕6号文通知,聘任王效孔为水文局不承担领导职责的五级职员,享受该岗位等级工资、津贴待遇,同时免去其山东水文水资源局副局长、中共黄委山东水文水资源局党组成员职务。

李庆金等职务续聘

2月14日　黄委水文局黄水党〔2012〕29号文通知,续聘:李庆金为山东水文水资源局副局长兼总工程师;姜东生为山东水文水资源局副局长;姜明星为济南勘测局局长。

曹兆福等免职

2月14日　黄委水文局黄水党〔2012〕30号文通知,免去:曹兆福的中共黄委山东水文水资源局党组纪检组组长、党组成员职务;时连全的山东水文水资源局工会主席职务。以上同志的原副处级职级待遇不变。

刘浩泰职务任免

2月17日　黄委水文局黄水党〔2012〕33号文通知,刘浩泰任中共黄委山东水文水资源局党组纪检组组长,解聘其山东水文水资源局副局长职务。

召开年度工作会议

3月9日　山东水文水资源局2012年工作会议在济南召开。会议回顾了2011年工作,分析了面临的形势,部署了2012年工作。会议确定了2012年工作思路:在黄委水文局党组的正确领导下,深入学习贯彻全国水利厅局长会议和全河水文工作会议精神,认真落实《国务院关于实行最严格水资源管理制度的意见》,积极践行水利部可持续发展治水思路和民生水利发展要求,着力加强水质水量监测能力建设,加快水文科技进步和创新,不断提高职工生活水平,抢抓机遇,锐意进取,谋求发展,力争各项工作再上新台阶,全面完成年度各项目标任务。

成立精神文明建设办公室(机关党委办公室)

3月14日　山东水文水资源局黄鲁水人劳〔2012〕16号文通知,经黄委水文局批复,成立山东水文水资源局精神文明建设办公室(机关党委办公室)(正科级),负责全局精神文明建设和机关党的建设等。精神文明建设办公室(机关党委办公室)设主任、副主任各一名。

廖义伟检查指导山东黄河水文测区工作

3月19日　黄委副主任廖义伟在黄河流域水资源保护局局长司毅铭、山东黄河河务局书记李新民、副局长王昌慈、黄委水调局副局长乔西现等陪同下,到山东水文水资源局检查指导工作,并到黄河山东水环境监测中心实验楼建设工地考察。

张建华退休

3月27日　黄委水文局黄水人〔2012〕43号文通知,张建华于2012年3月退休。

获"人口和计划生育工作先进属地单位"称号

3月　中共济南市历城区委、济南市历城区人民政府《关于表彰2011年度人口和计划生育责任目标执行情况先进单位和先进个人的决定》,山东水文水资源局被评为"人口和计划生育工作先进属地单位"。

姜明星职务任免

4月16日　黄委水文局黄水党〔2012〕49号文通知,姜明星任中共黄委山东水文水资源局党组成员、聘任姜明星为山东水文水资源局副局长。解聘姜明星的济南勘测局局长职务。

周建伟任职

4月16日　黄委水文局黄水党〔2012〕50号文通知,周建伟任中共黄委山东水文水资源局党组成员、聘任周建伟为山东水文水资源局副局长。

安连华任职

4月16日　黄委水文局黄水党〔2012〕51号文通知,安连华任山东水文水资源局工会主席。

岳成鲲任职

4月16日　黄委水文局黄水党〔2012〕52号文通知,聘任岳成鲲为黄河口水文水资源勘测局局长。

完成水情信息交换系统的切换

4月24日　在黄委水文局信息中心的统一部署下,山东水文水资源局济南水情信息分中心顺利完成了水情信息交换系统的切换。24日上午10时32分,第一份测试报文转至水利部,标志着济南水情信息分中心水情信息交换系统顺利完成切换。

黄河三角洲GPS控制网桩点埋设圆满结束

5月13日　黄河三角洲滨海区GPS控制网建设是"十一五"规划重点建设项目之一。黄河口勘测局于4月19日开始,历时20余天,共埋设GPS控制点390个,5月13日圆满完成任务。

泺口基地和实验楼主体工程通过验收

6月8日　山东黄河水利工程建设质量与安全监督站对山东水文水资源局泺口基地及黄河山东水环境监测中心实验楼主体工程进行了验收。

阎永新、王静获教授级高级工程师任职资格

6月11日　水利部水人事〔2012〕303号文通知,阎永新、王静(技术科)具备享受教授、研究员同等有关待遇的高级工程师任职资格。

薛松贵检查山东黄河水文测区防汛工作

6月17日　黄委总工程师薛松贵在黄委水文局副局长谷源泽的陪同下,到高村、孙口水文站检查防汛准备工作。

黄河山东水环境监测中心通过计量认证复查评审

8月　黄河山东水环境监测中心通过国家认证认可监督管理委员会的计量认证复查评审,通过认证的检测参数为63项,包括水(地表水、地下水、饮用水、污水、大气降水)及底质与土壤共两类。

王效孔退休

9月14日　黄委水文局黄水人〔2012〕95号文通知,王效孔于2012年9月退休。

获"黄委 2012 年(首届)财会业务知识技能竞赛优秀组织奖"称号

9 月 24 日　黄委水文局黄水人〔2012〕97 号文通知，山东水文水资源局获黄委水文局"黄委 2012 年(首届)财会业务知识技能竞赛优秀组织奖"称号。

3 项技术成果获国家专利

10 月 10 日　山东水文水资源局开发研制的智能流速记录仪、电动升降吊箱红外保护器、激光粒度仪电动手臂 3 项技术成果获国家实用新型专利。

李群带队进行专项执法检查

10 月 17—19 日　黄河流域水资源保护局副局长李群带队，黄河流域水资源保护局、山东省水利厅和黄河流域水资源保护局山东局派员参加，对山东省辖黄河流域入河排污口进行了专项执法检查。

完成水利卫星通信应用系统建设

11 月 1 日　山东水文水资源局完成济南水情信息分中心、黄河口勘测局、高村、孙口、泺口、利津水文站 6 处卫星小站的安装调试，并正式投入试运行。

曹兆福任职

11 月 29 日　黄委水文局黄水党〔2012〕76 号文通知，聘任曹兆福为水文局不承担领导职责的五级职员。

董树桥任职

11 月 29 日　黄委水文局黄水党〔2012〕79 号文通知，聘任董树桥为山东水文水资源局不承担领导职责的六级职员。

获"2012 年黄委离退休工作调研报告一等奖"

12 月 7 日　黄委水文局黄水离退〔2012〕6 号文转发黄委离退局《关于对 2012 年离退休工作调研报告评选结果的通报》(离退〔2012〕5 号)，山东水文水资源局获"2012 年黄委离退休工作调研报告一等奖"。

获“第五届全国水文勘测职业技能大赛先进单位”称号

12月26日 黄委水文局黄水人〔2012〕121号文通知,山东水文水资源局获黄委水文局“第五届全国水文勘测职业技能大赛先进单位”称号,李福军获“优秀选手”称号,马登月、王学金获“先进工作者”称号。

获“纪念《水法》修订实施十周年法律知识竞赛活动先进单位”称号

12月27日 黄委水文局黄水人〔2012〕122号文通知,山东水文水资源局获“纪念《水法》修订实施十周年法律知识竞赛活动先进单位”称号。

黄河口勘测局、孙口水文站获“三好单位”称号

12月28日 黄委水文局黄水文明〔2012〕16号文通知,黄河口勘测局、孙口水文站获黄委水文局第一批“三好单位”称号。

2013年

召开局领导班子民主生活会

1月8日 根据黄委水文局党组的统一部署,山东水文水资源局1月8日召开了局领导班子民主生活会。本次民主生活会的主题是:“学习贯彻十八大精神,着力提升党员领导干部推动黄河水文事业科学发展的能力。”会议由党组书记、局长高文永主持,局领导班子全体成员参加了会议。人事劳动科、监察审计科负责人列席了会议。水文局党组成员、副局长谷源泽莅临会议指导。

谷源泽到济南勘测局慰问

1月9日 黄委水文局副局长谷源泽在山东水文水资源局局长高文永的陪同下到济南勘测局看望慰问了退休职工马洪超。

山东水文水资源局举办新提拔干部廉政培训班

1月29日 山东水文水资源局举办新提拔干部廉政培训班,18名近五年来新提拔的科级干部参加了廉政培训学习。

郭立新任职

1月31日 黄委水文局黄水党〔2013〕3号文通知,聘任郭立新为济南勘测局局长(副处级)。

开通水情报汛卫星通信信道业务

5月8日 上午10时,山东水文水资源局信息中心利用水利卫星通信信道向黄河防总成功拍报了测试报文,标志着山东黄河水文测区至黄河防总水情报汛卫星通信信道业务顺利开通。

公文传递由人工改为网上传递

5月13日 山东水文水资源局黄鲁水办便〔2013〕2号文通知,正式将收文完全采用网上流程。

周建伟职务聘任

5月28日 黄委水文局黄水人〔2013〕41号文通知,聘任周建伟为黄河水利委员会山东水文水政监察支队队长(兼)。

曹兆福退休

6月21日 黄委水文局黄水人〔2013〕54号文通知,曹兆福已到退休年龄,解聘其水文局不承担领导职责的五级职员,于2013年6月退休。

机关党总支获“2011—2012年度山东黄河河务局直属机关先进基层党组织”称号

6月30日 山东黄河河务局鲁黄机党〔2013〕16号文通知,山东水文水资源局机关党总支被评为“2011—2012年度山东黄河河务局直属机关先进基层党组织”。

李庆金获教授级高级工程师任职资格

7月3日 黄委水文局黄水人〔2013〕87号文转发水利部通知,李庆金具备享受教授、研究员同等有关待遇的高级工程师任职资格。

召开党的群众路线教育实践活动动员会

8月9日 山东水文水资源局召开党的群众路线教育实践活动动员会,

对全局开展教育实践活动进行动员部署。局领导班子成员、局属各单位主要负责人、机关副科级以上干部及全体党员参加了动员大会,黄委水文局第三督导组到会指导。

黄测A103号测船(黄河86轮)注销登记

8月 黄测A103号测船是黄河水文系统海洋水文测量船,船长40.15米,船宽7.8米,吃水深2.5米,船上配备600马力主机1台、120马力副机2台及测验、导航设备等,总排水量380吨,航速10节,1986年上海中华造船厂建造,该船主要用于黄河三角洲附近海区海洋水文要素及水下地形测验。2012年7月退役,2013年8月注销登记。

获"2013年党风廉政建设优秀论文组织奖"

9月11日 黄委水文局黄水纪〔2013〕7号文通知,山东水文水资源局获黄委水文局"2013年党风廉政建设优秀论文组织奖"。

谷源泽调研山东水文水资源局工作

9月25—27日 黄委水文局副局长谷源泽到山东水文水资源局调研基层单位工作,指导党的群众路线教育实践活动。

职工医疗保险全面推进

9月30日 山东水文水资源局所有在职和退休职工顺利加入了山东省医疗保险。

获"2013年全国优秀测绘工程奖铜奖"

10月31日 中国测绘学会测学发〔2013〕89号文通知,山东水文水资源局《东营市滨海生态城防潮堤工程海域测量》项目获"2013年全国优秀测绘工程奖铜奖"。

杨敏寿带队对省级文明单位复查考核

11月4日 济南市文明委处长杨敏寿一行3人组成的考评组,到山东水文水资源局复查考核2013年度省级文明单位创建工作。

黄河山东水环境监测中心获"2010—2013年水利系统水质监测质量与安全管理优秀实验室"称号

11月12日 水利部水文局《关于公布水利系统水质监测质量与安全管

理优秀、优良实验室考评结果的通知》（水文质〔2013〕159号），黄河山东水环境监测中心被评为“2010—2013年水利系统水质监测质量与安全管理优秀实验室”。

孟宪静、徐长征被水文局确定为技能专家

11月26日　黄委水文局黄水人〔2013〕104号文通知，确定孟宪静为水文局水文首席技能专家，徐长征为山东水文水资源局水文勘测船舶技能专家。

杨凤栋获“黄委劳动模范”称号

11月　在黄委治黄劳模、先进集体表彰大会上，济南勘测局杨凤栋获“黄委劳动模范”称号。

获“部门决算优胜单位”称号

12月18日　黄委水文局黄水财〔2013〕45号文通知，山东水文水资源局获“部门决算优胜单位”称号。

水文年鉴资料零错误获通报表扬

12月23日　黄委水文局黄水测〔2013〕49号文通报，山东水文水资源局参编的2013年第4卷第1、2、4、5、6、7册水文年鉴资料为零错误，予以通报表扬。

山东水文水资源局基地竣工验收

12月24日　山东水文水资源局基地工程2012年3月16日开工建设，2013年10月9日完成全部建设任务，12月24日黄委水文局对工程进行了竣工验收。

获“济南市历城区2013年度人口和计划生育责任目标考核先进单位”称号

12月31日　山东水文水资源局获“济南市历城区2013年度人口和计划生育责任目标考核先进单位”称号。

2014 年

张雨等获首批技能标兵称号

1 月 14 日　黄委水文局黄水人〔2014〕3 号文通知,张雨、厉明排、高振斌、杨凤栋获“黄委水文局水文勘测技能标兵”称号,孙玉琦获“黄委水文局水文勘测船舶技能标兵”称号。

张松慰问山东黄河水文测区职工

1 月 16—17 日　黄委水文局副局长张松、水文局工会副主席高戊戌、离退休职工管理处处长李庆杰,在山东水文水资源局局长高文永的陪同下,看望慰问了高村、孙口、泺口水文站职工及部分离退休职工,并与基层水文站职工进行了座谈。

成功处置“1·31”黄河甲醇泄漏水污染事件

1 月 31 日　一辆载有工业甲醇的运输罐车在河南省长垣县黄河滩区侧翻,部分甲醇泄漏流入黄河。接到通知后,山东水文水资源局立即启动应急处置预案:由监测中心负责应急监测,高村、孙口、艾山、泺口等水文站负责应急采样。本次应急监测共采集水样 89 个,取得监测数据 99 个。由于处置迅速、工作突出,受到黄委通令嘉奖(嘉奖令〔2014〕4 号)。

孟宪静、徐长征被水文局聘为首席技能专家、船舶技能专家

3 月 5 日　黄委水文局黄水人〔2014〕9 号文通知,聘任孟宪静为水文局水文首席技能专家,聘任徐长征为水文局水文勘测船舶技能专家,聘期自 2014 年 3 月 1 日—2017 年 2 月 28 日。

时连全退休

3 月 6 日　黄委水文局黄水人〔2014〕13 号文通知,时连全于 2014 年 3 月退休。

张广海等被聘任为首席工程师

4 月 30 日　黄委水文局黄水人〔2014〕20 号文通知,聘任张广海、霍瑞敬、万鹏为首席工程师,聘期 4 年。

张广海、徐丛亮获教授级高级工程师任职资格

7月21日　水利部水人事〔2014〕243号文通知，张广海、徐丛亮具备享受教授、研究员同等有关待遇的高级工程师任职资格。

山东黄河水环境监测实验楼竣工验收

8月8日　山东黄河水环境监测实验楼工程2012年3月16日开工建设，2013年10月9日完成全部建设任务，2014年8月8日黄委组织验收委员会对工程进行了竣工验收。

山东省海洋与渔业厅到黄河口勘测局调研

8月15日　山东省海洋与渔业厅副厅长姜清春一行7人到黄河口勘测局调研。双方希望，黄河口勘测局进一步与中科院烟台海岸带研究所和东营市海洋与渔业局加强联系，共同做好黄河口附近海区研究。

举办水文勘测职业技能培训竞赛

8月20日—9月5日　山东水文水资源局2014年水文勘测职业技能培训、竞赛在济南举行，19名选手参加，对获得竞赛成绩前6名的选手授予了“2014年山东黄河水文技术能手”称号。

陈小江到山东黄河水文测区调研

10月18日　黄委主任陈小江带领办公室、规划局、财务局、人劳局、建管局等负责人，在黄委水文局局长杨含峡、山东黄河河务局局长张俊峰、书记孙广生的陪同下，到山东水文水资源局进行调研。

张雨被黄委水文局确定为技能专家

10月30日　黄委水文局黄水人〔2014〕63号文通知，确定张雨为山东水文水资源局水文勘测技能专家。

骆向新调研指导山东水文水资源局工作

11月3—7日　黄委水文局副局长骆向新到山东水文水资源局调研指导工作。

钞增平等调研山东黄河水文测区工作

11 月 18—22 日　黄委水文局工会主席钞增平、副主席高戊戌到山东黄河水文测区调研指导工作。

黄河口勘测局获批国家自然科学基金 A 类依托单位

11 月 24 日　经国家自然科学基金委员会审查,黄河口勘测局被正式批准为国家自然科学基金 A 类依托单位。标志着该局具备了独立申请和承担国家自然科学基金项目的资格。

山东水文水资源局开展水文调查

11 月　山东水文水资源局开展了山东黄河水文调查,调查站点 280 余个,走访 545 人次,范围覆盖沿黄地区 3000 多平方千米,收集了大量的第一手数据和影像资料,对山东黄河水文测区内的引排水情况进行了系统摸排,为黄河下游的水量平衡提供了依据。

2015 年

委托勘测局承担水文站人事管理

1 月 1 日　山东水文水资源局黄鲁水人劳〔2014〕79 号文及黄鲁水办〔2014〕25 号文通知,利津水文站、泺口水文站分别委托黄河口勘测局、济南勘测局管理。自 2015 年 1 月 1 日起,水文站的人事管理和财务管理由勘测局负责,水文站不再设立财务会计、出纳岗位,利津水文站、泺口水文站财务分别并入黄河口勘测局和济南勘测局。

赵勇慰问山东水文水资源局困难职工

2 月 16 日　黄委副主任赵勇在山东水文水资源局局长高文永的陪同下,看望慰问了因病常年卧床的退休职工赵树武和手术后的职工孙传祥。

走航式 ADCP 推广应用观摩会在济南召开

4 月 9 日　黄委水文局在济南召开走航式 ADCP 应用现场观摩会。山东水文水资源局通过大量试验研究,探索出 ADCP 与 GPS 组合测流技术在黄河下游非稳定河床条件下的应用和河流含沙量适应范围。黄委水文局副局长张红月、科技处、测验处负责人及各基层水文水资源局技术负责人参加了流量测验和观摩交流。

黄委水文局成立黄河流域水文应急监测队

4月27日　黄委水文局黄水办〔2015〕5号文通知，黄委水文局成立黄河流域水文应急监测队，由总队和3个支队组成，总队由黄委水文局机关有关部门和勘察测绘局等单位人员组成，上游水文水资源局和宁蒙水文水资源局组成上游支队，三门峡库区水文水资源局和中游水文水资源局组成中游支队，山东水文水资源局和河南水文水资源局组成下游支队。

吊箱数字流向偏角仪获国家发明专利

4月　山东水文水资源局自主研发的“吊箱数字流向偏角仪”获得国家发明专利，该仪器使用简单、精度高，实现了流向偏角测验的数字化。

张俊峰指导山东黄河水文测区工作

5月14日　山东黄河河务局局长张俊峰、书记孙广生、副局长王银山带领防办、办公室有关部门负责人在山东水文水资源局局长高文永的陪同下，到水质监测中心、泺口水文站和济南勘测局进行了工作指导。

张勇带队检查泺口水文站防汛准备工作

5月21日　国家发改委副主任张勇带领国家防总检查组到泺口水文站检查防汛准备工作，山东省副省长孙伟、赵润田，黄委主任陈小江等陪同。检查组听取了山东水文水资源局局长高文永对泺口水文站基本情况及防汛准备情况的介绍，询问了水情及测报情况，察看了河势，了解了断面冲淤变化情况。陈小江就黄河水沙状况、河道冲淤、水资源管理等做了介绍。

高文永职务任免

5月26日　黄委水文局黄水党〔2015〕22号文通知，聘任高文永为黄河水文水资源科学研究院院长。免去其山东水文水资源局局长、中共黄委山东水文水资源局党组书记、党组成员职务。

姜东生任职

5月26日　黄委水文局黄水党〔2015〕23号文通知，姜东生任中共黄委山东水文水资源局党组成员、书记,聘任姜东生为山东水文水资源局局长,聘期内享受正处级待遇。同时解聘姜东生的山东水文水资源局副局长职务。

王学金获教授级高级工程师任职资格

6月24日　黄委水文局黄水人〔2015〕56号文转发水利部通知,王学金具备享受教授、研究员级同等有关待遇的高级工程师任职资格。

李庆金等职务续聘

6月25日　黄委水文局黄水党〔2015〕50号文通知,续聘:李庆金为山东水文水资源局副局长兼总工程师;姜明星、周建伟为山东水文水资源局副局长。

机关党总支获"2013—2014年度山东黄河河务局直属机关先进基层党组织"称号

6月30日　山东黄河河务局鲁黄机党〔2015〕17号文通知,山东水文水资源局机关党总支被评为"2013—2014年度山东黄河河务局直属机关先进基层党组织"。

开展精神文明共建活动

6月　山东水文水资源局副局长周建伟一行4人到"城乡牵手　文明共建"单位商河县孙集乡周陈村,为该村村委办公室配备了2套办公桌椅、2台计算机、1台多功能打印机和2台空调,并现场对村委办公人员进行了计算机培训。

岳成鲲职务任免

7月6日　黄委水文局黄水党〔2015〕76号文通知,任命岳成鲲为山东水文水资源局纪检组长、党组成员。解聘其黄河口水文水资源勘测局局长职务。

杨凤栋任职

7月6日　黄委水文局黄水党〔2015〕77号文通知,聘任杨凤栋为济南勘测局局长,聘期内享受副处级待遇。

泺口水文站搬迁至山东水文水资源局基地办公

7月 泺口水文站自原站院(济南黄河公园正门东临,桩号29+500)搬迁至山东水文水资源局基地办公,原站院及房屋交济南黄河河务局天桥黄河河务局管理使用。

黄河山东水环境监测中心通过监测机构能力验证

7月 在水利部水文局开展的水利系统监测机构能力验证工作中,黄河山东水环境监测中心参加了1,2-二氯乙烷、百菌清、总磷和COD四个项目的能力验证实验。该中心所有项目检测数据均达到要求,顺利通过能力验证。

开展无验潮模式测验技术应用试验

8月6日 山东水文水资源局无验潮模式测验技术应用试验在黄河三角洲附近海域进行。本次试验使用海上测验船只,分别在东营海港附近的海区测验48线、49线进行了试验,内容包括GPS、测深仪、姿态修正仪等各种仪器的链接、设置、运行及140千米测线长度的数据采集,试验长达7个小时,共采集试验数据4000余组。外业试验结束后,进行了数据处理和分析,并对该方法的适用性和成果精度做出了评价和建议。

王雪峰任职

8月7日 黄委水文局黄水党〔2015〕92号文通知,聘任王雪峰为黄河口水文水资源勘测局局长,聘期内享受副处级待遇。

尚长昆等检查山东水文水资源局廉政建设工作

8月19日 黄委直属机关党委副书记、纪委书记尚长昆、黄委监察局二室主任朱清韶在黄委水文局纪检组组长谢红陪同下,对山东水文水资源局2015年上半年党风廉政建设主体责任和监督责任落实情况进行专项检查。

姜东生等任职

8月24日 黄委水文局黄水党〔2015〕96号文通知,姜东生任黄河山东水环境监测中心主任,李庆金任黄河山东水环境监测中心副主任。

黄河山东水环境监测中心通过计量认证复查评审

8月26—28日　黄河山东水环境监测中心通过国家计量认证水利评审组及山东省质量技术监督局复查评审,在以往认证项目的基础上增加了大气和噪声两大类监测项目。

聘任徐丛亮为黄委水文局学科带头人

8月28日　黄委水文局黄水人〔2015〕81号文通知,聘任黄河口水文水资源勘测局徐丛亮为黄委水文局河口水文泥沙方向学科带头人。

不再执行委托勘测局承担水文站人事管理的规定

9月14日　山东水文水资源局2015年9月6日召开专题会议,研究泺口水文站、利津水文站管理模式问题(〔2015〕6号会议纪要),9月14日,黄鲁水人劳〔2015〕52号文通知,《山东水文水资源局印发委托勘测局承担人事管理暂行规定的通知》(黄鲁水人劳〔2014〕79号)不再执行,泺口水文站、利津水文站财务并入济南勘测局、黄河口勘测局的财务管理机制运行至2015年12月31日,自2016年1月1日起,恢复上述两站的会计内部核算单位的管理模式。

举办第一期“道德讲堂”

9月17日　山东水文水资源局举办了第一期“道德讲堂”,主题为“弘扬水文精神,传承水文精神”。

完成基层水文测站采暖设施建设

9月底　根据“黄委基层水文测站采暖设施建设项目空调采购”购置设备空调清单,山东水文水资源局购置空调263台,艾山、利津水文站变压器增容项目及高村、孙口、艾山、利津、陈山口水文站低压线路改造项目,均完成了专业验收和合同完工验收。

举办水文勘测技能培训竞赛

10月15—28日　山东水文水资源局2015年水文勘测职业技能培训、竞赛在济南举行,22名选手参加。根据理论、内业操作、外业操作考试三个方面的成绩,对总成绩前6名的选手,授予山东水文水资源局“2015年度水文勘测技术能手”称号。

举办领导干部廉政培训班

11 月 10 日　山东水文水资源局领导干部廉政培训班在济南举办，局领导班子成员、局属单位主要领导、局机关副科级以上干部参加了培训学习。

工程测量通过 ISO9001 质量管理体系认证

11 月 18 日　山东水文水资源局工程测量正式通过 ISO9001:2008 质量管理体系认证，获得质量管理体系认证证书（证书号:08915Q22212ROM，认证范围:工程测量）。

岳中明调研利津水文站

11 月 22 日　黄委主任岳中明、副主任赵勇带领黄委办公室、财务局、人劳局等部门负责人，在山东黄河河务局局长张俊峰、党组书记孙广生的陪同下，到利津水文站进行调研。岳中明听取了山东水文水资源局局长姜东生的汇报，了解了利津水文站水文测报业务情况，察看了该站测报设施，慰问了该站职工，对进一步做好防凌减灾和水文测报提出了要求。

获“2015 年度优秀通联站”称号

11 月 24 日　黄委新闻宣传出版中心黄宣出〔2015〕65 号文通知，山东水文水资源局被评为“2015 年度优秀通联站”。

山东黄河首凌日期较常年偏早 21 天

11 月 26 日　2015—2016 年度凌汛期，西河口水位站日平均气温零下 5.8 摄氏度，最低气温达零下 9.5 摄氏度。受降温影响，11 月 27 日 8 时山东黄河孙口至艾山河段以及麻湾以下河段全线流凌，最大流凌密度 0.3，一号坝和西河口测验河段流凌密度均为 0.2，2015—2016 年度凌汛期山东黄河首凌日期较常年（1970—2010 年均值为 12 月 18 日）偏早 21 天。

获“人才资源年报优秀单位”等称号

12 月 7 日　黄委水文局黄水人〔2015〕100 号文通报，山东水文水资源局被评为“人才资源年报优秀单位”“劳动工资年报优秀单位”“事业单位工资报表优秀单位”称号。

附　录

中华人民共和国水文条例

(2007 年 4 月 25 日国务院令第 496 号发布　根据 2013 年 7 月 18 日国务院令第 638 号《国务院关于废止和修改部分行政法规的决定》修正　根据 2016 年 2 月 6 日国务院令第 666 号《国务院关于修改部分行政法规的决定》第二次修正　根据 2017 年 3 月 1 日国务院令第 676 号《国务院关于修改和废止部分行政法规的决定》第三次修正)

第一章　总　则

第一条　为了加强水文管理,规范水文工作,为开发、利用、节约、保护水资源和防灾减灾服务,促进经济社会的可持续发展,根据《中华人民共和国水法》和《中华人民共和国防洪法》,制定本条例。

第二条　在中华人民共和国领域内从事水文站网规划与建设,水文监测与预报,水资源调查评价,水文监测资料汇交、保管与使用,水文设施与水文监测环境的保护等活动,应当遵守本条例。

第三条　水文事业是国民经济和社会发展的基础性公益事业。县级以上人民政府应当将水文事业纳入本级国民经济和社会发展规划,所需经费纳入本级财政预算,保障水文监测工作的正常开展,充分发挥水文工作在政府决策、经济社会发展和社会公众服务中的作用。

县级以上人民政府应当关心和支持少数民族地区、边远贫困地区和艰苦地区水文基础设施的建设和运行。

第四条　国务院水行政主管部门主管全国的水文工作,其直属的水文机构具体负责组织实施管理工作。

国务院水行政主管部门在国家确定的重要江河、湖泊设立的流域管理机构(以下简称流域管理机构),在所管辖范围内按照法律、本条例规定和国务院水行政主管部门规定的权限,组织实施管理有关水文工作。

省、自治区、直辖市人民政府水行政主管部门主管本行政区域内的水文工作,其直属的水文机构接受上级业务主管部门的指导,并在当地人民政府的领导下具体负责组织实施管理工作。

第五条　国家鼓励和支持水文科学技术的研究、推广和应用,保护水文科技成果,培养水文科技人才,加强水文国际合作与交流。

第六条　县级以上人民政府对在水文工作中做出突出贡献的单位和个人,按照国家有关规定给予表彰和奖励。

第七条　外国组织或者个人在中华人民共和国领域内从事水文活动的,应当经国务院水行政主管部门会同有关部门批准,并遵守中华人民共和国的法律、法规;在中华人民共和国与邻国交界的跨界河流上从事水文活动的,应当遵守中华人民共和国与相关国家缔结的有关条约、协定。

第二章　规划与建设

第八条　国务院水行政主管部门负责编制全国水文事业发展规划,在征求国务院有关部门意见后,报国务院或者其授权的部门批准实施。

流域管理机构根据全国水文事业发展规划编制流域水文事业发展规划,报国务院水行政主管部门批准实施。

省、自治区、直辖市人民政府水行政主管部门根据全国水文事业发展规划和流域水文事业发展规划编制本行政区域的水文事业发展规划,报本级人民政府批准实施,并报国务院水行政主管部门备案。

第九条　水文事业发展规划是开展水文工作的依据。修改水文事业发展规划,应当按照规划编制程序经原批准机关批准。

第十条　水文事业发展规划主要包括水文事业发展目标、水文站网建设、水文监测和情报预报设施建设、水文信息网络和业务系统建设以及保障措施等内容。

第十一条　国家对水文站网建设实行统一规划。水文站网建设应当坚持流域与区域相结合、区域服从流域,布局合理、防止重复,兼顾当前和长远需要的原则。

第十二条　水文站网的建设应当依据水文事业发展规划,按照国家固定资产投资项目建设程序组织实施。

为国家水利、水电等基础工程设施提供服务的水文站网的建设和运行管理经费,应当分别纳入工程建设概算和运行管理经费。

本条例所称水文站网,是指在流域或者区域内,由适当数量的各类水文测站构成的水文监测资料收集系统。

第十三条 国家对水文测站实行分类分级管理。

水文测站分为国家基本水文测站和专用水文测站。国家基本水文测站分为国家重要水文测站和一般水文测站。

第十四条 国家重要水文测站和流域管理机构管理的一般水文测站的设立和调整,由省、自治区、直辖市人民政府水行政主管部门或者流域管理机构报国务院水行政主管部门直属水文机构批准。其他一般水文测站的设立和调整,由省、自治区、直辖市人民政府水行政主管部门批准,报国务院水行政主管部门直属水文机构备案。

第十五条 设立专用水文测站,不得与国家基本水文测站重复;在国家基本水文测站覆盖的区域,确需设立专用水文测站的,应当按照管理权限报流域管理机构或者省、自治区、直辖市人民政府水行政主管部门直属水文机构批准。其中,因交通、航运、环境保护等需要设立专用水文测站的,有关主管部门批准前,应当征求流域管理机构或者省、自治区、直辖市人民政府水行政主管部门直属水文机构的意见。

撤销专用水文测站,应当报原批准机关批准。

第十六条 专用水文测站和从事水文活动的其他单位,应当接受水行政主管部门直属水文机构的行业管理。

第十七条 省、自治区、直辖市人民政府水行政主管部门管理的水文测站,对流域水资源管理和防灾减灾有重大作用的,业务上应当同时接受流域管理机构的指导和监督。

第三章 监测与预报

第十八条 从事水文监测活动应当遵守国家水文技术标准、规范和规程,保证监测质量。未经批准,不得中止水文监测。

国家水文技术标准、规范和规程,由国务院水行政主管部门会同国务院标准化行政主管部门制定。

第十九条 水文监测所使用的专用技术装备应当符合国务院水行政主管部门规定的技术要求。

水文监测所使用的计量器具应当依法经检定合格。水文监测所使用的计量器具的检定规程,由国务院水行政主管部门制定,报国务院计量行政主管部门备案。

第二十条　水文机构应当加强水资源的动态监测工作,发现被监测水体的水量、水质等情况发生变化可能危及用水安全的,应当加强跟踪监测和调查,及时将监测、调查情况和处理建议报所在地人民政府及其水行政主管部门;发现水质变化,可能发生突发性水体污染事件的,应当及时将监测、调查情况报所在地人民政府水行政主管部门和环境保护行政主管部门。

有关单位和个人对水资源动态监测工作应当予以配合。

第二十一条　承担水文情报预报任务的水文测站,应当及时、准确地向县级以上人民政府防汛抗旱指挥机构和水行政主管部门报告有关水文情报预报。

第二十二条　水文情报预报由县级以上人民政府防汛抗旱指挥机构、水行政主管部门或者水文机构按照规定权限向社会统一发布。禁止任何其他单位和个人向社会发布水文情报预报。

广播、电视、报纸和网络等新闻媒体,应当按照国家有关规定和防汛抗旱要求,及时播发、刊登水文情报预报,并标明发布机构和发布时间。

第二十三条　信息产业部门应当根据水文工作的需要,按照国家有关规定提供通信保障。

第二十四条　县级以上人民政府水行政主管部门应当根据经济社会的发展要求,会同有关部门组织相关单位开展水资源调查评价工作。

从事水文、水资源调查评价的单位,应当具备下列条件:

(一)具有法人资格和固定的工作场所;

(二)具有与所从事水文活动相适应的专业技术人员;

(三)具有与所从事水文活动相适应的专业技术装备;

(四)具有健全的管理制度;

(五)符合国务院水行政主管部门规定的其他条件。

第四章　资料的汇交保管与使用

第二十五条　国家对水文监测资料实行统一汇交制度。从事地表水和地下水资源、水量、水质监测的单位以及其他从事水文监测的单位,应当按照资料管理权限向有关水文机构汇交监测资料。

重要地下水源地、超采区的地下水资源监测资料和重要引(退)水口、在江河和湖泊设置的排污口、重要断面的监测资料,由从事水文监测的单位向流域管理机构或者省、自治区、直辖市人民政府水行政主管部门直属水文机构汇交。

取用水工程的取(退)水、蓄(泄)水资料,由取用水工程管理单位向工程所在地水文机构汇交。

第二十六条 国家建立水文监测资料共享制度。水文机构应当妥善存储和保管水文监测资料,根据国民经济建设和社会发展需要对水文监测资料进行加工整理形成水文监测成果,予以刊印。国务院水行政主管部门直属的水文机构应当建立国家水文数据库。

基本水文监测资料应当依法公开,水文监测资料属于国家秘密的,对其密级的确定、变更、解密以及对资料的使用、管理,依照国家有关规定执行。

第二十七条 编制重要规划、进行重点项目建设和水资源管理等使用的水文监测资料应当完整、可靠、一致。

第二十八条 国家机关决策和防灾减灾、国防建设、公共安全、环境保护等公益事业需要使用水文监测资料和成果的,应当无偿提供。

除前款规定的情形外,需要使用水文监测资料和成果的,按照国家有关规定收取费用,并实行收支两条线管理。

因经营性活动需要提供水文专项咨询服务的,当事人双方应当签订有偿服务合同,明确双方的权利和义务。

第五章 设施与监测环境保护

第二十九条 国家依法保护水文监测设施。任何单位和个人不得侵占、毁坏、擅自移动或者擅自使用水文监测设施,不得干扰水文监测。

国家基本水文测站因不可抗力遭受破坏的,所在地人民政府和有关水行政主管部门应当采取措施,组织力量修复,确保其正常运行。

第三十条 未经批准,任何单位和个人不得迁移国家基本水文测站;因重大工程建设确需迁移的,建设单位应当在建设项目立项前,报请对该站有管理权限的水行政主管部门批准,所需费用由建设单位承担。

第三十一条 国家依法保护水文监测环境。县级人民政府应当按照国务院水行政主管部门确定的标准划定水文监测环境保护范围,并在保护范围边界设立地面标志。

任何单位和个人都有保护水文监测环境的义务。

第三十二条 禁止在水文监测环境保护范围内从事下列活动:

(一)种植高秆作物、堆放物料、修建建筑物、停靠船只;

（二）取土、挖砂、采石、淘金、爆破和倾倒废弃物；

（三）在监测断面取水、排污或者在过河设备、气象观测场、监测断面的上空架设线路；

（四）其他对水文监测有影响的活动。

第三十三条　在国家基本水文测站上下游建设影响水文监测的工程，建设单位应当采取相应措施，在征得对该站有管理权限的水行政主管部门同意后方可建设。因工程建设致使水文测站改建的，所需费用由建设单位承担。

第三十四条　在通航河道中或者桥上进行水文监测作业时，应当依法设置警示标志。

第三十五条　水文机构依法取得的无线电频率使用权和通信线路使用权受国家保护。任何单位和个人不得挤占、干扰水文机构使用的无线电频率，不得破坏水文机构使用的通信线路。

第六章　法律责任

第三十六条　违反本条例规定，有下列行为之一的，对直接负责的主管人员和其他直接责任人员依法给予处分；构成犯罪的，依法追究刑事责任：

（一）错报水文监测信息造成严重经济损失的；

（二）汛期漏报、迟报水文监测信息的；

（三）擅自发布水文情报预报的；

（四）丢失、毁坏、伪造水文监测资料的；

（五）擅自转让、转借水文监测资料的；

（六）不依法履行职责的其他行为。

第三十七条　未经批准擅自设立水文测站或者未经同意擅自在国家基本水文测站上下游建设影响水文监测的工程的，责令停止违法行为，限期采取补救措施，补办有关手续；无法采取补救措施、逾期不补办或者补办未被批准的，责令限期拆除违法建筑物；逾期不拆除的，强行拆除，所需费用由违法单位或者个人承担。

第三十八条　不符合本条例第二十四条规定的条件从事水文活动的，责令停止违法行为，没收违法所得，并处5万元以上10万元以下罚款。

第三十九条　违反本条例规定，使用不符合规定的水文专用技术装备和水文计量器具的，责令限期改正。

第四十条　违反本条例规定，有下列行为之一的，责令停止违法行为，处

1 万元以上 5 万元以下罚款:

(一)拒不汇交水文监测资料的;

(二)非法向社会传播水文情报预报,造成严重经济损失和不良影响的。

第四十一条 违反本条例规定,侵占、毁坏水文监测设施或者未经批准擅自移动、擅自使用水文监测设施的,责令停止违法行为,限期恢复原状或者采取其他补救措施,可以处 5 万元以下罚款;构成违反治安管理行为的,依法给予治安管理处罚;构成犯罪的,依法追究刑事责任。

第四十二条 违反本条例规定,从事本条例第三十二条所列活动的,责令停止违法行为,限期恢复原状或者采取其他补救措施,可以处 1 万元以下罚款;构成违反治安管理行为的,依法给予治安管理处罚;构成犯罪的,依法追究刑事责任。

第四十三条 本条例规定的行政处罚,由县级以上人民政府水行政主管部门或者流域管理机构依据职权决定。

第七章 附 则

第四十四条 本条例中下列用语的含义是:

水文监测,是指通过水文站网对江河、湖泊、渠道、水库的水位、流量、水质、水温、泥沙、冰情、水下地形和地下水资源,以及降水量、蒸发量、墒情、风暴潮等实施监测,并进行分析和计算的活动。

水文测站,是指为收集水文监测资料在江河、湖泊、渠道、水库和流域内设立的各种水文观测场所的总称。

国家基本水文测站,是指为公益目的统一规划设立的对江河、湖泊、渠道、水库和流域基本水文要素进行长期连续观测的水文测站。

国家重要水文测站,是指对防灾减灾或者对流域和区域水资源管理等有重要作用的基本水文测站。

专用水文测站,是指为特定目的设立的水文测站。

基本水文监测资料,是指由国家基本水文测站监测并经过整编后的资料。

水文情报预报,是指对江河、湖泊、渠道、水库和其他水体的水文要素实时情况的报告和未来情况的预告。

水文监测设施,是指水文站房、水文缆道、测船、测船码头、监测场地、监测井、监测标志、专用道路、仪器设备、水文通信设施以及附属设施等。

水文监测环境,是指为确保监测到准确水文信息所必需的区域构成的立体空间。

第四十五条　中国人民解放军的水文工作,按照中央军事委员会的规定执行。

第四十六条　本条例自 2007 年 6 月 1 日起施行。

水文监测环境和设施保护办法

(2011年2月18日水利部令第43号发布　根据2015年12月16日《水利部关于废止和修改部分规章的决定》修正)

第一条　为了加强水文监测环境和设施保护,保障水文监测工作正常进行,根据《中华人民共和国水法》和《中华人民共和国水文条例》,制定本办法。

第二条　本办法适用于国家基本水文测站(以下简称水文测站)水文监测环境和设施的保护。

本办法所称水文监测环境,是指为确保准确监测水文信息所必需的区域构成的立体空间。

本办法所称水文监测设施,是指水文站房、水文缆道、测船、测船码头、监测场地、监测井(台)、水尺(桩)、监测标志、专用道路、仪器设备、水文通信设施以及附属设施等。

第三条　国务院水行政主管部门负责全国水文监测环境和设施保护的监督管理工作,其直属的水文机构具体负责组织实施。

国务院水行政主管部门在国家确定的重要江河、湖泊设立的流域管理机构(以下简称流域管理机构),在所管辖范围内按照法律、行政法规和本办法规定的权限,组织实施有关水文监测环境和设施保护的监督管理工作。

省、自治区、直辖市人民政府水行政主管部门负责本行政区域内的水文监测环境和设施保护的监督管理工作,其直属的水文机构接受上级业务主管部门的指导,并在当地人民政府的领导下具体负责组织实施。

第四条　水文监测环境保护范围应当因地制宜,符合有关技术标准,一般按照以下标准划定:

(一)水文监测河段周围环境保护范围:沿河纵向以水文基本监测断面上下游各一定距离为边界,不小于500米,不大于1000米;沿河横向以水文监测过河索道两岸固定建筑物外20米为边界,或者根据河道管理范围确定。

(二)水文监测设施周围环境保护范围:以监测场地周围30米、其他监测设施周围20米为边界。

第五条　有关流域管理机构或者水行政主管部门应当根据管理权限并

按照本办法第四条规定的标准拟定水文监测环境保护范围,报水文监测环境保护范围所在地县级人民政府划定,并在划定的保护范围边界设立地面标志。

第六条 禁止在水文监测环境保护范围内从事下列活动:

(一)种植树木、高秆作物,堆放物料,修建建筑物,停靠船只;

(二)取土、挖砂、采石、淘金、爆破、倾倒废弃物;

(三)在监测断面取水、排污,在过河设备、气象观测场、监测断面的上空架设线路;

(四)埋设管线,设置障碍物,设置渔具、锚锭、锚链,在水尺(桩)上拴系牲畜;

(五)网箱养殖,水生植物种植,烧荒、烧窑、熏肥;

(六)其他危害水文监测设施安全、干扰水文监测设施运行、影响水文监测结果的活动。

第七条 国家依法保护水文监测设施。任何单位和个人不得侵占、毁坏、擅自移动或者擅自使用水文监测设施,不得使用水文通信设施进行与水文监测无关的活动。

第八条 未经批准,任何单位和个人不得迁移水文测站。因重大工程建设确需迁移的,建设单位应当在建设项目立项前,报请对该水文测站有管理权限的流域管理机构或者水行政主管部门批准,所需费用由建设单位承担。

第九条 在水文测站上下游各二十公里(平原河网区上下游各十公里)河道管理范围内,新建、改建、扩建下列工程影响水文监测的,建设单位应当采取相应措施,在征得对该水文测站有管理权限的流域管理机构或者水行政主管部门同意后方可建设:

(一)水工程;

(二)桥梁、码头和其他拦河、跨河、临河建筑物、构筑物,或者铺设跨河管道、电缆;

(三)取水、排污等其他可能影响水文监测的工程。

因工程建设致使水文测站改建的,所需费用由建设单位承担,水文测站改建后应不低于原标准。

第十条 建设本办法第九条规定的工程,建设单位应当向有关流域管理机构或者水行政主管部门提出申请,并提交下列材料:

(一)在水文测站上下游建设影响水文监测工程申请书;

(二)自行或者委托有关单位编制的建设工程对水文监测影响程度的分析评价报告;

(三)补救措施和费用估算;

(四)工程施工计划;

(五)审批机关要求的其他材料。

第十一条 有关流域管理机构或者水行政主管部门对受理的在水文测站上下游建设影响水文监测工程的申请,应当依据有关法律、法规以及技术标准进行审查,自受理申请之日起二十日内做出行政许可决定。对符合下列条件的,做出同意的决定,向建设单位颁发审查同意文件:

(一)对水文监测影响程度的分析评价真实、准确;

(二)建设单位采取的措施切实可行;

(三)工程对水文监测的影响较小或者可以通过建设单位采取的措施补救。

第十二条 水文测站因不可抗力遭受破坏的,所在地人民政府和有关水行政主管部门、流域管理机构应当采取措施,组织力量修复,确保其正常运行。

第十三条 在通航河道中或者桥上进行水文监测作业时,应当依法设置警示标志,过往船只、排筏、车辆应当减速、避让。航行的船只,不得损坏水文测船、浮艇、潮位计、水位监测井(台)、水尺、过河缆道、水下电缆等水文监测设施和设备。

水文监测专用车辆、船只应当设置统一的标志。

第十四条 水文机构依法取得的无线电频率使用权和通信线路使用权受国家保护。任何单位和个人不得挤占、干扰水文机构使用的无线电频率,不得破坏水文机构使用的通信线路。

第十五条 水文监测环境和设施遭受人为破坏影响水文监测的,水文机构应当及时告知有关地方人民政府水行政主管部门。被告知的水行政主管部门应当采取措施确保水文监测正常进行;必要时,应当向本级人民政府汇报,提出处置建议。该水行政主管部门应当及时将处置情况书面告知水文机构。

第十六条 新建、改建、扩建水文测站所需用地,由对该水文测站有管理权限的流域管理机构或者水行政主管部门报请水文测站所在地县级以上人民政府土地行政主管部门,依据水文测站用地标准合理确定,依法办理用地审批手续。已有水文测站用地应当按照有关法律、法规的规定进行确权划界,办理土地使用证书。

第十七条　国家工作人员违反本办法规定,在水文监测环境和设施保护工作中玩忽职守、滥用职权的,按照法律、法规的有关规定予以处理。

第十八条　违反本办法第六条、第七条、第九条规定的,分别依照《中华人民共和国水文条例》第四十三条、第四十二条和第三十七条的规定给予处罚。

第十九条　专用水文测站的水文监测环境和设施保护可以参照本办法执行。

第二十条　本办法自 2011 年 4 月 1 日起施行。

黄河水文管理办法

(黄水政〔2009〕22号文印发)

第一章 总 则

第一条 为了加强黄河水文管理,规范黄河水文工作,为流域开发、利用、节约、保护水资源和防灾减灾服务,促进经济社会的可持续发展,根据《中华人民共和国水法》《中华人民共和国防洪法》《中华人民共和国水文条例》《黄河水量调度条例》等有关规定,结合黄河水文实际,制定本办法。

第二条 在青海、四川、甘肃、宁夏、内蒙古、陕西、山西、河南、山东省、自治区的黄河流域和新疆、青海、甘肃、内蒙古内陆河区域内(以下简称流域内)从事水文站网规划与建设,水文监测与预报,水资源调查评价,水文监测资料汇交、保管与使用,水文设施与水文监测环境的保护,水文分析计算与水文科学技术研究等活动,应当遵守本办法。

涉外水文活动按照国家有关涉外活动的规定执行。

第三条 黄河水利委员会按照国家法律、行政法规的规定和国务院水行政主管部门规定的权限,负责组织实施管理流域内有关水文工作,指导流域内地方水文工作。

黄河水利委员会水文局(以下简称黄委水文局)是黄河水利委员会的水文管理机构,同时也是黄河防汛抗旱总指挥部的水文管理机构,具体承担水文工作的实施、管理和指导。

黄委水文局所属的各级水文机构是所在测区的水文管理单位,具体承担所在测区水文工作的实施和管理。

第四条 流域内从事水文活动的单位,应当依照国家水文、水资源调查评价资质管理规定,取得水文、水资源调查评价资质,在核准的范围内开展相应的水文业务。黄委水文局及其所属的各级水文机构和流域内各省、自治区人民政府水行政主管部门直属水文机构在各自权限范围内负责监督。

第五条 流域内从事水文活动的单位,应执行国家水文业务技术标准、规范与规程等规定,黄委水文局及其所属的各级水文机构和流域内各省、自治区人民政府水行政主管部门直属水文机构在各自权限范围内负责监督管理。

黄河水利委员会根据国家水文技术标准、规范和规程的规定，结合本流域实际，制定实施国家水文技术标准、规范和规程的细则，报国务院水行政主管部门直属水文机构备案。

流域内省、自治区人民政府水行政主管部门根据国家水文技术标准、规范和规程的规定所制定本省、自治区实施国家水文技术标准、规范和规程的细则，应报国务院水行政主管部门直属水文机构和黄河水利委员会备案。

第六条　黄河水利委员会科研主管部门应将水文科研纳入治黄科研规划，安排相应科研经费。

黄河水利委员会各级水文机构应加强水文科研工作，积极采用现代科学技术，提高黄河水文工作的现代化水平。

第二章　黄河水文工作的职责与任务

第七条　黄河水文工作由黄河水利委员会各级水文机构和流域内省、自治区人民政府水行政主管部门直属水文机构按照权限范围分别组织实施。

第八条　黄河水利委员会的水文工作包括以下主要内容和任务：

（一）组织或者协调黄河流域主要河流、河段的水文工作，指导流域内地方水文工作。

（二）编制黄河流域水文事业发展规划。

（三）组织协调黄河干、支流河段和水库、河道、滨海区的水文、水质、泥沙测验，负责黄河防汛、防凌、抗旱工作中水文、气象的情报预报并向社会发布；开展流域内水土流失情况和水土保持效益的水文监测；黄河水资源管理与水量调度工作中的水资源预测预报、水量水质监测和相关信息采集、传输，拟订重大水污染事件、水量调度、超常规洪水测报等工作中的水文应急处置预案，经批准后组织实施，按照黄河流域水资源管理和节约用水的要求，开展水平衡测试，并出具相应的测试报告。

（四）流域内水文监测资料的整编、汇编，黄河水文信息系统建设，黄河水资源公报、黄河泥沙公报等的编制。

（五）编制黄河各类规划、编制黄河防汛预案、编制黄河水量分配方案、发放取水许可证和水量调度、在流域内进行水资源调查评价和项目建设的水资源论证、防洪影响评价、水环境影响评价、水土保持规划设计等所依据的水文资料的水文计算和使用审查。

（六）对跨省、自治区水文监测资料使用中存在有争议的问题进行裁决，为黄河流域水事纠纷、查处水事违法案件和有关重大水事活动提供或者审查所依据的水文资料。

(七)组织水文监测环境保护区和授权范围的河道巡查,开展黄河水文水政监察工作,依法维护正常的黄河水文工作秩序。

(八)法律、法规和国务院水行政主管部门授权的其他水文工作。

第九条 流域内省、自治区人民政府水行政主管部门直属水文机构水文工作的内容和任务由该省、自治区人民政府水行政主管部门确定。

第三章 水文事业发展规划

第十条 黄河水利委员会根据全国水文事业发展规划和黄河流域综合规划,编制黄河流域水文事业发展规划,报国务院水行政主管部门批准后实施。

第十一条 经批准的黄河流域水文事业发展规划是开展黄河水文工作的基本依据。规划的修改,应当按照规划编制程序经原批准机关批准。

第十二条 黄河流域水文事业发展规划应当包括黄河水文事业发展目标、水文站网建设、水文监测和情报预报设施建设、水文信息网络和业务系统建设以及保障措施等内容。黄河流域水文事业发展规划要适应开发、利用、节约、保护和管理黄河水资源,防治黄河水旱灾害和改善生态环境,以及黄河流域国民经济建设和社会发展的需要。

第四章 水文站网的建设与管理

第十三条 流域内水文站网的建设应当依据已批准的黄河流域水文事业发展规划,由黄河水利委员会和省、自治区人民政府水行政主管部门按照国家固定资产投资项目建设程序分别组织实施。

第十四条 流域内水文测站按国家基本水文测站和专用水文测站实施分级分类管理。

流域内国家基本水文测站的设立和调整,由国务院水行政主管部门直属水文机构和省、自治区人民政府水行政主管部门按照国家水文站网建设规划和管理权限批准,黄委水文局和省、自治区人民政府水行政主管部门直属水文机构负责建设和管理。

专用水文测站的设立和撤销,由黄河水利委员会或者流域内省、自治区人民政府水行政主管部门直属水文机构按照国家基本水文测站覆盖的区域和管理权限批准或提出意见。

流域内省、自治区人民政府水行政主管部门每年年底应将管辖范围内水文测站变化情况报国务院水行政主管部门直属水文机构、黄河水利委员会备案。

第十五条　黄河干流水文测站和重要支流的把口水文测站由黄河水利委员会设立，流域内其他水文测站由黄河水利委员会和有关省、自治区人民政府水行政主管部门按分工设立。

第十六条　专用水文测站的设立，不得与国家基本水文测站重复。

在黄河水利委员会管理的国家基本水文测站覆盖的区域设立专用水文测站或者在黄河水利委员会所属国家基本水文测站增加专用观测项目，由使用水文资料的单位提出要求，经黄河水利委员会批准后，由黄委水文局组织实施和管理。

黄河干流及支流水利枢纽工程水文监测专用站的设立，按照《黄河干流及支流水利枢纽工程水文监测管理办法》规定执行。

其他专用水文测站的设立，由省、自治区人民政府水行政主管部门直属水文机构批准和管理。

第十七条　流域内省、自治区人民政府水行政主管部门管理的水文测站，对流域水资源管理和防灾减灾有重大作用的，业务上应当同时接受黄河水利委员会的指导和监督。具体水文测站由黄河水利委员会、黄河防汛抗旱总指挥部确定并公布。

第五章　水文监测与资料管理

第十八条　水文监测是水文工作的基础。未经批准，不得中止水文监测。

各级水文机构应加强水文监测工作，适应黄河防汛抗旱、水资源管理与调度和生态环境建设等需要。

第十九条　在黄河干流及重要支流国家基本水文测站覆盖区域的引（退）水口、水土保持和其他水利工程开展水文监测工作的单位，应当取得相应的水文水资源调查评价资质，并接受黄委水文局的行业指导和监督。没有取得水文水资源调查评价资质的，不得开展水文监测工作。

第二十条　流域内水文监测所使用的专用技术装备应符合国务院水行政主管部门规定的技术要求。

流域内水文监测所使用的计量器具应当依法经检定合格。未经检定、检定不合格或者超过检定有效期的,不得使用。

各级水文机构应加强适应黄河水文特点的水文监测仪器、设备的研制、开发和引进,积极采用先进技术,努力提高水文监测质量。

第二十一条 各级水文机构应当加强水资源的动态监测工作,发现被监测水体的水量、水质等情况发生变化,可能危及用水安全、影响水量调度或者危害人民群众生命财产安全的,应及时跟踪监测和调查,并将监测、调查情况和处理建议及时报上级主管部门。发现突发性水体污染事件,应按照《黄河重大水污染事件报告办法》及时上报,并按照《黄河重大水污染事件应急调查处理规定》开展相关工作。

有关单位和个人对水资源动态监测工作应当予以配合。

第二十二条 黄河干、支流水库、水电站、拦河闸坝等水利枢纽工程改变河流自然水文状况的,以及与水资源管理工作有关的重要引(退)水口的水文监测管理,按照《黄河干流及支流水利枢纽工程水文监测管理办法》规定开展工作。

第二十三条 在黄河干流及重要支流国家基本水文测站覆盖区域内从事地表水和地下水资源、水量、水质监测的单位以及其他从事水文监测的单位,应当按照资料管理权限向黄委水文局及所属的水文机构汇交监测资料。

流域内重要地下水源地、超采区的地下水资源监测资料和重要引(退)水口、黄河干流和重要支流、湖泊设置的排污口、重要断面的监测资料,由从事水文监测的单位向黄河水利委员会汇交。

取用水工程的取(退)水、蓄(泄)水资料,由取用水工程管理单位向工程所在地水文机构汇交。

黄河水文监测资料的汇交办法由黄河水利委员会按照国务院水行政主管部门的规定另行制定。

第二十四条 黄委水文局按规定对汇交的水文资料进行整编。

流域内省、自治区人民政府水行政主管部门直属水文机构管理的水文测站的水文监测资料,在国务院水行政主管部门直属水文机构的统一部署下进行整编。

第二十五条 编制黄河各类规划,编制黄河防汛预案,编制黄河水量分配方案、发放取水许可证和水量调度、在黄河进行项目建设的水资源评价、论证、防洪影响评价、水环境影响评价、水土保持规划设计等所依据的水文资料,应当按照规定进行审查。

前款活动所依据的水文资料属黄委水文局管理的水文测站收集的,按照《黄河水利委员会水文资料使用审查办法》规定进行审查;属流域内省、自治区水行政主管部门管理的水文测站收集的,由各省、自治区水行政主管部门水文机构按照本省、自治区水行政主管部门有关水文资料的审查规定进行审查。

第二十六条 黄河流域水文监测资料依法实行共享制度。

黄委水文局和流域内省、自治区人民政府水行政主管部门直属水文机构应当按照国家规定建立水文数据库。

基本水文监测资料应依法公开。其中属于国家秘密的,依照有关规定。

国家机关决策和黄河防灾减灾、黄河水资源管理与调度、国防建设、公共安全、环境保护等公益事业需要使用水文监测资料和成果的,实行无偿提供。

其他需要使用水文监测资料和成果以及因经营性活动需要提供水文专项咨询服务的,由当事人双方签订合同实行有偿服务,按照国家有关规定收取费用。

第六章 水文情报预报

第二十七条 黄委水文局受黄河防汛抗旱总指挥部和黄河水利委员会委托,根据黄河防汛抗旱和水量调度等需要,负责下达年度报汛任务书或者委托任务书。

各报汛单位应当严格执行有关报汛规范和报汛任务书,及时、准确地报送水情信息。

第二十八条 黄河防汛抗旱总指挥部、黄河水利委员会所需的黄河防汛抗旱和水量调度水文预报、中长期径流预测预报由黄委水文局提供;其他单位所需黄河水利委员会管理的水文测站覆盖区域内的水文预报、中长期径流预测预报,由黄委水文局及其所属的水文机构同接受单位协商提供。

第二十九条 各级水文机构要加强对所辖测区内汛情的监视,出现异常情况,应及时向上级水文部门报告,并及时报告当地人民政府、防汛抗旱指挥机构和水行政主管部门。

第三十条 黄河重要河段的水文情报预报方案由黄委水文局根据国家水文情报预报规范编制;黄河水利委员会管理的水文测站覆盖区域其他河段的水文情报预报方案由黄委水文局所属的水文机构编制,黄委水文局进行审查。

属地方管理的水文测站覆盖区域的黄河支流河段和其他河流的水文情报预报方案由省、自治区人民政府水行政主管部门直属水文机构编制，报黄委水文局备查。

第三十一条 黄河水文情报预报由县级以上人民政府防汛抗旱指挥机构、水行政主管部门或者水文机构按照规定权限向社会统一发布。

黄河水利委员会管理的水文测站覆盖区域的水文情报预报，由黄河水利委员会、黄河防汛抗旱指挥机构或者授权黄委水文局发布。非经授权，任何单位和个人不得发布。

第三十二条 向国家防汛抗旱总指挥部和水利部、黄河防汛抗旱总指挥部和黄河水利委员会提供黄河水利委员会管理的水文测站覆盖区域的实时水雨情信息，由黄委水文局组织实施；向其他单位提供实时水雨情信息的，由黄委水文局所属的水文机构同接受单位协商实施。

第三十三条 黄河干、支流水利枢纽工程自建的水文自动测报系统，应当接受黄委水文局的技术指导，并根据需要向黄河防汛抗旱指挥机构、当地水行政主管部门和水文机构提供水文信息。

黄河干、支流水利枢纽工程的启闭有可能影响下游水文测站水文监测活动的，应当及时将启闭的有关情况通知下游水文测站。

第七章 水资源调查评价与水文分析计算

第三十四条 水资源调查评价是制定各类规划、水资源管理与调度、水工程规划设计的重要依据。

开展水资源调查评价应对地表水、地下水的水量、水质统一进行。

开展水资源调查评价的单位应取得相应的水文、水资源调查评价资质。

第三十五条 黄河流域水资源调查评价，由黄河水利委员会组织，黄委水文局会同流域内省、自治区人民政府水行政主管部门直属水文机构实施。

第三十六条 黄河流域规划、建设项目论证、重大基础研究等使用的水文资料应当经过水文分析计算。由黄河水利委员会所属水文测站收集的水文资料的，由黄河水利委员会组织，黄委水文局实施；由流域内省、自治区人民政府水行政主管部门所属水文测站收集的入黄支流水文资料的，由相关省、自治区人民政府水行政主管部门组织，其直属水文机构实施。

第八章 监测环境与设施设备保护

第三十七条 黄河水文监测环境保护范围，由黄委水文局所属水文机构或省、自治区人民政府水行政主管部门直属水文机构会同水文测站所在地县级人民政府根据国务院水行政主管部门确定的标准界定，并在测验河段和其他设施设备保护范围边界处设立统一的地面标志。

黄河水文监测环境保护范围的具体标准如下：

（一）水文监测河段周围环境保护范围为：

1. 水文监测断面的上下游各 500 米；用比降面积法测流的，为水文断面上下游各 1000 米；变动河床、复式河道等应按不小于该站历史最大洪水时河宽的 3 倍划定；

2. 河段左右岸，河道两岸有堤防的以堤防为界；无堤防的以历史最高洪水位或设计洪水位以上 1 米区域外为界。有水文监测过河索道等建筑物的以两岸固定建筑物上下游各 30 米范围，20 米外为界；

3. 河道测验范围为断面上下游各 100 米。宽度范围同监测河段的宽度范围。

（二）水文监测设施周围环境保护范围为：

监测设施（水文站房、缆道操作室、水位监测井（台）、地下水观测井、测船码头、过河缆道支柱（架）、锚锭等）周围 20 米的区域；观测场所（雨量、水量蒸发、气象观测场等）周围 30 米的区域；其他标、牌、桩、点保护范围为其外围以外 5 米区域。

第三十八条　禁止在水文监测环境保护范围内进行下列活动：

（一）种植林木与高秆作物、堆放物料、修筑房屋等建筑物或者设置其他影响水文监测通视的障碍物；

（二）在监测河段内取土、挖砂、采石、淘金、爆破，停靠船舶，弃置矿渣、煤灰、垃圾，设置渔具等；

（三）在监测断面、过河监测设备、气象观测场所的上方架设空间线路；

（四）在监测河段取水、排污、设置网箱养殖、养殖水生植物等；

（五）在监测河段捕捞、放牧、拴系牲畜、修便道、挖穴、烧荒、烧窑、熏肥、搭建蔬菜大棚等对水文监测作业及安全有影响的活动；

（六）在监测河段设置锚锭、锚链等其他对水文监测有影响的活动。

第三十九条　在水文测站上下游新建、改建、扩建的各类工程（如堤防、控导等防洪工程，橡胶坝、水库等蓄水工程，以及跨临河桥梁与管线等），不得改变河流水文特性，不得危害水文测报精度或者水文资料的代表性与连续性，不得损害水文测报体系、影响水文测站的功能或者危害水文监测环境，不得危害水文测验职工的人身安全。

凡工程建设使水文测站或者水文测报体系受到影响的,属黄河水利委员会管理的水文测站的,建设单位应征得国务院水行政主管部门的同意;属流域内省、自治区人民政府水行政主管部门管理的水文测站的,建设单位应征得该省、自治区人民政府水行政主管部门的同意。工程建设对水文测站或者水文测报体系造成影响的,由建设单位按其在黄河流域水文站网中的功能与作用进行恢复。

凡工程建设的地点位于黄河水利委员会所属水文测站的上下游各 20 公里范围的,应当与黄委水文局所属的水文机构协商,并进行分析论证。工程修建对水文造成影响的,建设单位应提出具体可行的补救措施方案,报送有关技术资料及工程施工计划,经黄委水文局同意后方可组织实施。黄委水文局及所属的各级水文机构应参加工程的竣工验收。

因工程建设造成测站迁移、改建、增建或者恢复测报体系功能的,其全部费用以及由此增加的运行费用由工程建设单位或者管理单位承担。

第四十条 水文测站在通航河道中进行水文监测的,应设置示警标志,过往船只应减速绕道行驶。

通航发生在水文测站设立之后的,设置示警标志的费用应由航道管理部门承担。

利用桥测车在桥上进行水文监测的,应悬挂示警标志,过往车辆应当减速慢行。

第九章 附 则

第四十一条 本办法未尽事宜,依照《中华人民共和国水文条例》有关规定执行。

第四十二条 对违反本办法规定的行为,由水文测站所在地县级以上人民政府水行政主管部门或者黄河流域管理机构,依照《中华人民共和国水法》《中华人民共和国防洪法》《中华人民共和国水文条例》和《黄河水量调度条例》的有关规定采取行政措施,给予行政处罚。

第四十三条 本办法自颁布之日起施行。2003 年 1 月 3 日水利部黄河水利委员会印发的《黄河水文管理办法》(黄水政〔2002〕23 号)同时废止。

黄委及以上先进集体

获得黄委及以上先进集体名录

获得水利部奖项			
单位名称	荣誉称号	授予时间	说　明
孙口水文站	全国水利系统先进单位	1982	水利电力部授予奖牌
东营水文水资源勘测实验总队	全国水文系统先进集体	1990	水利部奖牌
黄河山东水环境监测中心	1994 年度优秀分析室	1995	水利部水质试验研究中心水质字〔95〕第 007 号
利津水文站	全国先进报汛站	2001.03	奖牌。国家防汛抗旱总指挥部办公室、水利部水文局文件。关于表彰全国先进水情处(中心、科)和报汛站的决定(办综〔2001〕15 号)
山东水文水资源局	全国水利系统水文先进集体	2002	水利部关于表彰全国水利系统水文先进集体和先进工作者的决定(水人教〔2002〕87 号)
高村水文站	全国先进报汛站	2003	奖牌。国家防汛抗旱总指挥部办公室、水利部水文局
孙口水文站	全国先进报汛站	2005	国家防汛抗旱总指挥部办公室、水利部水文局文件。关于表彰全国水情工作先进集体和先进报汛站的决定(办综〔2005〕9 号)
孙口水文站	全国文明水文站	2005.03	水利部奖牌
获得国家或山东省奖项			
孙口水文站	抗洪抢险先进集体	1996	中共山东省委、山东省人民政府授予。中共山东省委、山东省人民政府关于表彰 1996 年全省抗洪抢险先进集体和先进个人的通报(鲁普发〔1996〕50 号)
高村水文站	抗洪抢险先进集体	1996	中共山东省委、山东省人民政府授予。中共山东省委、山东省人民政府关于表彰 1996 年全省抗洪抢险先进集体和先进个人的通报(鲁普发〔1996〕50 号)
山东水文水资源局	省级文明单位	2004.04	山东省精神文明建设委员会(鲁文明委〔2004〕8 号)
山东水文水资源局	山东省测绘行业先进单位	2005	山东省测绘行业协会(鲁测协会〔2005〕11 号)
山东水文水资源局	优秀测绘工程铜奖	2013	国家地理信息测绘局,证书

续表

获得国家或山东省奖项			
单位名称	荣誉称号	授予时间	说　明
山东水文水资源局	山东省优秀测绘地理信息工程二等奖	2015	山东省测绘行业协会
山东水文水资源局	山东省优秀测绘地理信息工程三等奖	2015	山东省测绘行业协会
获得黄委奖项			
利津水文站	先进集体	1956	黄委会首届先进集体、先进生产者代表会议
艾山水文站	先进集体	1959	黄委会第二届先进集体、先进生产者代表会议
高村水文站	先进集体	1977	黄委会“双学”先进生产者代表会议
陈山口水文站	先进集体	1977	黄委会“双学”先进生产者代表会议
高村水文站	先进集体	1979.04	水电部黄河水利委员会关于表彰一九七八年度先进单位、先进个人的通知(黄办字〔1979〕第18号)
济南总站机修组	先进集体	1979.04	水电部黄河水利委员会关于表彰一九七八年度先进单位、先进个人的通知(黄办字〔1979〕第18号)
孙口水文站	先进集体	1980	黄委会总结表模大会,关于表彰治黄先进单位、先进集体、劳动模范和先进生产者的决定(黄办字〔1980〕第5号)
孙口水文站	先进集体	1982	黄委会总结表模大会
孙口水文站	先进集体	1983	黄委授予奖牌
高村水文站	先进集体	1986	黄委授予奖牌
河口水文实验站	全河综合经营先进集体	1989	黄委授予奖牌
高村水文站外业组	先进班组	1989	黄委、黄河工会授予。“关于通报我局受部、会表彰的劳动模范和先进集体的函”(黄水工〔1989〕14号)
河口水文实验站食堂	先进职工食堂	1989	黄委、黄河工会“关于表彰职工后勤工作先进单位的决定”(黄委会〔1989〕12号)
东营水文水资源勘测实验总队	先进集体	1993	奖牌。黄河水利委员会水利电力工会黄河委员会
泺口水文站	文明建设示范窗口	2000	黄委授予奖牌
孙口水文站	文明建设示范窗口	2000	黄委授予奖牌
孙口水文站	先进集体	2000	奖牌。黄委会治黄劳模先进集体表彰大会。“关于表彰治黄劳动模范先进集体的决定”(黄办〔2000〕42号)

续表

获得黄委奖项			
单位名称	荣誉称号	授予时间	说　明
山东水文水资源局	优秀通联站	2000.09	奖牌。黄河报社文件“关于表彰优秀记者站、通联站的决定”(黄报〔2000〕13号)
山东水文水资源局	2000—2001年度优秀通联站	2001.11	黄河报社
山东水文水资源局	优秀通联站	2002	黄河报社
山东水文水资源局	黄河首次调水调沙试验工作先进集体	2002	黄委授予奖牌
山东水文水资源局	全河宣传工作先进单位	2003	黄委授予奖牌
山东水文水资源局	优秀通联站	2003.10	奖牌。黄河报社,关于表彰优秀记者站、优秀通联站的决定(黄报〔2003〕9号)
山东水文水资源局	黄河水量调度先进集体	2003	黄委授予奖牌
利津水文站	文明建设示范窗口	2003	关于命名黄委第二批“文明建设示范窗口”的决定(黄文明〔2003〕4号)
山东水文水资源局	精神文明创建工作先进单位	2004	关于表彰精神文明创建工作先进单位和先进个人的决定(黄文明〔2004〕4号)
山东水文水资源局	第三次调水调沙先进单位	2004.07	关于表彰黄河第三次调水调沙试验先进单位、先进集体和先进个人的通知(黄汛〔2004〕20号)
山东水文水资源局	黄河水文测报水平升级先进集体	2004.10	关于表彰黄河水文测报水平升级工作先进集体和先进个人的决定(黄国科〔2004〕10号)
山东水文水资源局	全河宣传工作先进集体	2006	关于表彰全河宣传工作先进集体和先进个人的决定(黄人劳〔2006〕46号)
孙口水文站	黄河水利委员会文明单位	2007.09	黄委文件。关于确认原阳黄河河务局等36个单位为“黄河水利委员会文明单位”的通知(黄文明〔2007〕7号)
泺口水文站	黄河水利委员会文明单位	2007.09	黄委文件。关于确认原阳黄河河务局等36个单位为“黄河水利委员会文明单位”的通知(黄文明〔2007〕7号)
利津水文站	黄河水利委员会文明单位	2007.09	黄委文件。关于确认原阳黄河河务局等36个单位为“黄河水利委员会文明单位”的通知(黄文明〔2007〕7号)

续表

获得黄委奖项			
单位名称	荣誉称号	授予时间	说　明
山东水文水资源局	优秀通联站	2007	奖牌(黄宣出〔2007〕41号)
山东水文水资源局	优秀通联站	2008	证书(黄宣出〔2008〕45号)
艾山水文站	黄河水利委员会文明单位	2008.10	奖牌。关于命名黄河水利委员会文明单位的决定(黄文明〔2008〕7号)
山东水文水资源局	通令嘉奖集体	2008.07	黄委嘉奖令。关于对参加黄河第八次调水调沙有关集体和个人的嘉奖令(嘉奖令〔2008〕5号)
孙口水文站	通令嘉奖集体	2008.07	黄委嘉奖令。关于对参加黄河第八次调水调沙有关集体和个人的嘉奖令(嘉奖令〔2008〕5号)
山东水文水资源局	先进集体	2008.07	关于对在清除影响水文测验违章广告牌和片林工作表现突出的有关单位和个人的嘉奖令(嘉奖令〔2008〕4号)
艾山水文站 利津水文站 孙口水文站 泺口水文站	文明单位	2009	黄委(黄水文明〔2009〕1号)
山东水文水资源局	优秀通联站	2010	奖牌(黄宣出〔2010〕44号)
水政水资源科	黄委“五五”普法先进集体	2010	证书。黄委人劳局文件。关于对黄委“五五”普法先进单位、先进集体和先进个人的通报(黄水人〔2010〕147号)
黄河口水文水资源勘测局浅海勘测队	2010年度青年文明号	2010	关于命名表彰2010年度青年文明号和青年岗位能手的决定(黄青联〔2010〕7号)
山东水文水资源局	宣传工作先进集体	2011	黄水人〔2011〕100号
山东水文水资源局	优秀通联站	2011	奖牌(黄宣出〔2011〕46号)
山东水文水资源局	安全生产先进集体	2011	黄委局级文件(黄人劳机〔2011〕5号)
山东水文水资源局	黄委离退休工作调研报告一等奖	2012	黄委局级文件(黄水离退〔2012〕6号)
山东水文水资源局	水文勘测技能竞赛团体奖二等奖	2012	关于表彰黄委技能竞赛活动技术能手和优秀组织单位(部门)的决定(黄水人〔2012〕2号文转发)
山东水文水资源局	优秀通联站	2015	奖牌。新闻宣传出版中心关于表彰2015年度黄河报(网)新闻宣传工作先进集体和先进个人的决定(黄宣出〔2015〕65号)

索　引

索引说明：

一、本索引采取主题索引方法。按汉语拼音字母顺序排列。

二、索引名称后的数字表示内容所在的页码。

三、内容有交叉的条目，在索引中重复出现。

J

K

L

N

P

Q

R

编纂始末

2016年8月,山东水文水资源局党组研究决定,编写《山东黄河水文志》(1991—2015)。2016年9月,成立了《山东黄河水文志》(1991—2015)编纂工作领导小组和编纂委员会;2018年4月,根据人员变化,调整了编纂工作领导小组和编纂委员会,2019年5月成立了编辑室。

2016年10月至2017年3月,由安连华执笔拟定了《山东黄河水文志》(1991—2015)编写大纲,经局领导、机关部门和退休老领导修改,提出修改意见60余条,主编、副主编认真讨论反复修改后确定了编写大纲。在大纲拟定过程中,退休老领导庞家珍、张广泉精心指导,提出了很多有价值的意见。

2017年4月,《山东黄河水文志》(1991—2015)编写大纲确定后,将任务分解到机关部门进行资料收集,机关各部门、局属各单位职工在完成正常工作的同时,加班加点,做了大量的资料收集、整理和统计工作。在此期间,安连华、阎永新、丁丹丹多次到机关部门了解编写进度,与部门职工讨论解决遇到的问题。2019年4月,经过编写人员两年的反复修改完善,并经部门负责人、分管局领导、主编审查修改,完成了资料收集与长篇初稿的编写。

2019年5月至9月,李庆金、安连华、阎永新、霍瑞敬、刘浩泰、刘存功、丁丹丹,利用会议讨论的方式,分若干次对部门交来的资料长篇初稿逐字逐句进行审查并提出修改意见,然后分头修改。阎永新负责基本水文和基本建设部分的修改,霍瑞敬负责河口河道部分的修改,刘存功负责水质监测部分的修改,安连华负责其余部分的修改及全书通稿审查,李庆金负责把关,丁丹丹负责汇总,2019年10月形成约60万字的资料长篇合成稿。

2019年11月,对志稿进行统编总纂,2019年12月至2020年2月,完成了初审稿。2020年3月至4月,志稿初审稿送局领导、局属单位、机关部门审查,提出修改意见380多条,修改后形成了专家审查稿。

2020年5月,志稿送专家审查。聘请4位专家分别是:黄河志总编辑室主任、黄河年鉴社社长、编审王梅枝;退休老局长、享受政府特殊津贴的教授级高级工程师庞家珍;退休总工程师、教授级高级工程师张广泉;黄委水文局研究院院长、教授级高级工程师高文永。2020年7月18日召开了专家审查会,提出修改意见130多条。

编纂人员按照专家意见作了章节的调整、内容的补充、图表的删减、文字的修饰等工作,2020年10月志书确定稿送出版社。

2021年1月至4月,编纂人员对样稿进行了修改完善,6月付梓出版。

本志志前设凡例和概述,由安连华执笔,阎永新修改,李庆金审定。山东黄河水文测验站网分布图,由霍瑞敬设计,左婧绘制,集体修改,李庆金审定。

山东水文水资源局党组高度重视修志工作,把修志工作列为全局重要工作之一。在编写过程中,党组书记、局长姜东生、副局长李庆金多次召开协调会和推进会,为顺利完成编纂工作提供了有力支持。

本志基本遵循了《山东黄河水文志》(1855—1990)的章节顺序,在保持连续性的基础上,部分内容做了延展,如:第三章中记述了山东黄河断流;河道测验、黄河河口测验、水环境监测单独设章并扩充了内容;专项测验、水政监察、基本建设、财务审计水文经济、党的建设及工会、人物也单独设章做了记述;志后编入了附录和索引。

本志上限起自1991年1月1日,下限断至2015年12月31日。为体现述事的完整性,个别章节和部分内容适当上溯和下延。第十五章党的建设及工会记述时段为自有记录以来至2015年;第十六章中的主要技术人员名录、先模人物记述时段为自单位成立至2015年,对担任过山东水文水资源局主要负责人的简历作了下延;《山东黄河水文志》(1855—1990)河道测验内容下限断至1985年汛前,本志河道测验内容上溯至1985年。

《山东黄河水文志》(1991—2015)是一部专业志,也是山东水文水资源局的部门志,在编写过程中,我们按照尊重历史、系统收集、详尽记述的原则,突出记叙性和资料性,力争做到求实、全面、准确,力求充分发挥其存史资治的作用,达到有益当今、惠及后世的目的。由于水平有限,志书可能有谬误和遗漏之处,希望批评指正。

编　者

2021年6月